2nd Edition

반려동물 매개치료

반려동물 매개치료

김복택 · 김상환 · 김경원 · 박영선 · 진미령

사회의 양극화와 경제적 불황 속에서도 바쁘게 살아가야 하는 현대인들은 4차 산업혁명이라는 큰 변화에 직면하고 있으며 빠르게 발전해 가는 과학기술과 물질문명에 인간의 본성을 잃어버리지는 않을까 하는 두려움에 빠져있다. 또한 인공지능의 발전으로 기계의 힘에 과거보다 더 많이 의존하게 되었고 이제는 인공정서의 도래를 걱정하기에 이르렀다.

이러한 변화 속에서 생명의 소중함을 잊고 살아가며 여러 가지 정서적 문제, 즉 인간성에 대한 본질, 생명에 대한 근본적 이해, 사회적 관계에 대한 단절 등을 되새겨 보기에 이르렀고, 상실에 대한 회복을 위해 여러 가지 노력이 시도되고 있다. 동물매개치료도 이에 대한 대응으로 발전하고 있으며, 동물이라고 하는 유사성으로 인해 식물 등 여타의 자연매개치료와 비교했을 때 관심의 정도가 높아 시대의 요구에 접목시키고자 하는 노력이 여러 기관에 의해 시도되고 있다.

한국반려동물매개치료협회는 오랜 시간 우리 정서를 포용할 수 있는 한국적 동물매개치료의 성장을 위해 노력하였다. 동물에 지나치게 의존적이거나 가학적인 동물매개치료에서 벗어나 종평등과 조화로운 공존을 위한 다양한 프로그램의 개발과 적용을 통해 동물매개치료의 효과를 더욱 증진시킨 프로그램으로 발전시켜나가고 있다.

동물매개치료의 대체성과 다양성을 위해 여타의 매개치료를 이해할 필요가 있기에 Part 1에 다양한 매개치료의 유형들을 설명하고 있고, Part 2에서는 현장에서 함께 하는 도우미동물에 대한 이해를 다루고 있으며, Part 3에서는 동물매개치료의 대상에 대한 이해와 이에 맞는 동물매개치료의 방향과 효과를 설명하고 있다. 동물 매개치료는 궁극적으로 인간에 대한 이해를 바탕으로 건전한 사회적 관계를 회복시 키고 삶의 질을 향상시키는 것을 목표로 하고 있기에 인간의 심리를 이해하는 상담 심리 이론들을 Part 4에서 다루고 있다. 마지막으로 Part 5에서는 검증된 방법으로 반려동물매개치료 실무에 내용을 대상자별로 프로그램 진행흐름에 따라 체계적으로 정리하였다.

동물매개치료의 역사가 한국에 알려지게 된 시기는 이제 최근이라고 말할 수 없을 만큼 시간이 흘렀고 다수의 선구자들이 이 일에 뜻을 가지고 노력해 왔다. 동물 매개치료를 위해 다양한 동물들을 활용할 수 있겠으나 본 저서는 가장 대중적이고 교감도가 높은 동물보호법에 정의된 반려동물 중심으로 저술되어 있다. 이는 프로 그램 이용자와 동물양육자의 경제성을 충분히 고려해야 하기 때문이다. 본 저서가 반려동물매개치료에 관심이 있는 분들에게 도움이 되길 바라고 본 저서의 내용을 기반으로 반려동물매개치료에 대한 다양한 프로그램 개발과 연구가 진행되기를 바란다. 본 저서의 1판을 접한 독자들의 힘찬 응원과 격려가 큰 힘이 되었으며 지면을 통해 깊이 감사하는 마음을 전하며 2판의 출간을 위해 노력한 한국반려동물매개치료협회의 공동 저자들을 깊이 축복하며, 한국의 동물매개치료의 큰 등불이 될 것을 기원한다.

2021년 2월

대표 저자 김 복 택

차례 Contents

매개치료의
개념과 유형

Companion Animal
Assisted Therapy

CHAPTER 01

매개치료의 유형

1. 심리치료의 정의

심리치료는 다양한 영역의 요소들을 접목하여 내담자가 가지고 있는 문제를 해결하도록 도우며 보다 높은 삶의 질을 가질 수 있도록 도와야 하는 책임을 가지고 있다. 심리치료가 오랫동안 관심 받던 외국의 경우 심리치료와 상담은 일찍이 자리를 잡아 대중화 되었지만, 한국의 경우 1990년대 초반 경제적 성장으로 인해 심리치료에 관심을 갖게 되면서 다양한 심리치료들이 한국으로 유입되어 전성시대를 맞이하게 되었다. 하지만 경제위기가 찾아오면서 정신적으로 충격을 받게 된 사람들이 심리치료에 의존을 하게 되며 더욱 다양한 치료들이 생기게 되고 자리를 잡는 듯 했으나 '치료'라는 용어에 사람들이 거리감을 가졌고 대중화가 되기까지 예상보다 오랜 시간이 걸렸다.

과거 1990년대에는 심리치료와 상담에 대한 관심이 높았던 반

면 시대의 상황이나 실정 때문에 실제 치료나 상담을 받기 주저하는 사람들이 많았다. 그러나 현대 사람들은 새로운 경험, 교육, 정보에 대한 높은 관심으로 심리치료와 상담의 중요성에 대해 인식하며 새로운 영역에 관심을 기울이게 되면서 1990년대 말 한국으로 유입된 심리치료들 중 치료과정에서 식물과 동물이 투입되어 심리치료와 상담이 이루어졌다. 그리고 더 나아가 아동들과 청소년들을 대상으로 생명에 대한 교육을 진행함과 동시에 심리적, 정서적 안정까지 제공하는 치료들이 활성화가 되기 시작했다.

심리 치료에 대해 심리학자 월버그(Wolberg, 1977)는 '증상을 제거하거나 수정 또는 경감시키고 장애 행동을 조절하며 긍정적 성격을 발달시키기 위해 훈련된 치료사와 전문적인 관계를 형성하여 정신적 문제를 심리학적 방법으로 치료하는 것'이라고 정의 내렸으며, 임상 심리학자 가필드(Garfield, 1995)는 '심리 치료는 치료사와 내담자 간의 언어적 상호작용을 통해 치료사가 내담자에게 어려움을 극복하도록 도와주는 것'이라 정의했다. 이러한 정의들을 살펴보면 심리치료는 심리적 고통이나 해결하고 싶은 문제를 가진 사람에게 심리학적 전문 지식을 활용하여 문제를 해결, 또는 삶의 질을 향상시키도록 돕는 전문적 활동으로 요약할 수 있다.

2. 매개치료의 개념

상담 기반의 심리치료의 틀에서 벗어나 다양한 영역들을 접목한 심리치료들이 존재하고 있으며, 급격하게 성장하고 있는 현대사회에 맞춰 다양한 정신적 질환들을 치료할 수 있는 심리치료들이 늘어나고 있고 연구와 실습을 통해 그 효과를 입증하고 있다. 이러한 치료들에게서 공통적으로 찾아볼 수 있는 개념은 '매개'라는 개념이다. '매개'의 사전적 의미는 '어떠한 둘 사이에서 양편의 관계를 맺어 줌'이라는 뜻을 갖고 있다. 동물매개치료를 예로 들면, 동물매개치료에서 동물은 매개체로써 중요한 역할을 수행하게 된다.

내담자에게 동물은 친밀감을 형성하고 관계형성을 함으로써 치료 과정에서 생

길 수 있는 어색함을 줄이고 생명에 대한 소중함을 알려주며 상호작용을 통해 동물이 주는 무한한 사랑을 경험하게 되면서 심리적, 정서적 안정을 얻게 되고 삶의 질을 향상시켜준다. 치료사에게 동물은 조력자가 되어 내담자와의 거리를 좁히고, 생명에 대한 교육과 동물이라는 다리를 통해 내담자의 아픔, 어려움, 슬픔 등 다양한 감정을 관찰할 수 있으며 내담자의 마음을 열 수 있게 도와주는 역할을 한다.

심리치료는 치료사와 내담자 간의 전문적 관계와 상호작용을 통해 문제해결이 이루어지기 때문에 관계형성을 위해서는 매개체가 필요하다. 모든 심리치료에는 이런 동물과 같은 매개체가 존재한다. 웃음치료, 연극치료, 음악치료, 무용치료, 놀이치료, 모래놀이치료, 미술치료, 공예치료, 원예치료, 동물매개치료 등이 있으며 이런 심리치료들의 이름에는 '매개'라는 말이 빠져있을 뿐 결국 음악매개치료, 미술매개치료, 무용매개치료, 놀이매개치료의 뜻을 내포하고 있음을 알 수 있다. 따라서 매개치료는 심리치료와 같이 상담 이론을 기반으로 이루어지지만 더 나아가 치료과정에서 어떠한 매개체가 치료사와 내담자의 관계형성을 하는데 다리 역할을 하고 내담자의 내면을 관찰하거나 마음의 문을 여는 열쇠가 되어 치료가 원활하게 진행될 수 있도록 하는 치료라고 볼 수 있다.

위에서도 언급했듯이 현재는 다양한 매개치료들이 존재하고 있으며 치료와 교육, 치유 등의 개념을 접목한 'Multi-Therapy'들이 새롭게 생기고 있지만 이런 치료들이 모든 사람들에게 적합하다고는 말할 수 없다. 내담자 각각의 취향, 특성, 성격, 환경 등 많은 점들을 고려하여 내담자에게 가장 적합한 치료를 진행하면 큰 도움이 될 수 있다. 어떤 치료가 가장 효과가 뛰어나고 가장 연구가 잘 이루어졌는지, 가장 이상적인지는 결국 내담자에 따라 달라질 수밖에 없다. 이 책에서는 동물매개치료를 다루고 있지만 동물매개치료가 부수적 치료들 중 가장 뛰어나다고 이야기할 수 없지만 동물매개치료의 장, 단점과 다른 심리치료들과의 공통점, 차이점을 다루며 동물매개치료가 다른 치료들과 어떠한 차별성을 가지고 있는지 알아보도록 한다.

3. 웃음치료

1) 웃음치료의 개념

웃음치료는 신체적, 감정적, 인지적, 영적 측면에서 내담자의 치유와 대처능력의 증진을 유도하기 위해 치료적인 목적으로 웃음을 사용하는 것이며(김경호, 2005), 웃음, 미소, 즐거운 감정을 유발시키고 상호작용을 일어나게 하는 일종의 의사소통이라고 할 수 있다. 미국웃음치료협회의 정의에 따르면 웃음치료란 일상의 재미있는 경험과 표현들을 통하여 대상자의 건강과 안위를 증진시키는 활동이다.

다시 말하여, 웃음치료란 웃음을 통한 인간의 신체적, 정신적 기능의 극대화를 유도하며 긍정적 변화를 일으키는 것을 말하고 직접적인 치료는 아니나 인간의 내면적인 자가치유능력과 자생능력을 키우도록 유도하며 즐거움이 신체를 통해 웃음으로 표현됨으로써 신체와 정신 및 사회적 관계를 건강하게 도와주고 인간의 삶의 질을 높이는 것에 있으며 행복을 찾을 수 있도록 도와주는 행동인지 치료라고 할수 있다(이임선, 배기효, 백성선, 2009).

Goodheart(1994)는 인간의 뼈아픈 감성과 긴장을 웃음과 눈물을 통해 정화시킬수 있으며, 이로 인해 보다 명확한 생각과 보다 분별력 있고 적절한 행동을 취할 수있게 된다고 하였다. 또한 유머와 웃음은 긍정적이고 희망적인 태도를 심어준다. 결과적으로 웃음은 위기의 상황들과 고통의 순간들을 덜어주는 도우미 역할을 한다고 볼 수 있다(류창현, 2006).

2) 웃음치료의 역사

웃음치료가 구체적이고 체계적으로 정립된 것은 Norman Cousins라는 사람이 의학단체에 웃음은 치료적 잠재력이 있다고 언급하면서 부터이다. Cousins가 1964년 병으로 극심한 고통을 겪어야 했을 때 Hans Selye(1956)이 작성한 글 중 "부정적인 감정들은 화학적 변화를 만들고 부신의 소모를 가져온다."라는 구절을 읽게 되는데 자신의 몸 상태를 잘 알고 있던 Cousins는 부신의 소모는 자신의 체내에 있는 유독성 물질이 면역성을 떨어지게 하여 고통을 견딜 수 없게 한다고 생각하였다. 그리하여 긍정적인 정동(믿음, 소망, 기쁨)이 체내의 화학적 성분들을 변화시켜 그의 병의 회복을 도와줄 것이라 생각해 웃음을 자극시켜 줄 수 있는 영화를 시청하기 시작하였다. 10분의 폭소를 통하여 진통제와 수면제 없이는 잘 수 없을 정도의 통증을 이겨내 2시간 정도 평안하게 잘 수 있다는 것을 깨닫게 되었다. 이를 통하여 회복 후에는 UCLA 의과대학의 부교수로 웃음치료에 대한 임상연구를 본격적으로 진행하였다.

3) 웃음치료의 효과

웃음은 스트레스의 영향을 줄여줄 뿐만 아니라 스트레스의 발생을 막아주는 역할도 하며 세로토닌(serotonin)과 엔돌핀(endorphin)을 분비하여 건강과 젊음을 유지하고 행복감과 기분을 좋게 하는 효과도 있다고 한다(이임선 외, 2009). 또한 근육의 긴장과 이완이 되어 편안함을 느끼게 해준다. 이렇게 웃음으로 정서적, 신체적으로 효과를 얻을 수 있으며 이러한 몸과 마음이 변하기까지는 최소한 3~4주일이 걸린다고 한다(이임선, 2009). 웃음치료는 크게 신체적, 심리적, 사회적 기능 효과로 구분해 볼 수 있다.

(1) 웃음이 생리적 기능에 미치는 효과를 살펴보면, 웃음과 건강의 관계에서 웃음은 근육운동, 맥박 수, 산소의 교환 등만 증가시키는데, 박장대소의 웃음은 우리 몸 650개 근육들 중 231개의 근육을 움직이게 한다고 한다. 또한 웃음은 교감신경계통과 심장혈관계통도 촉진시켜 주는데 그것은 '카테콜아민'

이라고 부르는 호르몬의 생산을 증가시켜주어 그 호르몬이 육체의 자연적인 고통 감소효소인 엔돌핀의 생산을 자극시켜 준다는 것인데 이러한 엔도르핀 분비를 늘림으로써 스트레스, 긴장, 근심을 해소시킨다는 것이다(이광재, 2010). 다시 말해, 웃음을 통해 혈액순환을 증가시키고, 심장을 튼튼하게 하여 전신 순환, 심폐기능을 강화시키고 심장을 강하게 해주며 신체의 근육·심장마비 나 심혈관계 질환을 예방한다는 사실이 많은 의학자에 의해 임상적으로 확 인되고 있다.

(2) 웃음치료의 심리적·정서적 효과로 웃음은 우울과 불안을 감소시키는 데 유 용하며 분노와 같은 불쾌한 상황에서 벗어나게 하는 유용한 대체적 역할로 이용되고 있다(유정아, 2009). 웃음은 우리의 스트레스를 경감해주며, 분노와 죄 의식 같은 부정적인 감정들을 완화시킨다. 또한 일에 대한 열정도 향상시켜 주는데 웃으며 일을 하는 사람들은 그렇지 않은 사람들보다 더 일을 잘 수행 해 낼 수 있고 스트레스, 분노, 죄의식 같은 부정적 감정들을 감소시켜주고 사람의 자긍심을 높여주어 낙천적인 사고를 지니게 해준다고 한다. 사람이 살아가는 데 있어 그 환경과 분위기가 그 사람에게 많은 영향을 미친다는 것 이 분명한 사실일 때 웃음이 주는 긍정적이고 따뜻한 정서는 타인과의 긍정 적인 유대 관계에도 지대한 영향을 준다(송미림, 2008: 24-26).

(3) 웃음치료의 사회적 기능효과이다. 웃음을 나눔으로써 친밀감, 소속감을 증진 시킬 수 있고, 웃음이 안전한 매개 역할을 하여 대인관계에서 발생하는 불편 을 감소시킬 수 있다(정종순, 2007). 한편 웃음은 듣는 사람의 감정을 이용해서 집단의 유대감을 촉진시키며, 웃음은 새로운 환경이나 사람과의 상호관계를 호전시켜 사회적으로 소외되는 상황을 감소시키고 긴장과 불안감을 줄여주기 도 한다(김애희, 2010). 이러한 웃음치료의 다양한 효과들을 바탕으로 오늘날 전 세계적으로 웃음치료를 활용한 활동이 활발해지고 있다. 웃음이 인간들에게 유익한 효험이 있다는 생리학적 속성들에 대한 연구결과가 미국에서는 한 세 기 이상 계속적으로 발표되고 있으며(노만택, 2002), 미국의 각 병원에서는 이미 암, 고혈압, 심장병, 정신적인 스트레스 등의 치료에 웃음을 이용하고 있다.

4. 연극치료

1) 연극치료의 개념

연극치료는 치료과정에 드라마(Drama)를 의도적으로 개입시킴으로써 인간의 내재된 감정을 탐색하고 통찰하여 삶의 조화와 균형을 이루는 것이다. 쉽게 말해, 연극적 방법을 활용하여 임상적 진단과 치료를 하고 그를 통해 질병 문제를 해결해 나가는 과정이

라고 할 수 있다. 즉, 치료적 도구로서 연극을 활용하는 것이라고 할 수 있다. 전미연극치료협회(N.A.D)와 영국연극치료협회(B.A.D)가 정리한 연극치료의 정의를 살펴보면 전미연극치료협회(N.A.D)는 "연극치료는 증상 완화, 정서적이고 신체적인 통합, 개인의 성장이라는 치료 목표를 성취하기 위해 의도적으로 드라마/연극을 활용하는 것이다."라고 정의하였으며, 영국연극치료협회(B.A.D)는 "연극치료는 사회적, 심리적 문제와 정신 질환 및 장애를 이해하고 증상을 완화시키며 상징적 표현을 촉진하는 수단이다. 그것을 통해 내담자들은 음성적이고 신체적인 소통을 유발하는 창조적 구조 안에서 개인과 집단으로서 자신을 만날 수 있다."라고 정의하고 있다(Landy, 2002, p. 92).

2) 연극치료의 기원

연극치료의 기원은 원시시대의 종교 의식에서 시작되었다. 종교 의식에 음악, 춤, 가면 및 의상들이 항상 사용되었기 때문에 그 안에 이미 연극이 시작되었다고 볼 수 있다. 고대 이집트에서는 의학이 음악 또는 연극과 하나의 의미로 연결되어 육체적, 심리적 병을 물리치는 데 사용되었으며, 우리나라의 굿도 마찬가지로 우리 민족

역사가 시작될 때부터 함께 해 온 가장 예술적인 치료 의식이라고 볼 수 있다(한명희 역, 2002). 연극치료라는 용어는 1956년 Slade라는 영국의 교육학자가 처음 사용한 이후, 영국을 연극치료의 본거지로 삼고 배우와 교사로 구성된 이야기 집단이 유럽의 여러 나라를 순회하고 정신병 환자를 치료하게 되면서 세계에 널리 알려지게 되었다. 그 후 사회사업가들이 요청하는 집단이나 등교를 거부하는 정서불안 아동들을 치료하게 되었고 이는 연극치료 범위가 확대되는 계기가 되었다(한명희 역, 2002; 강영아, 1997 재인용).

3) 연극치료의 효과

연극의 기본은 상상력과 창의성의 활용이라고 할 수 있다. 끊임없이 감정을 표현해야 하기 때문에 억눌린 감정이 분출되고 해소되어 정서적 안정감을 가질 수 있고 역할극을 통해서 자신과 타인을 이해할 수 있게 된다. 이러한 연극을 활용하기에 연극치료는 다음의 세 가지 대표적인 효과를 갖게 된다. 첫째는 정서적 안정감의 향상이고, 둘째로는 사회성의 발달, 그리고 세 번째로는 창의성 및 상상력의 향상 효과가 바로 그것이다.

(1) 정서적 안정감

정서적 안정감은 내, 외부 자극으로부터 동요되지 않는 것이라고 할 수 있으며, 이는 곧 편안하고 고요한 정서를 그대로 유지시켜 갈 수 있는 능력 내지는 작용과 연계된다. 또한 정신 건강과 사회적응의 조화를 이루며 정신적 균형을 유지하는 감정, 즉 긴장과 불안, 근심과 두려움, 만족과 평안함, 자신감과 낙관이라고 본다. 인간이 추구하는 행복한 삶의 기본 바탕에는 정서적인 안정이나 평안함이 전제되어야 한다. 그리고 정서적 안정감은 일상생활에서 사람들이 적응하는 데서 느끼는 정서로 환경에 대한 개인의 반응으로도 나타날 수 있고, 또 환경의 자극과 개인 반응 사이의 상호작용의 결과로도 나타날 수 있다. 자아존중감(self-esteem)이란 본인이 스스로 자신을 사랑하고 소중히 생각하며 존중하는 것이며, 개인이 각자 자기 자신에게

행하는 평가라고도 할 수 있다. 이를 줄여서 보통 '자존감'이라고 말하는데, 이는 스스로를 좋아하고 인정할 뿐 아니라 자신을 가치 있는 사람으로 인식함으로써 행복한 정서를 불러오게 한다. 또한 이런 자기 수용과 존경의 행복감은 정서의 안정성을 도모하여 불안으로부터 탈피할 수 있으며, 나아가 자신감을 갖게 하는 결과를 초래한다. 그리고 이러한 정서적 안정감과 자신감은 타인을 접할 때 선지식 작용을 두드러지게 하고 만다. 본인이 스스로를 인정하고 존중하는 만큼 타인에 대해서도 인정과 존경심을 갖게 되어 배려와 협동이라는 행동을 창출해 냄으로써, 대인관계에서 원만한 교감이 가능해지는 것이다.

(2) 사회성의 발달

연극치료는 신체적 질병보다 정신적 질병을 갖고 있는 내담자를 대상으로 할 때 더욱 효과적이다. 연극이 가지고 있는 극적 구조가 실제의 삶의 구조와 동일하고 다른 사람과 사회에 대한 인식의 변화를 가져올 수 있기 때문이다. 연극적 요소는 사회성 발달을 주 교육 목적으로 하는 정신지체 장애아나 아동, 청소년에게 있어서 효과적인 예술치료 방법 중 하나이다. 상담사 및 다른 내담자들과 교감을 나누어 감정의 교류를 통해 교감 능력이 증폭되고 자연스레 인간관계를 개선시켜 사회성의 발달이 이루어지게 된다. 치료 과정 중 내담자는 즉흥 또는 역할극의 수행과정에서 다양한 관계맺음을 통해 용기 있게 사람과 직면하고 더욱 자유로운 인간관계와 사회생활을 확보하는 데 도움을 주게 되는 것이다.

(3) 창의성과 상상력의 향상

연극치료를 수행하는 프로그램에는 여러 가지 연극적인 놀이가 포함될 수밖에 없게 된다. 놀이는 스트레스를 해소시켜 주고 즐거움의 기회를 준다. 특히 아동은 이러한 놀이를 통해 언어를 터득하고 발달시키며 상상력과 창의성, 집중력 등이 향상된다. 또한 신체의 순발력과 지구력이 형성되기도 한다.

5. 음악치료

1) 음악치료의 개념

음악치료는 예술과 창의성을 중시하는 음악(music)과 치료(therapy)의 합성어로 음악을 매개로 하는 적극적이고 기능적인 심리치료 중 하나이다. 음악치료는 전문가가 내담자의 필요와 요구를 진단하여 치료적 목적을 설정하고 적절한 음악적 치료를 진행하고, 치료과정과 결과를 평가하는 체계적인 치료과정이다. 각 음악 치료기관·협회들이 제시한 일반적인 정의는 다음과 같다.

(1) 미국음악치료협회(American Music Therapy Association)

음악치료는 치료를 목적으로, 즉 정신과 신체건강을 복원, 유지시키거나 향상시키기 위해 음악을 사용하는 행위이다. 이것은 치료하는 환경에서 치료 내담자의 행동을 바람직한 방향으로 변화시키기 위한 목적으로 음악치료사가 음악을 단계적으로 사용하는 것이다.

(2) 캐나다음악치료협회(Canadian Association for Music Therapy)

음악치료는 개인의 신체적, 심리적, 정서적 통합을 돕고 결함을 치료하는 데 음악을 사용하는 것이다. 이것은 다양한 치료형태를 가지고 모든 연령의 환자 영역에 적용된다. 음악은 비언어적 속성을 지니고 있지만 언어와 소리 표현에서는 광범위한 기회를 제공한다.

2) 음악치료의 역사

음악이 치료적 가치로 자리 잡게 된 것은 20세기에 이루어진 일이지만 음악이 치료의 도구로 사용된 역사는 원시시대부터 그 기원을 찾아 볼 수 있다. 고대철학에서도 음악이 사람에게 긍정적 영향을 끼친다고 나와 있으며, 그 효과 또한 입증이 되었다. 음악치료가 전문적으로 입지를 다진 1940년대 이전에도 음악치료의 효과에

대한 연구는 진행이 되었고 정신
질환에 걸린 환자들을 대상으로
많은 연구가 진행이 되었다. 음악
치료는 어느 시대적 배경에도 발
전해왔는데 문명이전의 사회, 고
대 사회, 중세 기독교 사회, 르네
상스 시대, 바로크 시대, 18~19세
기 등 인류와 함께 발전했으며 가

장 오래된 예술치료 중 하나라고 할 수 있다.

3) 음악치료의 장점

음악치료는 음악을 도구로 이용하여 인간의 바람직하지 못한 정서, 행동을 바람
직한 상태로 바꾸도록 도와주는 것이다. 이때 가장 중요한 치료의 원리는 치료사와
환자 간의 관계(rapport) 형성이다. 이 관계가 형성되지 못하면 치료는 행해지지 않는
다. 음악치료의 장점은 다음과 같다.

(1) 관계형성 시 음악이 매개체가 되어 도와준다는 점인데 음악이라는 도구의 독
특한 힘으로 치료사와 환자 간의 관계를 쉽게 맺을 수 있게 할 뿐만 아니라
그 관계를 유지시켜주고 강화시킨다.

(2) 음악은 범문화적인(cross-cultural) 표현양식이므로 문화적 제한을 받지 않는다.

(3) 소리자극은 인간의 몸과 마음을 직접적으로 꿰뚫는 힘이 있다. 그러므로 음
악은 인간의 감각을 자극하고 감정과 정서를 일으키며, 생리적, 정신적 반응
을 유발시킨다.

(4) 음악은 비언어적 특성을 갖고 있다. 이런 특성으로 인해 음악은 의사소통의
보편적인 수단이 될 수 있다. 말을 안 하거나 못하는 환자에게도 서로 악기로
대화를 한다든지, 합주를 한다든지, 함께 음악을 듣는다든지 하는 방법을
통하여 얼마든지 의사소통을 할 수 있게 된다. 따라서 대상의 범위가 자연히

다양해진다. 연령에 구애받지 않고 어떤 환자에게도 적용할 수 있다.

4) 음악치료의 효과

음악은 음악치료의 기본적인 도구로서, 음악의 효과는 음악치료의 효과와 밀접한 연관성이 있다. 즉, 음악치료의 효과를 알기 위해서, 먼저 음악의 효과를 알아야 한다. 음악이 사람에게 적용될 때 나타나는 효과는 크게 생리적 효과, 심리적 효과, 사회적 효과로 분류될 수 있다. 이런 음악의 효과들은 상호 복합적으로 작용하므로, 음악의 효과를 통해 음악치료의 효과로 나타날 수 있다.

(1) 음악의 생리적 효과

음악이 인간의 신체에 반응을 일으킨다는 연구는 지난 수십 년간 활발히 이루어져 왔다. 과거의 연구를 통해 음악이 혈압, 맥박 수, 호흡 수, 뇌파, 피부 반응, 근육 반응 등 생리적인 신체 변화를 가져온다고 밝혀졌다(William, Kate & Thaut, 1999). 그러나 반응을 유발시키는 음악, 반응을 나타내는 인간은 매우 다양한 존재이므로 음악의 생리적 효과를 일반화하는 것은 어려운 일이다. 음악에 대한 자율신경반응은 획일적인 것이 아니라 각 개인의 나이, 성별, 몸의 상태, 심리적 상태에 따라 다르게 나타난다. 또한 음악적 선호도나 취향에도 많은 영향을 받게 된다(Harrer & Harrer, 1977).

(2) 음악의 심리적 효과

음악이 인간의 감정, 정서에 영향을 미친다는 것은 보편적인 사실이다. 음악을 듣는 사람의 문화적 배경이나 선호도, 음악교육 정도, 감상곡과 관련된 과거경험 등이 음악 감상 시의 정서적 반응과 관계가 있다는 것은 여러 연구에서 밝혀지고 있다. 그러나 음악적 요소의 특징, 즉 선율, 박자, 화성이나 강세 등도 음악을 듣는 사람에게 개인적이고 특정한 경험을 하도록 어느 정도 영향을 미친다. 흥분시키는 음악은 스타카토, 당김음, 강세가 많으며 조성의 변화가 급격하고 음역의 폭이 넓어, 다음에 이어질 내용을 예측할 수 없다는 특징이 있다(최병철, 1999). 즉, 음악 감상은 음악 자체의 요소와 개개인의 심리적 요소 및 배경이 복합되어 개인마다 달라지기 때문에 개개인 혹은 대상 환자군에 따라 다르게 사용되어야 한다.

(3) 음악의 사회적 효과

음악은 가장 오래되고 가장 자연스러운 의사소통과 자기표현의 수단이다. 음악은 비언어적인 의사소통 수단으로서, 특별히 언어사용 능력이 제한된 환자라도 치료사와 함께 연주하면서 분노나 기쁨과 같은 자신의 감정을 음악으로 표현할 수 있다. 그 감정은 음악을 통해 치료사에게 전달되고, 치료사가 치료 도중에 보내는 음악적인 지지는 감정적으로 환자와 강한 연대감을 형성하는 것이다. 거의 말을 하지 않는 자폐성 아동도 음악을 통해 치료사와 관계를 맺을 수 있으며, 이때의 음악적 관계는 사회적 관계로 발전하게 된다. 따라서 말로 표현하기 힘든 내면의 문제들을 음악을 통해 이야기하고, 집단 속에서 새로운 사회적 교류로 이어지게 된다. 이에 대해 Merriam(1964)은 음악이 말로 표현하지 못하는 감정을 쉽게 표현하도록 해주며, 미적인 즐거움을 더해주고, 오락의 방법으로 제공되며, 의사소통의 방법으로 이용될 수 있다고 했다. 또한 상징적 표현이 제공되고, 신체적 반응을 유발시키며, 사회규범과 관련되며, 사회 기관과 종교의식을 확인시키고, 사회와 문화의 연속성에 기여하며 사회통합에 이바지한다고 보았다.

6. 무용치료

1) 무용치료의 정의

무용치료는 음악, 미술, 드라마와 같이 예술 치료의 한 분야이며 움직임으로 개인의 신체, 정신을 통합시키는 것으로서 언어적인 도구만으로는 표현하기 어려운 개인의 감정과 정서를 신체를 사용하여 자유롭고 즉흥적인 동작 또는 움직임을 통해 표현함으로써 신체와 정신을 통합시키는 것에 목적이 있는 심리치료이다(류분순, 심민정,

2000). 무용치료는 창작적이고 즉흥적인 움직임을 기초로 하며 그것이 가지고 있는 자유로운 의사 표현과 상호소통이란 면을 이용하여 정신적, 신체적 결함이 있는 환자들을 치료하는 정신치료라고 할 수 있다.

미국무용치료협회(American Dance Therapy Association)에 의하면 무용치료는 한 개인의 정신과 육체의 통합을 위한 과정으로서 움직임을 정신 치료적으로 사용하는 것이라고 정의하고 있으며, 영국무용치료협회(The British Association for Dance Movement Therapy)에 의하면 무용치료를 표현적인 움직임과 무용을 개인이 창조적으로 자기 완성과 성장과정에 참여하도록 하는 매체로서 사용하는 것이라고 정의하였다.

무용치료는 1940년대를 시작으로 1960년대에 접어들면서 미국, 유럽에서 널리 알려졌으며, 무용을 기반으로 한 움직임으로 치료효과를 극대화 시킨 것은 영국에서 발전시켰다. 무용치료의 개념 정립은 무용을 이용한 치료의 선구자로 알려진 마리안 체이스(Chace, M. 1896~1970)의 활동을 통해 파악해 볼 수 있는데 마리안 체이스는 무용치료의 전제를 인간의 육체와 정신이 서로 연관된 연속체라는 믿음을 가지고 무용치료를 시작하였으며, 1966년도에 미국무용치료협회(American Dance Therapy Association)를 설립하게 된다(박국자, 2008: 6).

2) 무용치료의 개념

무용/동작치료는 인간의 신체를 사용하여 개인의 감정과 정서를 표현하게 하는 것으로 움직임 자체에 언어가 있어 감정 이입과 표현이 단순히 신체에 의한 율동이 아니라 그 안에 사상, 감정, 상징적인 의미도 내포하고 있다는 것이다. 또한 사람의 몸은 성격의 표현으로 나타나고 무용/동작치료에서 움직임의 사용은 한 개인에 대한 마음 상태, 기분, 활동성, 무기력, 경직성 등을 말하여 움직임을 통해 상호작용은 새로운 경험이나 감각을 일으킬 수 있다. 따라서 무용/동작치료는 무용 창작의 기초가 되는 무용 즉흥 과정을 통해 감정과 신체가 통합되는 전체성에 기여함으로서 치유의 기능을 하며, 심리 치료의 한 수단으로 작용하게 된다. 무용/동작치료는 정신적 결함이 있는 사람을 긍정적인 자기 개념과 가치관을 가질 수 있는 인간으로 성장, 발달하게 하는 한 방법이며, 창의적인 무용 움직임을 통하여 자아실현과 치료의 목적을 가질 수 있다.

3) 무용치료의 효과

무용치료의 효과는 다음과 같다.

(1) 자유로운 동작 및 움직임은 불안정한 정서로 인해 긴장된 근육의 이완이 새로운 감정을 불러일으킬 수 있으며 심리적 해방감과 안정감을 주고 내면의 감정과 갈등, 스트레스가 외부로 표출되어 갈등 상태를 둔화시킬 수 있다. 또한 심리적 갈등으로 인한 몸 근육의 기능 저하를 즉흥적 움직임과 자유로운 호흡을 통해 근육이완 및 긴장 상태를 완화하고 억압되었던 운동성을 되찾을 수 있다.

(2) 무용치료는 내담자에게 카타르시스를 제공한다. 무용과 동작을 통해 에너지를 발산하고 스트레스로 인해 발생한 긴장감을 해소시킬 수 있으며 스트레스 해소를 통해 부정적인 생각을 적극적이고 활력 있는 생각으로 바꿀 수 있으며 일상적으로 지루한 생활을 의욕적인 생활로 만들어준다.

(3) 무용이나 동작은 효과적인 의사소통의 도구가 될 수 있다. 일반적으로 기존 상담은 언어적인 방법으로만 깊은 감정이나 경험을 표현하도록 하고 있지만 자신의 경험을 언어적 표현으로 하기 어려울 때가 있고 내담자의 상태나 상황에 따라 언어적 표현에 어려움이 따르는 경우 움직임과 동작은 표현도구가 되며 의사소통의 매개 역할을 할 수 있다.

7. 놀이치료

1) 놀이치료의 개념

놀이치료는 주로 아동을 대상으로 진행하는 치료로 아동은 성인과 달리 언어적 표현보다는 비언어적 표현이 많고 언어능력이 충분히 발달되어 있지 않은 상태여서 유아나 아동을 대상으로 하는 상담에서 놀이나 다양한 매개를 통하여 접근하는 방법이 필요하다. 놀이치료는 실제 현장에서 아동을 대상으로 하는 상담에 많이 활용이 되고 있다. 놀이치료는 심리적 문제 해결을 돕기 위해 치료사와 아동 간에 상호작용을 통해 놀이사가 놀이가 가지고 있는 치료적 힘을 활용해 문제를 치유하는 것으로 놀이치료는 놀이의 치료적 힘을 이용하여 아동의 심리, 사회적 문제를 예방하거나 해결하는 심리치료이다. 놀이는 아동들이 자신의 생각과 감정들을 표현하게 하여 놀이치료사가 아동을 이해하는 데 중요한 도구가 되는데 Anna Freud(1950)는 아동의 다양한 반응, 공격성, 공감을 받으려는 욕구 등이 놀이를 통해 잘 표현된다고 하였다. 아동들은 불안, 긴장, 좌절감, 공격성, 두려움, 혼란 등의 감성을 발산하여 해소시키면서 자신의 문제를 스스로 이해할 수 있는 내적인 힘을 기르고 새로운 자아상을 형성하여 건강하게 성장할 수 있다고 하였다(구본권, 2009). 이처럼 아동들에게 놀이는 감정의 표현, 관계의 탐색, 자기 성취의 매개체가 되는 즐거운 행위이며, 치료사에게 놀이는 아동과 치료적 관계를 형성할 수 있게 도와주며 신뢰감과 협력관계를 형성할 수 있다.

2) 놀이치료의 역사

놀이치료의 역사는 Freud가 아동의 놀이와 행동을 관찰함으로써 아동의 부적응 문제와 마음속에 쌓인 좌절, 갈등에 대한 연구를 진행한 것부터였다. 그 후 놀이의 치료적 가치를 이론적으로 독자적 가치로 인정한 최초의 학자는 Klein(1932)로 Klein은 놀이를 아동의 자연적인 표현 매체라 생각하여 언어가 아직 발달되지 않은 아동의 경험이나, 정서, 복잡한 사고의 표현 등의 수단으로 놀이가 중요하다고 하였다. Klein 이후 현대적인 놀이치료 이론을 체계화한 사람은 Axline(1947)으로 Axline은 Rogers의 비지시적 상담이론을 놀이치료에 적용하여 아동이 놀이치료 과정을 주도하여 치료자는 놀이치료환경을 조성해주고 아동의 행동, 반응을 관찰하여 분석하는 '비지시적 놀이치료'를 창안하였다. 이후 비지시적 놀이치료는 치료 과정을 통해 아동이 자발적으로 자신을 변화시키려 노력하게 된다는 점을 생각하여 '아동중심 놀이치료'라는 이름으로 불리게 되었다. 아동중심치료는 그동안 장애를 가진 아동들의 치료에 적극적으로 적용되어 왔는데 학습장애 아동, 언어장애 아동, 정신지체 아동의 사회적, 정서적 적응을 돕기 위한 효과적 치료 방법으로 사용되어 왔고 지금도 장애를 가진 아동들에게 놀이치료는 활발하게 사용되고 있다.

3) 놀이치료의 특성

아동에게 있어 놀이란 감정과 생각과 경험을 표현하도록 도와주며, 아동들에게 가장 친숙하고 자연스러운 매개체라고 할 수 있다. 아동의 심리를 최초로 분석한 Freud(1950)는 놀이가 아동만의 문화이고 아동의 심리를 가장 잘 나타낸다고 하였다. Amster(1943)는 놀이가 여섯 가지 치료적 기능이 있다고 주장하였는데 진단, 관계 형성, 방어수단으로의 이용, 언어 촉진, 긴장해소 등의 기능을 가지고 있으며 아동의 모든 놀이는 아동이 자신에 대해 알고 행동하고 회상하고 해소하게 함으로써 치료적 기능을 갖는다 하였다. 이런 놀이의 특성을 치료와 합한 것이 놀이치료라 할 수 있다.

4) 놀이치료의 효과

놀이치료는 집단 놀이치료와 개별 놀이치료로 구분이 되는데 집단 놀이치료는 인지, 행동, 신체, 정서, 사회성에서 아동의 문제를 다루고 일상생활에서의 다양한 관계 및 인지, 신체, 정서, 사회적 훈련 요소들을 조합하는 특성을 지니고 있다 (O'Conor 1991). 치료과정에서 다른 아동 간에 자연스러운 상호작용을 통해 서로에 대해 이해를 하게 되고 자신에 관해서도 이해하게 되면서 사회성을 키울 수 있게 된다 (신숙재, 이영미, 한정원, 2000 재인용).

집단 속에서 경험하는 관계와 상호작용을 통해 자연스러운 감정 표출, 타인에게 도움을 주고 도움을 받으므로 집단의 구성원으로서 책임감을 갖게 해주는 경험을 할 수 있다(조윤경, 2011 재인용). 결과적으로 사회성이 부족한 아동들이 다른 아동들에게서 존중을 얻게 되고 이로 하여금 아동을 성장하도록 돕는 방법이 된다(최윤미, 2016 재인용).

개별 놀이치료는 아동들의 의사소통의 매개체인 놀이로 자아를 탐색하고 표현하도록 치료사를 통해 격려 받고 안전한 관계를 발달시킬 수 있는 기회를 제공받아 치료사와의 역동적인 대인관계를 경험하게 된다. 다시 말해, 집단 놀이치료는 다차원적 관계형성을 통해 개별 치료에서 얻을 수 없는 효과를 얻게 되고 개별 놀이치료는 치료사와의 안전한 관계를 통해 자신의 감정 표현, 관계 형성의 기회를 받을 수 있는 것이다.

8. 모래놀이치료

1) 모래놀이치료의 개념

모래놀이치료란 모래상자와 상징물을 사용하여 내담자의 내면세계의 이미지를 구체적인 형상으로 표현한 작품을 만들어 가는 무의식의 의식화 과정을 통해 스스로의 힘으로 치유하는 자기치유력을 추구하는 심리치료이다(야마나카 야스히로, 2005). 자연물인 모래와 물 그리고 상징적인 소품을 사용하여 내담자들이 좀 더 자연스럽게 다가갈 수 있고 모래놀이치료를 하는 동안 내담자의 무의식 심상을 나타내는 데 있어서 매우 용이하다는 이점을 지니고 있다.

모래상자는 내담자가 자신 안으로 들어갈 수 있는 문(門)이 자, 하나의 세계를 창조하는 '보호된 자유로운 공간'으로서 내담자의 표현세계를 수용해준다(김보애, 2005; 김유숙 외, 2005). 즉, 내담자는 모래상자를 통하여 자신을 지켜주는 안정된 기반을 확립하게  되는 것이다(김유숙, 야마나카, 2005). 또한 치료실이라는 공간 안에서 모래상자라는 또 다른 공간을 통해 내담자는 이중으로 보호받게 되어 더욱 안정감을 얻게 된다(Ammann, 2009).

모래놀이치료에서의 상징물은 내담자의 정신세계를 표현하기 위한 물질적인 형태이며, 새로운 가능성의 세계를 창조하도록 해주는 매개체이다(김선숙, 2009; 이미숙, 2010). 상징물은 내담자가 자신의 내면을 어떻게 표현해야 할지 망설일 때 자신의 내면에서 느껴지는 적당한 형태로 상징화 할 수 있도록 도움을 주어 어려운 깊은 내면의 세계를 표현할 기회를 준다. 이와 같이 모래놀이치료에서의 상징물은 내담자가 내적 세계를 표현할 수 있게 하여 자신의 감정과 경험을 불러일으키는 치료적 역할을 한다(염숙경, 김광웅, 2008; 이미숙, 2010).

따라서 모래놀이치료는 모래를 만지는 행위를 통해 치유, 정화의 경험을 하고 자유스럽고 보호된 공간인 모래상자에서 소품을 이용하여 내면의 이미지를 시각화하여 내담자 스스로 치유해나가는 자기치유의 경험을 하게 한다(박지영, 2011).

2) 모래놀이치료의 역사

모래놀이치료는 1929년 영국의 소아과 의사인 로웬펠드(Lowenfeld)에 의해 모래놀이의 이전 형태이자 '세계놀이(Worldplay)'로도 알려진 '세계기법(World Technique)'이라는 아동을 위한 심리치료가 개발되었다. 그 당시 아동을 위한 심리치료는 멜라닌 클라인(Klein M.)이나 안나 프로이트(Freud A.)와 같이 정신분석이론에 기초를 둔 아동분석이 성행하였는데, 로웬펠드는 이 정신분석의 방법이 지나치게 프로이트의 이론에 맞추어 해석된다고 비판하였다. 아동은 어른과는 달리 사상, 감정, 감각, 관념, 기억이 불가사의하게 엉켜 있으며, 이것들을 충분히 표현하기 위해서는 시각뿐만 아니라 촉각과 같은 감각의 요소를 모두 발휘할 수 있는 기법이 필요했다. 그래서 그녀는 해석이나 전이 없이 치료할 수 있는 방법으로 모래놀이를 생각했고 이 기법이 아동의 내적 세계를 표현할 수 있게 한다는 뜻으로 '세계기법'이라 불렀다. 그 당시 로웬펠드를 만난 임상가들은 그녀로부터 많은 영향을 받았다. 그중 모래놀이를 발전시킨 대표적인 사람은 도라 칼프(Dora Kalff)이다. 칼프는 융의 분석심리를 이론적 배경으로 적용하여 모래상자의 표현을 상징적으로 해석하는 길을 열었고 '모래놀이(sandplay)'라는 이름을 붙여 발전시켰으며 이는 현재의 모래놀이치료로 발전하게 되었다(김보애, 2003).

3) 모래놀이치료의 특징

모래놀이치료는 다른 치료 기법과 구별되는 특징으로 다음과 같이 요약할 수 있다.

(1) 비언어적인 의사소통을 할 수 있다. 심리치료는 무의식적인 것을 의식화하는 것이다. 의식화하는 과정으로 언어화를 들 수 있으며 언어화하는 것은 중요한 심리치료의 한 가지 방법이고 과정이 될 수 있다. 언어 이외에 이미지, 제스처, 표정 등으로 전달하기도 한다. 모래상자 위에 놀잇감을 놓고 표현하는 것은 언어로 나타낼 수 없는 생각을 작품에 의해 이미지로 나타내고, 동시에 그 작품을 보고 의식화하는 것이 가능하므로 발달이 지체된 아동과 문제가 복잡해서 언어화가 어려운 중·고등학생의 치료에 모래놀이치료를 적용할 수 있다(岡田康伸, 1989).

(2) 적용 대상의 연령이 다양하다. 모래놀이치료는 대개 3세 이상의 아동부터 성인에 이르기까지 실시할 수 있다. 증상을 특징짓기 힘든 아동과 내적인 것을

표현하려고 하는 사람, '억압된 아동', '장애아', '발달 장애아', '정신지체' 등 모든 대상을 상대로 실시할 수 있다.

(3) 치료관계 확립의 매개로서의 역할을 한다. 작품을 만들어 가는 사이에 내담자와 치료자가 모두 일체성이 형성되면, 치료적 인간관계가 촉진되기도 하고 확립되기도 한다. 이 치료법은 치료관계를 확립하는 매개물이 되며, 작품이 만들어지면 그 만드는 것을 매개로 해서 깊은 인간관계로 진행되어 자기 치유능력이 형성된다.

(4) 놀잇감을 사용하므로 흥미를 불러 일으키고 제작하기 쉽다. 놀잇감은 내담자의 내적 세계를 투영한다. 이미 만들어진 놀잇감을 모래상자 위에 두는 작품 제작 방법은 회화, 점토 제작 등과는 달리 능숙한 사람, 서투른 사람의 능력이 차이가 나지 않는다. 이와 같이 놀잇감으로 표현되어진 작품은 입체적이고 눈으로 볼 수 있는 작품, 즉 시각적으로 잡힌다. 자신이 제작한 작품을 보는 내담자는 반작용적인 자극을 받는다.

(5) 모래를 사용하여 촉감을 이용할 수 있다. 심리치료에서 실제로 모래를 사용하는 기법은 없다. 모래놀이치료에서는 모래를 사용하여 촉각에 작용하는 모래의 감촉을 생생하게 체험할 수 있으며 이는 신체에 직접 작용한다. 마음과 신체는 상호관계가 있고 심리치료는 마음에 작용하는 면이 강하지만, 모래에 의해서 신체면으로도 작용하는 것이 가능하다(岡田康伸, 1989). 또한 모래를 만지는 것은 치료에 알맞은 퇴행을 일으키는 데 도움이 되며, 이것은 성인에게도 나타난다(심재경, 1994). 모래가 가지고 있는 특성은 내담자로 하여금 심리적인 긴장을 완화시켜 줄 뿐만 아니라 내담자가 원하는 대로 자유롭게 변형이 가능하기 때문에 여러 가지 사물의 개념을 이해시키고 물리적 지식을 확충시키는 데 효과적이다.

4) 모래놀이치료의 효과

모래놀이치료는 작품을 만드는 것이 치유의 의미를 가지는 것으로, 몇 회기에 걸쳐 연속적으로 만드는 과정을 통해 자아가 발달할 뿐만 아니라 사회성이 발달하여 다른 사람과의 관계도 개선될 수 있다(김유숙, 1996).

모래놀이치료는 놀잇감을 사용하기 때문에 아동의 흥미를 불러일으키기가 쉽고, 자신의 갈등을 상징적으로 투사할 수가 있으며 '모래'라는 비언어적 매체와 심리적, 신체적 경험을 시각적, 촉각적, 청각적으로 표현할 수 있도록 해준다. 또한 실패의 부담 없이 다양한 시도를 할 수 있다는 점에서 유아에게도 적절한 구체적 상징활동이 될 수 있다(이은진, 2000). 특히 모래상자 위에 놀잇감을 놓아 표현하는 것은 언어로 나타낼 수 없는 생각을 모래 위에 작품의 이미지로 표현하는 것이기 때문에 언어화가 어려운 유아와 증상을 특징짓기 어려운 장애를 가진 유아, 발달장애아, 억압된 아동, 내적인 것을 표현하는 데 어려움이 있는 사람 등, 대개 3세 이상의 모든 유아에서부터 성인에 이르기까지 실시할 수 있다는 장점이 있다(이숙 외, 2000).

9. 미술치료

1) 미술치료의 개념

미술과 치료라는 두 영역에서 탄생한 미술치료는 이론 관점과 임상 관점이 학자와 미술치료사마다 다를 수 있기 때문에 한 개념으로 정리하기는 어렵다. 그러나 미술치료는 일반적으로 의학적 기준, 심리학적 기준, 교육학적 기준, 인간학적 기준에 따라 분류되어 발전되고 있는 치료 영역이다(Baukus & Thies, 1997; Malchiodi, 2003; Menzen, 1994, 2001; Petzold, 1991; Richter, 1984; 1987; Rubin, 1999). 이에 따

라 '미술치료'가 가장 일반적으로 통용되는 용어이지만, 관점에 따라 '예술치료', '표현치료', '창의성 치료', '미술심리치료', '미술매체를 통한 심리치료' 등으로 다양하게 사용된다.

미술치료는 미술을 바탕으로 한 심리치료의 한 형태로서 미술교육과 다르게 결과보다는 과정을 중시한다. 필요에 따라 미술치료에 미술교육적인 요소를 도입하기도 하지만, 작품의 완성도보다는 미술활동을 하는 과정을 통해 치료적 효과를 얻는다. 미술치료는 치료적 상황에 미술을 도입한 것으로 내담자가 자발적으로 미술활동을 하도록 도와 자신의 감정을 표출하고, 이를 통해 심신의 안정과 성장, 창조적인 삶을 살게 하고, 자신을 이해하고 타인을 이해하며, 건강한 인격체로 기능하도록 도와 건강한 자아는 더욱 성숙시키고, 일상생활에 어려움을 겪는 사람들에게는 증상을 완화시키거나 감소시키는 것을 목적으로 한다. 즉, 미술활동이라는 의식을 통해서 비언어적으로 어떤 과정을 수행함으로써 치료적인 해소를 가져온다(Liesl, 1997).

2) 미술치료의 역사

미술치료는 19세기 초반, 독일의 정신과 의사들이 미술활동을 작업 치료적 관점의 한 부분으로 환자치료에 미치는 예술적·정서적 효과로 받아들이면서부터 시작되었다(Domma, 1990). 그 후 19세기 후반 유럽에서는 산업화와 더불어 정신병리적 현상이 증가하면서 미술치료의 필요성이 증대되고, 정신병원 환자들의 그림 분석을 통해서 미술활동이 환자들의 심리에 중요한 역할을 하고 있음을 발견하게 되었다. 또한 그 시기에 심리학, 미술, 문학 분야에서는 무의식에 대해 관심이 높아지면서 예술적 표현을 통해서 인간의 내적 세계를 이해하고 분석하는 시도가 활발해졌고, 그로 인하여 정신분석인 Rorschach, Freud, Jung 등도 환자의 그림을 분석하여 치료에 적용하였다(정여주, 2003). 결국 이러한 시도들은 미술치료의 학문적 기초가 되었다.

그 후, 미술을 심리 치료적 관점과 연계하여 인식하게 된 것은 1940년대 초반으로 대표적으로 Naumburg와 Kramer에 의해서 미술치료가 새로운 영역으로 발전되었다(김선현, 전세일, 2008). Naumburg는 'Art in Therapy'를 강조하며 환자들이 자유연상으로 떠올리는 그림 속에 상징적 내용과 자신의 의지를 가지고 그림을 그리는 과정 중에 그림과의 대화를 통해 치료사의 해석을 중요시했고, 미술을 치료과정의 매개체로 보았으며 프로이트의 정신분석 이론을 더욱 발전시켰다.

Ulman은 1961년에 Naumburg와 Kramer의 이론을 통합하여 "미술치료는 치료적 측면과 창조적 측면 모두를 포함하고 있다."라고 제시하면서 미술치료를 독립된 분야로 발달시켰고, 또한 1969년에는 미국미술치료협회(American Art Therapy Asso- ciation: AATA) 설립에 큰 기여를 하였다(한국미술치료학회, 1997).

3) 미술치료의 특징

미술치료는 제한점도 많고 아직 연구되어야 할 부분도 많지만, 심리치료의 한 부분으로서 독특한 가치를 지니고 있다. 미술치료의 몇 가지 이점을 중심으로 Wadeson(1980)이 제시한 미술치료의 특징을 살펴보면 다음과 같다.

(1) 미술은 심상의 표현이다. 인간은 언어로 표현하기 전에 심상으로 먼저 사고를 하고 인간의 심상은 겪은 경험이 그대로 마음에 형상적 모습으로 나타나기 때문에 가장 구체적이고 솔직한 표현인 것이며 미술이 심상의 표현을 돕는 데 매우 효과적이다.

(2) 내담자의 방어를 감소시킨다. 상담과정은 언어적 표현을 많이 사용하는 반면 미술은 비언어적, 즉 작업 활동을 위주로 자신의 내적 감정을 표출하기 때문에 내담자의 부담이 비교적 적고 자아방어기제의 영향을 적게 받는다.

(3) 구체적인 유형의 자료를 즉시 얻을 수 있다. 미술활동을 통한 시각적·촉각적인 결과물의 특성으로 인해 내담자가 자신의 내적 갈등이나 문제를 재인식하고 바람직한 방향으로 나아갈 수 있도록 도와주며 미술활동을 하는 그 과정 자체가 치료의 의미를 지닌다.

(4) 미술은 자료의 영속성이 있어 회상할 수 있다. 미술작품은 자료가 실물이든 그림파일이든 간에 계속적으로 남겨지게 되고 미술치료가 종결될 때 결과물들이 회상과 통찰, 마음의 재정리 등의 중요한 역할을 하며 이러한 자료를 보

관함으로써 내담자의 존재를 인식하고 존중하는 의미를 가지고 있다.

(5) 미술은 공간성을 지닌다. 미술활동 또는 미술작품은 그 자체로써 공간적 특성을 지니며, 이로 인해 문제를 쉽게 이해하고 해결해 나가는 데 도움을 준다. 미술작품으로서 가족 또는 타인과의 관계에 있어서 치료활동 속에서의 공간성을 지니며, 결과물 속에서도 공간성을 지닌다.

(6) 미술은 창조성이 있으며 에너지를 유발시킨다. 내담자가 미술작업을 하기 전에 개인적인 문제나 갈등으로 인해 신체적 에너지가 다소 떨어져 있으나 미술작업을 하는 과정에서 토론, 감상, 정리 등의 과정을 가짐으로써 대체로 기분 전환이 된 모습을 볼 수 있다. 이러한 모습은 단순한 신체운동이라기보다는 '창조적 에너지'의 발산으로 해석될 수 있다.

4) 미술치료의 효과

미술은 인간의 주위를 환기시키는 동시에 긴장을 풀어준다. 그것은 미술적 형태와 색채 감각이 인간 육체의 긴장, 정신적 피로감이나 육체적 피로를 풀어주며, 해방감을 느끼게 해 주기 때문이다. 그림을 통해 우리는 환자(내담자)의 정신 상태를 이해할 수 있고, 그림을 그리게 함으로써 정신적인 문제들이 호전되어 가는 것을 볼 수 있다(김재은, 1984). 이는 미술이 인간의 본능적 창조를 미술활동을 통해 아름답게 승화시킨다는 큰 의미를 가지고 치료적 역할을 하기 때문이다(신연숙, 1994).

미술치료는 그림을 그리거나, 조각을 하거나 하는 인간의 조형활동(창작활동)을 통해서 개인이 가진 갈등을 조정하고 동시에 자기표현과 승화작용을 통하여 개인이 가진 갈등을 조정하고 자아성장을 촉진시킬 수 있도록 한다. 그리고 이러한 자발적인 조형활동은 개인의 내적 세계와 외적 세계 간의 조화를 이룰 수 있도록 도와준다(임주영, 2003).

다시 말해, 미술치료는 미술매체를 통해 자신의 무의식을 자연스럽게 표출할 수 있도록 도와주는 등 많은 특성이 있으므로 치료의 효과도 다양하게 입증되었다. 즉, 미술치료는 미술매체를 통해 내면의 감정을 표현하므로 언어적 표현을 쉽게 해주고 잠재적 긴장이나 불안을 완화해 주며(황해경, 최은영, 전종국, 2006), 심리치료의 이론을 바탕으로 하여 인간의 조형활동을 통해서 개인의 갈등을 조정하고 동시에 자기표현을 통해서 개인의 내적 세계와 외적 세계 간의 조화를 잘 이룰 수 있도록 도와준다(이영옥, 이정숙, 2011). 또한 미술치료는 신체, 생리적 전반적인 기능을 향상시켜주어 고통을 감소시키며 극복할 수 있도록 도와주고, 스트레스를 감소시키며, 다양한 감정을 표현하도록 하여 심리적 방어나 어려움을 감소시키는 역할을 한다(김선현, 2006). 아울러 미술은 심상 표현과 창조적 활동으로 마음뿐 아니라 신체에 관한 의식적, 무의식적인 강력한 메시지를 전달하여 질환을 치유하는 데 효과적이다(최재영, 김진연, 2004).

10. 공예치료

1) 공예치료의 개념

일반적으로 공예란 실용적인 물건에 장식적인 요소를 부가함으로써 그 가치를 높이려고 하는 조형 활동의 하나이다. 흔히 공예치료를 인식할 때 미술치료의 한 분야로 이야기하지만 이제까지의 미술치료가 평면인 그림 그리기와 입체인 만들기를 그 내용으로 하였다면 공예치료는 그림을 단순히 종이가 아닌 다양한 재료에 그릴 수 있다는 보다 확장된 개념의 미술치료이다.

공예치료는 조형 활동을 통해서 한 개인의 갈등을 조정하고 동시에 자기표현과 승화작용을 통해서 자아성장을 촉진하는 과정이며, 아동의 자발적인 참여는 개인의 내적 세계와 외적 세계 간의 조화를 잘 이룰 수 있도록 도와준다. 또한 조형 활

동 과정에서 이미지를 표출함으로써 비언어적인 커뮤니케이션을 할 수 있는 장점이
있다. 즉, 공예 활동 과정에서 기존의 언어적 이미지와 시각적 이미지에서 지금까지
억제되어 있던 상실, 왜곡, 방어적인 상황을 보다 명확하게 자기상으로 인식하여 재
발견하고 자기 동일화와 자기실현을 할 수 있다.

2) 공예치료의 특징

(1) **심상의 표현**: 인간은 심상으로 먼저 사고를 한다. 삶의 초기 경험이 개인 심상
    의 중요한 요소가 되고, 이는 성격형성에 영향을 미친다. 일반적인 언어를 통
    한 일반치료와 달리 공예치료에서는 자연스럽게 심상의 표출에 자극을 줄
    수 있어서 개인의 심상에 상처를 입었을 때 적용하기에 적합하다.

(2) **방어의 감소**: 심상과 관련이 있는 것이 방어이고 인간은 비언어적 의사소통 양
    식보다 언어화시키는 작업에 숙달되어 있다. 공예는 주로 비언어적 수단으로
    작업을 진행하기 때문에 통제를 비교적 적게 받게 되고 미술치료에 비해 다
    양한 공예 활동을 통해 호감을 유발할 수 있다.

(3) **대상화**: 공예치료를 시작할 때부터 눈으로 작품을 즉각적으로 확인할 수 있
    고 만져볼 수 있는 자료가 내담자로부터 생산된다는 특징을 가지고 있다. 공
    예의 이러한 특징은 내담자로 하여금 저항을 줄일 수 있으며 작품을 매개로
    하여 치료자와 내담자 사이의 친밀감을 형성할 수 있다.

(4) **자료의 영속성**: 공예작품은 보관이 가능하기 때문에 내담자가 만든 작품을 필
    요한 시기에 재검토하여 치료의 효과를 높일 수 있다. 치료자나 내담자 모두
    작품을 다시 보면서 활동할 때의 감정이나 느낀 점을 회상할 수 있고 주관적
    인 기억의 왜곡을 방지할 수 있다.

(5) **공간성**: 언어는 일차원적인 의사소통방식이다. 언어가 아닌 자연스러운 행동
    에 의해 감정표출을 유도해 내는 공예 활동은 아동으로 하여금 저항심을 줄
    일 수 있으며 공간 속에서 경험을 복제하는 과정이다. 가깝고 먼 것이나 결합
    과 분리, 유사점과 차이점, 감정, 특정한 속성, 가족의 생활환경을 공간 속에

서 자연스럽게 표현하게 되므로 개인과 집단의 성격을 이해하기 쉽다.

3) 공예치료의 효과

(1) **조형 활동에 의한 심리적 만족감**: 조형 활동은 아동에게 활력과 즐거움을 주는 흥미 있는 활동이며 활동 후에도 결과물을 통해 지속적인 대화를 이끌어 낼 수 있다. 이러한 창조적 활동은 문제해결에 대한 직관을 길러주며 융통성 있는 태도를 갖게 한다. 심리적으로는 개인적 표현욕구나 충동이 조형 활동을 통해 표출됨으로써 순수한 개인의 만족감 및 쾌감을 가질 수 있으며 현실과는 다른 공상이나 가상을 경험함으로써 심리적 대리만족을 얻을 수 있게 한다(권준범, 「미술활동에 내재된 심리치료 요인에 대한 연구」(한국미술교과교육학회, 사향미술교육논총 제10호, 2003), p. 25).

(2) **창의적 표현에 의한 잠재능력의 실현**: 인간이 살아가면서 선택의 기회를 많이 포착하여 생각이 자유롭고, 자발적인 삶을 영위하며 매 순간 즐거움을 느낄 수 있도록 마음이 열려있는 것은 창의성 때문이다. 미국의 취미산업협회가 수행한 연구 자료에 의하면 공예는 미국 가구의 절반 이상이 즐기는 것으로 나타났다. 오늘날 소비자들은 창의성을 표현하고 창의적인 과정을 통해 성취감을 맛보기 위해 공예에 눈을 돌린다(파멜리 댄지거, 최경남 역, 「사람들은 왜 소비하는가?」 서울: 거름, 2005. p. 347). 이처럼 창의성은 주관적으로 경험된 자아가 의식의 가장 높은 수준에 위치한 것이며, 최고의 건강 상태로 자아의 완전한 발달 상태인 자아실현의 단계로 연결된다.

(3) **감성발현에 의한 정서적 안정감**: 공예치료는 마음속에 담고 있는 감정을 효과적으로 해소할 수 있는 활동이고 그 과정에서 내적 스트레스, 긴장감 또는 불안감을 완화할 수 있다. 유년기와 아동기에 반복되는 감성적 활동과 습관들이 감성을 형성하는 데 많은 영향을 미치며 이때 학습된 습관은 신경구조의 기본적인 신경세포망에 고정되어 거의 변화하지 않는 경향이 있으므로 이때의 감성적인 자극은 매우 중요하다.

(4) **무의식의 표현에 의한 자기이해**: 조형작품에는 자신의 기쁨과 슬픔 등의 폭넓은 감정이 자신도 모르게 표현되므로 사람들은 이러한 활동을 통해 자신의 내면을 이해하게 되며 억제된 감정을 치유할 수 있는 기회를 갖게 된다. 프로이트는 고통스러운 기억들이 완전히 잊혀버리지 않고 무의식 속에 남아서 계속 영향을 미치게 되고 이러한 영향력을 제거하지 못하면 정신적, 육체적 증상으로 나타난다고 보았다. 프로이트는 또한 인간의 시각적 개념은 언어적 표현능력보다 앞서 있기 때문에 조형 활동이 무의식과 보다 근접해 있다고 하였다. 따라서 조형 활동은 언어적 의사소통의 방법보다 간편한 방식으로 무의식을 끌어내어 이미지로 표현하게 한다.

(5) **자아표현에 의한 자아존중감의 증대**: 공예활동은 표현주체의 강력한 자아표현의 한 방법을 제공한다. 이러한 자아표현은 개인의 잠재적 본능을 실현하는 기회로 자아존중감을 키울 수 있는 좋은 방법이다. 자아를 연구하는 학자들은 자아의 핵심을 자긍심으로 보고 있으며 자아존중감(self-esteem)과 같은 의미로 사용한다. 자아존중감은 자기 자신에 대한 가치라고 볼 수 있으며 자기 자신에 대한 상(self-image)을 좋아하는 것이다. 이러한 자긍심은 자신에 대한 확신과 긍정적인 자아관이 형성될 때 길러진다. 개인의 자신감을 높이기 위해서는 자신의 감정, 희망, 야심을 표현해야 하며 자아의 목소리와 욕구, 두려움, 자랑스러움과 같은 내면의 목소리를 스스로 알아야 한다. 이를 위해서 공예활동은 효과적이며 공예를 통해 얻어지는 성취감은 스스로에 대한 긍정적인 자긍심을 기를 수 있다.

(6) **반복적인 소근육 운동에 의한 신체적 치료효과 증대**: 소근육 운동은 몸의 전체를 움직이는 대근육 운동과는 달리 손과 손가락을 사용하는 섬세한 운동을 말한다. 소근육 운동의 능력은 학습이 진보됨에 따라 모방, 지각, 큰 근육운동 그리고 눈과 손의 협응 능력을 발달시켜 준다. 소근육 운동의 적절한 능력은 여러 프로그램의 학습에 기본이 되고 신변처리, 그리기, 쓰기학습에 필수적인 요소로 아동의 행동능력을 표현하는 수단이 된다.

11. 원예치료

1) 원예치료의 개념

원예는 17세기에 접어들어 처음으로 문자화되었으며, 1678년에 처음으로 'horticulture'라는 영어로 표현되기 시작하였고 원예(園藝, horticulture)는 라틴어의 'hortus'(garden, 庭園)와 'colere'또는 'cultura'(culture, 耕作)에서 유래되었다. 둘러쳐진 환경과 식물과 인간이라는 요소가 서로 관계를 맺고 엮어 가는 활동이라고 볼 수 있다. 그러나 실제의 원예(horticulture)의 'culture'의 의미는 '땅을 경작한다'라는 의미 이외에도 마음, 감정, 흥미, 예절, 취향 등에 관한 것뿐만 아니라 일정 기간 동안에 일정한 사람들의 아이디어, 관습, 기술, 예술 등 그리고 문명의 개발, 개선 혹은 세련의 의미까지 포함하고 있다. 따라서 과거의 전통적 생산으로서의 원예가 아니라 사회원예로서의 의미를 포함하고 있다(손기철 외, 2006). 또한 원예는 교육매체로서의 역할을 포함하는데, 미국에서는 아동의 학문적 기술 양성을 돕기 위해 원예활동이 사용되고 있다(DeMarco, 1999).

원예는 교육매체의 역할뿐만 아니라 치료매체로서의 역할을 포함하고 있다. 원예(horticulture)가 식물을 대상으로 생산을 주목적으로 하는 것이라면 원예치료(horticulture therapy)는 식물을 이용하는 원예활동을 통해 인간의 재활을 주목적으로 한다. 원예활동은 일련의 과정을 통하여 다양한 자극으로 우리의 감각을 살아 있도록 만들며(서정근, 이상미, 2004) 동시에 자기계발의 원동력이 된다(Zajicek, 1997).

원예치료에서 치료는 생물학적인 방법으로 이루어지는 치료를 제외한 약물이나 수술 없이 이루어지는 몸과 마음의 질병에 대한 처치이다. 즉, 심리치료를 치료의 바탕으로 삼고 있는 것이 원예치료에서의 치료의 정의이다. 미국원예치료협회(American horticultural therapy association: AHTA)는 '원예와 정원 활동에 중점을 둔 처방 과정, 특정 증상을 나타내는 내담자, 평가할 수 있는 목표, 치료 수행 능력이 있는 전문 치료사가 함께 공존하는 활동'으로 'horticultural therapy'를 정의하고 있다.

2) 원예치료의 역사

처음으로 원예치료라는 개념을 심어준 것은 "원예치료란 사람의 사회적, 심리적, 물리적, 교육적인 능력의 증진을 위해서 식물과 원예활동을 이용하는 과정"이라고 정의를 내린 1900년대 초 미국원예치료 학회에서였다.

근대적으로 처음 원예치료를 현대화 시킨 나라는 미국이며, 원예치료의 선구자 중 한 사람인 필라델피아의 Istitute of Medicine and Clinical Practice의 교수이자 독립선언문의 서명자이기도 한 Benjamin Rush 교수로부터 시작되었는데, 그는 정원에서 활동을 하면서 흙을 파고 경작을 하게 되면 정신과적 증상이 경감되는 것을 발견하고 원예활동이 정신질환자들에게 효과가 있다고 발표했다(Simon & Straus, 1998).

원예치료가 본격적으로 시작된 것은 제2차 세계대전 이후 미국에서 원예치료의 응용분야가 확대됨과 동시에 하나의 과학으로서 대학에서 그 과목을 다루게 되면서부터. 이때부터 원예치료사의 자격제도까지 생겨서 사회적으로 원예치료가 의료처치방법 중의 하나로 주목을 받게 되었다.

제2차 세계대전 후 각 병원에서는 원예치료프로그램을 전보다 훨씬 많이 시행하였는데, 캘리포니아주의 Long Beach Veterans Administration Hospital에서는 원예치료사가 상이군인들의 각각의 장애에 따라 부상의 정도에 맞게 잘 이용할 수 있도록 농기구를 만들어 원예치료를 하였다. 이 원예활동의 목적은 예전에 농업에 종사했던 사람들을 다시 농업에 복귀시키는 것이었고, 그 때 상이군인들을 치료했던 사람을 처음으로 원예치료사(Horticultural therapist)라고 부르기 시작하였다(Airhart & Kthieen, 1990). 그 이후에 원예치료사와 National Council of State Garden Club의 회원이 화훼류, 채소류 등 정원에 관련된 꽃과 식물 등 아름다운 정원 가꾸기의 여러 가지 원예치료프로그램에 상이군인들과 퇴역군인들을 참가시키면서 원예치료 활동은 더욱더 확산되었다. 1968년에는 4,609명의 회원이 활동을 하였고 그 활동은 오늘날에도 계속되고 있다.

1950년에 미시간주립대학에서 처음으로 원예치료사 강좌가 시작되었다. 1951년에는 이곳 병원에서 원예치료사 교육을 받은 정신전담 보건복지사 Alice Burlin-game이 미시간주립대학의 노인입원병동에서 실질적인 원예치료프로그램을 실시하였으며, 1955년 미시간주립대학에서 원예치료학 분야의 학사학위를 처음으로 수여하였다.

1959년 뉴욕대학 메디컬센터 Institute for Rehabilitation active Medicine에서는 뇌혈관장애, 노동장애, 척추손상의 후유증 환자를 위한 온실을 설치하여 신체적으로 장애를 가진 사람들의 재활적 원예치료활동을 하는 데 획기적인 도움을 주었다. 이 시설을 현재 Rusk Institute라고 부르고 있으며, 1991년 봄에 370㎡의 실외 치료정원도 새로 지었다(Relf, 1981).

3) 원예치료의 특징

원예치료는 다양한 원예활동 중 두 가지 이상의 감각자극을 포함하기 때문에 신체적 활동의 개입을 통해 인지적, 심리적, 정서적, 사회적, 신체적 기능을 향상시켜주는 데 원예치료가 매우 효과적인 프로그램이다(임, 2010). 손 등(2006)은 다른 기법들과 구별될 수 있는 원예치료의 특징이 다음과 같다고 했다.

(1) 생명을 매개체로 하며 내담자가 식물의 생장, 개화, 결실 등의 변화를 통해 생물과 교감을 갖게 되며 식물을 통해 시각, 청각, 미각, 촉각, 후각의 오감을 자극 받을 수 있다.

(2) 내담자의 행동과 관심에 따라 식물의 상태가 달라지므로 내담자는 그런 식물의 반응을 통해 자신감이나 책임감 등을 느낄 수 있게 된다.

(3) 창작품을 만드는 과정에서 식물을 자르거나 꽃과 잎을 눌러 말리는 등 생명을 파괴하는 행위를 하게 되는데 그러한 행위가 단순한 생명파괴로 끝나는

것이 아니라 꽃, 나뭇잎, 열매 등을 이용하여 다양한 창작품을 만듦으로써 파괴를 예술로 승화시키는 것이다.

(4) 대부분의 장애인은 타인에게 도움과 보호를 받는 존재로 열등감이나 낮은 자존감을 가지나 원예치료에서는 내담자가 직접 식물을 돌보고 키움으로써 자신도 다른 누군가를 돌볼 수 있다는 것을 통해 자아존중감 향상에 큰 도움을 준다.

(5) 원예치료는 전인적 접근과 전문적인 접근이 동시에 가능한 치료로 의학적 토대 위에서 보다 전문적으로 행해질 때는 전인적이고 전문적인 치료방법으로 다른 대체의학이 줄 수 없는 효과를 줄 수 있다.

4) 원예치료의 효과

원예치료의 효과는 최초로 고대 이집트에서 환자를 정원에서 일하게 하거나 산책하게 한 것이 효과가 있었다는 기록이 있으며, 1699년 레오나드 매거(Leonard Mae-ger)가 '영국의 정원사'(English Gardener)라는 농업관계 정기간행물을 통해 원예치료 효과에 대한 보고를 한 바 있다(Son, 2008). 구체적으로 질병과 관련하여 효과를 발견한 사람은 현대 정신의학 및 작업치료의 선구자인 필라델피아 대학의 벤자민 러쉬(Benjamin Rush) 박사로, 그는 뜰에서 흙을 만지는 것이 정신장애인에게 효과가 있다는 것을 발견하였다.

Morgan(1993)은 원예치료 프로그램의 효과를 보다 더 구체적으로 범주화시키고 있다.

(1) 정서발달 측면에서 보면 여러 가지 원예경험을 통해 자신감과 자부심을 증가시키고 긴장, 좌절, 공격성을 완화시키는 기회가 된다. 또한 미래에 대한 흥미와 희망, 정열을 증진시키고 창조, 창의성과 자기표현을 위한 기회를 제공한다.

(2) 사회성 발달 측면은 사회화를 이끄는 그룹에서의 상호작용을 돕는다.

(3) 인지발달에서는 호기심 유발과 실습허용으로 탐구심을 갖게 도와주고, 관찰력을 증가시킨다. 또한 감각을 통한 지각을 훈련하므로 두뇌발달을 도와주

며, 어휘와 의사소통 기술의 진보를 도와준다.

(4) 신체발달 측면에서는 기초 운동기술의 발달을 도와주고, 실외 운동연습을 위한 기회를 제공한다. 그리고 식물이 사람처럼 음식과 물, 청결, 휴식 성장이 필요하다는 것을 이해하여 아동의 건강한 일상생활을 확립할 수 있도록 도와준다고 하였다(최영애, 1999 재인용)

12. 동물매개치료

1) 동물매개치료의 개념

동물매개치료는 살아 있고 교감할 수 있는 동물과 치료 장면에서 생길 수 있는 다양한 상호작용과 앞에서 다루었던 각각의 매개치료들이 가지고 있는 고유의 특징과 특성을 통해 치료 효과가 이루어지듯이 동물매개치료만의 고유의 특징과 특성을 가지고 인간, 즉 도움을 필요로 하는 내담자의 정서적, 인지적, 사회적, 심리적 발달이나 적응력, 삶의 질 등을 향상시킴으로써 내담자의 정서적 안정, 심리적 회복, 육체적 재활 등을 추구하는 심리치료이다. 동물이라는 매개체가 가지고 있는 인간에게 줄 수 있는 긍정적인 효과들을 전문적으로 훈련을 받은 동물매개치료사가 치료적 접근을 통해 대상자의 회복을 돕는다.

동물매개치료는 단순히 치료도우미동물과 함께 놀이 활동을 말하는 것이 아니라 사회적 기술 향상과 인지적 발달 또는 정서적 안정 도모 등을 위해 적절한 치료적 목표를 설정하고, 프로그램과 목표에 적합한 치료도우미동물을 선정하여 치료 프로그램에 투입하며 치료 프로그램을 마친 후에 목표 달성 여부, 프로그램 진행 과정, 참여자의 반응, 프로그램이 참여자에게 미친 영향 등을 구체적으로 기록하고 평가를 진행하는 특징을 지니고 있다.

동물매개치료는 동물이라는 매개체를 투입하는 심리치료의 한 분야로서 심리치료에 관한 전반적인 지식을 갖추어야 할 뿐만 아니라 투입된 치료도우미동물의 행동, 특성, 훈련, 병리 등에 관한 지식 또한 갖추어 한다. 또한 동물매개치료는 인간의 신체적, 사회적, 인지적, 심리적 기능을 향상 또는 회복하는 데 도움이 되기 때문에 연령별로 상관없고 장애인이든 비장애인이든 모두에게 적용할 수 있다.

2) 동물매개치료와 도우미동물의 역사

(1) 동물의 정의 및 분류

동물(動物)은 동물계 (Animalia)로 분류되는 생물을 표현하고 있으며, 복잡한 복합적 구조의 다중 세포를 가지고 있고, 진핵생물로 분류된다. 특히 동물이라는 말은 일상수준에서 사람을 포함하지 않은 짐승의 의미로 표현되고 있으나 이것은 동물이라는 단어의 좁은 의미로 구사된다. 따라서 거시적 관점에서 동물은 인간과 짐승을 포함한 생물계로 분류되는 것으로 정의된다.

(2) 동물의 유래

동물은 생물 중에 식물과 대비되는 분류군으로 현재 100만~120만 종이 알려져 있고, 원생(原生) 동물부터 척추동물까지 32개의 문(門)으로 분류되는 계(界)를 가진 매우 큰 집단체라 할 수 있다. 동물에 관한 인류의 관심은 오랜 역사 속에서 동물의 행동, 발생과 생태에 따라 분류됨을 확인하였고, 이는 동물의 생리학적 · 사회학적 차이에 따라 추후 가축을 분류에 접목하게 되었다. 동물의 분류에 기초적 분류는 고대 아리스토텔레스의 자연관에 의하여 잘 분류되고 있다.

아리스토텔레스는 자연의 원리를 그들의 원형(原型) 또는 전형으로써 대조성과 보편성을 발견하고, 이들 사물의 본질(essence of things)의 역할에 따라 작용되는 것으로 정의한다. 아리스토텔레스는 생물을 식물과 고등동물 그리고 사람으로 나누어 각각의 본질에 입각한 작용을 중점에 두어 분류하게 되었는데, 식물의 경우 영양작용 및 번식작용의 기초 작용을 가지며, 고등동물은 감각작용과 욕구작용이 첨부된다고 사료되고 있다. 인간의 경우 더 나아가 고등동물의 작용에 이성을 가지게 되는 것을 말하며, 추후 이는 이성과 본성으로 분류되어 설명하게 된다.

(3) 생명의 공존

동물매개치료의 역사는 먼저 동물과 인간과의 관계에 대한 설명이 이루어져야 하는데 인류의 탄생 이후의 역사에서 인간의 사회적 구성을 중심으로 사회성을 가지는 시점에서부터 동물을 사육한 것으로 보인다. 고고학적 발견에 따르면 인류의 주거지역이나 혹은 인류의 흔적이 발견된 곳에서 선발적 육종에 의한 야생 선조의 유적의 최초 증거는 1만년 이상이 되었을 것이라 사료되며, 이는 서남아시아를 중심으로 발견된 양과 염소의 뼈로 알 수 있다. 또한 소와 같은 대형 가축의 발견은 약 8000년 전부터 터키에서 사육된 것으로 추정되어지며, 이후 오늘날까지 많은 수의 야생동물이 가축화가 된 것으로 볼 수 있다.

B.C 4000~ B.C 3000년경 큰 강 유역을 중심으로 발달한 세계 4대 문명인 나일 강의 이집트 문명, 유프라테스 강 유역의 메소포타미아 문명, 인도의 인더스 강 유역의 인더스 문명 그리고 중국 황허 유역의 황허 문명에서는 이러한 선발적 육종으로 인한 동물의 분류와 이용방법에 따른 분류가 명확하게 자리 잡고 있다. 이렇듯 동물과 인간의 공존은 오랜 시간에 걸쳐 진화되어 왔으며, 동물의 이용 또한 시대를 거쳐 달라진 것은 명확하다. 가축의 이용에는 초기 인류의 농경 사회로의 진출에서 동물은 생존을 위한 주요 식량자원으로 육종되어 왔으나 신문명기에 접어들어 노동의 대체자원으로 활용되었고, 오늘날에 들어서는 인간의 심리적·정신적 치유의 중심으로 반려의 목적이 결부되어 졌다. 동물매개치료의 학문적 역사를 다루기 전 동물과 인간의 역사에 대해 다루어 생명의 탄생에서부터 동물과 인간의 공존을 기점으로 동물 복지에 대하여 다루고자 한다.

(4) 동물의 가축화

① 만남의 시작

인간의 진화에 있어 가장 중요한 것은 동물과의 공존에 있다. 인간과 동물 간의 공존은 인간이 부족사회를 이루는 가장 시초의 씨족 사회에서부터 시작된다고 볼 수 있다. 즉, 수렵과 채집생활을 하던 인간에게 야생동물의 존재는 중요 식량 자원으로써의 가치가 상당히 높았다고 볼 수 있다. 그러나 그 가운데 식량으로써의 이용가치가 있는 동물과 그렇지 않은 동물과의 분류방법이 자연스럽게 형성되기 시작했으며, 호랑이와 같은 맹수를 숭배하거나 힘의 근원으로 형성시키기 시작하였다. 이는 인간과 동물 간의 긴밀한 관계가 형성된다. 즉, 이런 관계는 인간의 정착생활에서 동물과의 종속관계로 발전하게 되었다.

② 인간과 동물의 관계

인간과 동물의 관계는 가축화의 시작에서부터 말할 수 있어 인간이 부족을 이루면서 정착생활을 하게 되었고, 이는 인구밀도가 증가함에 따라 식량의 공급과 소비 분균형을 초래하였다. 이를 계기로 약 10,000년에서 20000년 전에 가축화(domestication)가 진행

된 것으로 볼 수 있다. 가축화란 야생동물을 가축으로 순환시키는 모든 과정을 말하며, 이는 동물을 인간의 생활에 이용하기 위해 인위적으로 생산 및 유전적 개량을 실시하는 형태로 정의될 수 있다. 프랜시스 골턴(Francis Galton, 1822-1911)은 가축화의 여섯 가지 조건을 다음과 같이 제시하였다.

- 튼튼해야 한다.
- 선천적으로 사람을 잘 따라야 한다.
- 생활환경에 대한 필요욕구가 너무 높지 않아야 한다.
- 인간에게 유용성이 커야 한다.
- 번식이 쉬워야 한다.
- 사육관리가 쉬워야 한다.

가축화의 역사를 보면 늑대의 가축화가 먼저 시작되었으며, 이후 현재 1종가축으로 지정되는 염소, 면양 등의 중·소형동물에서 소, 돼지와 같은 대형동물로 가축화의 진행이 순차적으로 이루어졌다고 볼 수 있다.

③ 가축화의 시작

일반적으로 동물은 야생동물(wild animal), 가축화된 동물(domestic animal), 애완동물(pet)의 세 가지로 구분된다. 2000년대 현재 지구상의 육상동물 중 인간과 가축, 애완동물이 97%고, 야생동물은 3%만이 존재한다. 그러나 과거 농업혁명이 시작된 신석기시대에는 반대였다. 마지막 빙하기가 끝난 1만 년 전 인류의 인구는 약 1만 명 이하로 추정하고 있다. 이후 인류는 번성하여 현재 77억이라는 인구수와 250억 마리의 가축화된 동물과 애완동물들을 거느리고 살고 있다.

가축화란 야생동물을 가축으로 순화시키는 모든 과정을 일컬으며 여기서 가축이란 인류생활에 유용한 동물을 통틀어 말한다. 인간과 동물은 자연스럽게 물과 먹이가 풍부한 환경을 찾아 모여들게 되고, 여기서부터 인간과 동물의 관계가 시작된다. 지금으로부터 약 13,000년 전, 야생의 늑대가 인간의 집에 들어와 살기 시작한데에서부터 가축화가 시작되었다. 이후 양, 염소, 소, 말, 낙타 등이 차례로 가축화되면서 인간과 동물은 완전히 새로운 관계를 맺게 되는데, 이는 인류 역사에서 가장 큰 사건 중 하나다. 일반적으로 가축화는 인구 증가에 따라 식량 공급과 소비 불균형이 초래되어 비상식량을 위한 것으로, 동물을 인간의 생활에 이용하기 위해 인간의 관리 하에서 생산을 조절하고 유전적 개량을 하는 것으로 알려져 있다. 그러나

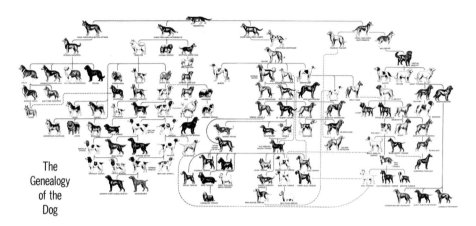

그림 1-1 개의 진화도 　　　　　　　　　　　출처: https://i.pinimg.com

최근 가축화에 대한 연구 결과들은 일반적인 고정관념을 뒤엎고 있다. 야생동물의 가축화는 인간에 의해 일방적으로 이루어진 과정이 아니라 인간과 동물 양쪽이 서로 협력한 결과라는 것이다.

④ 개의 진화와 가축화

종의 분화 및 진화에 관하여 많은 이견을 가지고 있으나, 1865년 그레고어 멘델 (Gregor mendel)의 유전법칙이 발견되고, 이후 2000년대 Genome project의 시작은 종의 기준을 "생태적 종(ecological species)"과 "유전적 종(genetic species)"으로 나누게 되었다. 먼저 생태적 종이란 생태계에서 특정한 위치를 차지하고 특정 기능을 행하는 구별된 집단을 말하고, 유전적 종이란 유전적으로 다른 종과 구별되며 이들끼리는 유사성이 높은 집단을 제시하게 된다. 이후 다양한 유전자형(genotypes)과 표현형(phyno-types)을 가지게 되나, 환경적 작용에 따라 유전적으로 구별되는 종이 만들어지지 않는다.

개(학명: Canis lupus familiaris)는 식육목 개과 개속에 속하는 동물로, 회색늑대(Canis lupus)의 아종으로, 현대에서 가장 널리 분포하며 개체 수가 가장 많은 지상 육식 동물이다. 개는 인류가 최초로 가축으로 삼은 동물로 알려져 있다.

개의 진화 경로나 가축화의 과정에 대해서는 여러 이견이 있으나, 늑대에서 생물학적으로 갈라져 나온 개의 조상 개체군이 인간에 의해 길러지기 시작한 것으로 보는 것이 일반적이다. 그러나 개의 조상이 회색늑대인 것만큼은 분명하다. 다른 생물종들의 경우 일반적으로 종 분화 이후에는 번식력이 있는 잡종이 생산되지 않는 것과 달리, 개과의 늑대, 코요테, 자칼, 개는 서로 자유롭게 교잡할 수 있으며 이들의 잡종 역시 번식력을 유지한다. 이는 이들이 유전적으로 매우 가까운 관계임을 나타낸다.

현대의 유전자 연구에 따르면 개는 늑대로부터 약 10만 년 전에 분리된 것으로 추측되며, 2013년 개의 화석을 이용한 분석에서는 33,000년에서 36,000년 전 사이에 분화가 이루어 졌을 것으로 보고 있다. 개가 인간에 길들여진 시기는 약 15,000년에서 12,000년 전으로 추정되며, 최소한 9천 년 전에는 가축으로 기르고 있었다. 인간이 개를 기른 것을 증명하는 유적 가운데 가장 오래 된 것은 이라크의 팔레가우라 동굴에서 발견된 개 뼈이다. 마지막 빙하기인 12,000년 전 해수면이 낮아져 베링 해협이 육지가 되었을 때 아메리카 원주민의 선조들이 아메리카 대륙으로 건너가면서 개도 함께 데려갔을 것으로 보기도 한다. 개들 가운데에는 다시 야생 생활을 하는 경우도 있는데, 오스트레일리아의 딩고가 대표적이다. 딩고는 아시아 지역에서 사람들과 함께 3,000년에서 4,000년 전 경 오스트레일리아로 건너가 야생화되었다. 오스트레일리아 원주민들은 딩고를 사냥하여 가죽을 이용하거나, 길들여 캥거루 사냥에 사용하였다.

⑤ 고양이의 진화와 가축화
고양이(학명: Felis silvestris catus)는 식육목 고양이과에 속하는 포유류 동물이다.
진화학적으로는 사향고양이과, 하이에나과, 몽구스과에 가깝다. 첫 고양이과는 4000만 년 전 에오세에 출현했다. 기원전 20~50세기경에 길들여진 집고양이가 있고, 이의 야생종이 아프리카와 서아시아에 서식하고 있다. 현존하는 종은 39종이다. 들고양이(wild cat)는 약 10만 년에서 7만 년 전부터 존재했으며, 고양이과 동물로는 사자, 호랑이, 표범, 재규어, 치타, 살쾡이, 퓨마 등이 있다. 그리고 다른 동물들이 가지고 있지 않는 고양이과만이 가지고 있는 특징이 있는데 그것은 가시돌기를 가지

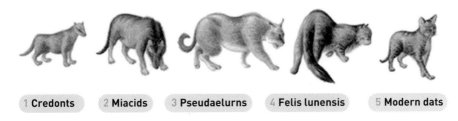

1 Credonts   2 Miacids   3 Pseudaelurns   4 Felis lunensis   5 Modern dats

그림 1-2 고양이의 진화

고 있다는 점이다.

2007년 기준으로 최근의 연구에 따르면 길들여진 고양이의 기원은 약 1만 년 전 근동지방에서 스스로 숲 속을 나와 사람들이 모여사는 마을에 대담하게 정착하여 길들여진 5마리 정도의 아프리카들고양이(학명: Felis lybica)로 추측된다.

고양이의 가축화는 고대 이집트의 벽화에서 고양이를 새 사냥에 이용하는 그림이 있다. 동아시아의 십이지에는 포함되어 있지 않지만, 타이와 베트남에서는 토끼 대신 고양이가 십이지 중 하나로 표현될 만큼 매우 밀접하게 연관되어 있다. 고양이의 종 분류는 스핑크스처럼 털이 거의 없거나 맹크스처럼 꼬리가 없는 품종으로 구성되고, 일반적인 분류 품종은 장모종, 중모종, 단모종으로 나뉘며, 단모종의 대표종은 아비니시안 고양이, 장모종의 대표종은 페르시안 고양이로 나눈다. 고양이는 애완견과는 달리, 옛 습성이 살아 있고 발톱을 숨길 수 있어서 쥐나 작은 새와 벌레 등을 사냥할 수 있는 것이 중요한 특징으로 볼 수 있다.

(5) 현대 동물매개치료의 역사

동물매개치료는 1919년에 미국 워싱턴 D.C.에 있는 성 엘리자베스 병원의 정신병 환자에게 실내장식 비서인 프랭클린이 개를 활용할 수 있게 제안한 데서 시작되었다(Burch, 1996). 1942년 뉴욕의 파울링 공군 병원에서 'Pet Therapy'를 군인들에게 적용해 보았고 주로 고향에 돌아간 군인들에게 농장 일을 하도록 하는 것이었다.

1962년 미국의 소아정신과 의사였던 Boris Levinson이 'Pet Therapy'라는 용어를 사용하여 본격적으로 연구를 시작하였다(Levinson, 1962). 진료를 받기 위해 대기실에 기다리던 아동들이 대기실에 있던 "징글"이라는 개와 놀면서 치료를 받지 않아도 저절로 회복되는 사실을 알게 되었다. 그 이후에 Levinson이 개가 치료적인 효과가 있다는 신념을 가지고 다양한 영역에서 개를 매개로 치료를 실시하여 그 효과성을 입증하였다.

　1970년에 Sam & Erizabeth Coson이 오하이오 주립대학 정신병원에서 처음으로 동물을 투입한 동물매개치료를 실시하였고(Hoorker et al., 2002). 1977년에 동물이 사람에게 미치는 긍정적인 영향에 대한 연구와 다양한 형태의 동물매개치료의 체계화를 목적으로 미국 Delta Society가 발족되었다. 1990년에는 국제 인간과 동물 상호작용 연구협회(IAHAIO)가 발족되어 치료도우미동물을 학교, 병원, 교도소 등에 투입하여 Pet Partner Program을 운영하고 있다.

3) 동물매개치료의 특징

(1) 종합적이고 전문적인 분야이다

① 동물매개치료는 상담치료의 한 분야로서 동물을 매개로 하여 특정한 목표를 달성하기 위해 계획적이고 체계적인 프로그램을 통해 내담자의 정서적, 인지적, 사회적, 심리적 발달과 적응능력 향상 등을 목표로 한 복합적인 치료로서 내담자의 정서적 안정, 심리적 회복과 육체적 재활을 추구하는 전문적인 분야이다.

② 동물매개치료는 도움을 필요로 하는 사람(내담자), 프로그램에 투입된 치료도우미동물과 내담자에게 도움을 주는 사람(상담사 또는 치료사)으로 구성된다. 그러므로 상담사는 내담자가 해결해야 할 문제나 심리적 어려움을 직면하여 스스로 해결하고 극복할 수 있도록 도와주기 위해 심리학, 상담학, 인간행동, 사회환경 등과 같은 심리상담에 관한 지식을 전반적으로 갖추어야 할 뿐만 아니라 치료 프로그램에 투입된 치료도우미동물의 행동, 특성, 훈련, 병리, 관리 등에 관한 지식 또한 갖추어야 할 전문적인 분야이다.

(2) 살아있는 동물을 매개로 한다

① 동물매개치료는 음악치료, 미술치료, 모래치료 등과 달리 살아있고 교감할 수 있는 동물을 매개로 한 심리치료 분야이다. 내담자와 치료도우미동물의 친밀감은 치료를 성공적으로 진행하는 데 있어서 필수적이고 내담자와 상담사의 관계형성에도 중요한 다리 역할을 한다.

② 동물을 매개로 한 동물매개치료는 사람과 치료도우미동물 간에 일어나는 상호작용을 통해 친사회성을 키울 수 있고 치료도우미동물과 함께 프로그램에 참여할 때 사회성 및 책임감 향상, 정서적 안정 등을 경험할 수 있을 뿐만 아니라 자기중심적 사고에서 벗어나 생명을 보호하고 존중하는 방법을 배울 수 있으며 이타심과 서로 협력하는 방법 또한 배울 수 있다. 동물도 세상의 일부임을 인식할 수 있도록 하고 약한 존재를 따뜻하게 배려하고 자연스럽게 공존해야 할 존재로 이해하도록 한다.

(3) 상호 역동적인 작용을 한다

① 동물매개치료에서는 내담자와 치료도우미동물의 수많은 상호작용이 일어난다. 동물과 식물이 같은 생명체로 보이지만 식물과 달리 동물은 사람과 같이 생각할 수 있고 움직일 수 있으며 기쁨과 고통을 느낄 수 있어서 동물은 사람과 보다 깊은 감정교류가 가능하다. 내담자가 동물을 돌봐주는 과정에서 동물에게 사랑과 관심을 주는 만큼 동물도 내담자에 대한 애착이 생기기 때문에 서로 간의 감정교류가 계속 이루어진다. 즉, 내담자와 치료도우미동물 서로 간의 언어적, 비언어적, 행동적 교류가 이루어진다는 것이다. 따라서 동물을 매개로 한 동물매개치료는 내담자의 신체적, 심리적 치료에 큰 도움이 될 수 있고 매우 효과적이다.

② 동물매개치료는 살아있고 상호교류가 가능한 동물을 매개로 하기 때문에 내담자와 친구 또는 동반자처럼 지낼 수 있다. 내담자가 치료도우미동물과 친해지면서 동물에 대한 감정과 태도가 자연스럽게 사람에게로 전이될 수

있고 동물과 직접적인 만남과 접촉, 보살핌을 통해 생명존중 의식과 공동체 생활을 인식할 수 있어서 타인에 대한 이해와 배려, 사회화를 촉진시킨다.

(4) 동물은 차별하지 않는다

① 인간은 상대방을 다른 사람과 비교하고 비판하지만 동물은 결코 그렇지 않다. 동물은 사람들의 국적, 외모, 성별, 교육 수준, 장애 유무 등과 전혀 상관 없이 무조건적으로 수용하기 때문에 사람이 동물과 함께 있을 때 마음이 편해지고 상실되어가는 인간의 본연의 모습을 되찾을 수 있다. 또한 동물은 누구나 자신을 사랑하고 정성껏 보살피는 모두에게 공평하게 있는 그대로 대해주어서 사회부적응이나 정서적 문제가 있는 사람, 특히 소외계층의 사람, 장애인, 생활상 스트레스를 심하게 받고 있는 사람, 범법자 등의 정서적, 인지적, 심리적 극복과 회복에 적합하고 효과적이다.

4) 동물매개치료의 효과

일반적으로 반려동물은 사회적 상호작용을 할 때 촉매 역할을 하며 이를 '사회적 매개체'라 말할 수 있다. 사회적 매개체란 찰연구에 의하면, 개를 키우는 사람은 자신의 개와 함께 공원을 걸어갈 때 공원에 산책을 나온 사람들과 유의미하게 더 길고 많은 대화를 하였다. 개의 존재는 낯선 사람을 처음 만났을 때 어색함을 누그러뜨리는 역할(social ice breaker)을 하고 대화를 시작하는 등의 사회적 접촉을 촉진시켜주고 있었다(Messent, 1983). 또한 현대사회에서 남성 노인들은 다른 연령층에 비해서 신체적 친밀감의 표현을 어색하게 여기는데, 반려동물을 키우는 것 자체가 사회적으로 수용할 수 있는 친밀감을 표현할 수 있도록 도와준다.

표 1-1 동물매개치료의 효과

인지적 효과	정서적 효과	사회적 효과	신체적 효과
지식 습득 흥미유발	심리, 정서적 안정	대인관계능력 향상	소근육 발달
학습욕구 증대	정서지능의 향상	공감능력 향상	대근육 발달
집중력 향상	자기표현의 증가	협동능력 향상	운동량 증진
기억력 향상	스트레스 해소	사회기술 향상	평행감각 재활
생명존중사상 교육	성취감/만족감 획득	배려심 향상	운동습관 형성
창의력 발달	자아존중감 향상	적응력 향상	

또한 반려동물은 고립감을 해소시키고 사람들에게 사회적 접촉을 확대시켜주고 (Rost & Hart, 1990) 반려동물 소유자나 반려동물에 관심이 있는 사람들이 서로 상호작용하면서 정서적으로 따뜻하고 친밀한 교제를 할 수 있는 기회를 제공한다. 많은 연구들이 반려동물을 사회적 윤활유 또는 사회적 촉매로 묘사하면서(Corsonn & Corson, 1982: Messent, 1983) 반려동물의 사회, 정서적 기능이 사람들에게 주는 유용한 효과에 대해서 크게 강조하고 있다(강태신, 2005). 동물매개치료의 효과는 네 가지로 나뉘며 인지적, 정서적, 사회적, 신체적 효과가 있다.

(1) 인지적 효과

인지적 효과는 도우미동물의 외형적 특징, 행동적 특징, 품종별 정보 및 개체별 정보, 습성, 도우미동물 훈련, 필요한 용품들과 같은 도우미동물에 관련된 지식들을 접하고 습득하는 과정을 통해 내담자의 집중력과 기억력, 학습의 욕구 등을 향상시킬 수 있다. 낮은 지적능력을 보이는 지적장애인의 경우 지적능력의 불충분, 낮은 인

지능력과 과제수행능력으로 인해 학습에 대한 욕구도 낮으며 학습을 회피하는 경향이 강하게 나타나는데 동물이라는 매개체를 통해 배움에 대한 욕구를 표출할 수 있도록 도와주며 지식에 대한 호기심을 증가시켜 집중력과 기억력 향상에 도움을 줄 수 있다.

동물매개치료는 동물이라는 매개체를 통해 내담자들에게 생명존중사상에 대한 교육이 가능하며 자신보다 약한 존재를 위해 돌봄을 제공하는 경험은 내담자, 특히 비장애 아동 청소년과 장애 아동, 청소년과 같이 '생명'이라는 개념에 대해 지식이 부족한 내담자에게 생명의 소중함, 중요함, 존엄성에 대한 학습을 도울 수 있다. 배변 치우기, 밥 주기, 물 주기, 간식주기, 목욕시키기 등의 돌봄의 기회를 제공하여 자신보다 약한 존재를 돌보는 것이 어떤 의미를 갖게 하는지 생각하도록 하고 자신의 보호자가 자신을 돌봐주는 것이 어떤 느낌일지에 대해서 깨닫게 되면서 이로 인해 자신의 행동에 대해서 돌아보게 되는 경험을 할 수 있다.

하지만 내담자별 특징, 특성, 장애 정도, 지적 수준이 다양하기 때문에 동물매개치료가 무조건적으로 발달장애인을 포함해서 모든 내담자들에게 '도움이 된다'라고 확정 지을 수는 없다. 모든 매개치료가 마찬가지일 것이다. 내담자 개인의 특성, 특징, 취향에 따라 치료가 효과적이거나 그렇지 않을 수 있다. 이것을 고려하여 치료에 임하는 것이 중요하다.

(2) 정서적 효과

정서적 효과로는 대표적으로 정서적 안정과 스트레스 해소, 성취감 및 만족감 획득이 있다. 한 연구 결과에 따르면 동물과 같은 공간에서 동물의 행동을 관찰하고 교감을 나누는 것만으로도 아동과 청소년뿐 아니라 모든 연령대의 내담자들에게 안정감을 제공한다고 한다. 아동기에 아동들은 신체적 성장과 더불어 정서적, 사회적 발달이 함께 이루어져야 하는 시기로 이 시기에 아동들이 가정이나 학교생활에서 학업으로 인한, 또래와의 관계로 인한, 개인내적 요소들로 인한 어려움들을 경험하게 되면 기능적으로나 발달적으로 문제가 생길 수 있다. 모든 발달단계에 있어 정서적 안정은 중요한 개념이다.

하지만 아동기는 인간 발달의 초기 단계이며 프로이트의 정신분석이론에 근거, 초기아동 5~6세까지의 경험이 인간의 성격형성에 영향을 끼친다는 주장을 바탕으로 보았을 때 아동기는 인간 발달에 있어 굉장히 중요한 시기이다. 이러한 시기에 정서적으로 문제가 생긴다면 앞으로 다가올 청소년기, 성인기, 노년기에 걸쳐 정서적 불안정이 일상생활과 사회생활에 영향을 줄 수 있다. 그렇기 때문에 동물과의 교감을 통한 정서적 안정 유도가 필요하며 동물은 사람의 생김새, 경제력, 장애유무를 떠나 자신에게 사랑을 주는 내담자에게 똑같은 사랑을 베풀기 때문에 애정 결핍과 낮은 자아존중감을 형성하고 있는 대상에게 존재감을 부여하여 긍정적인 자아개념을 형성하도록 도울 수 있다.

(3) 사회적 효과

모든 심리치료와 매개치료는 두 가지 치료 형식이 이루어질 수 있다. 개별 치료와 집단 치료이다. 이 두 가지의 치료 형식들 모두 각각의 장점과 단점을 가지고 있는데 집단 치료의 경우 많은 장점들 중 하나는 사회적 효과이다. 6~10명의 집단으로 치료가 이루어지게 되면 내담자들 간에 관계형성을 통해 사회성 및 사회기술이 향상되게 되는데 동물매개치료 또한 집단 치료 형식으로 이루어지기 때문에 사회적 효과를 기대할 수 있다. 또래 내담자 집단과 도우미동물과의 관계 형성을 통해 대인관계능력 향상, 공감능력, 협동능력, 의사소통기술, 배려심, 적응력 향상 등 타인과 어울려 서로 교류하고 도우며 배려하는 과정에서 이러한 효과들을 경험할 수 있다.

지적장애인을 예로 들어보면 항상 보살핌과 도움을 받아야 하는 존재로 자신을 인식하게 되는데 타인의 도움과 보살핌이 필요한 자신과 사람의 보살핌이 필요한 동물과의 관계에서 돌봄의 주체가 되어보고 자신이 비슷한 상황에 있는 동물에 대해 이해하고 배려하게 되면서 책임감과 공감능력, 배려심 등을 학습할 수 있게 된다. 또한 치료과정에서 도우미동물과의 상호작용을 통해 사회적 상호작용의 어려움을 극복하는 데 도움을 받을 수 있다. 지적장애의 특성인 사회적 상호작용의 어려움으로 인해 경험하는 타인과의 관계 형성의 어려움을 도우미동물과의 관계형성으로 연습을 하는 기회를 제공하여 타인과의 의사소통이 원활해질 수 있고 또래 집단과의 협력, 이해심, 자기통제의 효과를 획득할 수 있다.

(4) 신체적 효과

동물매개치료는 동물과의 교감과 상호작용을 통해 내담자의 심리, 정서적 안정과 적응 능력의 향상을 통해 삶의 질을 높이는 목표를 가지고 있는 심리치료이다. 도우미동물과 함께 교감을 나누며 정적인 교감을 나눌 수도 있지만 자연스러운 스킨십과 교감을 나누면서 신체적 활동 또한 이끌어 내며 소극적이고 의욕이 낮은 내담자들의 참여도와 적극성을 유도하여 활동적이며 의욕 넘치는 삶을 살 수 있도록 유도할 수 있다.

도우미동물과의 산책, 장애물 넘기, 운동회 등과 같은 프로그램은 내담자의 치료 프로그램에 대한 흥미, 관심과 참여도와 더불어 신체적 기능 강화에도 효과가 있다. 동물과 함께 산책을 하고 장애물을 넘고 다양한 종목의 운동회를 통해 대근육도 발달시킬 수 있다. 혼자 움직이는 것보다 동물이 함께 자신과 발걸음을 맞추고 속도를 맞추어 움직이게 되면 더 많이 또 더 오랫동안 신체적으로 움직이게 되면서 평소 부족할 수 있는 운동량 또한 증진시킬 수 있다.

만들기 프로그램에서는 그리기, 색칠하기, 가위 사용하기, 접기, 찢기, 붙이기, 실꿰기 등의 신체적 활동은 내담자의 소근육을 발달시킨다. 대근육과 다르게 소근육은 손가락과 같은 작은 근육으로 세밀한 작업을 통해 키울 수 있다. 동물과의 교감이 전부가 아닌 동물매개치료에서 동물을 위한 만들기 프로그램을 진행한다면 소근육의 발달 또한 유도할 수 있다.

이렇게 반려동물매개치료를 통해서 얻을 수 있는 대표적 효과들 외에도 내담자별 동물매개치료 효과들을 구체적으로 정리할 수 있으며 특히 발달단계별 반려동물매개치료 효과들을 살펴볼 수 있다. 아동, 청소년, 성인, 노인이 반려동물을 통해 얻을 수 있는 효과가 다양하기 때문에 이러한 효과들을 발달단계별 반려동물매개치료의 적용에서 더 자세히 다뤄보도록 하겠다.

　다양한 심리치료들을 종합해 보았을 때 다른 심리치료들과 동물매개치료의 공통적 특징은 내담자 또는 내담자의 심리적, 정서적 안정과 삶의 질을 높이는 것을 목적으로 하고 있으며 매개체를 활용한 계획적 프로그램을 통해 내담자의 문제해결 욕구를 구체화시켜 심리적 기능과 정서적 기능의 회복을 이끌어 낸다. 또한 매개체가 치료사와 내담자의 관계형성을 도와 보다 빠르게 친밀감을 강화시켜 치료의 속도를 높인다고 볼 수 있다.

　차이점으로는 미술, 연극, 음악, 무용의 예술적 영역과 놀이, 모래놀이, 공예, 웃음이라는 무생명의 매개체와 달리 동물매개치료는 '동물'이라는 생명체가 매개체가 되어 치료과정 중 상호작용, 생명존중, 생명의 소중함에 대해 교육할 수 있으며 사람과 사람의 관계형성뿐 아니라 반려동물과 교감하는 방법, 인사하는 방법, 친구가 되는 방법 등을 통해 사람이 아닌 다른 생명체와의 관계형성과 감정교류의 기회를 제공받을 수 있다. 아동과 청소년들에게는 새로운 경험, 배려심, 이해심 등을 실시간으로 교육할 수 있다는 장점을 가지고 있다. 원예치료 또한 식물이라는 생명체를 매개로 하는 치료지만 동물매개치료와는 분명한 차이점이 있다. 동물은 식물과 달리 사람과 같이 생각하고 움직이기 때문에 상호간에 감정교류가 가능하다. 그렇기 때문에 즉각적인 반응을 통한 상호역동적 작용이 일어난다. 반면 식물을 통한 매개치료에서는 사람과의 감정교류나 즉각적인 피드백이 일어나지 않고 식물의 생장, 개화, 결실 등과 같은 변화를 통한 피드백으로 교류한다.

　어떤 심리치료가 가장 효과적이다, 가장 뛰어나다고 말할 수 없고 내담자의 분명한 문제해결을 돕는다고 말할 수도 없다. 하지만 내담자의 성향과 취향, 성격을 고려하여 자신에게 가장 적합한 치료를 선정하고 자신의 문제를 해결할 의지를 가지고 있다면 문제점들을 치료하는 데 많은 도움이 될 수 있을 것이다.

Companion Animal

Assisted Therapy

CHAPTER 02

동물매개의
유형

1. 동물매개활동(Animal Assisted Activity)

동물매개활동이란 전문적 치료활동의 의미보다는 단순히 동물과 함께 즐겁고 재미있는 시간을 통해 정서적, 신체적 안정을 도모하는 활동이라고 할 수 있다. 동물매개 치료의 경우 일련의 과정들을 통해 내담자, 내담자를 만날 준비들이 이루어져야 한다. 본격적 프로그램을 진행하기 전 내담자들에 대한 탐색이 이루어져야 하며 그 과정에는 내담자의 특성, 특징들을 파악하고 동물에 대한 반응, 알레르기 반응, 가족관계, 대인관계 또한 이루어져야 한다. 그런 후 내담자에게 적합한 치료목표를 설정하고 도우미동물 선정 등과 같은 과정들이 이루어지며 내담자의 변화를 이끌어 낼 수 있는 프로그램들을 계획한 후에 내담자와 만나게 된다.

그에 반해 동물매개활동은 전문적인 교육과 훈련이 아닌 준 전문적인 교육을 통해 동물에 대한 이해, 내담자에 대한 이해가 이루어진 후 도우미동물과 함께 동물매개활동이 가능하다. 동물이 매개체가 되어 내담자들의 어려움을 도와주는 동물매개활동, 동물매개교육, 동물매개치료에서 최우선적으로 다뤄야 하고 신경 써야 할 부분은 '사고예방'이다. 내담자의 안전, 치료사의 안전, 동물의 안전이 가장 중요한 문제이다. 언제 어디서 사고가 일어날지 모르기 때문에 그 사고를 예방하고 대처하기 위해서는 안전교육이 포함된 준전문적 교육이 이루어져야 한다.

동물매개활동은 내담자의 변화를 이끌어내기보다는 동물을 쓰다듬고 간식을 주는 간단한 활동을 통해 동물과의 교감의 기회를 제공하고 정서적 즐거움을 주는 데 초점이 맞춰져 있으며 동물매개활동은 상호작용적 동물매개활동으로 표현될 수 있고 동물과 직접적인 상호작용을 통해 신체적 활동의 증가와 사회기술 향상(사회성, 자아 존중감, 자기표현) 등의 효과를 도모하는 활동을 말한다.

상호작용적 매개활동의 예로는 동물에게 간식을 주고, 함께 산책을 통한 교감, 쓰다듬어 주며 미용 관리를 통한 교감 등의 보다 적극적으로 동물과 즐거운 시간을 보낼 수 있다. 이러한 적극적인 활동들을 통해 내담자들의 정서적, 심리적 안정과 스트레스 해소, 우울 감소를 도모하여 삶의 질을 향상시킬 수 있다.

2. 동물매개놀이(Animal Assisted Play)

동물매개놀이란 동물과 함께 참여할 수 있는 다양한 놀이적 요소들을 통하여 내담자, 특히 아동의 사회적 기능, 신체적 기능 및 긍정적 정서 발달을 유도할 수 있는 동물매개 유형으로 볼 수 있다. 동물매개놀이에 투입될 수 있는 동물들 중에서 개는 가축화가 되어 인간과 가장 오랜 기간 함께 한 역사를 가지고 있으며 가장 오랜 역사를 가지고 있는 만큼 가장 친숙한 동물로 알려져 있는데 이렇게 인간과 오랜 세월을 함께 할 수 있었던 이유는 개가 가지고 있는 감정소통 능력과 교감 능력 때문이라고 볼 수 있다. 반려견은 시대가 흘러가며 애완동물에서 '함께 간다는 반려동물', 즉 가족의 일원과 더불어 아동들에게는 '좋은 친구'의 개념으로 생각될 수 있다.

　산업적 발달을 보았을 때 3차 산업 혁명에서는 컴퓨터, 인터넷, 스마트폰 개발이 이루어지고 4차 산업 혁명으로 넘어가게 되면서 인공지능 IT산업의 발달, 정보기술의 발달, 자동화와 연결성이 극대화된 사회로 나아가게 되었다. 이때 아동들은 또래와의 관계 속에서 정서적, 사회적, 인지적 발달의 기회가 줄어들며 타인과의 관계 대신 스마트폰 및 다양한 기기들을 과도한 집착을 보이게 되면서 나중에는 청소년, 성인기에 접어들어서까지 사람과 관계형성을 하는 데 있어 부정적인 영향을 받아 일상생활과 사회생활에 어려움을 경험할 수 있게 된다. 이러한 상황에서 동물과의 지속적인 교감 및 동물과의 다양한 놀이를 통한 관계형성은 아동들의 따뜻한 감수성뿐 아니라 생명존중사상을 일깨우는 효과도 얻을 수 있다.

　인간의 발단단계에서 아동기 6~13세에 해당하는 시기로, 이때 아동들은 또래와의 의사소통, 어른들과의 의사소통 등 다양한 사회적 상황들을 통해 언어적 발달이 이루어지는 시기로 언어적 발달이 충분히 이루어지지 않았기 때문에 언어적 표현보다는 비언어적, 행동적 표현이 더욱 풍부한 시기이다. 동물과의 놀이를 통한 교감이 아동기의 아동들의 사회적, 신체적, 정서적 기능에 도움을 줄 수 있다.

　또한 비언어적인 상황에서도 아동의 즐거움과 다양한 표현능력을 이끌어낼 수 있는 놀이의 힘은 동물과 교감하며 생긴다. 함께 뛰어다니며, 뒹굴고, 여러 활동적 놀이를 통한 신체적 기능 상승과 놀이를 통한 즐거움, 스트레스 해소를 통한 정서적 안정, 반려동물 그리고 친구들과 놀이를 하며 질서를 지키고 재밌는 놀이를 접하며 사회기술을 습득할 수 있다.

> **예** 동물과 숨바꼭질
> 동물과 보물찾기
> 동물과 함께하는 스포츠
> Throw and Fetch

동물과의 이러한 다양한 놀이들을 통해 아동, 청소년들은 여러 가지 기능들을 증진시킬 수 있다. 활동적 놀이들을 통해 활동량을 증가시켜 신체적 기능을 강화할 수 있다. 강아지와 신나게 뛰어 놀고 활동적 놀이에서 일어날 수 있는 여러 행동들을 통한 운동기능 향상과 일상에서 부족할 수 있는 운동량 증진과 근육강화 및 평행감각을 키우는 것이 가능하다. 또한 혼자가 아닌 친구들과 반려동물과 함께 놀이를 하며 여러 상황 속에 일어날 수 있는 사람과의 상호작용, 동물친구와의 상호작용 기회를 제공하여 사회성 강화와 대인관계 향상에 도움을 줄 수 있다.

3. 동물매개교육(Animal Assisted Education)

동물매개교육은 동물매개 유형들 중에서도 교육적 색깔을 강하게 띠고 있는 유형이다. 일반 초등학교나 특수학교 등의 교육기관 또는 사회복지 단체에서 반려동물을 대하는 바람직한 반려문화 방법이나, 반려동물을 통한 생명을 존중하는 방법, 생명의 소중함, 존엄성, 중요성 등을 아동에게 교육하여 자신보다 약한 동물을 돌보고 배려하고 지켜주는 마음을 키울 수 있도록 진행되는 동물매개 유형을 반려동물매개교육이라고 한다. 이러한 생명을 다루는 유형의 교육 또는 경험은 자라나는 아동들의 안정된 '정서' 발달에 크게 기여하며 이로 인해 안정된 아동기 시절을 보내도록 도울 수 있다.

정서는 인간의 모든 생애주기에 중요한 개념이고 인간에게 있어 정서는 삶의 질과 직결되어 있다. 슬픔, 분노, 공포, 걱정, 혐오와 같은 부정적 정서는 삶의 균형을 불안정하게 만들며 부정적으로 받아들이게 하고 일상생활과 사회생활에서 무의욕, 무력감을 경험하게 만들고 그로 인해 야기되는 정서적 부적응을 초래하게 된다. 더 나아가 이러한 부정적 정서가 만성적으로 이어지고 지속된다면 정서장애로 인해 낮은 삶의 질을 형성하게 된다.

반면 즐거움, 사랑, 자신감, 흥분과 같은 긍정적 정서는 인간을 일상생활 속에서 의욕적이며 활기차고 편안함을 경험할 수 있게 하고 사회생활에서는 일의 능률 에너지가 넘치는 모습을 갖게 하며 자신감으로 인해 동료들의 인정을 받을 수 있게 된다. 이렇게 정서는 인간의 삶을 긍정적 또는 부정적으로 이끌 수 있는 중요한 요소이며, 성인과 마찬가지로 아동과 청소년에게 있어 정서는 생애초기에 세상을 받아들이는 데 중요한 역할을 하는 기능이며 앞으로의 인간적 성장과 발달에 있어서도 중요한 기능이라고 할 수 있다.

동물매개교육은 동물에 대한 경험과 지식, 인간에 대한 경험과 지식을 갖춘 일반 교사나 특수교육을 받은 전문가 또는 반려동물매개심리상담사 등이 아동들이 사회의 한 구성원으로서 자연과 반려동물과의 상호작용을 통해 이해와 배려하는 마음을 경험하고 배우게 한다. 이로써 인도적인 뇌의 발달과 따뜻한 감수성이 인간 형성에 중요한 역할을 한다고 보고되고 있다. 아동과 청소년들에게 동물을 통한 따뜻한 감수성을 발달시키기 위해서는 동물과의 직접적인 교감을 통해 느낄 수 있도록 하는 방법이 가장 효과적이다. 아동들에게 '생명은 소중하다, 지켜줘야 한다, 아껴줘야 한다.'라는 말을 통한 교육은 효과적이지 않다.

직접적으로 교감할 수 있는 동물과 함께 쉽게 경험할 수 있는 생리적 현상(간식 먹기, 물 먹기, 배변, 배뇨 등)과 관찰을 통한 교육이 아동들에게는 더욱 효과적이며 생명의 중요성, 존엄성에 대한 빠른 이해를 가능케 한다. 동물과 함께 생활하거나, 반려동물과의 상호교감을 하는 교육을 통해 반려동물과의 사회부적응, 문제행동, 정서적 문제 등의 예방과 치료 등이 교육의 일환으로써 행해지고 있다.

4. 동물매개공예치료(Animal Assisted Craft Therapy)

　　동물매개치료는 치료도우미동물의 관여도에 따라 프로그램의 유형이 다르게 진행된다. 국외에서 국내로 유입된 동물매개치료는 동물에게 오로지 집중되어 있는 형태였지만 다양한 치료적 요소들이 한국의 정서에 맞게 융합되면서 현재 국내 동물매개치료는 동물에게 높은 비중의 역할을 부여하기보다는 동물의 큰 개입이 없이도 동물매개치료를 진행할 수 있도록 발전되고 있다. 동물매개공예치료는 동물을 소재로 '공예적' 방법을 접목시켜 다양한 만들기 프로그램을 진행하여 내담자의 신체적, 정서적, 행동적 기능을 발달시키기 위한 프로그램이다(한국반려동물매개치료협회).

　　동물매개공예치료 프로그램은 동물의 관여도가 비교적 낮게 운영될 수 있으며 프로그램에 참여하는 동물의 복지도 개선시킬 수 있다. 치료도우미동물의 관여도가 높으면 높을수록 동물의 스트레스는 증가할 수 있다. 아무리 사람을 좋아하는 동물이라 할지라도 또한 직접적인 동물과의 접촉이 없어도, 해당 동물이 동참하지 않아도 동물매개치료적 효과를 얻을 수 있는 프로그램이다. 이 프로그램에서 활용되는 기법들은 예술적 기법들을 접목시켜 다양한 신체의 기능을 작동하게 하며 구체적인 결과물을 만들어 내기 때문에 내담자의 자기효능감 또는 자아존중감을 높이는 데 충분한 기대효과가 있다.

　　다양한 재료들을 사용하는 과정과 자신이 만든 만족스러운 결과물을 보며 내담자들은 동물의 개입 없이도 동물매개치료에서 얻을 수 있는 효과들을 획득할 수 있다. 동물과 직접적인 접촉이 없어도 동물이 옆에서 자신이 하고 있는 행동, 모든 진행 과정을 지켜보고만 있어도 내담자는 수용 받는 느낌, 관심을 받게 되면서 누군가에게 사랑받을 자격이 있는 존재로 인식하게 되고 그로 인해 자아존중감의 향상과 자신감 향상 등의 효과로 이어질 수 있다. 또한 치료도우미동물을 위해 내담자 자신이 직접 만든 결과물을 사용해 보는 것으로도 성취감과 만족감을 획득하여 일상생활에서의 스트레스, 우울 등의 부정적 정서를 극복할 수 있다.

　　예를 들어, 내담자가 직접 만든 도우미동물 간식통을 사용하여 동물에게 간식을 주었을 때 도우미동물이 받아먹는 모습을 보면 굉장히 뿌듯할 것이다. 물론 동물은 내담자가 만들지 않은 간식통에 간식을 주어도 간식은 잘 먹을 것이다. 하지만 자신이 만든 간식통을 사용하여 간식을 주었을 때는 자부심도 생기게 되고 이는 일상생활에서 생기게 되는 다양한 상황들에서 스스로를 긍정적으로 바라보고 평가할 수 있는 자아존중감이 향상되는 것이다.

5. 동물매개치료(Animal Assisted Therapy)

　동물매개치료는 동물과 사람과의 특별한 관계형성에서 일어날 수 있는 상호작용, 친밀감 형성, 신뢰감 형성, 지지, 무조건적 수용 등으로 인지적, 정서적, 심리적, 사회적 문제와 어려움을 가지고 있는 내담자들에게 긍정적 효과를 줄 수 있는 심리치료이다. 그렇기 때문에 동물이 주는 효과는 내담자의 변화에 큰 영향을 끼친다고 볼 수 있는데 중요한 것은 동물매개치료도 다른 유형의 매개치료들과 마찬가지로 사람(치료사)이 사람(내담자)을 격려, 지지, 조력을 통해 문제를 해결하고 도움을 주는 치료이기 때문에 '매개체'에 대한 높은 의존도는 치료 프로그램의 질을 낮출 수 있다. 매개체는 매개체일 뿐 내담자의 변화에 일부분밖에 차지하지 않기 때문에 동물매개치료사의 전문성과 응용기술이 중요하다.

　동물매개치료의 매개체 역할을 하는 동물은 어느 환경에서 어떻게 생활하는지, 특징, 특성에 맞춰 다양한 형태의 환경에 따라 다르게 불릴 수 있다. 야생동물, 농장동물, 재활승마, 반려동물 등 다양한 형태의 환경에서 생활하는 동물들이 있으며 각자의 장·단점들이 동물매개치료에서 여러 긍정적인 효과로 나타날 수 있다.

　야생동물은 산과 들과 같은 환경에서 생활하는 동물들을 칭하며 동물매개치료에 투입되는 도우미동물들 중 말, 새, 관상어, 파충류 등을 예로 들 수 있다. 야생동물은 일상생활에서 쉽게 접할 수 없는 동물들로 내담자들의 흥미와 관심을 유도할 수 있으며 동물에 대한 흥미와 관심은 프로그램의 참여도와 적극성 또한 높일 수 있는 장점을 가지고 있는 반면, 단점으로는 야생동물이라는 특성상 훈련의 어려움과 야생의 본능이 남아 있을 수 있으며 이러한 본능이 통제되지 못하고 내담자에

게 분출된다면 위험한 상황이 발생할 수 있기 때문에 완벽한 훈련이 요구되며 훈련이 미숙한 상태라면 투입하지 않아야 한다.

야생동물에 비해 본능이나 통제는 비교적 쉽지만 인수공통전염병의 전염 가능성이나 질병의 위험성이 노출될 수 있는 동물은 농장동물이다. 소, 돼지, 양과 같은 농장동물들은 야생 동물들보다 사람들과의 접촉성이 용이하나 여러 질병들에 노출될 가능성이 있고 전염성도 높기 때문에 이러한 부분을 잘 관리하지 않으면 내담자에게 더 큰 어려움을 주게 될 것이다. 농장동물들은 온순한 성격과 사람과의 상호접촉성이 뛰어난 동물이지만 경계심이 높고 겁이 많아 친밀한 관계를 형성하기에 오랜 시간이 소요되며 방심했을 때 큰 사고로 이어질 수 있을 정도로 덩치가 큰 동물들이 많다.

현재 동물매개치료에 대한 관심이 높아지고 있는 추세로 농장동물 또한 사람의 신체적, 정서적, 심리적 치유와 관련된 치유농업에 적극적으로 활용되고 있는데 다양한 치유농업 체험 중에는 농장동물에게 간식과 교감을 나누는 등의 즐거운 시간을 보내고 연이어 이들과 관련된 음식들을 시식하고 요리를 만들어보는 프로그램이 존재한다. 이것은 결코 체험하는 사람들에게 정서적으로 좋은 결과를 제공하지 못한다. 그러나 자신과 즐거운 시간을 보내고 체온을 느끼고 도움을 준 대상을 그 자리에서 요리해먹는 행위는 특히 아동의 정서에 좋은 영향을 주지 못한다.

또 다른 동물매개치료에 활용되는 동물의 예는 재활승마가 있다. 재활승마는 동물매개치료가 한국에 정착하고 알려지기 전부터 활발히 이루어진 동물을 활용한 치료라고 볼 수 있다. 재활승마는 영국의 헌트와 선즈에 의해서 처음 시작되었으며 전 세계적으로 재활승마에 대한 연구와 효과가 검증되어 왔다. 재활승마는 말이라는 동물을 활용하여 이루어지는 재활 치유방법의 하나이며 '말 매개치료(Equine

Assisted Therapy)'라는 용어로도 사용되며 신체적, 정신적 장애를 가진 사람들의 회복을 돕고 승마의 경험을 통해 사회적 효과까지 이끌어 낼 수 있는 재활 프로그램으로 뇌성마비, 뇌병변 장애, 소아마비와 같은 장애에 효과적이다.

이러한 신체적, 정신적 장애를 가진 내담자에게 긍정적인 효과를 주는 재활승마이지만 말이라는 동물이 가지고 있는 특성을 고려했을 때 일어날 수 있는 사고들에 대한 대처와 사고예방이 필수적으로 이루어져야 한다. 재활승마 프로그램이 진행될 시에는 한 명의 내담자와 한명의 치료사 그리고 최소 두 명의 보조 치료사로 이루어져야 하는데 뇌와 관련된 장애를 가진 내담자들은 신체적 기능의 장애가 심해 몸을 제대로 사용하지 못하여 말을 탔을 때 균형감이나 평행감각이 떨어져 낙마의 위험성이 높다. 이러한 사고가 일어나지 않도록 신중을 기울여야 한다.

6. 반려동물매개치료(Pet Therapy / Companion Animal Assisted Therapy)

반려동물매개치료는 동물매개치료와 마찬가지로 심리치료의 한 분야로서 동물매개치료와는 동일한 개념과 정의, 특징, 효과들을 가지고 있지만 매개체가 되는 도우미동물에게서 차이점을 찾을 수 있다. 동물매개치료는 다양한 동물들 예를 들어, 돌고래와 말 같은 큰 동물로 시작하여 소, 돼지, 양과 같은 농장동물, 새, 곤충에 이르기까지 넓은 범위에 동물들을 도우미동물로 투입할 수 있다.

단, 안전한 치료를 위해서는 도우미동물의 훈련은 선택이 아닌 필수이다. 동물매개치료에 투입되는 다양한 동물들은 훈련이 가능하지만 돌고래, 말 같은 큰 동물들은 훈련의 속도나 훈련을 위해 투자해야 하는 시간도 길고 동물의 크기나 사는 환경, 특성, 특징들을 고려했을 때 훈련하는 사람의 안전이나 동물의 안전이 100% 보장되어 있다고 볼 수 없다. 농장동물인 소, 돼지, 양은 본능적으로 겁이 많고 경계심이 높아 사람과의 높은 유대관계가 형성되어 있지 않을 시 훈련이 어렵고 이를 고려하지 않고 동물매개치료에 투입을 시키게 된다면 치료 과정에서 내담자의 안전과 치료사 또는 상담사의 안전은 보장될 수 없다.

그러나 반려동물매개치료는 이름에도 명시되어 있는 것처럼 반려동물을 매개로 진행되는 치료로 법적으로 지정된 여섯 종류의 반려동물 '강아지, 고양이, 토끼, 페럿, 기니피그, 햄스터'와 같은 사람들과 가장 친숙한 반려동물들과의 관계형성을 통해 인지적, 정서적, 사회적, 심리적 이유 등으로 어려움과 고통을 겪는 사람에게 목적과 목표에 맞게 문제해결과 기능향상에 도움을 주는 심리치료이다. 그렇기 때문에 다양하고 일상생활에서 접할 수 없는 동물들을 만나며 상호작용을 통해 긍정적 효과를 획득할 수 있지만 안전성에 있어 많은 것들을 고려해야 하고 준비하며 예방해야 하는 동물매개치료와 달리 반려동물매개치료는 안전성에 있어 한 단계 높은 수준이라고 볼 수 있다.

반려동물을 매개로 하기 때문에 100% 안전하다고 말하려는 것은 아니다. 법적으로 반려동물로 지정된 이유는 분명히 있을 것이다. 반려동물의 기준으로 '강아지, 고양이, 토끼, 페럿, 기니피그, 햄스터'와 같은 반려동물들이 인간과 가장 친숙한 이유는 인간과의 상호작용, 상호접촉성이 뛰어나며 인간에게 호의적이고 감정교류가 활발히 일어나기 때문에 반려동물을 통한 동물매개치료가 효과적일 수밖에 없다. 또한 강아지의 경우 사람과 친숙한 동물이라는 장점과 더불어 훈련 방법과 행동 교정 방법이 가장 체계적으로 잘 발달되어 있고 대중에게도 널리 알려져 있다는 이점을 가지고 있다.

또한 반려동물매개치료에 투입되는 도우미동물들은 동물매개치료사가 직접 키우는 반려동물들로써 현장에서 주인(동물매개치료사)과 함께 호흡을 맞추게 되면 심리적으로 안정된 상태에서 프로그램을 진행할 수 있으며 도우미동물의 심리적 안정은 프로그램 진행 과정에서 내담자와 치료사의 안전, 내담자와의 라포 형성, 프로그램의 집중도 및 참여도, 그리고 반려동물매개치료 프로그램의 질을 높일 수 있는 중요한 요소이다. 주인(동물매개치료사)의 부재는 도우미동물들에게 스트레스와 불안감 그리고 낮은 집중력과 통제력을 안겨주고 도우미동물이 불안정하고 불안에 떨게 되면 내담자 또한 불안정해 질 수 있으며 라포 형성 촉진에 방해 요소가 될 수 있기 때문에, 주인과 함께 하는 것이 가장 안정적이며 효과적이다.

전문적인 교육과 훈련을 받은 반려동물매개심리상담사 또는 치료사가 훈련된 치료도우미동물과 의도적이고 계획적이며 체계적인 내담자 맞춤형 프로그램을 통해 내담자의 정서적 안정 도모, 심리적 회복 등을 추구하는 전문적인 분야이고, 반려동물이 주는 친숙함과 대중성으로 내담자의 상처 입은 마음, 닫혀 있는 마음을 보다 빠르게 열어 편안하고 자유로운 상황에서 치료를 받을 수 있도록 돕는다. 이것이 동물매개치료와 반려동물매개치료의 차이점이다. 내담자가 동물의 다양성을 원한다면 동물매개치료가 적합할 것이며, 보다 안전하고 높은 강도의 상호교감과 빠른 전개의 치료과정을 원한다면 반려동물매개치료가 적합할 수 있다.

Companion Animal
Assisted Therapy

CHAPTER 03

반려동물매개의
활용 및 적용의 예

1. 생물치유

생물치유의 대표적 예로는 웰니스(Wellness) 산업을 들 수 있다. 웰니스(Wellness)란 웰빙(Well-bing)과 행복(Happiness), 건강(Fitness)의 합성어로 신체적, 정신적, 사회적으로 건강한 상태를 의미한다. 웰니스 산업은 삶의 질 향상과 적극적인 건강증진 등을 위한 제품, 시스템 및 서비스 등을 생산, 유통하여 부가가치를 창출하는 산업으로 건강을 위한 여러 분야로 구분되어 있다. 셀프케어, 리빙케어, 엔터테인먼트 등 여러 분야로 나뉘어져 있으며 반려동물매개치료는 엔터테인먼트 분야로 말을 활용한 승마, 수목원 등 친환경 관광을 통한 건강 관련 사업, 건강 관련 리조트 등 다양한 시장이 존재한다.

2. 산림치유

산림치유는 '산림'이라는 용어와 '치유'라는 용어의 합성어로, 의료 및 복지 분야에서 산림공간을 이용해 건강을 유지, 관리하는 활동이라고 할 수 있다. 산림치유는 의학적인 수단을 통해 질병상태를 건강 상태로 회복시켜주는 치료의 의미가 아닌 향기, 경관 등 자연의 다양한 요소를 활용하여 인체의 면역력을 높이고 건강을 증진시키는 활동이며 휴식과 치료의 기능이 결합된 것이다.

국내·외 학자들의 산림치유에 대한 정의를 살펴보면 일본의 우에하라는 '산림치유와 같은 개념의 산림요법이란 산림욕 중심의 산림레크리에이션, 수목이나 임산물을 활용한 작업요법, 산림 내를 걸으면서 하는 카운슬링이나 산림에서 하는 단체작업, 산림의 지형이나 자연을 이용한 의료갱생 및 생활 습관병 예방활동, 산림에서 유아교육 등 산림환경을 종합적으로 이용하여 건강을 증진시키는 모든 행위'라고 정의하였다(이정희 등, 2013).

정성애(2009)는 '숲이 가지고 있는 다양한 물리적 환경요소(음이온, 산소, 피톤치드, 경관, 소리, 햇빛)를 이용하여 인간의 심신을 건강하게 만들어 주는 자연요법의 부분으로 난치병이나 불치병의 치료 장소로서의 산림을 활용하는 것뿐만 아니라 일반 국민이 도시화 된 생활 속 스트레스에서 벗어나 산림 안에서 심신의 쾌적함을 느끼고 이를 통해 면역력을 향상시킴으로써 궁극적으로 질병을 예방하고 건강을 증진시키는 일련의 과정'이라고 정의 내렸다.

종합하여 보면 산림치유는 생물치유의 한 종류로, 숲 해설, 숲 치유, 허브 테라피, 원예치료, 명상음악 등 산림과 관련되어 숲에 존재하는 다양한 환경요소들을 활용하여 인체의 면역력을 높이고 신체적, 정신적 건강을 회복시키는 활동이며 질병의 치료 행위가 아닌 건강의 유지를 돕고 면역력을 높이는 치유활동이라고 볼 수 있다. 산림치유 산림치유를 통해 얻을 수 있는 효과는 우울증, 고혈압, 아토피를 치유할 수 있으며 면역력을 높이는 세포를 증가시키고 노화방지에 도움을 주는 항산화효소를 증가시켜 준다.

표 1-2 산림치유의 다양한 요법

구분	내용	시설
식물요법	야외식물원 관찰, 목공체험	약용, 방향식물원, 압화식물관찰원, 공작 체험실
물요법	물 치유, 탁족, 발 온천	물 치유 시설, 소연못, 분수, 벽천, 탁족
기후요법	숲속 일광 및 풍욕	일광욕장, 풍욕장, 산책로, 잔디마당
식이요법	식·약용 실물 요리강습 및 체험	요리 강습장, 식·약용 식물원
운동요법	모험 및 체험, 맨발걷기, 산림체조	나무 오르기, 맨발걷기 숲길, 체조장, 등산로
정신요법	쉼터, 전망, 광장	전망대, 명상장소, 평상, 쉼터, 야외무대, 흔들의자

산림치유는 현재 국외뿐 아니라 국내에서도 효과성에 대한 연구가 지속적으로 이루어지고 있으며 산림청에서 운영되는 산림치유사 또는 산림치유지도사라는 국가 자격증이 있으며 이에 대한 관심이 높은 상황이다. 산림이라는 자원을 활용할 수 있는 방안에 대한 노력과 계획, 프로그램에 대한 개발이 활발하게 이루어지고 있는 현황이다.

3. 그린 케어

그린 케어는 치료적 목적으로 자연활동을 접목시킨 치료법을 말하며 광범위한 자조 및 치유프로그램을 모두 요약하는 복합용어이다. 실제 현장에서는 사회 및 치료원예, 동물치료, 치유농업, 녹색운동(Green Exercise), 생태치료, 야생치료 등의 형태로 전개된다. 내담자는 일상생활의 스트레스 해소, 정신장애인, 청소년 및 가족, 학습 장애, 기타 질환자(알코올 및 약물 중독자, 어린이 및 노약자 등)로 매우 다양하다. 그린케어는 내담자에게 건강과 사회적, 교육적 편익을 제공하고, 삶의 질을 개선할 수 있도록 도움을 주는 지역기반의 혁신적인 서비스 제공 사례라고 평가받고 있다(Hine et al., 2008;

Hassink et al., 2008).

　국내에서는 그린케어를 '농업, 농촌자원 또는 이와 관련된 활동 및 산출물, 농촌 지역사회와 문화 등을 활용하여 보호서비스를 제공함으로서 국민의 심리적, 사회적, 인지적, 신체적 건강을 활용하여 회복 또는 증진하는 산업이나 활동'이라 정의 내렸다. 치유활동에 포함되는 다양한 프로그램들로는 원예치료, 동물매개치료, 농업치료, 야생치료, 숲 치유, 정신치료 등이 있으며 자연과 접촉하면서 신체적, 정신적, 건강과 웰빙을 촉진하는 여러 가지 활동으로 신체적, 정신적으로 힘든 성인, 아동, 청소년을 위한 농장, 정원, 숲 등 친환경적인 요소들을 적극 활용한다.

4. 치유농업

　농업은 식량을 생산하여 경제적 이득을 얻는 생업이지만 그 이전에 인간이 자연과 함께 호흡하는 과정이라고도 할 수 있다. 그 과정에서 인간은 삶의 모든 측면에서 유익을 얻으며 결과물로서 식량과 경제적 도움을 받고 생태적으로 적합한 환경, 안정되고 건강한 사회, 보다 균형 잡힌 경제발전의 바탕에는 농업이 있다. 농업은 흔히 시골, 넓은 땅이 존재하는 지역, 녹지가 존재해야 가능하다고 생각하지만 현대에서는 도시에서 농업활동을 하는 도시농업이 이루어지고 있다. 도시민들은 도시농업활동을 통해 자연에서 스트레스를 풀고 농업활동을 통해 건강한 체력과 정신을 유지할 수 있게 되며 자연과 인간의 공존, 공생한다는 점을 깨달을 수 있다. 현재 도시농업 활동을 건전한 여가 활동으로 즐기는 사람들이 많이 늘고 있는 추세이다.

　이러한 농업의 이점들과 치유의 이점들을 합친 것을 치유농업이라고 할 수 있다.

유럽 등 국외에서 치유농업은 치유농업, 사회적 농업, 녹색 치유농업 등의 용어로 불리기도 하며 용어는 다를 수 있으나 종합적으로 의미를 살펴보면 '치유를 제공하기 위한 농업의 활용'으로 이해할 수 있다. 즉, 농장 및 농촌의 경관들  을 활용하여 정신적, 육체적 건강을 회복 및 치유하기 위해서 이루어지는 농업활동을 치유농업이라고 할 수 있다.

농업활동은 도시에서 생활하는 직장인들의 스트레스 및 건강이 좋지 않은 사람들만이 대상이 아닌 의학적 치료와 심리, 정서적으로 다양한 어려움으로 힘든 시간을 보내는 사람, 치료가 필요한 사람들에게도 적용할 수 있다. 치유농업의 다양한 프로그램들을 통해 정신질환, 아동 및 청소년들에게서 찾아올 수 있는 문제들 또한 해결 가능하다. 치유농업은 프로그램 참여자, 농장주, 사회복지기관, 관련 부처 및 연구기관 간에 파트너십이 중요하며 농업을 통해 건강증진, 교육적, 사회적 이익을 제공하는 활동을 말한다.

치유농업은 농업활동을 통한 치료, 재활, 교육, 사회적 서비스를 제공하는 활동으로 여러 특징들을 보이게 되는데 치유 농장 전체 혹은 일부를 활용하는 활동으로 개인농가, 법인, 공공기관, 민간조직 등의 형태로 운영된다. 또한 건강, 사회적, 교육적 치유 서비스를 제공하며 가축, 채소, 작물, 산림 등 다양한 농업 관련 분야에 대해 구조화되고 구체적인 프로그램을 제공하는 활동이다.

유럽 또는 미국, 특히 네덜란드와 같이 농업이 발전한 나라의 경우 치유농업의 역사가 오래되었으며 네덜란드의 경우 2013년 11월 기준 치유농장의 수가 1,100개를 넘어선 것으로 통계가 나왔다. 네덜란드뿐 아니라 벨기에, 독일, 영국, 아일랜드, 프랑스, 오스트리아 등 세계 많은 나라들이 농업을 활용한 치유 산업을 확장하고 있으며 그에 따라 치유농장 또한 발전하고 있다.

우리나라의 경우 치유농업은 2013년 농촌진흥청에서 전문가들과 협의하여 처음으로 사용하기 시작하였고 1980년대부터 원예치유, 1990년대부터 숲이라는 환경을 활용한 산림치유, 동물과의 교감 및 상호작용을 활용한 동물매개치유가 발전해왔다. 원예와 산림은 식물로, 동물과 곤충, 음식, 농작업, 환경과 문화의 치유적 기능을 활용하면서 각각 발전해오던 이들 자원을 통합적으로 연계하여 '농업의 치유적 기능'이라는 큰 틀에서 종합적으로 접근하게 된 것이 치유농업의 개념이다.

우리나라는 현재 치유농장의 개념이 명확히 잡혀있지 않아 농업인, 협동조합, 병원, 복지회관, 건강증진센터, 상담센터, 시민농장 등 다양한 곳에서 농업이 가지고 있는 치유적 기능을 활용하는 형식으로 진행되고 있다. 치유농장은 지원, 치유 또는 지도가 필요한 사람들에게 가능성을 제공하는 일종의 농업회사를 의미하는데 치유농장에서는 치유와 농업이 결합되어 있으며 치유농장주는 자신의 의지로 치유농업을 선택할 수 있으며 그들의 농장으로부터 얻는 좋은 점들을 다른 사람들과 공유하며 나아가 약간의 도움이 필요한 사람들과 함께 감정을 느낀다.

표 1-3 대상별 치유농업 효과

아동 및 청소년	정신질환	일반 성인
• 안정감 • 책임감 형성 • 신체능력 발달 • 현실감각 학습 • 소속감 • 대인관계 • 부모와의 유대감 • 자아존중감 향상 • 직업능력 향상 • 감각활용 향상	• 약물 및 알코올 의존성 감소 • 안정감 • 책임감 • 대인관계 • 자아존중감 향상 • 협업능력 증진 • 집중력 향상	• 안정감 • 스트레스 감소 • 운동량 증진

표 1-4 **치유농업의 개념**

용어	개념	특징
• 치유 농업 • 건강을 위한 농업	• 치유를 제공하기 위한 농업의 할용 • 농장 및 농촌 경관을 활용하여 정신적, 육체적 건강을 제공하는 모든 농업활동	• 농장 전체 또는 일부 활용 • 건강치유 서비스, 사회적 치유 서비스, 교육적 치유 서비스 제공 • 가축, 작물, 채소, 산림 등 다양한 관련 분야 프로그램 제공 • 치유, 갱생, 치료, 교육의 일환으로 정규적인 치유농업 프로그램 제공

CHAPTER 4　각종 도우미동물에 대한 이해

PART

02

도우미 동물의
이해

Companion Animal
Assisted Therapy

CHAPTER 04

각종 도우미동물에 대한 이해

제1절 | 반려동물과 도우미동물

「동물보호법」에서 정의하는 '동물'이란 고통을 느낄 수 있는 신경체계가 발달한 동물들을 말한다. 동물을 키우는 사람들이 많아지며 반려동물문화가 발달함에 따라 사람과 함께 지내는 동물들을 부르는 용어 또한 변화하였다. 단순히 옆에 두고 귀여워하며 즐거움을 누리기 위한 '애완(愛玩)동물'에서 짝이 되는 동무라는 의미의 반려(伴侶)라는 단어를 붙여 오늘날에는 어렵지 않게 '반려(伴侶)동물'이란 용어를 들을 수 있다. 어떤 종류의 동물이건 가족처럼 아끼는 동물이라면 넓은 의미에서 반려동물이라 부를 수 있고 함께 동물매개치료사의 길을 나아갈 수 있겠으나, 반려동물 매개치료에서 치료 과정에 참여하는 동물(이하 '도우미동물'이라 한다)은 「동물보호법」에서 반려동물로 지정한 '개·고양이·페럿·기니피그·토끼·햄스터'의 6종류 동물이다. 반려동물 중심의 동물매개치료는 크게 다섯 가지의 의미를 가진다.

첫째, 긴 역사적 관계가 있다. 반려동물은 다른 동물들에 비해 사람과 함께하는 조화로운 공존의 역사를 가지고 있다. 사람과 함께 하는 것에 익숙한 반려동물들은 사람과의 친밀도가 높고 상호작용이 원활하게 일어난다. 사람 또한 반려동물에 대한 친밀도가 높아 함께 하는 것에 대한 부담이 적다. 내담자가 평소 쉽게 만나고 익숙해져 있는 반려동물들은 내담자들로 하여금 좀 더 편히 다가올 수 있게 해주고

이는 원활한 관계형성에 도움을 준다.

둘째, 사회적 공감대가 높다. 반려동물은 앞에서 언급했듯 공존의 역사를 가지고 있기 때문에 사람의 감정에 예민하게 반응할 수 있고, 교감능력이 뛰어나다. 동물매개치료는 사람과 동물의 감정교류를 통한 긍정적 효과를 치료 과정에 개입시키는 것이므로 사람의 감정에 보다 잘 공감할 수 있는 동물을 중심으로 하는 것이 더욱 효과적이라 할 수 있다.

셋째, 경제적 효율성을 지닌다. 반려동물은 키울 때 필요한 먹이나 위생용품, 사육용품 등이 다양한 제품군으로 판매되고 있고, 구매하기도 수월해서 접근성과 편의성이 높다. 따라서 보호자가 동물을 사육관리하는 데 있어 용이할 뿐만 아니라 경제적이기도 하다. 이는 다시 말하면, 반려동물이 중심이 되는 동물매개치료는 다른 동물매개치료에 비해 서비스를 이용하는 내담자의 경제적 부담감을 경감시켜줄 수 있다.

넷째, 질병에 대한 이해가 높다. 동물매개치료에 참여하는 도우미동물들은 건강해야 한다. 현재 동물병원 의료시스템은 반려동물을 중심으로 성장하고 있어서 관리의 적합성을 지닌다.

다섯째, 산업적 피해가 낮다. 반려동물들은 인수공통감염병의 위험이 낮기 때문에 접촉의 증가로 발생할 수 있는 전염병의 발생 위험률이 낮다. 또한 가정에서의 청결관리가 용이하다는 장점도 있다.

여기서 중요한 점은 동물매개치료에 투입될 반려동물은 치료사와 유대관계를 맺는 과정이 선행되어야 한다는 것이며 기본적인 관리와 예절교육을 통해 서로 호흡을 맞추는 과정이 필수적이라는 것이다. 이 과정을 통해 동물매개치료에서 동물로 인해 발생할 수 있는 안전사고를 미연에 방지할 수 있고, 도우미동물의 스트레스 또한 안정적으로 관리할 수 있기 때문이다.

1. 도우미동물

동물매개치료는 '내담자, 동물매개치료사, 도우미동물' 세 가지의 구성요소로 이루어져 있다. 여기서 도우미동물은 치료사와 내담자 사이의 매개체, 즉 다리 역할을 하며 내담자와 치료사가 빠른 관계를 형성할 수 있도록 돕는 역할을 한다. 성공적인 상담의 첫 걸음은 내담자가 치료사에게 마음을 열고 서로 신뢰관계를 형성하는 것이기 때문에 도우미동물이 수행하는 역할은 매우 중요하다고 볼 수 있다. 그렇기 때문에 동물매개치료사는 자신과 호흡이 맞고 내담자의 상담목표에 적합한 도우미동물을 선정해야 한다. 여기서 주의해야 할 점은 동물매개치료의 궁극적인 목표가 도우미동물과 내담자가 상호교감을 하며 친밀감을 쌓는 것으로 여기는 것인데 도우미동물은 상담과정에 있어 촉진제 역할을 할 뿐 상담의 중심이 되어서는 안 된다. 도우미동물이 동물매개치료에서 하는 역할을 정리해보자면 첫째, 도우미동물은 내담자가 자발적으로 치료에 참여하게 하는 동기부여의 역할을 한다. 동기란, 목표 지향적인 행동을 시작하고 유지하며 활동성을 부여하고 방향을 제시하는 내적 상태를 의미한다(Klinger & Cox, 2004). 치료는 내담자 스스로가 변화하고자 하는 자발적 동기가 있어야 시작될 수 있다. 내담자가 치료사를 찾아왔다는 것, 내담자가 치료에 흥미를 가졌다는 것만으로 치료는 시작되었다고 볼 수 있다. 동물은 등장하는 순간부터 강한 흥미를 불러일으키는 요소이다. 도우미동물은 내담자가 치료에 대한 호기심을 가지게 하고 치료사에게 편하게

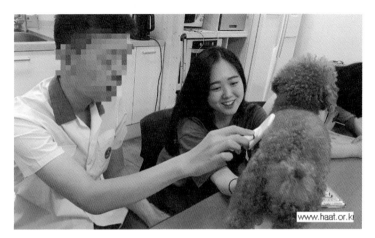

──── 도우미동물은 치료사와 내담자 사이의 라포 형성을 돕는다

다가오게 만들며, 치료사와 내담자 사이의 대화주체가 되어줌으로써 빠른 상담관계
가 형성될 수 있도록 돕는다.

둘째, 내담자가 치료에 몰입할 수 있도록 돕는 강화물 역할을 한다. 자발적으로
치료를 시작한 내담자라 하더라도 치료사의 개입을 거부하거나 치료를 중단하는 경
우가 종종 있다. 따라서 치료를 통한 효과를 보기 위해서는 내담자가 완전히 치료에
몰입하는 것이 필수적이다. 치료 과정에서 내담자 스스로 변화하고자 하는 의지를
계속해서 다잡고 지속적이고 능동적으로 참여하도록 하는 원동력이 필요하다는 것
이다. 내담자가 도우미동물에게 가지는 친밀감과 애정은 치료에 대한 깊이 있는 집
중력과 꾸준히 치료에 참여할 수 있게 해주는 원동력이 되어준다. 또한 내담자의 정
서적 지지 역할을 하며 치료과정에서 나타나는 불안감과 긴장감을 완화시켜 준다.
치료의 온화한 분위기를 형성함으로써 내담자가 조금 더 편안하게 자기개방을 할
수 있도록 돕는다.

셋째, 치료효과의 지속성 유지에 도움을 준다. 심리치료를 통해 얻은 효과는 내
담자가 일상생활로 돌아가 적용하고 유지할 수 있어야 한다. 내담자가 치료과정에서
느낀 즐거운 경험과 감정들은 치료의 종결 후 스스로 삶의 문제를 해결해야 하는
내담자에게 용기를 가지도록 격려한다. 반려동물매개치료에서는 치료사뿐 아니라

도우미동물과도 무조건적인 관계를 맺음으로써 더욱 단단하게 내담자의 정서를 지지해준다. 생생히 주고받은 감정의 교류는 내담자의 마음에 행복했던 추억으로 남아 지속적으로 긍정적인 영향을 미치게 된다.

가. 도우미동물 선발 기준

앞서 얘기한 것처럼 동물매개치료는 동물과 친해지는 프로그램이 아니며 도우미동물이 상담의 성공을 좌우하는 것 또한 아니다. 완벽하게 훈련된 도우미동물이 있다고 해서 치료사의 전문가적 자질이 부족하다면 치료의 목표를 달성하는 것은 어렵다. 하지만 치료과정에서 중요한 역할을 수행하는 만큼 어느 정도의 선발 기준은 필요하다. 선발은 도우미동물의 외모가 아닌 내담자의 유형과 치료목표, 도우미동물이 지닌 성격에 따라 이루어진다.

1) 도우미동물 공통 선발 기준

(1) 사람에게 우호적인 태도를 지니고 친밀감을 가진 동물이어야 한다. 이 친밀감은 도우미동물을 데리고 치료하는 치료사뿐 아니라 내담자에게도 해당이 된다. 도우미동물은 다양한 연령, 성별, 문화를 가진 내담자를 만나게 되는데 도우미동물이 보이는 친근하고 사랑스러운 행동들은 내담자와의 역동적인 상호작용을 이끌어내며 이는 내담자에게 안정감을 줄 수 있다.

(2) 기본적인 사회화 교육이 되어 있어야 한다. 도우미동물은 다양한 환경에 안정적으로 적응할 수 있어야 하며 사람을 공격하지 않고 달려들지 않는 등의 기초적인 예절교육과 청결을 위한 배변교육이 필수적으로 되어 있어야 한다. 그 외의 재롱과 같은 교육들(예: 앉아, 엎드려 등)은 앞의 교육들이 선행된 후 진행될 부가적인 교육들이다.

(3) 스트레스에 잘 적응해야 한다. 도우미동물은 치료사와 함께 여러 곳을 이동해 다닐 가능성이 높기에 차나 대중교통, 낯선 환경과 사람에게 적응하여 편안한 상태를 유지할 수 있어야 한다. 또한 사회적 소음이나 냄새, 빛과 같은

환경적 요인에 대한 스트레스 민감도가 낮아야 한다. 변화에 적응하지 못하고 지속적으로 스트레스 받는 도우미동물을 데리고 다니는 것은 내담자와 도우미동물 사이의 관계형성에 역효과를 낼 뿐만 아니라 치료사의 욕심을 위해 동물을 이용하는 것과 다름없다.

(4) 밝고 건강한 동물이어야 한다. 인수공통 감염병의 경우 내담자와 동물매개치료사 모두에게 감염의 위험이 있으며, 아픈 동물에게 적절한 조취를 행하지 않는 것은 동물학대 행위이다. 여기서 말하는 아픈 동물은 즉각적인 수의학적 조치가 필요하거나, 꾸준한 입원치료가 필요한 경우, 수의학적으로 보았을 때 활동이 불가능한 경우를 말하는 것으로, 관리가 가능한 질환을 가졌거나 장애를 가졌음에도 밝고 건강하다면 도우미동물로 선발될 수 있다.

(5) 집단동물매개치료의 경우 다른 품종 또는 같은 품종의 다른 개체에게 너무 예민하지 않아야 한다. 집단동물매개치료는 여러 마리의 동물이 함께 하기 때문에 아무리 사람에게는 우호적이라 하더라도 다른 개체에게는 공격성을 드러내는 개체는 선발될 수 없다. 공격성뿐 아니라 너무 지나친 관심도 안전사고 발생확률을 높이기 때문에 동물이 상해를 입거나 극심한 스트레스를 받는 경우가 발생할 수 있다. 따라서 집단동물매개치료에 참여하는 도우미동물로 선발되기 위해서는 같은 품종의 다른 개체뿐 아니라 다른 품종에게도 공격성을 드러내지 않는 교육이 되어 있어야 한다.

위의 기준에 따라 도우미동물이 선발되더라도 바로 상담현장에 투입되는 것은 아니며 현장에서 충분히 적응할 수 있는 기간을 주어야 한다. 투입된 동물의 상태와 내담자의 반응을 관찰하며 일정한 수련을 거친 후에 투입 여부를 결정하게 된다.

2) 도우미견

개는 사람과 함께한 역사가 긴만큼 반려동물들 중에서도 사람과 가장 깊게 교감할 수 있고 다른 반려동물에 비해 움직이는 시간이 자유로우며 교육에도 잘 적응하므로 다양한 프로그램을 진행할 수 있  어 동물매개치료에서도 가장 중심적으로 활동하는 동물이다. 반려견과 활동할 때는 안전사고의 방지를 위해 반드시 반려견을 통제할 수 있는 목줄이나 몸줄을 착용하고 활동하는 것이 중요하다.

흔히들 도우미견이라고 하면 고도의 전문적인 교육을 받아 절대 짖지 않고 싫은 표현도 하지 않으며 사람의 말에 무조건 따르는 개가 할 수 있는 것이라고 생각하는데, 이는 잘못된 생각이다. 도우미동물의 역할을 살펴보면 알 수 있듯이 도우미동물은 치료의 중심이 아닌 보조의 역할을 하고 있다. 개도 사람처럼 감정을 가진 생명이기에 짖고, 싫은 것을 거부하는 행동은 자연스러운 것이며 내담자가 도우미견의 있는 그대로 모습을 받아들이고 이해하는 과정 자체가 내담자에게 있어 치료적인 효과를 얻을 수 있게 된다. 따라서 도우미동물의 교육정도보다는 치료사의 전문가적 역량이 상담에 더욱 큰 영향을 미친다.

(1) 도우미견 선발기준

도우미견들은 일반적인 반려견들과 달리 상담의 매개체 역할을 수행하며 다양한 내담자들과 만나기 때문에 일정한 기준에 부합할 필요가 있다.

첫째, 5차까지의 예방접종과 중성화 수술을 마친 6개월 이상의 건강한 개여야 한다. 중성화를 하는 것은 보호자의 자유지만 치료도우미동물로 활동할 때는 다른 성별의 개도 만나게 되므로 도우미견의 스트레스와 건강을 위해 중성화 수술을 필수 기준으로 두고 있다. 특히 광견병의 경우 치사율이 높은 인수공통감염병이므로 반드시 수의사가 접종하도록 하고, 수의사의 직인이 찍힌 「광견병접종증명서」를 통해 그 접종사실을 증명할 수 있어야 한다.

둘째, 특별한 품종이 정해져 있는 것은 아니지만 공통 선발 기준에서 언급한 것과 마찬가지로 공격성을 보이지 않고 사람에게 친화력이 높은 개여야만 한다. 내담자와 도우미동물 사이의 감정교류가 치료적 효과를 불러오기 때문에 도우미견은 자신과 호흡을 맞추는 치료사뿐 아니라 상담에서 만나게 되는 다양한 유형의 내담자(성별, 나이, 장애유무 등) 모두에게 친밀감을 나타낼 수 있어야 한다.

셋째, 다른 동물에게 지나친 관심을 갖지 말아야 한다. 공통 선발 기준에 따라 다른 개체에게 공격성은 보이지 않지만 지나치게 다른 동물에게 관심을 가지는 개들이 있다. 이는 다른 개체와의 싸움이 일어날 수도 있고 상담이 산만해지게 되면서 내담자와의 관계형성에 좋지 않은 영향을 끼칠 수 있다.

넷째, 마지막 조건은 도우미견이 아닌 치료사에게 요구되는 조건으로 도우미견은 반드시 치료사의 반려견으로 선발되어야 한다. 반려견은 보호자와 함께 있을 때 가장 안정적인 상태를 유지할 수 있다. 반려견에게 있어 낯선 환경과 낯선 사람은 스트레스의 요인이 될 수 있는데, 의지할 수 있는 보호자가 없는 것은 반려견에게 있어 심한 불안감을 가지게 한다. 반려견의 심리적 건강과 더불어 물림이나 할큄 등의 안전사고를 방지할 수 있고, 함께 생활하며 쌓아온 호흡으로 내담자와 도우미견이 교감할 수 있도록 도울 수 있기 때문에 치료사의 반려견으로 상담을 진행해야 한다.

위의 조건을 모두 준수한 도우미견은 가진 성격과 특성이 고려되어 내담자와 만난다. 예를 들면, 털이 많이 빠지는 도우미견은 노인관련 기관이나 호스피스 병동 같은 곳은 제외하는 것이 좋으며 내담자가 장애를 가진 경우에는 돌발 상황이 많이 발생하기에 잘 놀라지 않고 의연히 대처할 수 있는 도우미견이 투입되는 것이 좋다.

3) 도우미동물 고양이

고양이는 우리나라에서 개 다음으로 인기 있는 반려동물로 2017년 기준으로 약 207만 마리의 고양이가 반려묘로써 살아가고 있다. 고양이라는 동물 특성상 많은

수가 사육되고 있는 반면에 도우
미동물로 활용되는 개체 수는 적
은 편이다. 고양이는 '영역동물'
로 자신이 생활하는 영역에 민감
하다. 다른 개체가 자신의 영역에
들어오는 것도 예민하지만 자신
이 다른 영역에 발을 들이는 것
또한 예민하여 노출되는 환경(활동

기관, 대중교통 등)이 자주 바뀌는 도우미동물로 활용되기에는 어려움이 많다. 하지만 몇
가지의 조건이 갖추어 진다면 반려견과는 다른 매력으로 도우미동물로서의 역할을
훌륭히 수행할 수 있다.

　반려견과 달리 얌전하고 조용한 성품으로 동물에 두려움을 가진 내담자들이 좀
더 편히 다가올 수 있고, 특별한 재롱을 부리지 않더라도 가만히 안겨 체온을 나누
는 것만으로도 내담자들에게 많은 위로를 전달해준다. 단, 털이 많이 빠지기 때문에
알레르기를 유발할 수도 있어 노인이나 호흡기 질환을 가진 내담자에게는 적합하지
않다. 또한 반려견보다는 활동성이 떨어지고 교육을 하기 어려워 동적인 프로그램이
나 다양한 프로그램을 진행하기에는 어렵다는 단점이 있다.

(1) 도우미동물 고양이 선발기준

　고양이가 도우미동물 역할을 하기 위해서는 몇 가지의 조건이 필요하다.
　첫째, 예방접종과 중성화 수술을 마친 6개월 이상 건강한 고양이여야 한다. 고양
이 또한 예방접종과 중성화 수술이 완료되어야 한다. 암컷고양이의 경우 발정시기가
오면 굉장히 예민해지기 때문에 중성화 수술은 반드시 진행되어야 하며 고양이도
인수공통감염병인 광견병 예방접종 대상동물이므로 수의사의 접종과 광견병접종증
명서가 필요하다.
　둘째, 스트레스에 대한 인내심이 높고 낯선 사람과 환경에 잘 적응해야 한다. 고
양이의 경우 보호자와 함께 있어도 변화하는 환경에 예민하게 반응하는 경우가 많

다. 예민한 고양이는 스스로도 스트레스를 많이 받고 이는 공격행동으로 이어져 사고가 발생할 수 있다. 낯선 환경에도 원활히 적응하고 사람과 친숙하여 스킨십에 예민하지 않은 고양이여야 하며 고양이가 아닌 다른 종류의 동물들에 대한 반응도 무던해야 한다.

셋째, 대소변 교육이 되어 있어야 한다. 대소변은 고양이를 도우미동물로 선택할 때 고려해야 할 중요한 사항이다. 반려견의 경우 교육을 통해 다른 곳에서도 대소변을 보도록 할 수 있지만 고양이의 경우 오줌 등으로 영역표시를 하여 다른 개체의 출입을 허락하지 않기 때문에 외부에서 대소변을 하도록 하는 것은 어려운 일이다. 고양이가 외부에서도 편히 대소변을 해결할 수 있도록 환경조성(고양이 모래 등)을 해주거나 고양이의 대소변 문제에 영향이 가지 않을 정도로만 치료일정을 잡는 방법을 사용해야 한다.

이외에 대중교통 이용을 위한 케이지 교육이나 외부에서의 식사 등 반려견에 비해 고려해야 할 사항들이 많아 고양이라는 동물의 특성을 잘 이해한 후 도우미동물로 선택해야 한다.

4) 도우미동물 페럿

페럿은 「동물보호법」에서 반려동물로 지정하고 있지만 동물에 관심이 없는 사람이면 쉽게 접해보지 못할 동물이기도 하다. 페럿은 크기가 작지만 육식동물이고 다른 소동물에 비해 덜 예민해 도우미동물로 훌륭하게 활동할 수 있다. 특이한 생김새는 내담자들에게 흥미를 유발하고 관심을 가지게 할 수 있으며, 지능이 낮은 편이라 장기간 교육하지는 못하지만 활발하고 신기한 움직임은 웃음을 유발한다. 하지만 몸에 있는 기름샘에서 분비되는 특유의 냄새가 있어 냄새에 예민한 내담자들의 경우 불쾌감을 느끼기도 하고 관계를 형성하는 데 방해가 되기도 한다.

페럿은 24시간 중 20시간을 잘 만큼 잠이 많지만 남은 시간을 굉장히 활발하게 움직인다. 좁은 통로에 들어가거나 구멍에 들어가는 것을 좋아하기 때문에 활동할 때 페럿이 들어가면 위험한 장소들은 사전에 차단하고 반드시 몸줄을 착용하여 활동하도록 한다. 털갈이 시기에는 털이 많이 빠지기 때문에 이 시기에는 치료사의 주의가 필요하다.

(1) 도우미동물 페럿 선발기준

가장 중요한 것은 예방접종이 완료된 건강한 개체여야 한다. 페럿이 국내에 수입될 때는 모두 중성화 수술이 되어 있으므로 중성화 수술은 걱정하지 않아도 되지만 페럿 또한 광견병 예방접종 대상 동물이다. 마찬가지로 수의사가 접종해야 하고 「광견병접종증명서」가 필요하다.

5) 도우미동물 기니피그

기니피그는 무리를 지어 사는 초식동물로 얼핏 보면 크기가 큰 햄스터처럼 생겼다. 꼬리가 없는 것이 특징이고 여러 소리를 내어 의사소통을 하는데 그 생김새가 귀엽고 털이 부드러워 많은 수는 아니지만 국내에서도 반려동물로 사랑받고 있다. 스웨덴에서는 기니피그를 한 마리만 키우는 것이 불법인 만큼 사회적인 동물인데 초식동물 특성상 겁이 많아 친해지는 시간이 필요하다. 하지만 친해지고 나면 온순한 성격이라 만져주는 것도 좋아하고 개와 고양이에 비해 크기가 작아 동물매개치료에서 내담자들이 동물에 대한 거부감을 줄이고 흥미를 가지는 단계에서 활발하게 활동하고 있다. 단, 고양이만큼이나 털이 많이 빠지기 때문에 알레르기에 주의해야 하며 작은 소리에도 놀라고 스트레스를 많이 받기 때문에 치료사의 각별한 주의가 필요하다. 또한 기니피그는 하루에 5시간 이상을 먹는 것에 소모하기 때문에 함께 다닐 때는 언제나 주식인 건초와 함께 기니피그가 몸을 숨길 수 있는 이동가방이나 주머니를 가지고 다녀야 한다.

(1) 도우미동물 기니피그 선발기준

첫째, 6개월 이상의 건강한 기니피그여야 한다. 기니피그는 약 1년 정도가 되면 성체가 되는데 너무 어린 개체는 면역력이 약해 쉽게 질병에 걸릴 수 있으므로 어느 정도 성장하여 병에 대한 저항력을 가진 개체여야 한다.

둘째, 사람을 무서워하지 않아야 한다. 기니피그는 겁이 많아 위기상황이라 판단되면 도망가거나 물며 공격을 한다. 물지 않더라도 사람의 손길을 피하면 내담자가 거절당했다고 생각할 수도 있고 기니피그에게도 스트레스 상황이 된다. 따라서 사람의 손길을 편안하게 받아들이는 개체여야 한다.

기니피그를 포함한 햄스터·토끼·페럿(이하 '소동물'이라 한다)의 경우 국내에서 반려동물로 사육되는 수가 적기 때문에 진료를 볼 수 있는 병원이 많지 않아 전문병원의 위치를 반드시 알아두어야 하며 크기가 작은 만큼 스트레스에 취약해 주의해야 한다. 한꺼번에 많은 수의 내담자와 만나기도 어려우며 너무 소란스러운 장소나 오랜 시간 외부에 있는 것을 견디기 어려워 한다. 따라서 적응기간 동안 동물의 상태를 꼼꼼히 살펴 상담에 투입되는 시간과 정도를 결정해야 하며, 다양한 프로그램의 진행이 어렵기 때문에 소동물을 도우미동물로 선택할 때는 여러 조건들을 살핀 후 결정해야 한다.

6) 도우미동물 토끼

토끼는 순하고 온순한 이미지를 대변하는 동물로 특히 귀엽고 사랑스러운 이미지로 많이 대표되다 보니 어린아이들에게 인기가 많은 동물이다. 만화영화나 여러 상품들 등 다양한 매체에서 만나는 만큼 익숙한 듯 느껴지는 동물이지만 반려동물로 함께 한 역사는 짧아 야생의 습성이 많이 남아있고 성체가 되면 생각보다 크기가 커서 도우미동물로 선택할 때는 여러 가지 사항을 고려해야 한다. 귀여운 생김새와 보드라운 털은 그 자체만으로도 웃음을 주고 순식간에 친밀감을 느끼도록 한다. 스트레스에 굉장히 취약한 동물이라 도우미동물로 활동하는 개체는 극소수이다. 내담자와 만나는 시간을 제한해야 하고 초식동물의 특성상 아픈 것을 잘 드러내지 않기 때문에 치료사가 항상 주의를 기울여야 하는 동물이다.

(1) 도우미동물 토끼 선발기준

우선 건강한 성체여야 한다. 필수 예방접종이 모두 완료되어야 하며 마찬가지로 광견병 예방접종을 하기 때문에 「광견병접종증명서」 또한 필요하다. 청각에 굉장히 예민한 동물이므로 너무 소란스러운 기관은 제외하되 어느 정도 스트레스 상황을 잘 견딜 수 있는 개체여야 한다.

7) 도우미동물 햄스터

햄스터는 크기가 작아 활동을 하지 못한다고 생각할 수도 있지만 작고 귀여운 외모로 특별히 무언가를 하지 않아도 내담자의 흥미를 이끌기에 충분하다. 크기만 봤을 때는 온순하고 얌전할 것 같지만 햄스터는 야생의 습성과 가지고 있는 행동특성들로 도우미동물로 활동 시 여러 주의가 필요한 동물이다. 햄스터는 고양이와 마찬가지로 영역동물로 자신의 생활공간을 벗어나고 침해당하는 것에 예민한 동물이다. 따라서 햄스터와 함께 다른 곳으로 이동할 때는 햄스터 냄새가 베여있는 베딩과 함께 이동하는 것이 햄스터에게 안정감을 줄 수 있다. 영역동물의 특성상 다른 개체와 만나면 반드시 싸움이 발생하므로 단독으로 내담자와 만날 수 있도록 프로그램을 진행해야 한다. 반려동물 중에서도 크기가 가장 작아 약한 힘에도 골절이 일어날 수 있고 떨어지는 사고가 발생하여 심한 경우에는 사망할 수도 있기 때문에 항상 치료사의 감독아래 내담자와 햄스터가 교감할 수 있도록 해야 한다. 이때에도 여린 햄스터를 고려하여 15~20분

정도로 만남의 시간을 제한하는 것이 좋다. 여러 종류의 햄스터가 있지만 동물매개 치료에서는 가장 크기가 큰 골든 햄스터가 활발하게 활동하고 있다.

(1) 도우미동물 햄스터 선발기준

특별한 예방접종이나 중성화 수술이 필요하지는 않지만 가장 기본적인 조건으로는 사람의 손을 익숙해하는 햄스터여야 한다. 여러 매체들에서 햄스터를 손 위에 올려놓고 있는 모습들이 많이 보이지만 실제 햄스터가 사람의 손을 따르는 데까지는 어느 정도의 교육기간이 필요하다. 보호자의 손뿐 아니라 다른 사람의 손에도 안정감 있게 적응하여 공격성을 보이지 않아야 한다.

어떤 종류의 도우미동물이건 동물매개치료사는 동물이 생명을 가진 생명체라는 것을 잊지 말아야 한다. 사람의 선택에 의해 도우미동물이라는 역할을 수행하게 되었으므로 도우미동물의 행동에 항상 주의를 기울이고 즐겁고 행복하게 도우미동물로써 살아갈 수 있도록 책임감을 가져야 한다.

제2절 | 각종 도우미동물에 대한 이해

모든 생명은 그 존재만으로 위대하고 가치롭다. 동물과 함께 살아가기로 결정했다면 동물이 자유와 권리를 누리며 살아갈 수 있도록 보호해야 한다. 「동물보호법」에서는 동물들의 생명과 안전 보장을 위해 누구든지 동물을 사육·관리할 때에는 다섯 가지의 기본 원칙을 준수하도록 하고 있다.

① 동물이 본래의 습성과 신체의 원형을 유지하면서 정상적으로 살 수 있도록 할 것
② 동물이 갈증 및 굶주림을 겪거나 영양이 결핍되지 아니하도록 할 것

③ 동물이 정상적인 행동을 표현할 수 있고 불편함을 겪지 아니하도록 할 것

④ 동물이 고통·상해 및 질병으로부터 자유롭도록 할 것

⑤ 동물이 공포와 스트레스를 받지 아니하도록 할 것

2절에서는 각종 도우미동물이 행복하고 건강하게 사육할 수 있도록 동물에 대한 이해와 기본적인 관리사항, 질병 등에 대해 알아보고자 한다.

1. 개에 대한 이해

학자마다 시간의 차이는 있으나 개는 약 3만 년 전부터 오랜 시간 동안 사람과 함께 생활해온 것으로 추정된다. 우리나라에서도 '오수의 견'이라는 설화에서 살펴볼 수 있듯이 개는 충성심이 강하고 사람과의 유대관계를 쌓아온 동물이었다는 것을 알 수 있다. 약 400여 품종의 개는 뛰어난 감각과 사람에 대한 친밀감 덕분에 경비, 수렵, 탐색, 구조 등 사람의 생활을 돕는 사역견으로서의 역할 뿐만 아니라 누군가의 소중한 가족으로서, 사람에게 상처받아 외로움을 느끼고 힘들어하는 이를 위로하는 존재로까지 그 역할이 확대되고 있다.

가. 개의 생물학적 특징

1) 시각

개는 원시이기도 하지만 근시이기도 하여 물체에 정확하게 초점을 맞추지 못한다고 한다. 통상 사람의 시력의 20~40% 정도여서 사물을 흐리게 보지만 어두운 빛을 감지하는 세포인 간상세포(Rod Cell)의 수가 많아 어두운 곳에서 사람보다 더 잘 볼 수 있다. 통상적으로 개는 색을 볼 수 없다고 하지만 적록 색맹처럼 붉은색과 녹색을 제외한 색들은 구분할 수 있다.

개와 고양이에게는 '제3안검'이라 하는 순막이 있어 눈물을 분비하고 눈을 보호

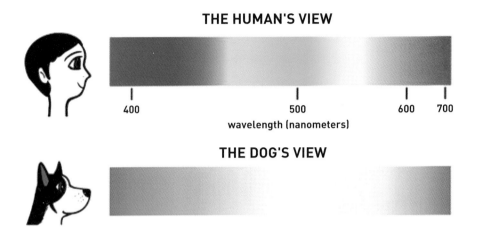

하는 역할을 한다. 눈물 분비량의 35~50% 정도를 담당하고 있다. 이 제3안검에 문제가 생겨 외부로 돌출되는 질환을 흔히 '체리아이'라 부른다. 동물의 눈을 보았을 때 빨간색의 혹이 체리처럼 보여서 붙은 이름으로 고양이보다는 강아지에게서 더 자주 발생한다.

2) 청각

개의 청각은 사람의 약 4배 정도 되어 소리의 톤, 음색, 음조까지 구별이 가능하다. 목소리의 높낮이를 가지고 상황을 판단하며 가족들의 목소리나 발소리 심지어 자동차 엔진 소리까지도 구별해낼 수 있다. 귀를 소리가 나는 방향으로 세워 소리를 더 잘 모을 수 있다.

3) 후각

후각은 개가 가진 기관 중 가장 뛰어난 기관이라고 할 수 있을 만큼 인간의 1만배 뛰어나다고 한다. 인간과 개의 코 구조는 완전히 다르게 생겼는데 개의 코를 자세히 보면 옆 부분에 틈새가 있는 것을 볼 수 있다. 이로 인해 개는 숨을 마실 때뿐 아니라 내쉴 때도 냄새를 맡을 수 있다. 또한 건강한 개는 항상 코가 촉촉한데 이를 통해 냄새 입자를 가두어 냄새를 분석할 수 있다.

개는 후각을 사용함으로써 스트레스를 해소하고 다양한 정보를 얻기 때문에 후각을 충분히 사용할 수 있는 환경을 만들어 주는 것이 중요하다. 야생에 사는 개들은 후각을 사용할 기회가 많지만 가정에서 생활하는 반려견들을 그렇지 않기 때문에 이로 인한 스트레스로 물건을 망가뜨리거나 거친 모습을 보이기도 한다. 자주 산책을 하며 개가 냄새를 맡으며 주변을 탐색할 때는 충분히 기다려주고, 산책을 하지 못할 때는 장난감이나 여러 놀이 방법으로 후각을 사용할 수 있도록 해주어야 한다.

4) 미각과 혀

미각은 개의 가진 감각 중 둔한 편으로 사람처럼 기본적인 단맛, 짠맛, 쓴맛, 신맛 등을 느낄 수 있지만 혀에 있는 미뢰(맛을 느끼는 기관)가 인간의 20% 미만이여서 섬세한 맛을 느끼지는 못한다. 또한 개의 혀는 체온조절에 가장 큰 역할을 한다. 더울 때 혀를 길게 빼고 있는 개의 모습을 볼 수 있을 것이다. 이는 올라간 체온을 떨어뜨리기 위해 하는 행동으로 땀샘이 발바닥 패드에만 있는데 털이 자라다 보니 통풍이 잘 되지 않는다. 땀샘이 거의 없다 보니 체온 조절이 어려워 혀가 발달하게 되었고 숨을 헐떡이며 체온을 조절한다.

5) 촉각

털에는 감각기관이 연결되어 있기 때문에 온 몸이 털로 뒤덮인 동물들은 기본적으로 촉각이 매우 발달되어 있다. 개의 얼굴을 보면 코 주변에 수염이 나있는 것을 볼 수 있는데 개는 이 수염을 통해 촉감을 느낀다. 따라서 수염은 가까운 것이 잘 안 보이는 개에게 거리감을 느끼게 해주어 사물의 위험 여부를 판단할 수 있게 한다.

나이가 들어 시력이 저하된 노령견들에게는 수염이 방향감과 공간감을 느끼는데 큰 역할을 하므로 수염이 긴 상태로 두는 것이 좋다.

6) 항문낭

항문낭은 개가 가지고 있는 특수한 신체기관으로 개의 항문 양 옆에 위치하고 있는 분비샘을 말한다. 개들이 서로 처음 만나면 엉덩이 냄새를 맡으며 도는 것을 볼 수 있는데 항문낭 안의 항문낭액 특유의 냄새를 맡고 서로를 인식하는 것이다. 야생에서는 항문낭을 문질러 영역표시를 하는데 가정에서 키워지는 개들은 그럴 필요가 없으므로 항문낭액을 스스로 배출할 기회가 없다. 개가 엉덩이를 끌고 다니는 모습이 보인다면 기생충염, 또는 항문 근처가 지저분하거나 항문낭이 가득 차서 불편함을 느끼는 것일 수 있다.

나. 개의 기본 관리

동물 사육에서 중요한 부분이 먹이 급여, 위생 관리 및 예방이다. 이를 소홀히 하게 될 경우 병에 걸릴 수 있기 때문이다.

1) 먹이 급여

사료는 보통 일반사료, 기능성사료 그리고 처방사료로 구분한다. 일반사료는 질병이 없는 동물에게 연령에 맞게 급여하는 사료로써 주로 자견용, 성견용, 노령견용으로 구분해서 판매되고 있다. 일반사료에 특정 영양성분을 첨가하여 만든 사료가 기능성 사료이다. 대표적으로 피부에 좋은 사료, 관절에 좋은 사료 등이 있다. 이와 달리 처방사료는 질병이 있는 동물에게 각 질병에 알맞은 영양소를 배합하여 만든 사료이다. 사육하는 동물의 상태에 따라 처방받아 급여해야 한다.

사료 내 수분함량에 따라 건사료, 반건조사료, 습사료 등으로 구분할 수 있다. 건사료는 쉽게 부패하지 않기 때문에 보관이 용이하고 한 번에 많은 양을 급여해도 쉽게 상할 위험이 적다. 그러나 풍미가 좋지 않아서 기호성이 떨어질 수 있고 치아가 좋지 않은 자견이나 노령견은 씹기 힘들 수도 있다. 습사료는 수분함량이 높아서 풍미가 좋고 부드러워서 급여가 용이하다. 그러나 쉽게 상할 수 있다. 이러한 이유들로 인해, 이 두 가지 사료 성상을 절충해 수분함량을 높이고 모양은 건사료와 유사한 반건조사료가 출시되었다. 건사료에 비해 부패할 위험이 높아서 소포장되어 나온다. 사육하는 동물의 먹이 섭취 습성에 따라 사료를 선택해야 한다.

사료를 선택했다면 이제는 어떻게 급여할 것인가를 고민해야 한다. 충분한 양의 사료를 한 번에 주고 떨어지면 채워주는 방식인 자율급여방법과 한 번에 먹을 양만 급여하는 제한급여방법이 있다. 사육하는 동물이 식탐이 너무 많거나 비만하다면 제한급여를 선택하는 것이 좋고, 그렇지 않다면 자율급여를 선택할 수 있다.

제한급여할 때 사료 급여량은 일반적으로 하루에너지요구량을 기준으로 결정한다. 하루에너지요구량(DER, Daily Energy Requirement)이란 각 개체가 하루 동안 필요한 에너지양으로 휴식기에너지요구량(RER, Resting Energy Requirement)에 A지수를 곱한 값이다. 비만한 정도, 중성화수술 유무, 운동량 정도 등으로 A지수는 변화된다. A지수는 비만한 경우는 1, 중성화 수술을 한 경우는 1.6, 적당한 운동을 하는 경우는 3이된다. 이렇게 구해진 하루에너지요구량을 사료 1g에 함유된 칼로리로 나누면 하루 동안 급여해야 하는 사료 무게가 나오고 이 양을 하루 동안 나눠서 급여하면 된다. 정리하면 아래와 같다.

$$RER(\text{Resting Energy Requirement}) = 30 \times \text{체중 kg} + 70Kcal$$

$$DER(\text{Daily Energy Requirement}) = RER \times A지수$$

[A지수] 성견: 비만 1, 비만경향 1.4, 중성화수술 1.6

운동량 없음 1.8, 가벼운 운동 2.0, 적당한 운동 3.0

(1) 주의가 필요한 음식

동물이 먹었을 때 중독증을 일으키거나 사고를 유발하는 음식들이 있다. 동물을 사람과 동일시해서 음식을 급여하다가 동물을 위험에 빠뜨릴 수 있으니 주의해야 한다.

표 2-1 주의가 필요한 음식

종류	증상
양파, 마늘	빈혈
커피, 초콜릿, 에너지드링크	빈맥, 구토, 혈압 상승
마카다미아(견과류 일종)	운동실조, 고열, 기력저하
포도, 건포도	신부전
자일리톨	저혈당, 간기능 저하
이스트반죽	위장폐색
타이레놀(아세트아미노펜)	중독증: 간 기능 저하
알벤다졸(사람 구충제)	골수 이형성: 빈혈, 백혈구 감소, 혈소판 감소

2) 물 급여

물은 생명의 근원이라고 했다. 매일 깨끗한 물을 충분히 공급해줘야 한다. 일반적으로 개들은 하루에 50ml/kg의 물을 마신다. 품종, 운동량, 또는 생활 습관 등에 따라서 정상 음수량은 달라질 수 있으므로 각 개체가 하루 마시는 물의 양을 대략적으로 파악해두는 것이 좋다. 물을 잘 안 마실 때는 질병으로 인해 쇠약해진 상태일 수 있고, 너무 많이 마시는 경우(100ml/kg이상)는 호르몬성 질환이 있음을 의심해 볼 수 있다.

3) 목욕

주 1회 목욕시키는 것을 권장하고 있다. 이 주기는 사람과 함께 공존하기 위해 선택한 것일 뿐 동물에게 꼭 필요한 것은 아니다. 그러므로 이보다 짧은 주기로 목욕을 하는 것은 추천하지 않으며, 피부질환이 있거나 심하게 오염된 경우가 아니라

면 주기를 좀 더 길게 갖는 것이 좋다. 목욕을 시킬 때는 동물 전용 샴푸를 사용하고 충분히 헹궈서 샴푸로 인해 피부 문제가 발생되지 않도록 해야 한다. 간혹 눈에 비눗물이 들어가서 각막에 화학적 각막염을 일으키기도 하므로 주의해야 한다.

4) 발톱 손질

산책을 자주하는 동물의 경우는 자연스럽게 발톱이 닳아서 손질해줄 필요가 없지만 실내에 주로 있는 동물의 경우 과도하게 발톱이 자라서 외상이 발생하는 경우가 있으므로 주기적으로 발톱을 잘라주어야 한다. 발톱을 자를 때는 발톱 중심부를 지나는 혈관을 자르지 않도록 주의한다. 발톱을 손질하던 중 실수로 혈관을 잘라 피가 난다면 '가루형 지혈제'를 상처에 발라 지혈을 할 수 있다. 상처가 심할 경우에는 수의사의 진단이 필요하다.

5) 항문낭 관리

항문낭은 항문의 4시와 8시 방향 피부 아래에 존재하는 주머니이다. 항문낭에 항문낭액이 고여 있다가 변을 보거나 흥분을 할 때 조금씩 흘러나온다. 소형견에서는 이러한 작용이 약해서 계속 항문낭 안에 액체가 고여 있다가 염증이 발생하는 경우가 많다. 그래서 주 1회 정도 압출해줘야 한다. 개가 엉덩이를 끌고 다니는 모습이 보인다면 항문낭액이 가득 차 있다는 신호일 수 있다.

6) 귀 관리

개의 외이도에는 품종에 따라 털이 많기도 하고 거의 없기도 하다. 귓바퀴가 서 있고 외이도 내 털이 거의 없는 품종은 귀 세정을 거의 할 필요가 없지만 귓바퀴가 쳐져있거나 외이도 내 털이 많아 환기가 어려운 품종들은 귀에 염증이 생길 위험이 높기 때문에 주기적인 귀 세정이 필요할 수 있다. 귀 전용 세정제를 사용해서 주 1회 세정하는 것을 권장한다. 귀 세정의 목표는 외이도 자극 없이 과도하게 축적된 귀지를 제거하는 것이다. 따라서 직접적으로 면봉 등을 사용하여 관리하기보다는 귀 안에 세정제를 약간 넣은 후 귀의 아랫부분을 살살 마사지하여 개가 스스로 털어내는 방식으로 관리해주는 것이 좋다.

7) 치아 관리

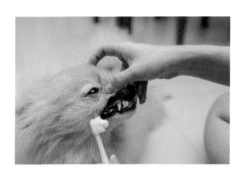

개들은 사람만큼 충치가 많이 생기지는 않지만 충치 발생이 되고 있고 또한 치석이 많이 발생한다. 그러므로 꾸준한 치아 관리가 필요하다. 미국 플로리다의 한 수의사는 반려견의 기대수명을 양치질을 매일 할 경우 15~17년, 그렇지 않을 경우 11~13년이라고 분석했다. 양치질을 제대로 하지 않아 치석이 생기게 되면 개의 심장·신장·간 등의 장기에 악영향을 미치므로 치석이 생기기 전에 매일 양치질 해주어 관리해 주어야 한다. 이것이 어려울 경우 칫솔질과 다른 대용품들(효소치약, 물에 타 먹는 약품, 껌 등)을 이용할 수 있다.

보호자가 아무리 꼼꼼하게 양치질 해주어도 치석이 생기는 것을 100% 방지할 수는 없다. 개의 이빨을 자주 살피고 치석이 꼈다면 스케일링을 받아야 하며 후에도 1년에 한 번씩 스케일링을 해야만 치아·치주 질환을 예방할 수 있다. 물론 스케일링 후에도 꼼꼼한 치아관리가 필수이다.

8) 보정

보정의 기본은 실시하려고 하는 처치가 잘 이뤄지면서 동물과 보정자 모두 상해를 입지 않는 것이다. 주로 사육하는 동물의 귀청소, 발톱정리, 항문낭 관리 등을 할 때 보정이 필요하다.

──── 강아지를 보정하는 방법

9) 응급 상황 대처법

(1) 멀미

동물도 이동수단을 타고 이동을 하면 멀미할 수 있다. 멀미로 인해 구토가 발생되고 뒤따라 체력이 저하될 수 있다. 이를 예방하기 위해 이동 2시간 전부터는 금식을 하고, 이동 중에는 시원하게 해준다. 장시간 이동할 때는 2시간마다 쉬는 시간을 갖고 물을 급여한다. 목적지에 도달한 후 물은 급여하되 고형 먹이는 2시간 정도 후 급여하는 것이 좋다. 이러한 방법으로도 반복적으로 멀미를 하는 동물은 동물병원에서 약을 처방 받을 수 있다.

(2) 교상

개들끼리 서로 물었거나 사람이 물렸을 경우 피가 많이 흐르는 경우가 아니라면 세정제를 이용하여 물린 부위를 세정하고 흐르는 물에 충분히 헹궈낸 후 소독약을 바르고 붕대를 감은 후 병원에 내원한다. 그러나 심하게 물려서 피가 많이 흐르고 있는 상태라면 바로 지혈을 해준다. 지혈을 할 때는 피가 흐르고 있는 부위에서 다소 몸통에 가까운 부위까지 압박하여 지혈한다. 피가 많이 흘러 압박 지혈한 천이 다 젖은 경우, 그 천을 제거하지 않고 그 위에 덧대어 지혈한 후 병원으로 이송한다.

(3) 질식

장난감이나 간식을 먹다가 목에 걸려 호흡이 곤란한 경우 입을 벌려 이물질이 보인다면 바로 제거하는 것이 좋지만 그렇지 못한 상황이라면 '하임리히법'을 이용할 수 있다. 뒷다리를 들어서 몸을 앞으로 쏠리게 하여 흔든 후 이물질이 구강으로 나왔는지 확인 후 제거한다. 이때 나오지 않았을 경우 한손은 주먹을 쥐고 다른 손으로 감싼 상태로 개의 복부를 강하게 압박한 후 등을 쳐준다. 이러한 행동을 반복하면서 이물을 뱉어냈는지 확인한다. 체구가 작을 경우 개를 공중으로 들어서 흔들어 볼 수도 있다. 이러한 방법으로도 제거가 어렵다면 병원으로 빨리 이송한다.

(4) 심폐소생술

심폐소생술이란 정지된 심장을 대신해 심장과 뇌에 산소가 포함된 혈액을 공급해주는 응급처치 방법이다. 이 방법은 심정지 또는 호흡정지가 발생한 경우 실시하며, ABC 순서로 진행한다.

A는 airway로써 기도를 확보하는 것이다. 구강 내에 이물이 있거나 기도 내에 이물이 있어서 호흡이 곤란한 상태인지 살펴보고 기도를 막고 있는 물질을 제거한 후 심폐소생술을 실시한다. 이물이 없다면 목을 신장시킨 자세를 유지해서 기도를 확보한다.

B는 breath이다. 호흡을 하고 있는지 흉곽의 움직임 또는 코에서 호흡을 느껴본 후 없다면 인공호흡을 시작한다. 대형견의 경우, 코에다가 숨을 불어넣어서 흉곽을 팽창시켜주지만 소형견은 입과 코를 모두 감싼 상태로 인공호흡을 시작한다. 폐를 100% 이상 확장시키면 폐에 무리를 줄 수 있으므로 조심해야 한다.

C는 circulation이다. 심장이 정지되어 혈액 순환이 이뤄지지 않는 상태이기 때문에 흉부를 압박하여 인위적으로 순환을 도와준다. 환자의 오른쪽이 바닥으로 향하게 옆으로 눕힌(좌측 횡와) 후 5~6번째 늑골사이 위를 강하게 압박한다. 소형동물의 좌측 횡와 자세에서 한 손으로 흉곽을 눌러 압박할 수 있다.

심폐소생술시 인공호흡 1회당 흉부압박 15회를 실시하게 되며, 소생될 때까지 흉부압박을 멈춰서는 안된다. 예전에는 꼭 인공호흡과 흉부압박을 같이 하도록 지시했으나 최근에는 도와줄 인원이 충분하지 않다면 흉부압박만 실시할 것을 권장하고 있다.

(5) 중독성 물질 섭취

개에게는 위험할 수 있는 음식―양파, 포도, 초콜릿―을 먹었거나 중독성 물질을 섭취한 경우, 섭취한 지 1시간 이내인 경우 구토를 유발시켜 제거할 수 있다. 그러나 섭취 후 시간이 많이 경과되었거나 액상 물질을 섭취한 경우는 흡수된 물질을 희석시키거나 흡착시키는 치료가 필요하므로 바로 진료받아야 한다. 구토를 유발 시키는 가장 일반적인 방법이 과산화수소를 먹이는 것이다. 동물 체중 1kg당 2ml의 3% 과산화수소를 급여하면 15분 이내에 대부분 구토가 유발된다. 과량의 과산화수소를 급여할 경우 위팽창이 심해져서 출혈을 일으킬 수 있으므로 주의해야 하며, 부식성 물질이나 석유제품을 먹었을 경우에는 실시하지 말아야 한다.

다. 개의 신체검사

모든 동물 사육 및 관리에 있어서 가장 중요한 것은 신체검사라고 할 수 있다. 주기적으로 신체검사를 실시하여 동물의 건강상태를 체크해야 한다. 각 동물마다 신체검사하는 방법이나 중점요소가 다를 수 있지만 그 기본은 개의 신체검사와 같다. 신체검사의 시작은 멀리서 관찰하는 망진(望診)이다. 망진하면서 전체적인 외형과 걸음걸이 등을 살펴본 후 가까이에서 다시 면밀히 살펴본다.

신체검사를 하기 전에는 개의 식사량, 식음량, 소변과 대변을 확인한다. 정상적은 소변은 투명한 노란색을 띄는데 피가 섞여 나올 경우 분홍색이나 빨간색을 띈다. 대변의 경우 개의 건강상태를 알 수 있는 좋은 신호로 평소 개의 대변의 모양과 색깔을 알아두는 것이 좋다. 일반적으로 건강한 대변은 진한 갈색에서 검정색을 띄고 있으며 초록색의 대변은 간 손상을, 진한 검은색을 띄고 찐득한 대변은 위궤양이나 췌장염을 의심해 볼 수 있다.

1) 보행상태

동물을 안전한 곳에서 자유롭게 걷게 하면서 걸음걸이의 이상 유무를 살펴본다. 사지에 균등하게 힘을 싣고 서 있을 수 있는지, 걷기 시작할 때 보행 상태가 불안했다가 시간이 지나면서 좋아지는지, 반대로 보행 시작할 때는 괜찮았다가 일정시간 후 파행을 보이는지 등을 살펴본다. 다리를 절거나 들고 다니는 증상은 다리에 통증을 느끼고 있다는 확실한 신호이다. 그 후 이상이 발견된 다리가 있다면 직접 만져서 통증을 호소하는지 확인해 본다. 소형견의 경우 유전적으로 관절이 약하기 때문에 '슬개골 탈구'와 같은 질환이 자주 발생하므로 더욱 주의가 필요하다. 문제가 있다고 판단된다면 수의사와 상의한다.

개가 제자리에서 빙빙 돈다면 치매나 뇌질환을 의심해볼 수 있다. 물론 개의 기분이 너무 좋거나 극도로 불안할 때에도 빙빙 돌기도 하지만 지나치게 도는 행동을 보인다면 수의사의 진찰이 필요하다.

2) 피모

정상적인 동물의 털은 전체적으로 윤이 나고 균질하게 분포하며, 피부에 병변이 없다. 그런데 각질, 탈모, 발적 그리고 농포 등이 발견된다면 검진이 필요하다. 유전적으로 그레이하운드, 치와와, 닥스훈트의 경우 털이 많이 빠져 몸통과 팔다리에 탈모가 흔히 관찰된다. 일부 피부질환은 다른 개체와 사람에게 전염될 수 있으므로 빠른 검진과 처치가 필요하다. 또한 이때 피부에 종괴가 있는지 살펴봐야 한다. 암컷의 경우 유선종양이 자주 발생하므로 꼭 확인이 필요하다.

피부를 당겼다가 다시 놓았을 때 피부가 다시 정상 위치로 잘 돌아가는지 피부 탄력도도 확인한다. 탈수에 의해 피부 탄력도가 떨어지면 정상위치로 돌아가는 시간이 오래 걸리거나 정상화 되지 못한다. 품종에 따라 피부 탄력도가 다를 수 있으니 평상시 각 동물의 피부탄력 정도를 알아둔다.

3) 신체지수(Body Condition Score)

신체지수는 동물의 비만 정도를 표현하기 위한 수치이다. 늑골이 어느 정도 확인이 되는가가 주요 기준이 되며, 부가적으로 목둘레, 복부 처짐, 허리 라인 정도가 비만 단계를 구별하는 데 적용할 수 있다. 신체지수는 5단계 또는 9단계로 나눈다. 5단계 방법으로 설명하면 1단계는 매우 마른 체형으로 눈으로만 봐도 대부분의 늑골 윤곽을 확인할 수 있는 단계이다. 2단계는 다소 마른 체형으로 대부분의 늑골을 쉽게 촉진할 수 있는 단계이다. 3단계는 이상적인 체형으로 마지막 3~5개의 늑골은 쉽게 만져지나 나머지는 다소 어려우며 등쪽에서 봤을 때 허리 라인이 보이는 단계이다. 4단계는 다소 비만 체형으로 늑골을 만지기 어렵고 허리 라인을 확인할 수 없다. 5단계는 비만 체형으로 늑골을 확인하기 어렵고 허리 라인이 없이 등이 매우 넓어진 상태이다. 비만은 동물에서도 질병의 요인이 된다. 그러므로 적절한 체중을 유지할 수 있도록 관리해야 한다.

4) 체온

개의 정상 체온은 38.5~38.7℃이다. 각 개체마다 정상 체온의 범위는 조금씩 달라질 수 있으므로 사육하는 개체가 정상일 때의 체온을 기록해두는 것이 좋다. 직장체온 측정 시 체온계 끝에 윤활제를 묻혀 1cm 이상 직장 내로 삽입한 후 체온계 끝이 직장벽에 닿을 수 있도록 살짝 들어준다. 삽입 1~2분 경과 후 측정값을 읽는다. 동물이 흥분해있거나 운동한 직후에는 정상 체온보다 상승하게 되므로 판단할 때 주의해야 한다. 정상 체온에서 1도 이상 변한 것은 동물의 건강에 이상이 왔음을 암시해 준다. 특히 감염성 질병에 걸렸을 경우 체온이 올라가는데 40℃ 이상으로 상승하면 전신에 악영향을 미치므로 빠른 처치가 필요하다.

5) 심박수(맥박수)

개의 정상 심박수는 분당 60~180회 정도이다. 정상 심박수도 개체별로 다소 차이가 있을 수 있으며, 대형견과 소형견의 평균 심박수도 다소 차이가 있다. 대형견일수록 분당 심박수는 적은 편이다. 심박수는 맥박수와 일치하기 때문에 심박수 대신 맥박수를 측정할 수 있다. 심박수는 좌측 흉부에서 측정하며, 맥박수는 대퇴부 내측에서 측정한다.

6) 호흡수

개의 정상 호흡수는 분당 10~30회이다. 일반적으로 소형견의 호흡수가 대형견보다 빠르다. 흥분하면 호흡수가 증가되므로, 가장 편안한 상태에 있을 때 측정한다. 단모종의 경우 흉곽의 움직임을 육안으로 확인하기 용이하지만 장모종은 그렇지 못해 흉곽의 움직임을 손으로 느껴서 측정한다. 자고 있는 상태에서 호흡수가 분당 35회 이상이라면 빨리 진료를 받아봐야 한다.

납작한 두상을 가져 코가 짧은 견종의 경우 숨을 쉬기 힘들어 숨소리가 거칠기도 한다. 살이 찌면 호흡이 더욱 힘들어지기 때문에 체중관리가 필수이다.

7) 눈, 코, 귀

전체적인 상태를 확인한 후에는 세밀하게 보는 신체검사가 필요하다. 얼굴에서 꼬리쪽으로 이동하면서 살펴본다. 안구는 양측이 대칭이며 투명하고 분비물이 없는 것이 정상이다. 코는 양측 비공이 대칭을 이루고 있으며, 분비물이 없고, 콧등이 촉촉한 것이 정상이다. 외이도 내 소량의 미색 분비물이 존재하고 이도벽은 창백한 분홍색인 것이 정상이다.

위에서 언급한 정상과 달리 구조물 형태 변화, 분비물 생성, 발적(충혈), 그리고 악취 등이 있는지 확인한다. 납작한 두상을 가진 불독이나 페키니즈와 같은 견종은 다른 견종에 비해 눈곱이 쉽게 낄 수 있다.

8) 구강

구강 내에는 치아, 잇몸, 입천장, 혀, 그리고 볼 등 많은 구조물이 존재한다. 이 구조물들의 정상 상태를 살펴둬서 추후 이상이 발생했을 때 인지할 수 있도록 한다. 일반적으로 치석, 잇몸염증, 치아 소실, 구취 유무 등을 확인하여 구강 위생 상태를 점검한다. 구강점막은 항상 촉촉하고 연한 핑크색이며, 구강점막을 손으로 눌렀다가 떼었을 때 정상 색으로 돌아오는데 약 1.5~2초 정도가 걸리는 것이(capillary refill time, CRT) 정상이다. 점막이 건조하다면 탈수 상태, 점막색이 청색으로 변했다면 산소결핍 상태, CRT가 2초 이상 지연된다면 심각한 빈혈이나 순환장애 상태임을 예측해 볼 수 있다.

개는 보통 생후 4~5개월 정도에 앞니부터 이갈이를 시작한다. 견종에 따라 다르지만 대개 7개월 쯤에는 유치가 모두 영구치로 바뀐다. 사람의 덧니처럼 잔존유치 여부를 확인하고 유치가 남아있다면 수의사를 진료를 통해 발치해야 한다.

9) 항문

꼬리를 들어 항문 상태를 살펴본다. 정상적인 변을 보는 동물은 항문주위가 항상 깨끗하다. 그러나 설사를 한다면 분변이 주변이 묻어서 지저분해져있을 것이다. 항문낭 관리를 해주지 않은 경우 그 동물은 항문낭에 염증이 발생해서 항문주위 피부가 발적된 것을 확인할 수 있다.

10) 체표임파절

체표면에서 확인할 수 있는 임파절은 귀밑 임파절, 턱밑 임파절, 얕은목 임파절, 겨드랑이 임파절, 오금 임파절 등이 있다. 각 임파절은 좌우 한쌍으로 존재한다. 정상적으로 각 임파절은 좌우 크기가 동일하며 콩알만해서 부위에 따라 잘 안 만져지기도 한다. 각 임파절 주위에 염증이 발생하면 크기가 다소 커질 수 있으므로 커진 임파절이 있다면 그 주위를 잘 살펴봐야 한다.

라. 개의 질병

1) 개홍역

원인체 :	Canine distemper virus (Paramyxoviridae)
감염경로:	콧물, 눈곱, 대변, 소변
증상 :	재채기, 콧물, 눈곱, 폐렴, 발열, 설사, 기력저하, 식욕부진, 발작 등
예방 :	예방접종

개홍역은 매우 전염성이 강하고 치사율이 높은 질병이다. 주로 3~6개월령에 다발하여 전신형, 호흡기형, 소화기형, 신경형 등으로 나타난다. 초기에는 발열, 기침, 콧물 등 가벼운 증상을 보이다가 점차 설사, 구토, 폐렴, 발작 등의 심각한 증상을 보이게 된다. 초기에 진단되어 치료가 된다고 해도 추후에 신경증상이 발현되기도 한다. 대표적인 후유증으로 신경증상 이외에 발바닥 패드 각화와 치아 에나멜 저형성 등이 있다. 예방접종을 통해 예방할 수 있으므로 적극적인 접종관리가 필요하다.

2) 전염성 간염

원인체 :	Canine adenovirus 1 (Adenoviridae)
감염경로:	대변, 소변, 혈액, 침, 콧물
증상 :	발열, 기력저하, 식욕저하, 기침, 목마름, 복부 통증, 황달, 구토, 간성 혼수
예방 :	예방접종

전염성 간염은 어린 개체에서 치사율이 높은 전염병에 속하나 성견에서는 증상이 없는 경우도 있다. 2~8일 정도의 잠복기를 거친 후 발열, 기침 등 호흡기 증상을 보이다가 점차 간에 침습하여 간과 관련된 증상인 복부통증, 황달, 구토, 혼수 등의 심각한 증상을 보이게 된다. 부검했을 때 간 괴사 병변을 확인할 수 있다. 예방접종을 통해 예방할 수 있다.

3) 파라인플루엔자 감염

원인체 :	Canine parainfluenza virus
감염경로:	눈곱, 콧물, 기력저하, 미열
증상 :	기침, 발열, 콧물, 식욕 감소, 기력저하, 호흡곤란
예방 :	예방접종

전염성이 강한 호흡기 질환으로 폐렴까지 급속히 진행될 수 있다. 여러 마리를 함께 사육하는 환경에서 모든 개체들에게 전염될 수 있으므로 예방 접종을 실시해야 한다.

4) 개 파보장염

원인체 :	Canine parvovirus 2 (Prvoviridae)
감염경로:	분변
증상 :	식욕부진, 구토, 설사, 혈변, 발열, 빈혈, 백혈구 감소
예방 :	예방접종

개의 파보장염은 전염성이 강하고 치사율이 높은 질병 중 하나이다. 분변을 통해 바이러스가 전파되며 감염된 개체는 초기에 식욕저하, 발열, 미약한 설사를 보이다가 점차 심한 설사 구토를 반복하며, 더 심해지면 점액성 혈변을 보는 특징이 있다. 예방접종을 철저히 해야 예방할 수 있다.

5) 렙토스피라 감염증

원인체 :	Leptospira grippotyphosa, L. Pomona
감염경로:	감염된 소변과 그로 인해 오염된 토양 및 물
증상 :	발열, 구토, 근육통, 설사, 혈뇨, 황달
예방 :	예방접종, 위생관리

나선균인 렙토스피라는 감염된 동물(특히, 들쥐)의 소변으로 배출되어 상처부위를 통해 감염된다. 인수공통감염병으로 동물이 감염된 것이 확인되면 개인위생에도 신경을 써야 한다. 렙토스피라균 감염 후 약 7~12일 정도의 잠복기를 가진 후 갑자기 발열, 근육통, 구토, 설사, 황달 등의 증상이 나타난다. 치료를 해도 약 3주간은 이러한 증상이 지속될 수 있다. 치사율은 낮은 편이다.

6) 광견병

원인체 :	Rabies virus (lyssaviruses)
감염경로:	침 (물린 상처)
증상 :	발열, 물 공포증, 침흘림, 행동변화(공격적), 거품성 침
예방 :	예방접종

광견병은 광견병 바이러스를 가지고 있는 동물에게 물려서 생기는 질병으로 주로 야생동물에 의한 교상으로 발생한다. 일정 기간의 잠복기 후에 뇌척수염에 의한 여러 가지 신경증상들이 나타난다. 발열, 식욕저하와 같은 미약한 증상을 시작으로 점차 경련, 마비에 이르러 호흡근 마비로 사망하게 된다. 거의 100% 사망하기 때문에 예방이 중요하다.

7) 코로나 장염

원인체 :	Corona virus
감염경로:	분변
증상 :	가벼운 설사, 미약한 발열
예방 :	예방접종

코로나바이러스는 전염성이 강하다. 그러나 단독 감염되었을 경우에는 치명적이지 않고, 단지 가벼운 설사가 7~10일간 지속되다가 자연 치유된다. 그러나 다른 질병, 특히 파보바이러스와 혼합 감염되면 증상이 매우 악화된다.

8) 전염성기관지염(켄넬코프)

원인체 :	Bordetella bronchiseptica
감염경로:	콧물, 눈곱
증상 :	발열, 식욕부진, 콧물, 눈곱, 기침, 호흡곤란
예방 :	예방접종

원인체로 명시해 놓은 세균 이외에도 다수의 세균과 바이러스가 감염되어 나타나는 호흡기 질환을 전염성기관지염이라고 부른다. 전염성이 강해서 여러 마리를 사육하는 환경에서는 주의해야 한다. 건강한 개체에서는 치명적이지는 않지만 오랜 시간 동안 지속되면 기력이 저하될 수 있으며, 면역력이 약한 개체에서는 폐렴으로 진행될 수 있다. 그러므로 예방을 통해 심한 감염이 되지 않도록 해야 한다.

9) 지알디아증(원충류)

원인체 :	Giardia
감염경로:	분변
증상 :	무증상, 설사, 오심, 구토
예방 :	환경 위생 관리

지알디아증은 원충류인 지알디아가 포함된 분변으로 오염된 물질을 섭취하여 전염되는 질병으로 인수공통감염병이다. 건강한 동물에게 감염되면 일반적으로는 미약한 설사만 유발하는데, 심한 경우 구토까지 나타날 수 있다. 면역력이 약한 개체 또는 어린 개체에 심한 감염이 되면 심한 설사가 지속되어 탈수가 야기될 수 있다. 예방을 위해서는 오염원과의 접촉을 피하는 것이 최선이다.

10) 트리코모나스증(원충류)

원인체 :	Trichomonas
감염경로:	분변
증상 :	무증상, 설사
예방 :	환경 위생 관리

트리코모나스증은 원충류인 트리코모나스가 포함된 분변으로 오염된 물질을 섭취함으로써 전염되는 질병으로 인수공통감염병이다. 감염되어도 증상이 있기도 하고 없기도 하다. 분변으로 인해 전염되기 때문에 개인위생과 환경 위생을 철저히 해야 한다.

11) 바베시아증

원인체 :	Babesia canis, Bacesia felis
감염경로:	진드기
증상 :	발열, 구토, 식욕부전, 빈혈, 혈색소뇨
예방 :	진드기 구제

바베시아증은 진드기에 물려서 전염되는 질환으로 숙주의 적혈구 내에 기생하면서 증식하고 그 후 적혈구를 깨고 나와서 다른 적혈구에 다시 침입한다. 이 과정에서 적혈구가 파괴되면서 빈혈이 발생된다. 그러므로 매개체인 진드기 감염을 예방하는 것이 바베시아증 예방법이 된다.

12) 심장사상충증

원인체 :	Dirofilaria immitis
감염경로:	모기
증상 :	기침, 호흡곤란, 빈혈, 혈색소뇨
예방 :	심장사상충 예방약 투약, 모기 구제

심장사상충증은 매개체인 모기의 흡혈을 통해 전염되는 질환이다. 자충이 감염된 후 성충이 되면 폐동맥과 우심실에 기생하게 되고 이로 인해 심장질환과 유사한 증상이 나타난다. 진단이 된 후 치료는 할 수 있지만 치료과정에서 부작용이 발생할 가능성이 있으므로 예방이 최선이다. 실외에서 사육하는 경우는 감염의 기회가 더욱 높기 때문에 예방약 투약을 게을리 하지 말아야 한다.

13) 개회충증

원인체 :	Toxocara canis
감염경로:	감염된 개체의 분변으로 오염된 토양
예방 :	구충제 투약, 개인위생 관리

개회충은 중간숙주 없이 바로 분변으로 배출된 알을 섭취함으로써 감염되는 기생충성 질병이다. 간헐적인 설사에서부터 장폐색증에 이르기까지 다양한 형태의 증상을 보일 수 있으며, 기생충이 원래 기생하는 장소가 아닌 다른 장소, 즉 간, 신장, 폐 등으로 이주하는 경향이 있어서 이주한 장기의 손상까지 발생할 수 있다. 임신 전 모견의 구충을 실시하여 자견에게 옮기지 않도록 하고, 출생 후 주기적 구충제를 투약하여 예방한다.

14) 개십이지장충증

원인체 :	Ancylostoma caninum
감염경로:	분변으로 오염된 토양
예방 :	구충제 투약, 개인위생 관리

십이지장충은 공장에 기생하면서 흡혈을 하는 기생충이다. 분변을 통해 알이 배출되면 토양 내에서 감염유충으로 성장한 후 피부를 뚫고 다른 개체의 몸 속에 들어가게 된다. 심감염되면 흡혈에 의해 빈혈이 발생될 수 있다.

15) 조충증

원인체 :	서 갑각류(물벼룩), 양서류, 파충류, 어류
예방 :	구충제 투약, 익힌 음식 섭취

조충은 촌충이라 부르기도 하며, 다른 개체에 전염되기 위해서는 1개 또는 2개의 중간숙주가 필요하다. 이 중간숙주들을 날것으로 섭취하면 최종숙주에게 감염된다. 즉, 사육하는 동물에게 익힌 음식만 제공한다면 예방할 수 있다.

16) 흡충류

체절이 없고 흡착기관이 있는 기생충이다.
발육할 때 2개의 중간숙주가 필요하다.

감염경로:	패류, 갑각류, 어류
예방 :	구충제 투약, 익힌 음식 섭취

흡충류는 디스토마라고 부르기도 한다. 발육과정에 2개의 중간숙주가 필요하며, 체절이 없고 흡착기관이 있는 기생충이다. 흡충류에는 간흡충, 폐흡충 등이 있어서 기생하는 부위에 따라 다른 증상을 호소한다. 익힌 음식만 공급한다면 예방할 수 있다.

마. 개의 질병 예방

질병이 발생했을 때 치료하는 것도 중요하지만 이전에 건강관리와 접종을 통해 질병을 예방하는 것이 더 중요하다. 접종은 다음의 표에 따라 기간을 지켜 해주는 것이 항체 생성에 도움을 많이 준다. 예방접종을 하고 나면 반려견이 힘들어하기 때문에 편안하게 쉬게 해주고 목욕이나 산책 등은 2~3일간 자제하도록 한다.

만일 집으로 귀가하여 반려견이 열이 나거나 구토, 설사, 두드러기 등 알레르기 반응을 보인다면 즉시 접종을 진행한 수의사에게 진료를 받아야 한다.

1) 기초 예방 접종

표 2-2 **개의 기초 예방 접종**

백신종류 / 접종시기	종합백신 (DHPPL)	코로나 장염 백신	켄넬코프 백신	광견병 백신	구충제	심장사상충 예방
4주령					투약	
6주령	1차	1차				
8주령	2차	2차				
10주령	3차		1차		매달 / 3~6개월 마다 1회	월 1회
12주령	4차		2차			
15주령	5차			기초		
15주령 이후	매년 1회 추가접종	매년 1회 추가접종	매년 1회 추가접종	6~12개월 마다 추가접종		

2) 추가 예방 접종

기초 예방 접종 완료 후 매년 1회 추가 예방 접종을 실시한다.

3) 내부 기생충 예방

기생충 감염 기회가 높을 경우는 매달, 그렇지 않은 경우 3~6개월에 한번 투약을 권장한다.

4) 심장사상충 예방

매개체인 모기가 출현하는 시기에 월 1회 예방약을 투약한다. 그러나 만약을 대비해 연중예방을 원칙으로 한다.

5) 외부 기생충 예방

진드기, 벼룩 등 외부 기생충을 예방하기 위해 예방약을 적용할 수 있다. 외출을 자주하는 개체의 경우 매달 예방약을 적용하길 권장한다.

바. 개의 몸짓 언어

우리가 사용하는 언어와 동물의 언어는 다르다. 그렇기 때문에 원활한 의사소통을 위해서 그들의 언어를 이해하는 것이 중요하다. 개는 발성뿐만 아니라 몸짓으로 자신의 감정을 표현한다. 품종에 따라서 귀가 쳐져있기도 하고 꼬리가 없기도 해서 모두에게 적용할 수는 없지만 일반적인 몸짓언어는 다음과 같다.

1) 매우 편안한 상태

사지에 체중을 균등하게 분배하고 귀는 쫑긋 서있으며 입은 자연스럽게 벌리고 있고 꼬리는 자연스럽게 내려와 있다.

2) 두려운 상태

무게 중심이 다소 뒤쪽으로 이동하고 귀가 뒤로 누우며 꼬리가 다리 사이로 내려간다. 이 상태에서 자신을 방어할 목적으로 상대방을 위협할 때는 꼬리를 다리 사이로 더 깊숙이 넣고 짖기 시작한다.

3) 복종

상대방보다 자신이 약하다고 판단될 때, 개는 등을 대고 누워서 상대방에게 배를 보이며 꼬리를 다리 사이에 넣는 복종 자세를 취한다. 이 자세를 취하는 것만이 복종의 의미는 아니다. 눈을 아래쪽으로 향하게 하거나, 머리를 숙이거나 꼬리를 아래로 내린 상태에서 흔들기도 하고, 몸 전체를 낮추는 모습을 보이는 것 또한 복종 상태라고 할 수 있다.

4) 공격

공격의 자세를 취할 때는 귀를 쫑긋 세우고 무게 중심을 앞쪽으로 다소 이동시키면서 꼬리를 세워 자신이 더 우세함을 나타낸다. 이렇게 하는데도 상대방이 물러서지 않으면 무게 중심을 앞으로 더 옮기고 머리를 들면서 으르렁거리거나 짖는다.

5) 호기심

개들이 흥미로운 물체, 동물 등을 만났을 때 호기심을 보이는데 이때는 꼬리를 내린 상태에서 무게 중심을 다소 앞으로 이동시키고 입을 조금 벌린다.

6) 즐거움

기분이 좋고 놀고 싶을 때는 귀는 쫑긋 세우고 가슴을 바닥 쪽으로 낮추고 엉덩이를 든 상태에서 꼬리를 들어 살랑살랑 흔들거나 서있는 자세에서 꼬리를 흔들며 왔다갔다하는 모습을 보인다.

2. 고양이에 대한 이해

고양이는 국내에서 개 다음으로 인기 있는 반려동물이다. 고양이는 자립심과 독립심이 강하여 사람의 보호 없이도 살아갈 수 있는 동물이다 보니, 많은 학자들이 인간과 고양이가 함께 살아가는 것이 신기한 일이라고도 한다. 개의 경우 인간과 함께 살아가며 여러 야생의 습성들이 흐려지고 있지만 고양이는 여전히 야생의 모습들을 많이 가지고 있다. 고양이가 어떠한 경위로 사람과 함께 살기 시작했는지는 아직까지 연구가 진행되고 있지만 가장 유력한 가설은 곡식창고에 넘쳐나는 쥐들을 잡아먹기 위해 고양이가 마을로 내려온 것이 시작된 것으로 보인다. 편안한 잠자리와 풍족한 먹이로 사람과 함께 있기로 선택한 고양이들이 현재의 집고양이의 시작으로 여기고 있다. 주인을 알아보지 못한다거나 자기 멋대로라는 이미지를 가지고 있는 고양이들이지만 가만히 바라보는 눈빛과 신비로운 몸짓들은 분명 매력적으로 느껴지며 가까이 있고 싶은 마음이 들게 한다.

영역동물의 특성상 환경의 변화에 예민하기 때문에 도우미동물로 활동하기 위해서는 어렸을 때부터 환경의 변화에 적응하는 교육이 꾸준하게 필요하다. 또한 개는 지정된 장소 외에도 대소변을 해결할 수 있지만 고양이는 그렇지 않아 외부에서

활동할 수 있는 시간이 제한적이다. 하지만 가만히 안겨 체온을 나누거나 고양이가
내는 특유의 고르릉 소리는 내담자에게 안정감과 편안함을 줄 수 있다.

가. 고양이의 생물학적 특징

1) 시각

고양이의 홍채는 세로로 긴 형채를 띄고
있다. 개와 마찬가지로 눈 안쪽의 '제3안검'이
눈을 보호하는 역할을 한다. 고양이는 각 품
종에 따라 서로 각기 다른 색의 눈을 지니고
있다. 멜라닌 색소를 얼마나 가지고 있느냐에
따라 눈 색이 다르게 나타나는데 고양이가 가질 수 있는 가장 어두운 색의 눈은 짙
은 호박색이다. 어린 고양이의 경우 멜라닌 세포가 활성화 되지 않은 상태여서 대부
분 파란색 또는 녹색을 지니고 있는데 성장하며 멜라닌 색소의 활성화 정도에 따라
눈 색이 변한다.

고양이가 어두운 곳에서도 잘 움직이는 이유는 사람이 보는 빛의 60%만으로도
볼 수 있어서 야간시력이 뛰어나기 때문이다. 또한 동체시력이 사람의 10배 이상 발
달하여 움직이는 것에 예민하게 반응한다. 이 때문에 고양이가 움직이는 물체나 장
난감에 많은 관심을 보이는 것이다.

2) 청각

고양이는 가시거리가 사람의 1/5밖에
되지 않기 때문에 시력이 좋다고는 할 수
없다. 대신 고양이는 개보다도 뛰어난 청각
을 지녀 주로 청각에 의지한다. 고양이는
약 10.5옥타브의 넓은 영역까지 소리를 인
지할 수 있어 청각이 굉장히 예민하다. 또

한 30개의 귀 근육을 사용하여 귀를 180도 회전시킬 수 있다. 이는 소리를 모아들을 수 있고 주변에 민감하게 반응할 수 있게 한다. 유전적으로 파란색 눈을 가진 흰털 고양이는 선천성 난청을 가지고 태어날 확률이 높다.

3) 후각

개에 비해 뛰어나지는 않지만 사람보다 후각 수용체가 500만개가 더 있어 뛰어난 후각을 지니고 있다. 특히 고양이는 입 안의 야콥손기관(Jacobson's organ)을 통해 입으로도 냄새를 맡을 수 있는데 특히 페로몬 냄새를 식별하는 역할을 한다. 고양이들이 강한 냄새나 처음 맡아보는 냄새를 맡으면 입을 벌리는 행동을 하는 것을 본 적이 있을 것이다. 이 행동을 '7 '이라 부르는데 야콥손 기관이 맡은 냄새를 기억하기 위해 하는 행동으로 알려져 있다.

4) 미각과 혀

고양이는 완전육식 동물이다. 따라서 옛날부터 주식으로 육식만 해왔기 때문에 사람처럼 다양한 맛을 느낄 필요가 없어 미각이 많이 퇴화되어 있다.

고양이의 혀에는 작은 돌기들이 300여 개 정도 촘촘하게 나 있다. 고양이가 사람의 피부를 핥으면 따갑게 느껴지는데 이 돌기들 때문이다. 이 혀를 사용하여 고양이는 자신의 몸을 핥아

죽은 털을 제거하고 빗는 그루밍을 할 수 있다.

5) 촉각

고양이도 개와 마찬가지로 수염을 통해 촉감을 느낀다. 수염의 모낭 주변에는 감각신경세포들이 많이 있어서 고양이는 수염을 통해 거리감을 계산하고 바람의 방향 등을 파악하여 균형을 유지할 수 있게 해준다. 또한 감정을 표현하는 역할을 하기 때문에 함부로 고양이의 수염을 잘라서는 안 된다.

나. 고양이의 기본 관리

1) 먹이 급여

고양이는 개와는 달리 '타우린'이라고 하는 아미노산을 체내에서 합성할 수 없기 때문에 고양이 전용사료에는 이 성분이 포함되어 있다. 타우린이 결핍된 사료를 지속적으로 먹게 되면 눈, 심장, 신경계에 영향을 미쳐 다양한 임상증상을 보일 수 있으므로 주의해야 한다. 심한 경우 중앙망막변성이라고 하는 질병으로 인해 시력을 잃을 수도 있다.

고양이는 개에 비해서 위 용적이 작아서 한 번에 먹을 수 있는 양이 적다. 그래서 자율급여를 통해 소량씩 자주 먹을 수 있도록 하는 것이 좋다. 그러나 비만하거나 특정 질병이 있을 경우에는 제한 급여 방법을 이용할 수 있다.

2) 물 급여

고양이의 정상 음수량은 하루 50~60ml/kg 정도이다. 그러나 개체마다 다르고 물 섭취 환경에 따라 변화될 수 있다. 고여 있는 물을 좋아하는 개체도 있고 분수처럼 계속 흐르는 물을 선호하는 개체도 있으며 시원한 물을 찾는 개체도 있으므로 사육하는 동물의 습성을 잘 파악해서 공급해 줘야 한다.

혀를 숟가락처럼 사용하여 물을 마시는 개와 달리 고양이는 혀로 물을 때린 후 물기둥을 만들어 물이 위로 솟아오르다가 내려오는 순간 공중에 뜬 물을 잡아서 먹는다. 그렇기 때문에 물병 형태보다는 그릇 형태가 고양이가 물을 먹기에 좀 더 편하다.

3) 목욕 및 털관리

고양이는 자신의 신체를 억압당하는 것을 못견뎌하고 물을 좋아하지 않기 때문에 목욕은 심한 스트레스 요인이 될 수 있다. 그러나 실내에서 사람과 공존하기 위해 목욕은 필요하다. 고양이의 털은 매우 촘촘하고 스스로 그루밍을 지속적으로 해서 먼지를 제거하기 때문에 월 1회 정도 목욕하는 것을 권장한다.

어떤 연구결과에 의하면 고양이는 생애의 15% 정도를 그루밍(몸단장)을 하는데 보낸다고 한다. 하지만 장모종의 경우 털이 잘 엉키고 그루밍을 통해 털을 섭취하여 모구증이 발생할 위험이 있기 때문에 자주 빗질을 해서 느슨해진 털을 제거해주는 것이 필요하다.

4) 발톱관리

고양이의 발톱은 강아지보다 휘어져 있고 사냥하고 나무 타기에 용이하도록 끝이 날카롭다. 평상시에는 발톱집에 들어가 있어서 보이지 않기 때문에 발톱을 잘라줄 때는 발톱뿌리 부분을 눌러서 발톱을 노출시킨 후 잘라야 한다. 약

2주에 한번 정도 관리해 주는 것을 권장한다.

5) 귀관리

귀가 접힌 종을 제외하고는 고양이 귀는 쫑긋 서있고 귓속털이 없기 때문에 외이염 발생율이 적은 편이다. 또한 외이도에 기름막이 형성되어 균의 감염을 막아주고 있다. 따라서 귀세정을 자주해줄 필요가 없다. 예민한 동물이기 때문에 개처럼 귀 안에 직접 세정제를 넣는 것보다는 보이는 부분만 부드러운 탈지면으로 닦아주는 것을 권장한다. 약 1개월에 한번 세정하는 것을 권장한다.

6) 치아관리

치석예방을 위해서 칫솔질을 해주는 것이 좋다. 그러나 하기가 너무 어렵고 고양이도 스트레스를 많이 받기 때문에 잇몸에 발라주는 약품 등 대체 방법을 사용하는 것이 일반적이다.

7) 화장실 관리

고양이는 약 4주 이후부터 스스로 화장실을 가릴 수 있다. 배변을 한 뒤 모래로 덮는 습성을 가지고 있기 때문에 전용 화장실을 마련해주고 관리하는 것이 좋다. 화장실은 오픈형과 밀폐형으로 나뉘는데 일반적으로 고양이는 위급상황에 도망갈 수 있는 오픈형을 선호한다고 한다. 매일 일정한 시간에 대소변을 치워주면서 사육하는 동물의 건강상태를 체크해 볼 수 있다. 화장실에 깔아주는 모래는 주 1회 정도 완전히 갈아주는 것이 좋다.

8) 보정

고양이 보정에서 중요한 것은 너무 강하게 제압하지 않아야 한다는 것이다. 필요에 의해서는 강하게 보정할 때도 있지만 대부분은 부드럽게 다루는 것이 더 쉽고 안전하게 보정하는 방법이 된다.

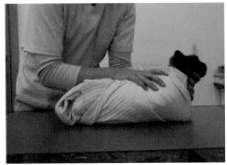

━━━ 고양이를 보정하는 방법

다. 고양이의 신체검사

1) 신체검사

신체검사 방법은 개와 같다. 생체지수도 개와 매우 유사하다. 그러나 개보다 스트레스에 더 민감한 편이므로 생체지수를 정확히 얻어내는 것이 어려울 수 있다.

- 체온: 38.0~38.5℃
- 맥박수: 110~180회/분
- 호흡수: 20~30회/분

라. 고양이의 질병

1) 고양이 범백혈구 감소증

원인체 :	Feline panleukopenia virus (Parvoviridae)
감염경로:	분변, 체액
증상 :	구토, 설사, 발열, 식욕부진, 빈혈, 운동실조
예방 :	예방접종

고양이 홍역이라고 불리기도 하는 고양이 범백혈구 감소증은 전염성이 강한 바이러스성 질병이다. 빠르게 분열하는 혈구들, 위장관 세포들, 골수 그리고 줄기세포 등을 공격한다. 혈구를 공격하면 백혈구가 전체적으로 감소되고 빈혈이 발생하며, 위장 세포를 공격하면 설사를 유발하게 된다. 어린 개체가 감염된 경우 폐사율이 매우 높다. 그러므로 예방접종을 통해 예방하는 것이 최선이다.

2) 고양이 허피스 바이러스 감염증 (고양이 바이러스성 비기관염)

원인체 :	Feline herpesvirus 1 (Herpesviridae)
감염경로:	침, 눈곱, 콧물
증상 :	기침, 재채기, 눈곱, 콧물, 부비동염, 발열
예방 :	예방접종

고양이 허피스 바이러스 감염증은 다른 말로 고양이 바이러스성 비기관염이라고 부르기도 한다. 모든 연령의 고양이에 감염될 수 있지만 어린개체일수록 감염률이 높고 감염되었을 때 증상이 심하게 나타날 수 있다. 주로 분비물의 직접 접촉에 의해 감염 기침, 재채기, 콧물 등이 나타나다가 심해지면 각막궤양, 부비동염까지 발생할 수 있으므로 주의해야 한다. 예방접종을 통해 감염되어도 증상이 약하게 나타날 수 있도록 해야 한다.

3) 고양이 칼리시 바이러스 감염증

원인체 :	Feline calicivuris (Caliciviridae)
감염경로:	침, 대변, 소변
증상 :	발열, 기침, 콧물, 구내염(궤양), 관절염
예방 :	예방접종

감염된 개체의 분비물에 접촉되어 감염되며, 증상은 식욕감소, 재채기, 기침 등의 가벼운 증상에서부터 폐렴, 관절염, 발열, 구강궤양 등 심한 증상까지 다양하다. 이런 개체 또는 면역력이 저하된 개체의 경우 증상이 심각하게 나타날 수 있으므로 미리 예방접종을 실시하는 것이 좋다.

4) 고양이 전염성 복막염

원인체 :	Feline coronavirus / Feline infectious peritonitis virus (mutated virus)
감염경로:	분변 (대변 내 코로나 바이러스의 흡입 또는 섭취 후 변이된 바이러스의 백혈구 내 침투)
증상 :	식욕감소, 발열, 빈혈, 흉수, 복수, 경련, 포도막염
예방 :	여러 마리 사육 자제

감염된 개체의 분비물에 접촉되어 감염되며, 증상은 식욕감소, 재채기, 기침 등의 가벼운 증상에서부터 폐렴, 관절염, 발열, 구강궤양 등 심한 증상까지 다양하다. 이런 개체 또는 면역력이 저하된 개체의 경우 증상이 심각하게 나타날 수 있으므로 미리 예방접종을 실시하는 것이 좋다.

5) 고양이 면역결핍성 바이러스 감염증

원인체 :	Feline immunodeficiency virus (Retroviridae)
감염경로:	교상과 할큄에 의한 깊은 상처 (침에 포함된 바이러스가 혈액 내로 유입)
증상 :	무증상, 기력저하, 발열, 설사, 림프절 종대, 이차감염
예방 :	예방접종, 외출금지

사람의 에이즈 바이러스 감염증과 유사한 질병으로 감염초기에는 발열, 기력저하 등 일시적인 가벼운 증상을 보이다가 잠복기를 거친 후 나중에 면역력 결핍을 야기해서 이차감염으로 사망할 수 있는 질병이다. 따라서 타 고양이와 싸운 이력이 있다면 감염 여부 확인 후 감염되어 있는 경우 외상, 기생충 감염 등에 주의하면서 길러야 한다. 백신이 있지만 확실한 예방을 해줄 수 없으며 접종한 개체에서도 양성 결과가 나와서 혼선을 일으키기도 한다.

6) 고양이 백혈병 바이러스 감염증

원인체 :	Feline leukemia virus (Retroviridae)
감염경로:	침, 모유 (교상, 식기와 화장실 공유)
증상 :	무증상, 발열, 식욕저하, 빈혈, 설사, 황달, 림프종
예방 :	예방접종, 위생관리

고양이 백혈병 바이러스에 노출되었다고 모두 발병하는 것은 아니다. 바이러스의 병원성, 나이, 면역력 등에 의해 달라진다. 따라서 무증상에서부터 빈혈, 황달, 종양 발생에 이르기까지 다양한 증상이 나타난다. 일반적으로 어린 개체의 폐사율은 매우 높은 편이다. 백신으로 100% 예방할 수 없기 때문에 야생개체와의 접촉을 주의해야 한다.

7) 톡소플라즈마 감염증

원인체 :	Toxoplasma gondii
감염경로:	분변, 날고기
증상 :	발열, 신경증상, 설사, 폐렴, 황달
예방 :	익힌 음식 급여, 위생관리

톡소플라즈마는 원충의 일종으로 감염된 고양이의 분변과 익히지 않은 돼지고기, 닭고기, 양고기 등의 섭취를 통해 감염된다. 발열, 식욕부진부터 간염, 포도막염, 폐렴, 신경계 증상 등 다양한 증상을 보일 수 있다. 인수공통감염병으로 사람에 감염될 경우 유산, 사산 또는 신경계와 눈에 영향을 미칠 수 있다.

마. 고양이의 질병 예방

1) 기초 예방 접종

표 2-2 **고양이의 기초 예방 접종**

백신종류 접종시기	3종 종합백신 (FVRCP)	백혈병 백신 (FeLV)	전염성 복막염 백신 (FIP)	광견병 백신	구충제	심장사상충 예방
8주령	1차					
11주령	2차		1차			
14주령 3차			2차		투약	월 1회
17주령				1차		
20주령		2차				
20주령 이후	매년 1회 추가접종	매년 1회 추가접종	매년 1회 추가접종	매년 1회 추가접종	매달 / 3~6개월 마다 1회	

2) 추가 예방 접종

기초접종 완료 1년 후부터 매년 1회 추가 접종을 실시한다.

3) 심장사상충 예방

모기에 물려서 감염되는 질환으로 모기가 출현하는 시기에 예방약을 투약해야 한다. 그러나 초겨울과 초여름에 모기가 있을 수 있음을 간과하여 감염될 수 있기 때문에 매달 연중 예방을 권장한다.

4) 구충

기생충 감염 기회 정도에 따라 달리할 수 있지만, 3~6개월마다 구충제 투약을 권장한다.

바. 고양이의 몸짓 언어

고양이는 개와 비슷하게 귀와 꼬리로 자신의 감정을 표현하지만 다른 몸짓언어를 보여준다.

1) 귀

귀의 모양으로 고양이의 기분을 알아볼 수 있다. 평온한 상태일 때는 귀를 쫑긋 세운 상태이지만 뭔가 위협적인 대상이 나타났다고 여겨지면 귀가 외측으로 눕게 되고 점차 더 두려움이 커지면 뒤를 외측 뒤로 완전히 눕히고 하악질을 한다. 이때는 매우 두려움을 느끼는 상태이기 때문에 가까이 다가가기보다는 안정을 취할 수 있도록 해줘야 한다. 위협 대상을 공격하려고 할 때는 귀를 뒤쪽으로 향하게 돌리고 눈이 산동된다.

2) 꼬리

고양이는 기분이 좋을 때는 꼬리를 세우고 살랑살랑 흔들며 다닌다. 그러다가 뭔가 기분이 나빠지기 시작하면 꼬리를 세운 상태에서 꼬리 끝을 살짝 접기도 한다. 간혹 앉은 자세에서 꼬리 끝만 흔드는데 이것은 흥미로운 것을 발견했음을 의미한다. 짜증이 났거나 화가 점점 나고 있는 상태에서는 앉은 자세에서 꼬리를 채찍처럼 이용해서 바닥을 내리친다. 매우 화가 나서 공격하기 일보 직전일 때는 털을 세워 부풀린 꼬리를 빳빳하게 세우는 것을 볼 수 있다.

3. 페럿에 대한 이해

페럿은 족제비과의 동물 중 유일하게 사람과 함께 지내는 동물로 알려져 있다. 국내에 수입될 때는 모두 취선제거와 중성화 수술이 완료되어 들어오지만 특유의 냄새가 완벽하게 없어지지는 않는다. 하지만 귀여운 외모와 익살스러운 행동들로 반려

동물로 많이 사랑받고 있다. 동물매개치료에서는 흔히 접해 볼 수 없는 모습에 대한 호기심과 장난스러운 행동들도 내담자들에게 웃음을 줄 수 있다. 큰 동물을 무서워하는 내담자에게 동물에 대한 거부감을 낮추는 단계에 활동하기도 하며 다른 소동물과 달리 활발한 움직임을 보이기 때문에 조금 더 적극적인 활동이 가능하다.

가. 페럿의 생물학적 특징

1) 시각

페럿은 시력이 약한 편으로 코 앞의 물체만 잘 볼 수 있고 그 이상의 것은 흐리게 보인다. 고양이와 마찬가지로 눈의 구조 중 반사판이 발달되어 있어 밝은 곳보다는 어두운 곳에서 더 잘 볼 수 있으며 사냥에 유리하도록 동체시력이 발달되어 있다.

2) 청각 및 후각

시각이 약한 만큼 페럿은 잘 발달된 청각을 지니고 있다. 태어난 후 30일 정도까지는 들을 수 없지만 그 후에는 청각이 빠르게 성장하여 6주 정도가 되었을 때는

완전하게 성체와 같은 청각을 지니게 된다. 또한 육식동물인 만큼 예민한 후각을 가지고 있다.

3) 뼈

페럿은 크기가 작음에도 불구하고 몸에 약 200개의 뼈를 가지고 있다. 아주 유연한 척추뼈를 가지고 있어 몸을 반으로 접을 수도 있고 머리만 통과한다면 어떤 공간이든 쉽게 빠져나간다.

두개골은 길고 납작한 모양으로 무는 힘을 강하게 만든다. 이는 작은 몸을 지니고 있음에도 페럿은 자신 체중의 2~3배의 물체를 옮길 수 있게 한다.

4) 피부

페럿은 이중모를 가지고 있어 털이 두 개의 층으로 구분된다. 속털은 짧고 부드러우며 겉털은 길고 단단한데 이는 페럿의 체온을 유지해주고 외상으로부터 피부를 보호한다. 평상시에도 죽은털이 자연스럽게 빠져 나오며 털이 많이 빠지지만, 환절기가 되면 더 많은 양의 털이 빠진다(털갈이). 기간은 평균적으로 3주에서 한 달 정도이다.

피부에 많은 기름샘을 가지고 있는데 이 기름샘에서 분비되는 기름은 페럿의 털과 피부를 코팅하여 보호하며 페럿이 가지는 특유의 냄새의 원인이기도 하다.

나. 페럿의 기본 관리

1) 먹이 급여

페럿은 많은 운동량에 비해 짧은 장과 신진대사율이 높아 먹이를 자주 먹어야 한다. 보통 3~4시간 정도로 먹이를 먹는다. 완전한 육식성 동물이기 때문에 단백질 함량이 높은 전용사료를 급여해야 한다. 단맛을 좋아해서 과일을 먹기도 하지만 과도하게 급여할 경우 설사와 영양결핍을 야기할 수 있다. 간식으로 고기류와 계란 등을 급여할 수 있으나 기생충이나 병원성 세균의 감염의 위험이 있으므로 익혀서 급여하는 것을 권장한다.

—— 페럿은 완전육식 동물이다.

페럿 전용 사료는 다른 동물의 사료보다 비싼 편으로 간혹 같은 육식동물이므로 고양이 사료를 제공하는 보호자도 있다. 하지만 고양이 사료에는 섬유질과 탄수화물이 페럿에게 필요한 양보다 많으므로 추천되지 않는다.

2) 털 및 발톱관리

페럿은 보통 봄과 가을 두 차례에 걸쳐 털갈이를 한다. 기간은 약 2~3주 정도인데 털갈이 시기가 아님에도 털이 많이 빠진다면 영양문제이거나, 여러 세균이나 기생충 감염, 호르몬의 문제일 수 있기 때문에 수의사의 진찰이 필요하다. 피부에 기름샘이 발달되어 있어서 취선과 함께 작용해서 심한 몸 냄새를 유발하기 때문에 주 1회 목욕하는 것을 권장한다. 몸 냄새 억제를 위해 전용샴푸를 사용하는 것이 좋다.

발톱이 갈고리처럼 발달되어 있어서 야생에서는 기어오르거나 땅을 파기 좋지만 실내에서 생활할 경우 외상의 위험이 있으므로 주 1회 정도 손질하는 것이 좋다.

3) 치아 관리

치석과 치주염이 자주 발생하기 때문에 매일 양치하는 것이 필요하나 실제로 실시하는 것이 어렵긴 하다.

4) 귀 관리

페럿의 귀에는 정상적으로도 검은색 왁스 양상의 귀지가 있다. 정상 귀지를 다 제거하는 것은 불필요하며, 월 1회 가볍게 귀 세정하는 것을 권장한다.

—— 페럿을 보정하는 방법

5) 보정

페럿은 사람을 매우 잘 따르기 때문에 평상시에는 보정이 전혀 필요 없다. 그러나 외출할 때는 사고의 위험이 있으므로 몸줄을 사용해야 한다. 신체검사 또는 건강검진을 위해서는 정확한 보정이 필요할 수 있다. 채혈할 때를 제외하고는 주로 목덜미만을 잡아 보정하는 것이 일반적이다.

다. 페럿의 신체검사

1) 신체검사

- 수명: 7~9년
- 체온: 37.8~40.0℃
- 호흡수: 33~36회/분
- 심박수: 180~250회/분
- 임신기간: 41~42일

페럿은 원통형의 긴 몸통과 짧은 다리, 발달된 발톱을 가지고 있으며 매우 유연하다. 완전 육식동물로 단백질 함량이 높은 사료를 먹이로 이용한다. 피부가 매우 질기고 두꺼우며 털이 있어서 추위에 잘 견디지만 더위에는 취약하다. 상악의 송곳니가 하악의 송곳니보다 길다. 정상적인 대변도 다소 무르다. 호르몬성 질환이 자주 발생하는데 이와 관련하여 암컷의 외음부가 발정이 온 것처럼 붓기도 한다. 이러한 신체적 특징을 고려하여 신체검사를 실시한다.

라. 페럿의 질병

1) 홍역

원인체 :	Canine distemper virus
감염경로:	콧물, 눈곱
증상 :	발열, 콧물, 기침, 설사, 경련
예방 :	예방접종

개 홍역 바이러스에 의해 발생하는 질병으로 전염력과 치사율이 높다. 감염 초기에는 콧물, 기침, 재채기 등의 가벼운 증상을 보이지만 심해지면 폐렴에 의한 호흡곤란 및 신경계 감염에 의한 경련 등이 나타나게 된다. 적절한 치료 방법이 없어서 감염되면 대부분 폐사하기 때문에 미리 예방접종을 해줘야 한다.

2) 인플루엔자

원인체 :	사람 인플루엔자 바이러스
감염경로:	공기감염
증상 :	재채기, 기침, 안검부종, 식욕저하, 발열
예방 :	감염된 사람과의 접촉을 피한다.

사람의 인플루엔자 바이러스가 페럿에 감염될 수 있다. 따라서 보호자가 감염된 경우 페럿에게 감염되지 않도록 주의해야 한다.

3) 광견병

원인체 :	Rabies virus
감염경로:	침 (물리거나 할퀸 상처)
증상 :	침흘림, 경련
예방 :	예방접종

주로 감염된 야생동물에게 물려서 감염되기 때문에 예방접종을 실시하거나 야외에서
야생동물과의 접촉을 피해야 한다.

4) 부신피질기능항진증

원인체 :	부신 종양
감염경로:	탈모, 다음, 다뇨, 기력저하, 외음부 부종
예방 :	없음

페럿은 신장 주위에 존재하는 부신이라는 장기에 종양이 발생하여 호르몬이 과도하게
만들어지는 부신피질기능항진증 발생률이 높은 편이다. 3세 이상이면서 대칭성 탈모가
나타나고 다음, 다뇨, 다식의 증상이 발생한다면 이 질병을 의심해 볼 수 있다.

5) 인슐린종

원인체 :	췌장 종양
증상 :	구토, 침흘림, 기력저하, 발작 (저혈당)
예방 :	없음

췌장 세포 중 혈당을 낮춰주는 세포에 종양이 발생한 것을 인슐린종이라고 한다. 이로
인해 인슐린이 과도하게 생성되어 혈당을 정상 이하로 낮추게 되면 기력저하, 구토,
발작 등의 증상을 보이게 된다.

6) 장폐색

원인체 :	이물 섭취, 심한 설사, 종양
증상 :	침흘림, 구토, 설사, 기력저하

페럿은 호기심이 많고 고무 재질의 물건을 매우 좋아한다. 그래서 여러 가지 물건을
먹어서 장이 폐색되는 경우가 많다. 간혹 다른 원인에 의해 심한 설사가 지속되어
장중첩이 되거나 위장관 주변에 종양이 생겨서 장을 막는 경우도 있다. 이 중에서
우리가 예방할 수 있는 것은 이물 섭취에 의한 장폐색일 것이다. 페럿을 풀어놓고 기를
경우 먹을 수 있는 물건은 치워두는 것이 좋다.

마. 페럿의 질병예방

1) 홍역 예방 접종

페럿 전용 접종약으로 8주령부터 3주 간격으로 3회 접종 권장한다. 그 후 매년 보강접종한다.

2) 광견병 예방 접종

3개월령 이후 1회 접종 후 매년 보강접종한다.

3) 구충 및 심장사상충 예방

3~6개월에 한 번 정도 구충제를 급여하고, 매달 심장사상충 예방약을 적용하는 것을 추천한다.

사. 페럿의 몸짓언어

1) 목 물기(neck biting)

야생에서 동배 새끼들끼리 사냥 연습을 위해 서로의 목 부위를 물던 모습이다. 사냥 놀이이기 때문에 실제 사냥을 할 때보다 매우 약한 힘으로 물고 또한 피부가 두껍기 때문에 상처 나는 일은 매우 드물다.

2) 워 댄싱(war dancing)

상대방을 공격하기 전에 위협하는 행동의 하나로써 등을 거꾸로 된 U자 모양으로 만든 후 공격 상대를 두고 앞뒤로 뛰는 모습이다.

3) 사이드웨이 어택(sideways attack)

워 댄싱과 마찬가지로 공격적 행동의 하나로써 앞뒤가 아닌 옆으로 뛰는 모습이다.

4) 구구구 소리(staccato clucking sound)

페럿은 공격 상대를 위협하기 위해 짧게 '구구구' 소리를 낸다.

5) 히싱(hissing)

상대방을 위협하기 위해 방어적으로 이용하는 '쉭쉭'거리는 소리이다.

6) 딱딱거리는 소리(snapping of the jaws)

방어의 목적으로 상대방을 위협하기 위해 상하턱을 움직여 부딪혀서 '딱딱'거리는 소리를 만든다.

4. 기니피그에 대한 이해

기니피그는 식용의 목적으로 길러졌으며 아직까지도 몇몇 나라에서는 음식의 재료로 활용하고 있다. 국내에서는 실험동물의 목적으로 길러지다가 사랑스러운 외모와 온순한 성격으로 반려동물로 자리잡기 시작하였다. 국내에서는 개체 수가 많지 않으나 미국와 유럽에서는 반려동물로 인기가 높고 관련 협회들 또한 많다. 단모종과 장모종 뿐 아니라 털이 아예 없는 종도 있고 털에서 광택이 나는 종도 있다고 한다. 청결관리만 잘 해준다면 개나 고양이에 버금갈 만큼 사랑스러운 반려동물이다.

가. 기니피그의 생물학적 특징

1) 시각

기니피그는 눈이 얼굴의 앞이 아닌 옆에 위치해 있어 약 340도 정도까지 사물을 볼 수 있다. 초식동물이기에 먹이사슬의 맨 밑에 위치하여 넓은 시야를 가지게 된 것으로 보인다. 하지만 심한 근시로 먼 곳은 잘 볼 수가 없다.

2) 청각

기니피그는 기본적으로 겁이 많은 동물이다. 작은 소리에도 예민하게 반응하고 놀라며 몸을 굳히거나 도망간다. 기니피그는 다양한 소리를 내며 의사소통을 하는데 사람보다 더 큰 10kHz까지 들을 수 있다고 한다.

3) 후각

기니피그는 많은 후각세포를 가지고 있어 개만큼은 아니지만 예민한 후각을 지니고 있다.

4) 미각 및 이빨

기니피그는 예민한 미각을 가지고 있다. 사람보다 더 많은 미뢰를 가지고 있어 다양한 맛을 구별할 수 있게 한다. 까다로운 입맛으로 선호하는 음식이 다르고, 갑자기 사료를 바꾸면 며칠간 먹이를 거부하기도 한다. 쓴 맛 보다는 단 맛을 선호하며 혀는 사람과 마찬가지로 음식을 삼키는 데 도움을 준다.

기니피그의 이빨은 꾸준히 자라나기 때문에 건초나 나무껍질 등을 갉아먹으며 계속 닳도록 한다. 건강하게 음식을 잘 먹는다면 추가적인 치아관리는 필요하지 않다.

5) 촉각

기니피그를 자세히 보면 코 주변에 수염이 난 것을 볼 수 있다. 다른 동물들과 마찬가지로 이 수염은 기니피그가 길을 찾게 하고 주변 상황을 파악할 수 있게 한다.

6) 꼬리

기니피그의 가장 두드러진 외형적 특징은 꼬리가 없다는 것이다. 실제로는 7개의 꼬리뼈를 가지고 있지만 골반 아래에 자리 잡고 있어 겉으로는 보이지 않는다.

나. 기니피그의 기본 관리

1) 먹이 급여

── 건초가 뭉쳐진 형태의 비타민 C를 기니피그가 먹고 있다.

건초는 기니피그의 주식이 되는 먹이로서 건초 위주로 공급하면서 펠렛 사료와 간식을 소량씩 급여한다. 건초는 대부분 알파파와 티모시 두 가지의 건초를 많이 먹이는데 두 개의 건초가 지닌 영양성분에는 차이가 있다. 알파파는 단백질과 칼슘이 풍부하여 칼로리가 높아 어린 기니피그나 임신했을 때와 같이 영양이 필요한 개체에 급여한다. 티모시는 알파파에 비해 좀 더 거칠면서 섬유질이 풍부하고 단백질과 칼슘이 낮아 성체에게 급여한다.

기니피그와 토끼와 같은 초식동물에게 건초에 풍부한 성분인 섬유질은 아주 중요한 역할을 한다. 육식동물은 섬유질을 소화하지 못하지만 초식동물은 섬유질은 소화할 수 있다. 그렇기 때문에 초식동물에게 섬유질은 장의 연동운동을 촉진시킨다. 건초의 조섬유는 소화과정에서 생성된 액체를 흡수하여 장관 내에서 팽창한다. 팽창된 섬유질은 장의 연동운동을 자극하여 소화기관의 움직임을 촉진시킨다(서유진, 2017). 섬유질이 많이 들어있을수록 초식동물이 씹어야 하는 횟수가 늘어나기 때문에 자연스럽게 치아를 마모시킬 수도 있다.

기니피그는 체내에서 비타민C를 합성할 수 없기 때문에 먹이를 통해 공급받아야한다. 따라서 하루 10mg/kg/day의 양의 비타민C를 야채 또는 과일을 통해 공급하며 임신했을 경우에는 평상시보다 많은 30mg/kg/day의 양을 공급해야 한다.

2) 사육장 관리

사육장 내에는 소변을 흡수할 수 있고 쿠션을 주기위한 목적으로 베딩을 깔아주는 것이 좋다. 주로 톱밥이나 건초를 베딩으로 이용한다. 자주 베딩을 갈아줘서 깨끗한 환경이 유지될 수 있도록 한다. 기니피그는 발바닥에 털이 없기 때문에 딱딱한 바닥의 사육 환경은 좋지 않다.

3) 털 및 발톱 관리

털이 엉기기 쉬운 장모종 기니피그를 제외하고는 털을 빗어줄 필요가 없다. 또한 목욕도 스트레스를 유발할 수 있으므로 추천하지 않는다. 그러나 발톱은 주기적으로 잘라줘야 발톱이 부러지는 사고를 막을 수 있다.

4) 보정

기니피그는 가볍게 안아줄 때는 강아지와 같이 품에 안아줄 수 있다. 그러나 신체검사 등을 위해 보정해야 할 때는 좀 더 안정적인 자세가 필요하다. 일반적으로 한 손으로 가슴을 받쳐주고 다른 한 손으로 엉덩이를 받쳐 든다.

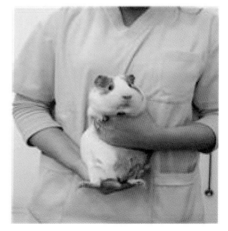

—— 기니피그를 보정하는 방법

다. 기니피그의 신체검사

1) 신체검사

- 수명: 평균 5~6년
- 체온: 38~40℃
- 심박수: 240~3102회/분
- 성성숙: 2~3개월령
- 임신기간: 평균 68일

기니피그의 소형 초식동물로 모든 치아가 평생 성장한다. 발바닥에는 털이 없어서 딱딱한 바닥에서 사육될 경우 염증이 발생하기 쉽다. 이러한 특성을 고려하여 신체검사를 실시한다.

라. 기니피그의 질병

1) 비타민C 결핍증

원인체 :	비타민C 섭취량 부족
증상 :	보행장애, 관절부종, 피하출혈, 장기 내 출혈, 괴혈병, 부정교합
예방 :	하루에 VitC 10mg 급여 또는 순무잎, 케일, 파슬리 등 비타민C 함유 야채 급여

비타민C는 콜라겐과 단백질 형성 그리고 응고작용에 기여하기 때문에 부족하게 되면 출혈과 피부 및 관절 질환이 발생한다. 사람과 유인원들처럼 기니피그는 체내에서 비타민C를 합성할 수 없어서 적절히 먹이를 통해 얻어야 한다.

2) 부정교합

원인체 :	유전, 비타민C 부족, 미네랄 불균형
증상 :	식욕감소, 구내염, 침흘림
예방 :	적절한 영양 급여, 거친 건초 급여

평생 치아가 자라기 때문에 유전적 요인, 비타민C 결핍, 미네랄 불균형 등의 원인으로 인해 치아가 단단하지 못해서 잘 마모되지 못하면 부정교합이 발생할 수 있다. 부정교합이 발생하면 먹이를 섭취하기 어렵게 되어 영양결핍과 치아 마모 부족이 더 발생되고 과도하게 자란 치아가 잇몸을 찔러서 염증을 야기할 수 있다. 적절한 먹이를 급여하여 부정교합을 예방하는 것이 최선이다.

3) 방광결석

원인체 :	부적절한 식이, 알파파 지속 급여
증상 :	빈뇨, 혈뇨
예방 :	성체가 된 후에는 알파파 이외의 건초 급여, 신선한 물 급여

칼슘이 많이 함유된 먹이를 지속적으로 급여할 경우 발생할 확률이 매우 높다. 방광 내에 결석이 형성되면 방광 염증을 발생시켜 혈뇨, 농뇨 등이 나타날 수 있으며 배뇨 장애를 야기할 수 있다. 적절한 먹이 급여와 충분한 물 섭취를 유도하여 예방할 수 있다.

4) 족저궤양

원인체 :	불결한 사육 환경, 거친 바닥에서의 찰과상, 젖은 침구, 비만
증상 :	보행 장애, 발바닥에 생긴 궤양, 움직이지 않음
예방 :	적절한 몸무게 유지, 건조하고 깨끗한 사육 환경, 부드러운 케이지 바닥 사용

기니피그의 발은 털이 없어서 딱딱한 사육에서 사육될 경우 발바닥에 궤양이 생겨 딱딱해지고 부어오르며 출혈이 생기기도 한다. 뼈까지 이전되면 다리를 외과적으로 제거해야 할 수도 있고 피부염으로 사망에 이를 수도 있다.

마. 기니피그의 몸짓언어

1) 사회적 그루밍

기니피그는 무리생활을 하는 동물로 여러 마리를 함께 사육할 경우 서로 몸을 문지르는 행동을 볼 수 있다.

2) 털 씹기

서열을 정리하기 위해 다른 개체의 털을 물어 뜯는 경우가 있다. 간혹은 귀 또는 코를 물어서 상처가 나기도 한다.

3) 정지 또는 돌진

낯선 곳에 있을 경우 움직이지 않고 가만히 있거나 갑지가 앞으로 빠르게 전진하기도 한다.

4) 통통 튀기

흥분했을 경우 제자리에서 통통 튀어 오른다.

5) 휘슬 소리(Wheek)

반가운 보호자가 나타났거나 먹이를 줄 때 흥분하면서 내는 소리이다. 야생에서는 다른 개체가 없어졌을 때 찾으려고 내기도 한다.

6) 가르릉 소리(purring or bubbling)

기분이 매우 좋을 때 내는 소리이다. 고양이의 가르릉거림과 매우 유사하다.

7) 끽끽거리는 소리(squealing)

통증이 있거나 위험을 느꼈을 때 내는 소리로 휘슬 소리보다 다소 강하고 날카롭다.

5. 토끼에 대한 이해

유럽이 고향인 굴토끼는 1900년 초에 일본을 통해 한국에 소개되었다. 당시에는 식량정책의 일환으로 가축용 중형 토끼가 수입되었으나 1990년대부터 반려용으로 개량된 소형토끼가 수입되면서 반려토끼로 자리 잡았다. 현재 우리가 키우는 반려토끼의 조상은 스페인, 포르투갈이 위치한 유럽 이베리아반도에서 서식하던 '굴토끼'이다(서유진, 2017). 한동안 국내에서 컵 안에 들어가는 토끼인 '티컵토끼'가 유행하였었는데, 실제 티컵토끼는 존재하지 않으며 젖도 떼지 못한 아주 어린 개체이거나 일부로 먹이를 주지 않아 성장하지 못한 토끼들이다.

기본적으로 토끼는 초식동물이기 때문에 소리에 예민하고 스트레스에 취약하다. 개나 고양이만큼의 활발한 움직임이 있는 것도 아니며 토끼의 스트레스 관리를 위해 많은 수의 활동을 할 수 있는 것도 아니지만 부드러운 털과 귀여운 외모는 내담자들의 호감을 사기에는 충분하다고 할 수 있다.

가. 토끼의 생물학적 특징

1) 시각

토끼는 머리의 측면상부에 큰 눈을 가지고 있어서 모든 방향에서 자신에게 다가오는 포식자의 위치를 확인할 수 있다. 대부분의 토끼는 색맹으로 알려져 있으며 사람의 눈보다 8배 더 민감하여 이른 아침과 늦은 저녁 식사를 할 때 포식자를 피할 수 있게 도와준다. 또한 포식자의 위치를 확인하기 위해 멀리 있는 물체는 잘 보지만 가까이 있는 물체는 잘 보지 못한다.

2) 청각

토끼는 커다랗고 긴 두 개의 귀를 가지고 있다. 토끼의 귀는 소리를 모아 소리의 방향을 확인하고 더 잘 들을 수 있게 하여 소리를 구분하는 데 도움을 준다. 평균적으로 신체 표면의 12% 정도가 귀이다. 토끼는 더운 것을 잘 견디지 못하는데 입술에 한 쌍의 땀샘을 가지고 있어 열 방출이 어렵기 때문에 커다란 귀는 열 방출을 하는 역할을 하기도 한다. 토끼의 귀에는 수많은 혈관이 있어서 접촉에 매우 민감하다. 만화에서 자주 나오는 토끼의 귀를 잡아 들어 올리는 행동은 토끼를 잘 모르는 사람이 하는 매우 위험한 행동이며 허리에 중상을 입힐 수도 있다.

3) 후각

토끼는 생각보다 예민한 후각을 가지고 있다. 사람이 500만 개의 후각세포를 가지고 있다고 한다면 토끼는 1억 개의 세포를 가지고 있다. 토끼를 보면 계속 코가 움직이고 있음을 관찰할 수 있는데 이는 계속 주위의 냄새를 맡고 있음을 의미한다.

4) 미각과 이빨

토끼는 단맛, 쓴맛 및 짠맛을 구분할 수 있어서 야생에서는 식물의 독성 여부를 판단할 수 있게 한다. 토끼는 총 28개의 이빨을 가지고 있는데 그 중 4개의 앞니는 다른 치아에 비해 길다. 토끼의 이빨은 평생 동안 자라나기 때문에 나뭇가지, 잡초, 거친 식물 등을 급여해주어 마모시켜 주어야 한다.

5) 촉각

토끼는 아주 긴 수염을 가지고 있는데 입 주변 외에도 뺨과 눈 위에도 가지고 있다. 다른 동물들과 마찬가지로 이 수염은 공간감을 느끼게 해주고 방향을 인식하도록 해준다.

나. 토끼의 기본 관리

1) 먹이 급여

토끼는 초식동물로써 맹장이 매우 발달한 대신 위의 용적은 매우 작다. 따라서 소량씩 자주 먹으면서 자주 배설하고, 맹장에서 발효를 통해 만들어낸 영양분을 식변을 통해 재섭취한다. 다양한 생채소를 급여할 수도 있지만 건강하게 기르기 위해서는 건초 90%, 펠렛 사료 5%, 과일과 야채 등 간식 5% 정도로 제한해서 급여하는 것이 좋다. 3개월령까지는 칼슘이 풍부한 알파파 건초와

알파파로 만든 펠렛 사료를 급여하다가 그 후에는 칼슘이 적은 거친 다양한 건초를 급여한다. 건초는 하루 종일 조금씩 먹을 수 있도록 자율 급여하고 펠렛 사료는 아침, 저녁으로 소량씩 제한 급여한다.

토끼 사육장의 습도가 높아지면 피부질환이 발생할 수 있고, 토끼는 그릇을 물어 던져 버리는 습성이 있기 때문에 물을 급여할 때는 무거운 사기그릇이나 벽에 걸어두는 물병을 이용한다.

2) 배변, 배뇨

일정한 곳에 배변과 배뇨를 하는 습성이 있지만 밖에 풀어둘 경우 일반변을 흘리고 다니기도 한다. 정상적으로 일반변과 식변이라는 두 가지 형태의 변을 본다. 일반변은 단단하고 동글동글한 형태이며, 식변은 납작하고 시큼한 냄새가 나며 주로 포도송이처럼 뭉쳐서 나온다. 이것을 우리가 발견하는 일은 드물고 토끼가 새벽에 항문에서 꺼내먹는 변이다. 소변에는 칼슘이 많이 함유되어 있어서 혼탁하며 옅은 노란색에서부터 붉은색까지 여러 가지 색으로 확인된다.

정상적인 변과 소변을 상태를 기억하고 매일 주기적으로 대소변을 치워주면서 성상변화가 있는지 살펴본다. 토끼의 소변은 냄새가 강하기 때문에 집 안에서 기를 경우 자주 청소해줘야 집안에 냄새가 배는 것을 막을 수 있다.

3) 털과 발톱 관리

토끼는 목욕하는 것을 싫어하고 목욕을 했다고 해도 털을 말리는 과정에서 뜨거운 바람 때문에 체온이 급상승해서 문제를 일으킬 수 있어서 목욕을 권장하지 않는다. 오염된 부분이 있을 경우 부분적으로 씻겨주는 것이 좋다. 그러나 느슨해진 털을 주기적으로 제거하고 엉키지 않게 하기 위해 빗질은 해줘야 한다. 토끼는 고양이와 마찬가지로 하루의 많은 시간을 그루밍을 하는데 보내면서 털을 먹게 된다. 섭취한 털이 건초와 함께 위장을 통과하지 못하고 위 내에 머물면서 모구를 형성하면 생명에 위험을 줄 수 있으므로 주기적으로 빗질을 해줘야 한다. 토끼는 원활한 체온조절을 위해 털갈이를 하며 이 시기에는 상당히 많은 양의 털이 빠진다.

야외에서 사육될 경우 토끼는 발톱을 이용해서 땅을 파면서 발톱이 닳게 되는데 실내에 사육하는 경우 그렇지 못하므로 과도하게 자라서 외상이 발생할 수 있어 주기적인 발톱 손질이 필요하다. 주로 2주에 한번 정도 실시한다.

4) 보정

토끼는 뒷발이 앞발보다 길고 강력해서 점프에 용이하다. 이러한 성향 때문에 보정을 정확히 하지 않으면 달아나다가 다치는 경우가 발생한다. 특히 허공에 뒷발차기를 해서 척추 골절이 발생할 수 있다. 이러한 사고를 방지하기 위해 정확한 보정이 필요하다.

일반적으로 짧은 거리를 이동시킬 때 한 손으로 목덜미를 잡고 다른 한 손으로 엉덩이를 받쳐 든다. 조금 더 먼 거리를 이동시켜야 할 때는 한 손으로 토끼의 앞발을 모아잡고 보정자의 몸에 밀착시켜 안은 뒤 다른 한 손으로 목덜미를 잡아 보정해준다. 간혹 토끼의 눈이 가려질 수 있도록 보정자의 옆구리 쪽에 토끼의 얼굴이 묻히게 한 뒤 목덜미를 잡기도 한다.

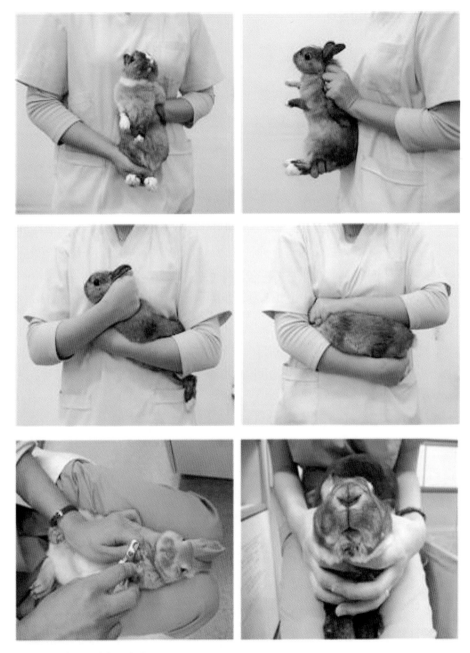

───── 토끼를 보정하는 방법

다. 토끼의 신체검사

- 수명: 평균 5~6년
- 체온: 37.2~39.5℃
- 호흡수: 45~55회/분
- 심박수: 205~232회/분
- 성성숙: 3~6개월령
- 임신기간: 평균 31일

토끼의 신체검사 방법 또한 개와 동일하다. 주요 신체기관의 분비물 여부와 형태가 온전한지, 치아가 평생 자라기 때문에 앞니의 길이가 균등한지 등을 확인한다. 앞니만 자라는 설치류와 달리 토끼는 앞니와 어금니 모두 함께 자라기 때문에 치아가 지속적으로 마모되지 않으면 혀나 볼을 찌르기도 하고 교합이 맞지 않아 먹이를 잘 먹지 못하기도 한다. 토끼의 발은 개나 고양이처럼 발바닥 패드 없이 피부 바로 아래 뼈가 위치하고 있어 딱딱한 바닥에서 생활을 지속하면 발바닥 털이 빠지면서 피부 염증(궤양성 족저염)이 발생할 수 있다. 토끼는 죽기 직전까지 아픈 증상을 숨긴다. 만일 토끼가 먹이를 먹지 않고 한 곳에 가만히 웅크리고 있거나, 입으로 숨을 쉬고 있다면 즉시 수의사의 진료가 필요하다.

라. 토끼의 질병

1) 스너플

원인체 :	Pasteurella multocida, Bordetella bronchiseptica
감염경로:	분비물
증상 :	재채기, 기침, 폐렴, 누낭염
예방 :	환경 개선

스너플은 P. multocida 또는 B. bronchiseptica 등의 세균이 호흡기에 감염되는 질환으로 면역력이 약한 어린 토끼에서 주로 발생한다. 감염 초기에는 재채기, 기침, 눈곱 등의 증상이 나타나다가 치료가 지연되고 감염이 심해지면 폐렴, 누낭염 등으로 진행되어 만성화 될 수 있다.

2) 바이러스성 출혈병 (VHD)

원인체 :	Calicivirus
감염경로:	대변, 소변, 그 외 분비물 (직간접적 접촉)
증상 :	발열, 식욕 감소, 급사, 경련, 안구 출혈, 황달
예방 :	예방접종

바이러스성 출혈병은 칼리시바이러스 감염으로 발생하는 치사율이 100%에 가까운 전염성 질병이다. 법정 전염병으로 지정되어 관리되고 있다. 감염된 개체의 분비물로 배출된 바이러스에 직간접적으로 접촉되어 감염되어 발열, 식욕 감소, 황달 등의 증상을 보이다가 경련, 출혈 등을 보이며 급사한다. 예방접종을 통해 예방하는 것이 최선이다.

3) E. cuniculi 감염증 (기생충성 질환)

원인체 :	Encephalitozoon cuniculi
감염경로:	소변, 모체 이행
증상 :	무증상, 경련, 발작, 사경, 포도막염
예방 :	위생 관리, 음성 판정된 개체만 사육

E. cuniculi는 원충류이며, 이 감염증은 주로 모체로부터 새끼 토끼에게 전달되어 감염되는 경우가 많으며 나머지는 소변으로 배출된 감염원이 환경에 노출되어 있다가 다른 개체가 섭취하여 감염된다. 주로 무증상으로 지내다가 드물게 신경계 또는 다른 조직으로 이주하여 증상을 야기한다. 신경계 조직으로 이주하면 증식하면서 육아종을 형성하여 경련, 발작 등의 증상을 야기하게 되며, 안구 조직으로 이주하면 혈관이 풍부한 포도막에 육아종을 형성하는 특징을 가지고 있다.

4) 부정교합

원인체 :	잘못된 식이 습관
증상 :	일부 치아의 과도한 신장, 식욕부진
예방 :	거친 건초 위주의 식단 유지

치아의 교합이 맞지 않는 상태를 부정교합이라고 한다. 주로 상하 앞니가 맞물리지 못하고 과도하게 신장된 상태를 말한다. 여러 가지 원인에 의해 부정교합이 발생할 수 있지만 대표적으로 부드러운 음식(펠렛사료)을 주로 섭식할 때 발생한다. 부정교합이 발생하면 먹이 먹기가 힘들고, 심한 경우 과도하게 자란 치아가 잇몸이나 입천정을 찔러 염증을 일으키기는 등의 이차적인 문제들이 발생할 수 있다.

5) 모구증

원인체 :	그루밍을 통한 털 섭취
증상 :	식욕부진, 변 크기 감소, 위장 내 가스 증가
예방 :	주기적인 빗질을 통한 털 제거, 파인애플 즙 급여

토끼는 스스로 그루밍을 하면서 털을 섭취하는 동물이다. 그러다 보니 위장 내 털이 머물다가 공처럼 뭉치는 경우가 발생하는데 이를 모구증이라 부른다. 위 내에 모구가 형성되면 식욕이 저하되고 위장 내 가스가 발생하면서 변 크기가 변화된다. 모구증을 예방하기 위해서는 주기적으로 빗질하여 느슨해진 털을 제거해주고 거친 건초를 섭취하게 하여 털이 건초와 함께 배출될 수 있게 해준다. 모구가 형성되고 있는 상태라면 파인애플 즙을 먹여 단백질 결합이 느슨해질 수 있도록 한다.

6) 장독혈증

원인체 :	Clostridium perfringence
증상 :	식욕부진, 설사
예방 :	스트레스 감소, 건초 위주의 식단 유지

장 내에는 여러 가지 세균들이 존재한다. 이 균들은 서로 균형을 맞춰 생존하고 있는데 스트레스 등의 원인에 의해 이 균형이 깨지면서 일부 균이 과도하게 증식되는 경우가 있다. 그 중에서 Clostridium perfringence 균이 과도하게 증가되어 심한 설사를 일으키는 상태를 장독혈증이라고 부른다. 건초 위주의 식단과 스트레스를 감소시키는 환경을 제공하여 이를 예방할 수 있다.

7) 발바닥 염증(Sore hock)

원인체 :	딱딱한 바닥
증상 :	발바닥 털 빠짐, 발적, 염증
예방 :	바닥재를 깔아준다.

토끼의 발바닥은 털에 의해 보호되고 있어서 딱딱한 바닥에 지속적으로 노출될 경우 털이 빠지고 염증이 발생되기 쉽다. 쿠션을 줄 수 있는 바닥재를 이용해서 이를 예방할 수 있다.

마. 토끼의 질병 예방

1) 바이러스성 출혈병 예방접종

3개월 미만의 경우 1개월 간격으로 2회, 3개월 이상인 경우 1회 접종 후 매년 추가접종한다.

2) 광견병 접종

3개월령 이후 1회 접종 후 매년 추가접종한다.

3) 구충

3개월에 한번 정도 구충제를 투약한다.

바. 토끼의 몸짓언어

1) 이갈기(grinding of teeth)

토끼는 기분이 좋을 때는 부드럽게 이를 갈지만 몸 어딘가에 심한 통증이 있을 경우 바드득바드득 심하게 이를 간다.

2) 으르렁거림(growling)

적이라고 생각하는 상대가 있을 경우 상대를 위협하기 위해 으르렁거리며 방어한다.

3) 날카로운 비명(sharp screaming)

토끼는 소리를 거의 내지 않는 동물이지만 극심한 스트레스를 받았거나 죽기 직전에 매우 날카로운 비명을 지른다.

4) 식분증(scatophagy)

토끼의 분변은 일반변과 식변으로 구분된다. 이 중 식변은 맹장변이라고 하며 토끼는 새벽에 직장으로 내려온 이 변을 항문에서 직접 섭취한다. 이러한 현상 때문에 토끼는 식분증이 있다고 말한다.

5) 스텀핑(stepping)

상대방을 위협하거나 적이 나타났음을 동료에게 알리기 위해 발로 바닥을 강하게 찬다.

6) 문지르기(rubbing)

턱 밑에 있는 취선 부위를 자신의 영역이라고 하는 곳에 묻혀서 표시한다.

6. 햄스터에 대한 이해

쥐와 비슷한 생김새를 가지고 있지만 독일어의 '저장하다(hamstern)'에서 이름이 유래된 동물로, 작은 몸집으로 반려동물을 키우고 싶지만 경제적이나 환경적 이유로 키우지 못하는 사람들이 가장 많이 시도해보는 동물 중 하나이다. 그런 것에 비해 1930년경 사람과 함께 살아간 역사의 기록이 시작된 만큼 아직 야생에서 살던 습성이 많이 남아있어 여러 사항들을 고려하여 키워야 하는데 국내에 잘못 알려진 사항들이 많아 많은 햄스터를 사랑하는 사람들이 올바른 사육방법을 알리기 위해 노력중이다.

가. 햄스터의 생물학적 특징

1) 시각

햄스터는 기본적으로 시력이 좋지 않다. 태어났을 때에는 시력이 거의 없는 상태이고 5일 정도가 지나면 앞을 보기는 하지만 코 앞의 몇 인치 정도만 보는 수준이며 색맹으로 흑백만 구분할 수 있다. 심한 근시이기 때문에 먼 거리의 물체를 잘 알아차리지 못하여 높낮이 등도 알아채기 어렵다. 그렇기 때문에 높이가 있는

케이지는 햄스터가 높이를 눈치 채지 못하고 떨어져 골절이 일어날 수 있기 때문에 주의해야 한다.

2) 청각

시력이 좋지 않은 대신 청각이 발달하였는데, 사람이 들을 수 없는 영역의 주파수를 사용하여 서로 의사소통한다. 머리의 높은 쪽에 귀가 위치해 있어 먼 거리의 소리를 잘 들을 수 있다. 햄스터를 키우다 보면 큰 소리가 날 때 햄스터가 굳은 표정으로 움직이지 않는 것을 볼 수 있다. 그만큼 햄스터는 소리에 예민하므로 케이지를 조용한 곳에 위치시키고 조용한 목소리로 불러주어야 한다.

3) 후각

햄스터는 뛰어난 후각을 지니고 있다. 음식 냄새 뿐 아니라, 다른 개체의 냄새를 맡기도 하고 페로몬 냄새를 통해 암컷과 수컷을 구별할 수도 있다. 독립적인 동물이여서 다른 동물이나 개체의 냄새에 예민하게 반응하기 때문에 사육하는 햄스터를 다룰 때는 손에 다른 동물의 냄새가 나지 않도록 손을 씻고 만지는 것이 좋다.

4) 이빨

기니피그, 토끼와 마찬가지로 앞니가 끊임없이 자라난다. 딱딱한 음식들을 급여함으로써 자연스럽게 이가 마모되도록 해야 한다. 이 외에도 소독된 목재 장난감이나 소

동물용 이갈이 등을 제공할 수 있다. 만약 햄스터가 음식을 먹지 않는다면 이빨 문제일 수 있으므로 빨리 치료해야 한다.

5) 볼 주머니

'저장하다'라는 의미에서 이름이 유래된 것처럼 햄스터는 구강 내 양 쪽에 볼주머니(cheek pouch)를 가지고 있다. 볼 주머니는 햄스터의 어깨까지 늘어날 수 있으며 햄스터 몸무게의 반 정도 되는 무게의 음식을 볼에 저장할 수 있다. 무엇이든 볼에 넣으려고 하기 때문에 뾰족하고 거친 물체는 햄스터에게 고통을 줄 수 있으므로 주의해야 한다.

음식을 저장하는 것 외에 새끼를 옮기거나 숨길 때도 볼 주머니를 사용한다. 어미 햄스터는 위험을 감지하면 아기를 볼 주머니에 넣고 숨겨 아기를 보호한다.

나. 햄스터의 기본관리

1) 먹이 급여

햄스터는 기본적으로 잡식성 동물이지만 끈적이거나 너무 뾰족한 먹이는 볼 주머니에 상처를 내고 염증을 일으킬 수 있다. 육류 위주의 먹이 급여는 햄스터의 치아 관리의 어려움과 더불어 비만이 되는 지름길이다. 햄스터의 앞니는 끊임없이 자라기 때문에 거친 먹이들을 급여하여 마모시켜야 한다.

2) 목욕

햄스터는 서식지가 사막이었던 만큼 물을 가지고 하는 목욕보다는 모래목욕을 즐긴다. 햄스터에게서 나는 냄새는 대부분 케이지 관리를 청결하게 하지 않았을 때 나기 때문에 냄새를 없애기 위해 물 목욕을 시키는 행동은 매우 위험하다.

3) 보정

사육장에서 꺼낼 때는 양손으로 몸을 감싸듯이 안아 올리는 것이 좋으며, 검사

━━━━ 햄스터를 보정하는 방법

를 위해서는 등쪽 피부를 팽팽하게 잡아 보정한다.

다. 햄스터의 신체검사

1) 신체검사

- 수명: 평균 2~3년
- 체온: 37.6℃
- 맥박수: 310~471회/분
- 호흡수: 38~110회/분
- 임신기간: 약 15~16일(최대 30일)

햄스터는 품종에 따라 수명과 임신기간이 다소 다르다. 주로 야행성이며 잡식이다. 치아 중에 앞니만 평생 성장하며 볼 주머니가 있어서 먹이나 베딩을 운반할 때 이용한다. 몸통에 비해 다리가 매우 가늘고 대신 발바닥이 넓다. 종양 발생률이 매우 높은 것이 특징이다. 이러한 특징을 고려하여 신체검사를 실시한다. 햄스터를 들어올렸을 때 배나 꼬리가 젖어있다면 설사를 한 흔적일 수 있다.

라. 햄스터의 질병

1) 부정교합

원인체 :	부적절한 먹이 습관(씨앗 위주의 먹이)
증상 :	식욕저하
예방 :	이갈이 용품 급여, 칼슘함유 식품 급여

잡식성 동물이기 때문에 다양한 먹이를 먹어야 한다. 그런데 씨앗 위주로 먹이를 공급하게 되면 칼슘이 부족해서 무른 치아가 된다. 이로 인해 마모가 되지 않아 부정교합이 발생할 수 있다.

2) 볼주머니 탈장

원인체 :	볼주머니 염증, 부적절한 먹이 또는 베딩
증상 :	볼주머니 외번
예방 :	적절한 먹이, 배딩 공급, 점도가 있는 음식 급여 금지

말린 과일 등 점도가 높은 먹이를 급여할 경우 이것을 볼주머니에 저장했다가 볼주머니가 탈장되는 경우가 많다.

3) 골절

증상 :	부종, 절름거림
예방 :	철장사이 간격이 너무 넓지 않은 것을 사용, 핸들링시 주의

햄스터를 기를 때 전용 철장이 아닌 사육장을 이용하거나 먹이를 주기 위해 문을 열었다가 확인하지 않고 문을 닫을 때 주로 골절이 발생된다. 다리뼈가 매우 얇아서 부러지기 쉬우므로 조심해야 한다.

마. 햄스터의 행동특징

1) 단독생활

대부분의 햄스터들은 단독생활을 하기 때문에 여러 마리를 함께 사육할 경우 스트레스가 될 수 있다.

2) 야행성

주로 낮에는 잠을 자고 밤에 움직인다. 밤과 낮을 조절해주는 것이 좋다.

3) 식자증

새끼를 낳았을 때 스트레스 받으면 죽일 수 있으므로 조심해야 한다.

반려동물매개치료의
대상

Companion Animal
Assisted Therapy

반려동물매개치료의 실천분야

1. 인간발달의 개념 및 원칙

1) 인간발달의 개념

발달이란 생명체가 잉태되는 순간부터 출생하고 사망에 이르기까지 나타나는 모든 신체적·행동적·심리적(정신적) 변화를 의미한다. 이러한 과정에서 약물이나 질환, 피로에 의해 나타나는 일시적인 변화는 제외되며, 그 변화양상과 과정은 대부분 특수한 방식과

단계를 따른다(최경숙, 2000). 하나의 세포에서 시작한 생명체는 태내에서 사람의 모습을 갖추어 출생한 후 차츰 성장하여 걷고, 말하고, 생각을 하게 된다. 부모로부터 받은 유전적 특성을 기초로 변화하는 심리적, 사회적 환경에 반응하며 변화되는 것이다. 태어나 자라면서 누워서 몸을 뒤집고 앉고 걷고 뛰는 등의 신체변화뿐 아니라

생각하는 방식이나 도덕적인 가치, 성격, 심리적 변화 등 우리가 살아가며 겪는 모든 체계적 변화를 말한다. 여기서 체계적이라는 말은 발달과정에서 나타나는 변화가 순서와 패턴에 따라 이루어져 있음을 의미한다. 발달은 상승적이고 긍정적이기도 하지만, 반대로 하강적이고 퇴행적, 쇠퇴적일 수도 있다.

발달은 성장(growth)나 성숙(maturation)과 혼동될 수 있으나 엄격하게는 다른 의미이다. 성장은 신체의 변화에만 국한되어져 왔으나 최근 심리(정신)의 변화에까지 사용되고 있다. 이렇게 보면 발달과 같은 의미라고 할 수 있으나 성장은 긍정적 변화만을 가리키는 말로 부정적이고 감퇴적인 부분은 아우르지 못하므로 발달의 개념보다는 협의의 개념이다. 성숙은 유전적으로 정해진 정도까지 시간의 흐름에 따라 자연스럽게 나타나는 생물학적 변화를 의미한다. 2차 성징기인 청소년기를 지나 성인기가 될 쯤에는 더 이상 신체적 발달이 이루어지지 않는 것을 예로 들 수 있다. 성숙 역시 발달보다는 협의의 개념인데 이는 발달이 유전적 특성과 환경의 영향에 의한 변화과정을 모두 포함하기 때문이다(김동배 외, 2005).

2) 인간발달의 원칙

인간발달은 수정부터 죽음까지 겪는 모든 체계적 변화를 말한다. 발달은 일정한 원리와 순서에 따라 이루어지는데 기본 원칙은 다음과 같다.

(1) 일정한 방향과 순서

발달은 일정한 순서와 방향성을 가지고 있다. 첫째, 두미발달 원칙에 따라 머리에서부터 발끝 방향으로 발달이 진행된다. 아기들이 고개를 먼저 가누고 기어 다니다가 서고 걷는 것을 예로 들 수 있다. 둘째, 세분화 발달의 원칙에 따라 간단한 것에서부터 복잡한 것, 일반적인 것에서 복잡한 것으로 발달한다. 셋째, 근원 발달 원칙으로 몸의 중심에서부터 손끝 · 끝과 말은 말초 방향으로 발달한다. 처음에는 팔 전체를 사용하다가 손을 사용하다가 손가락을 사용한다. 넷째, 발달에는 일정한 순서가 있다. 아이가 앉았다가 바로 뛰는 것이 아니라 앉았다가 서다가 걷다가 뛰는 순서를 밟는다는 것이다.

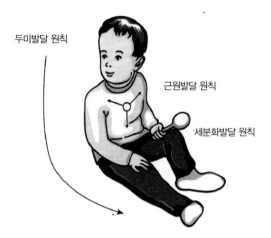

두미발달 원칙

근원발달 원칙

세분화발달 원칙

그림 3-1 발달이 진행되는 방향의 도식화

출처: 아동발달의 이해(정옥분)

(2) 비동시성

비동시성은 발달의 속도가 항상 일정하지는 않다는 것으로 개인이 타고난 특성이나 나이 등에 따라 속도가 다르게 나타난다는 것인데 예를 들면, 유아기에는 언어발달이 급속하게 이루어지고 성인기에 들어서서는 거의 멈추게 된다. 유아기의 언어발달 시기처럼 어느 순간 발달이 급속하게 진행되는 시기가 있는데 이를 '결정적 시기'라 한다. 결정적 시기는 발달의 영역에 따라 다르게 나타나고 이 시기에 정상적으로 발달이 이루어지지 않으면 발달장애를 가질 수도 있다.

(3) 개인적 차이

발달은 일정한 순서와 방향성에 따라 이루어지지만 그 속도와 정도성에는 차이가 있다는 것이다. 신체적 발달뿐 아니라 지능이나 언어발달에도 개인적 차이는 있다. 개인차에는 개인간차와 개인내차가 있다. 각각의 사람들 사이에는 성장배경, 성, 지능, 성격 등이 모두 다른데 이를 개인간차(inter-individual difference)라고 하고, 한 개인 내에서도 차이가 있는 것을 개인내차(intra-individual difference)라 한다(김영봉, 2007).

(4) 유전과 환경

발달은 유전과 환경의 특성의 상호작용을 통해 이루어진다. 아무리 좋은 환경에서 태어났어도 타고난 유전자에 결함이 있다면 제대로 된 발달이 이루어지지 않고, 아무리 좋은 유전자를 가지고 태어나도 갖춰지지 않은 환경에서는 제대로 된 발달이 이루어지지 않는다는 것이다. 유전과 환경 중 어떤 것이 더 발달에 영향을 많이 미친다고 할 수는 없으나 대체적으로 생물학적 발달에는 부모로부터 받은 유전적 특성이, 심리사회적 발달에는 환경적 특성이 더 큰 영향을 미친다고 보고 있다.

(5) 상호연관성

신체적·정신적·사회적 측면 등 발달의 각 영역은 각자 독립적인 것이 아니라 상호 밀접한 관계에 있다. 아동이 반려동물을 키울 때 정서적 발달과 더불어 언어 발달, 사회적 발달, 신체적 발달 등이 이루어지는 것처럼 발달 영역은 서로 다르지만 영향을 주고받는 관계에 있다는 것이다.

3) 발달단계

발달심리학이란 인간의 전 생애에 걸쳐 나타나는 모든 변화에 대해 연구하는 학문이다. 발달심리학에서는 연령에 따라 발달단계를 구분하는 것이 일반적인데 크게는 아동기, 청소년기, 성인기, 노년기로 나눌 수 있다. 하지만 이 구분은 학자가 인간 발달의 어떤 영역에 관심을 가지느냐에 따라 조금씩 다르게 구분되어지고 있다. 국내 법률에서도 영역에 따라 연령의 구분이 달라지고 있기 때문에 이 책에서는 다양한 선행 연구들과 우리나라의 교육제도와 사회·환경적 고려하여 다음과 같이 9단계로 발달단계를 구분하였다.

미국의 허비거스트(Robert J. Havighurst)는 발달단계를 유아 및 아동초기, 아동중기, 청소년기, 성인기, 성인중기, 노년기의 총 6단계로 나누었고, 모든 인간은 각 발달단계에서 반드시 성취해야 할 발달과업(발달과제)이 있다고 하였다. 정신분석이론(psychoanalytic theory)을 창시한 프로이트(S. Freud)는 성적 본능 에너지를 리비도(libido)라 명명

표 3-1 **발달단계의 연령별 분류**

태내기		수정~출생 전
신생아기		출생~4주
영아기		4주~3세
유아기		4세~7세
아동기		8세~13세 (초등학생)
청소년기		14세~19세(중·고등학생)
성인기	청년기(성인초기)	20세~39세
	중년기(성인중기)	40세~64세
	노년기(성인후기)	65세 이후

하고 이 리비도가 집중하는 부위에 따라 발달단계를 나누었다. 리비도가 옮겨짐에 따라 구강기, 항문기, 남근기, 잠복기, 생식기의 총 5단계로 구분하였으며 생애 초기 5년의 경험을 중시하였다. 이와 다르게 에릭슨(E. Erikson)은 성격이 생애 초기의 몇 년에 걸쳐 완성되는 것이 아니라 전 생애에 걸쳐 발달된다고 하며 총 8단계를 통해 인간이 발달한다고 보았다. 피아제는 인지발달(cognitive development) 이론을 주장하며 인간의 지적 발달이 감각운동기, 전조작기, 구체적 조작기, 형식적 조작기 순의 4개의 단계를 거치며 발달한다고 하였다.

인간발달의 개념은 생명체가 잉태되는 순간부터 살펴봐야 하는 것이 맞지만 이 장에서는 반려동물매개치료의 실천분야를 다루고 있기 때문에 반려동물매개치료 현장에서 만날 수 있는 발달단계인 아동기부터 노년기까지 다루고자 한다.

반려동물매개치료의 발달단계별 적용에 앞서 발달단계에 대한 이해를 도울 수 있는 발달단계이론에 대해 먼저 살펴보려 한다.

(1) 인지발달이론: 피아제(Jean Piaget)

스위스 심리학자 피아제(Piaget)는 인지발달 연구의 선구자로 불린다. 피아제는 아동들의 사고방식에 관심을 가졌으며 아동들의 사고체계는 성인과 다르다는 것을 발

견한 후 자신의 세 자녀의 성장과정을 관찰하면서 인지발달 이론을 정립하였다. 피
아제는 인간을 능동적인 존재로 환경과의 상호작용을 통해 발달한다고 보았다.

피아제의 이론은 아동의 인지발달에 대한 이해와 함께 학습에 어려움을 겪거나
발달장애를 가진 아동에게 개입할 때 도움을 줄 수 있다. 반려동물매개치료를 하며
만나는 내담자가 어떤 인지발달단계에 위치해 있는지 파악하고 개입하는 것은 효과
적인 프로그램의 운영에 있어 중요하다. 내담자의 인지발달단계에 대한 파악은 내담
자가 이해할 수 있고 흥미로워할 수준의 프로그램을 계획하는 데 영향을 미치기 때
문이다.

① 주요 개념

인지발달이론에서 인지는 환
경과의 상호작용을 통해 발달해
나가며 주요 개념으로는 도식, 적
응, 동화, 조절, 평형을 설명하였다.

도식(schema)이란 개인이 가진
이해의 틀로써 외부세계와 경험
을 해석하고 조작한다. 도식에는
다양한 종류가 있고 나이가 들어
감에 따라 점점 더 정교화 되기 때문에 인지발달이란 도식의 변화와 발달이라 할
수 있다. 인간은 태어날 때부터 많은 도식을 가지고 태어나며 환경과의 상호작용, 즉
적응(adaptation)의 과정을 통해 도식을 발달시킨다. 도식을 발달시키기 위해서는 동화
와 조절의 과정이 필요하다.

동화(assimilation)란 이미 가지고 있는 도식을 바탕으로 새로운 경험과 대상을 해
석하는 것을 말한다. 예를 들어, '머리가 긴 사람은 여자이다'라는 도식을 가진 아동
은 남성이라도 머리가 길다면 여성이라고 인식할 수 있다.

조절(accommodation)이란 기존에 가진 도식이 새로운 경험과 대상을 해석할 수 없
을 때 가지고 있는 도식을 변화시키는 것이다. 앞의 예시에서 누군가 아동에게 "아

니야, 머리가 길지만 저 사람은 남자야."라고 가르쳐 준다면 남성도 머리가 길 수 있다는 것을 이해하게 된다. 여기서 아동은 조절의 과정을 통해 '머리가 긴 사람은 여자이다'라는 기존의 도식을 변화, 즉 재구조화 시킨다.

평형(equilibration)은 인지적 불평형 상태가 균형을 이룬 것이다. 머리가 긴 남성을 여성으로 인식한 아동에게 남자라는 것을 가르쳐 주었을 때 인지적 불평형 상태에 놓이게 된다. 하지만 남자도 머리가 길 수 있다는 것을 이해하면서 인지적 평형 상태에 도달하게 된다. 이처럼 평형이란 동화와 조절의 과정이 반복되면서 이루어지게 되며 이를 통해 인간은 새로운 환경에 적응해나간다. 즉, 피아제의 인지발달이란 새로운 대상이나 환경으로부터 인지적 부조화(인지적 갈등)가 생겨 불평형 상태에 놓였을 때 동화와 조절을 통한 평형화 과정을 거치게 되고 이를 통해 이전의 도식보다 더 높은 수준의 정교화 된 인지구조와 도식에 도달하는 것이라고 할 수 있다.

② 인지발달 단계

피아제는 인지발달에는 질적으로 서로 다른 네 단계가 있다고 하였다. 각 단계는 뛰어넘을 수 없고 무조건 순서대로 진행된다고 하였지만 개인차가 있음을 인정하였다. 발달단계는 연령에 따라 나뉘며 감각운동기(출생~2세), 전조작기(2세~7세), 구체적 조작기(7~11세), 형식적 조작기(11세 이후)로 나누게 된다.

㈎ 감각운동기(sensorimotor stage, 출생~2세)

영아기가 해당되는 인지발달단계로 이 시기에는 주로 영아가 지닌 신체적 감각과 운동 능력을 통해 인지를 발달시킨다. 감각운동기는 다시 반사활동, 1차 순환 반응, 2차 순환 반응, 2차 순환 반응의 협응, 3차 순환 반응, 도식의 내재화의 하위 6단계로 세분화된다. 영아는 손에 잡힌 모든 것을 입으로 가져가 빠는 빨기 반사 행동을 한다. 이 행동은 시간이 지날수록 자신이 흥미 있는 것에 더욱 집중하고(예: 엄지손가락 빨기) 이후 자신의 신체 이외의 사물에 관심을 가지게 된다.

감각운동기에 중요한 인지발달적 변화는 '대상 영속성'의 획득이다. 대상 영속성이란 대상이 시야에서 사라지더라도 계속해서 존재하고 있음을 인식하는 능력이다. 신생아는 양육자가 눈 앞에서 사라지면 찾지 않지만 자라면서 양육자가 시야에서 보이지 않더라도 존재한다는 것을 알고 찾는 행동을 하게 된다. 영아와 하는 숨바꼭질 놀이는 영아가 대상 영속성을 획득하면서 숨은 사람이 여전히 존재함을 알고 찾아냄으로써 만족감을 주는 놀이이다.

(나) 전조작기(preoperational stage, 2세~7세)

전조작기에는 상징적 수준에서의 사고를 하게 되고 언어의 급격한 발달이 보인다. 이 시기에는 상징적 표상(symbolic representation)을 사용할 수 있다. 전조작기의 유아들이 하는 소꿉놀이는 상징적 표상이 가능함을 보여주는 대표적 놀이이다. 전조작기에는 직관적 사고, 중심화, 자기 중심성, 물활론적 사고의 특징을 보이며 논리적 사고를 할 수 없기 때문에 전조작기로 불린다.

직관적 사고는 추리 과정 없이 사물이 가진 지각적 특성으로 사물을 파악하고 문제를 해결하는 것이다. 중심화는 한 번에 여러 차원을 고려하지 못하고 하나의 중심적 특성에만 집중하여 외양과 실제를 잘 구분하지 못한다. 피아제는 액체 보존실험을 통해 유아의 중심화와 직관적 사고에 대해 설명하였다. 전조작기의 유아는 똑같은 양의 주스를 길고 좁은 컵에 부었을 때 양이 더 많다고 대답한다. 이는 주스의 높이에만 집중한 직관적 사고 때문이며 넓이의 변화는 간과한 중심화 때문이다. 보존 개념이란 사물의 외형이 달라졌다 하더라도 그 속성은 변화하지 않는다는 것인데 전조작기 유아는 보존 개념을 획득하지 못해 위와 같은 대답을 한 것이다.

자아중심성(egocentrism)은 중심화의 한 현상으로 자신이 생각하고 느끼는 것을 타인도 동일하게 느낄 것이라고 믿는 것을 말한다. 자아중심성으로 인해 유아는 타인

의 조망을 수용하지 못하고 자신의 관점에 따라 말하고 행동하게 된다. 피아제는 세 산 실험(three mountain task)을 통해 유아의 자아중심성을 보여주었다.

물활론적 사고는 생명이 없는 사물도 살아있고 감정을 가지고 있다고 생각하는 것으로 인형을 친구처럼 대

하며 함께 놀고 밥을 먹이거나, 걸려 넘어진 장난감을 혼을 내는 행동들이 물활론적 사고를 나타내는 행동이다.

㈐ **구체적 조작기**(concrete operational stage, 7세~11세)

구체적 조작기에서는 자아중심적 사고에서 벗어나면서 급격한 인지발달이 이루어진다. 탈중심화를 통해 다른 사람의 관점에서 감정을 이해하고 생각할 수 있게 된다. 또한 전조작기에는 획득하지 못한 보존 개념을 획득한다. 구체적 조작기의 아동은 낮고 평평한 그릇에 있던 주스를 길고 좁은 컵에 부어도 그 양은 동일하다는 것을 알게 된다. 이는 보존 개념을 획득한 것으로 보존 개념을 획득하기 위해서는 동일성, 가역성, 보상성의 사고를 할 수 있어야 한다. 동일성이란 물질의 형태가 바뀌었더라도 무언가를 더하거나 빼지 않았다면 이전과 동일한 물질임을 이해하는 것이다. 가역성(역조작성)이란 원래의 상태로 되돌려 생각할 수 있는 능력이다. 보상성이란 높이의 감소가 넓이라는 차원으로 보상될 수 있음을 이해하는 것이다.

구체적 조작기에는 서열화와 유목화가 가능해진다. 서열화는 일정한 기준에 따라 대상을 배열하는 것이다. 유목화는 대상을 어떠한 기준을 가지고 나눌 수 있는 능력으로 대상의 공통점과 차이점, 연관성을 이해했을 때 가능하다.

㈑ **형식적 조작기**(formal operational stage, 11세 이후)

형식적 조작기는 청소년기에 해당되는 인지발달단계로 가장 큰 특징은 현재의 문제만 다루던 구체적 조작기에서 넘어서 추상적 사고(abstract thinking)를 통해 시간과 공간을 초월한 문제를 다룰 수 있게 된다. 추상적 사고란 감각을 통해 경험할 수 없는 것들에 대한 사고, 경험을 넘어선 사고로 사랑, 우정, 철학, 종교 등을 이해할 수 있는 것을 말한다. 추상적 사고는 사회인지의 발달로 이어져서 사회와 삶에 대해 생각하도록 하고 다른 사람의 감정과 생각을 고려할 수 있게 한다.

아동기에는 문제가 발생하면 직접 여러 방법을 시도해보며 문제를 해결해나간다. 하지만 가설적 사고가 가능한 청소년은 문제해결을 위해 여러 가설을 세워 모든 해결 방법을 생각해내고 조합적 사고를 통해 체계적으로 문제에 접근한다. 청소년기에는 이상적 사고가 가능하여 자신이 원하는 미래를 위한 구체적 단계들을 생각할 수 있으며 타인의 사고와 비교할 수도 있다.

(2) 심리사회적 발달단계: 에릭슨(Erik Homburger Erikson)

에릭슨은 독일 태생의 미국 심리학자로 심리사회적 발달이론의 창시자이다. 그는 정체성(identity)에 많은 관심을 두었는데 이는 그의 생애와 많은 관련이 있다. 청소년기에 자신의 아버지가 의붓아버지였던 것이나 독일계 유태인으로서 어느 쪽에도 완전히 소속되지 못한 채 혼란스러웠던 자신의 경험이 많은 바탕이 되어 있다.

에릭슨은 정신분석이론의 창시자인 프로이트의 제자이기 때문에 에릭슨의 심리사회적 발달이론 역시 정신분석이론을 바탕으로 두고 있다. 하지만 두 학자의 이론은 차이점을 보이는데 첫째, 에릭슨은 인간행동의 기초로서 본능이 아닌 자아(ego)의 역할을 강조하였기 때문에 자아심리이론가로 불리기도 한다. 둘째, 프로이트는 인간발달이 성적인 본능에 의해서 이루어진다고 하였으나 에릭슨은 이를 비판하였고 인간은 사회와의 상호작용을 통해 자아를 발달시켜 나간다 하였다. 셋째, 프로이트는 성격발달이 생애 초기 5년 안에 결정된다고 보았지만 에릭슨은 전 생애에 걸쳐 발달되는 것이라고 보았다. 프로이트는 출생에서부터 청소년기 총 5단계의 발달단계를 제시하였지만 에릭슨은 출생에서부터 노년기까지 총 8단계의 발달단계를 제시하였다. 이처럼 에릭슨이 주장한 8단계의 성격발달단계를 '심리사회적 발달'이라 한다.

① 심리사회적 발달단계

심리사회적 발달단계에서는 각각의 단계마다 이루어야 할 발달과업과 심리사회적 위기가 있다. 각 단계의 발달과업과 위기는 상호 대립적이며(예: 신뢰감 대 불신감) 어느 한 쪽만 획득하는 것이 아니라 두 가지 심리적 특성 모두를 균형 있게 유지시켰을 때 위기를 해결한 것이라고 하였다.

㈎ 출생~1세: 신뢰감 대 불신감

이 시기에 중요한 발달과업은 세상에 대한 신뢰로 프로이트의 구강기에 해당한다. 영아의 신뢰감 형성은 어머니와 같은 주 양육자에게 전적으로 의존하게 된다. 영아가 느끼는 욕구에 대해서 적절하게 반응하고 돌봐줌으로써 영아는 자신의 욕구가 충족되는 안전한 세상에 살아가고 있음을 알게 된다. 에릭슨은 이 시기에 형성한 신뢰감이 이후의 성공적인 사회적 관계와 관련이 있다고 보았기 때문에 인생 초기의 가장 중요한 시기라고 하였다. 불신감은 신뢰해야 할 것과 신뢰하지 말아야 할 것을 구분지어 주기 때문에 필요하다고 하였다.

㈏ 1세~3세: 자율성 대 수치심 및 의심

프로이트의 항문기에 해당하는 이 시기의 영아는 걸음마를 시작하면서 세상을 자유롭게 탐색한다. 자신의 힘으로 문제를 해결하고 싶어 하고 자기주장을 펼치는데 이때 양육자는 영아가 사회적으로 적합한 행동을 하도록 가르친다. 따라서 이 시기에는 영아가 다양한 것을 탐색하고 자신의 의지로 선택할 수 있는 환경을 제공해야 자율성이 발달할 수 있다. 이때 양육자가 너무 지나치게 통제하거나 과잉보호를 한다면 자신의 능력을 시험해볼 수 있는 기회를 갖지 못할 수도 있으며 자신의 능력을 의심하게 되어 수치심을 느끼게 된다.

㈐ 3세~6세: 주도성 대 죄책감

신체능력과 언어능력이 크게 발달하는 이 시기는 프로이트의 남근기에 해당한다. 활동량이 많아지고 다양한 것에 호기심이 생긴 영아는 적극적으로 자신의 세계를 만들려고 한다. 다양한 놀이들을 통해 목표를 세우고 계획을 세워 자신의 주도성을 발달시켜 가는데 이러한 주도성을 양육자가 억제하고 통제한다면 주도적으로 움직이는 것을 나쁜 것이라고 생각하면서 죄책감을 발달시키게 된다.

㈑ 6세~11세: 근면성 대 열등감

에릭슨은 이 시기를 자아성장의 결정적 시기로 보았다. 아동은 학령기에 접어들며 초등학교에 가게 되면서 교사 및 또래와의 관계를 통해 여러 사회적 기술을 학습하게 된다. 학업과 또래와의 협동놀이나 활동 등에서 성취감을 통해 근면성을 발달시킨다. 하지만 실패가 반복되거나 주위로부터 부정적인 피드백이 반복되면 열등감을 느끼게 된다. 열등감은 아동이 스스로를 무능력하다고 생각하거나 무력감이 나타난다.

㈎ 12세~18세: 자아정체감 대 자아정체감 혼란

에릭슨은 자아정체감이란 평생에 걸쳐서 발달되는 것이지만 특히 청소년기의 자아정체감에 많은 관심을 가졌다. 청소년기는 급격한 신체변화와 함께 사회로부터 다양한 요구를 받게 되기 때문에 자신에 대해 진지하게 고민하기 시작하고 이는 정체감 형성의 기초가 되기 때문이다. 성공적인 정체감 발달은 정신건강과 함께 진로선택과 개인의 정서적 안정감에도 긍정적인 영향을 미친다. 하지만 이때 자신에 대한 고민이 길어지면 자아정체감의 혼란이 찾아오고 이것이 지속되면 정서적 불안감과 함께 낮은 학업성취도, 대인관계의 문제 등을 겪게 된다.

㈏ 성인초기: 친밀감 대 고립감

이 시기에는 타인과 친밀한 관계를 형성하는 것이 중요한 발달과업이다. 친밀한 관계란 자신의 정체성을 잃지 않으면서 타인과 신뢰를 바탕으로 원만한 관계를 맺는 것을 말하는데 이를 위해서는 앞 단계의 발달과업인 긍정적인 자아정체감 형성이 필요하다고 하였다. 친밀감이 발달되어야 진정한 사랑을 찾거나 가정을 이룰 수 있다. 이 때 타인과의 진정한 친밀감을 형성하지 못하게 되면 자신에 대한 확신을 갖지 못하고 대인관계에 어려움을 겪으면서 고립감을 경험하거나 자아 몰입 상태에 빠지게 된다.

㈐ 성인중기(중년기): 생산성 대 침체감

중년이 되면 직·간접적인 죽음을 경험하며 시간의 제한성을 느끼게 된다. 에릭슨은 중년들이 죽음을 극복하기 위해 생산성의 욕구가 나타난다고 하였다. 여기서 말하는 생산성이란 다음 세대를 이루어갈 자녀를 낳아 기르며 교육하는 것 뿐 아니라 이웃, 세상에 대한 사랑, 직업적인 성취, 인간으로서의 창의력 등을 뜻한다. 다른 사람을 돌보는 역할을 하면서 자신의 가치를 확인하거나 세상에 발자취를 남기려 한다는 것이다. 반대로 에릭슨은 침체감을 자아도취로 표현하기도 했는데, 침체감을 겪는 중년은 타인에 대한 무관심과 세상에 대한 흥미를 보이지 않고 삶의 의미를 찾지 못한다. 중년기 이전의 삶이 어떠했느냐에 따라 생산성을 가지게 하는지 침체감을 가지게 하는지에 영향을 미친다. 또한 생산성과 침체감은 중년의 삶의 만족도와 관련성이 높다. 생산성이 높은 중년은 타인을 잘 돌보며 일을 통한 성취감이 높고 자아존중감이 높았다.

㈎ 성인후기(노년기): 자아통합 대 절망

마지막 단계로서 노인은 죽음에 직면하게 되고 자신의 삶을 전체적으로 돌아보게 된다. 자신의 삶이 후회가 없고 만족스럽다고 느끼며 죽음을 자연스럽게 받아들일 때 자아통합을 이루게 된다. 하지만 삶을 실패했다고 생각하며 후회와 무의미

한 것으로 생각한다면 절망에 빠지게 된다. 자기 자신을 경멸하게 되면서 타인에게 자신의 절망감을 분노로 표현하기도 한다. 자아통합은 자신의 삶에 대해 내리는 주관적 평가로 삶에 대한 긍정적인 평가는 심리적인 안정감과 죽음을 수용하는 자세를 가지게 한다. 자아통합은 성공적인 노년기의 삶을 이야기기하는 기준이 되기도 한다.

에릭슨은 심리사회적 발달단계는 인간이 사회적 존재임을 밝히며 사회 환경과의 상호작용의 중요성과 전 생애 발달과정을 제시함으로써 프로이트와 달리 성인기와 노년기에도 발달의 가능성이 있음을 말하며 평생교육의 중요성을 보여주었다.

2. 발달단계별 반려동물매개치료의 적용

반려동물매개심리상담사는 인간의 발달단계에 대한 전반적인 이해가 필요하다. 내담자의 문제에 대해 파악할 때 발달단계에 대한 이해는 내담자의 행동이 발달단계에 맞는 행동인지 아닌지에 대한 기준이 되어준다. 인간이 발달해감에 따라 신체적 능력, 가치, 생각, 타인과의 관계, 행동, 환경 등이 변화하며 개인이 안게 되는 문제 또한 변화한다. 각 발달단계에서 생길 수 있는 문제뿐 아니라 개인의 상황이나 환경에 따른 문제들을 예를 들면, 부모의 이혼으로 인해 불안 장애를 보이는 아동, 학교 폭력과 왕따를 당하는 청소년, 우울증에 걸린 성인 등 내담자의 다양한 문제를 다룰 때 상담사가 전문적으로 개입하기 위해서는 각 발달단계에 대한 과학적 지식이 필요한 것이다.

치료를 통해 내담자가 추구하는 것을 실현하기 위해서는 목표가 필요하다. 내담자의 발달단계에 따라 상담을 할 때의 기법이 달라질 수 있고 같은 문제에 대해서도 목표가 달라질 수 있다. 목표는 실현가능하도록 세워야 하는데 발달단계에 대한 이해 없이 목표를 세우면 내담자가 목표에 도달하기 어려울 것이고 이는 오히려 내담자로 하여금 좌절감을 느끼게 할 수 있다. 아동에게 성인의 인지수준에 맞는 목표를 설정하면 애초에 실현 불가능한 목표를 설정했다는 것이다. 반려동물매개심리상담사는 발달단계에 맞추어 내담자를 사정하고 함께 할 반려동물을 선정하며 개입 방법과 프로그램의 구체적인 내용을 설정하여 내담자가 보다 잘 기능할 수 있도록 도와야 한다.

1) 아동

아동은 초등학교를 다니는 8세~13세를 의미한다. 학교를 작은 사회라고 말하는 것처럼 아동기는 가족이라는 울타리에서 벗어나 학교라는 새로운 환경에 적응해나가는 시기이다. 학교에서 배우는 새로운 규칙들을 통해 사회적 규범을 학습하고 또래나 선생님과 같은 새로운 사람들과 관계를 맺어가는 사회화의 첫 단계라고 할 수 있다.

(1) 정서적 발달

정서란 주관적인 감정, 적응행동, 공개된 생리적 변화, 도구적이고 표출적 속성을 가지고 있는 충동적 행동의 특성을 포함하는 심리상태이다(Lazarus,1969). 정서발달은 아동기의 중요한 발달과업 중 하나로 자신의 정서를 정확하게 인지하는 것, 상황과 목표에 맞게 자신의 정서를 조절하고 표현해나가는 과정이라 할 수 있다.

인간이 자신의 감정 상태를 인식할 뿐 아니라, 스스로를 조절할 줄 알고, 상대방의 사고, 감정, 의도 등을 이해하여, 타인의 정서를 기초적 수준에서 이해하고, 정서를 활용할 줄 아는 것은 바람직한 인간관계 형성에 필수적이다(Honig & Wittmer, 1994). 아동의 정서적 발달은 타인과의 사회적 관계와 큰 연관성이 있음을 알 수 있다.

아동기 때 보이는 학교 부적응이나 또래관계 문제, 공격적이거나 위축된 행동, 불안감, 우울감, 부적응 행동 등은 아동의 정서와 많은 관련이 있다. 아동은 초등학교를 다니게 되면서 사회적 관계가 가족과 이웃을 벗어나 또래관계로 나아가게 된다. 또래와의 관계 속에서 다양한 감정을 경험하게 되고 이를 조절하고 활용하는 방법을 배운다. 경험하게 되는 감정은 즐거움, 행복감, 희열, 성취감 등과 같은 긍정적인 감정뿐 아니라 분노, 공포, 질투, 걱정 등의 부정적 감정도 포함된다. 만약 이때 겪은 부정적 감정이 적절하게 해결되지 못하면 미해결 감정으로 남아 아동에게 정서장애나 트라우마로 남을 수 있고 성인이 된 후의 사고와 감정, 행동 등에 영향을 미치게 된다.

(2) 반려동물매개치료의 정서적 효과

Salovey와 Mayer(1997)는 아동에게 가장 바람직한 정서교육은 자연스럽게 자연 속에서의 경험을 통해 이루어지는 것이라 하였다. 살아있는 동물과의 상호작용은 일방적인 것이 아닌 양방향 상호작용이기에 정서발달에 있어 더욱 효과적이라고 할 수 있다.

—— 도우미견 '왈왈이'를 위한 케이크를 만들어 준 아동

① 정서지능의 향상

정서지능(Emotional Intelligence)이란 정서와 지능이 결합된 개념으로 1990년 미국의 Salovey와 Mayer는 자신과 타인의 감정과 정서를 점검하고 차이를 변별하며 생각하고 행동하는데 정서정보를 이용할 줄 아는 능력이라 하였다. 흔히 알고 있는 EQ가 정서지능과 관련된 것으로 Goleman(1995)가 대중화 시켰다. Salovey와 Mayer(1990)는 정서지능을 정서의 인식과 표현능력, 정서 조절 능력, 정서 활용 능력으로 구분하였다. 정서의 인식과 표현능력은 가장 기본적인 정서지능 능력이고 자신과 타인이 가진 정서를 정확하게 이해하고, 자신이 느끼는 정서를 상황에 적절하게 표현할 수 있는 능력을 말한다. 정서 조절 능력은 자신과 타인의 정서를 효율적으로 적절히 다루는 것이고 정서 활용 능력은 가장 고차원적인 능력으로써 사고, 추론, 문제 해결을 위해 정서 정보를 적용하고 활용하는 능력을 말한다.

아동기는 학교라는 사회적 환경으로 활동영역이 확대되면서 그 안에서 다양한 정서적인 경험을 하기 때문에 아동은 자신의 정서를 이해하고 조절하는 능력을 키워야 한다. 아동이 인지적으로 성장함에 따라 자신의 내적 감정을 보다 정확하게 이해하고 구분할 수 있게 된다. 정서를 인식하는 것은 이후에 행할 행동을 결정하게 만들기 때문에 정서의 이해는 정서 조절의 기초가 된다. 정서조절 능력은 자신의 긍정적 또는 부정적 정서를 상황에 맞게 효과적으로 조절하고 표현하고 적응하는 능력을 의미하는 것으로서, 부정적 정서를 바로잡고 최소화함으로써, 자신이 속한 사회에 기대하는 정서 상태로 조절하는 능력이라고 하였다(Salovey & Mayer, 1997).

Goleman(1995)의 연구에 의하면 정서 조절능력이 높은 아동은 또래에게 인기가 많으며 우호적인 대인관계를 형성하고 주위사람들로부터 인정을 받으며 자신의 삶에 대해 만족을 느끼며 성장한다 하였다. 또한 정서지능이 높은 아동은 더 많은 행복감을 느끼고 아동의 공격, 위축, 강박 등의 정서적 부적응 행동과 부적 상관이 있다 하였다. 김경숙(2003)은 아동의 정서지능이 스트레스의 영향을 중재하고 교정할 수 있는 통제감 및 대처행동에 긍정적 관계가 있음을 밝혔다. 초등학교 6학년 아동을 대상으로 연구한 결과 정서지능과 사회적 능력, 정서지능과 대인문제 해결 간에는 매우 높은 유의미한 상관이 있었다(왕정희, 200). 이처럼 아동의 정서지능은 아동의 정신건강과 사회적 적응에 큰 영향을 미치는 요소라고 할 수 있다.

도우미동물은 내담자의 정서에 비판적인 태도를 보이지 않기 때문에 자기개방이 용이하게 되면서 자기표현을 편하게 할 수 있다. 또한 훈련이나 돌봄의 역할을 성공적으로 수행하게 되며 얻는 성취감은 아동의 정서지능에 긍정적인 영향을 미친다. 이 과정에서 자연스럽게 동물의 행동을 이해하게 되고 배려하며 공감능력 또한 높일 수 있게 된다. 집단반려동물매개치료의 경우 도우미동물이 아동 집단 사이에서 공통의 친구 역할을 하게 되며 대화의 주체를 제공해주고 집단 내의 결속력을 높여줄 수 있다.

② 긍정적 자아개념(self-concept) 형성

자아개념이란 자신에게 내리는 주관적 견해를 말한다. 자아개념은 긍정적 자아개념과 부정적 자아개념으로 나눌 수 있는데 부정적 자아개념을 가진 경우, 도전에 소극적이며 자신감 결여와 소외감을 느낀다. 또한 자기비하와 무기력감, 불안과 우울감은 개인의 정신건강에 악영향을 미치고 이는 더욱 강한 부정적 자아개념을 형성하게 한다.

━━ 기니피그를 그려준 아동

자아개념은 자신이 타인과는 독립된 존재라는 것을 인식하는 자아인식으로부터 발달한다. 영아가 자아를 인식하는 것부터 시작하여 주변 환경의 영향과 개인의 경험에 따라 수정되어간다. 초등학교 입학은 아동이 타인에 대한 의존성에서 벗어나 독립성을 형성하는 시기로 자아개념의 형성에 중요한 역할을 하게 된다. 학교에 들어가는 아동 초기에는 아동의 활동범위가 가족에서 또래와 학교로 확대되어감에 따라 타인과 상호작용하는 기회가 많아지고 자신에 대한 다른 사람의 평가를 통해 자기를 인식하기 시작한다(Wayne Weiten & Margaret A. Lloyd, 2009). 자아개념을 형성하는 초기에는 자신에 대한 타인의 평가가 중요한 영향을 미친다는 것인데, 아동과 깊은 신뢰감과 친밀감이 형성된 사람일수록 자아개념 형성에 더 큰 영향을 미친다. 의미 있는 타인들을 통해 주어지는 지각이 긍정적이면 자아개념도 긍정적인 방향으로 형성되며 부정적이면 부정적인 방향으로 형성된다(Simmons & Rosenberg, 1973).

결국 자아개념이라고 하는 것은 타인과의 상호작용을 통해서 형성되는 것이기 때문에 아동기때부터 안정적인 대인관계를 경험하는 것이 중요하다. 반려동물매개치료에서 아동은 자신을 온전하게 이해해주는 치료사와 신뢰롭고 친밀한 관계(라포, rapport)를 형성하게 된다. 뿐만 아니라 도우미동물과도 깊은 애정적인 관계를 형성함으로써 자신을 있는 그대로, 무조건적으로 수용해주는 경험을 하게 된다. 이 과정에서 아동은 자연스럽게 여러 가지 대인관계 기술도 습득할 수 있다.

치료 과정에서 아동은 배고픈 도우미동물에게 먹이를 챙겨주고 물을 챙겨주고, 배설물을 치워주고, 용품을 만들어 선물하는 등 돌봄의 주체가 되기도 한다. 이때 치료사는 아동이 한 돌봄 행동에 대해 칭찬하게 되고 아동은 자신의 행동이 수용되는 경험과 함께 칭찬이라는 보상을 얻게 된다. 칭찬은 아동이 판단할 수 있는 긍정적인 평가의 확실한 지표이다. 칭찬은 긍정적인 행동과 사고를 키우고, 아동 자신도 모르고 있던 자신의 장점과 잠재력을 발견하도록 돕기 때문에 자아개념의 형성에 큰 영향을 미친다. 즉, 단순히 아동이 반려동물과 함께 있을 때 긍정적 자아개념이 형성되는 것이 아니라 아동과 친밀한 관계를 맺고 있는 부모나 치료공간에서 치료사의 칭찬, 따스한 시선, 격려 등의 긍정적인 피드백을 통해 형성된다는 것이다. 하지만 무분별한 칭찬은 오히려 역효과를 내기 때문에 치료사는 아동이 하는 행동에 대한 즉각적이고 구체적이며 진실한 피드백을 제공해야만 한다.

이제 막 자아개념을 형성하기 시작하는 아동이 자신을 긍정적으로 생각하는 것은 중요하다. 이때 형성된 자아개념이 청소년기를 넘어 성인기까지 지속적인 영향을 미치기 때문이다. 하지만 아동기에 부정적 자아개념이 형성되었더라도 걱정하지 않아도 된다. 자아개념은 살아가며 형성되어 가는 것이기 때문에 변화의 가능성을 가지고 있다. 따라서 아동의 긍정적 자아개념 형성을 위한 다양한 심리·정서적 서비스가 지원되어야 하며 반려동물매개치료도 그 일환으로 운영되고 있다.

③ 자아존중감(self-esteem)의 향상

자아개념과 자아존중감은 흔히 비슷한 개념으로 사용되고 있지만 자아존중감은 자아개념의 발달에 포함된 요소 중 하나이다. 자아개념(self-concept)은 자신에 대한 총체적인 상으로 '나는 누구인가'에 대한 답이라고 볼 수 있고 자아존중감(self-esteem)은 자아개념의 평가적 측면으로 자신을 믿으며, 중요하고, 능력 있고, 가치롭게 보는 정도를 말한다. 따라서 자아개념은 자아존중감보다 훨씬 더 큰 포괄적 개념이며 긍정적 자아개념이 형성되기 위해서는 높은 수준의 자아존중감이 필요하다.

자존감이라고 불리기도 하는 자아존중감은 인간의 기본욕구 중 하나이며 개인의 성격발달에 기반이 되고 다양한 인간의 행동을 결정하고 설명하는 등 인간의 인지, 정서, 행동에 중요한 영향을 미친다(강위영, 1997). 높은 수준의 자아존중감을 가진 사람은 자기 자신의 가치에 대해 긍정적이기 때문에 자신의 미래에 대해 긍정적이고 의욕적이며 애정적이다. 또한 자신과 타인을 수용하며 원만한 대인관계를 형성한다. 반대로 낮은 수준의 자아존중감을 가진 사람들은 자신의 미래에 대해 부정적이며 도전에 대한 두려움을 가지고 있다. 대인관계에 어려움을 경험하며 열등감, 우울감, 불안과 같은 부정적 정서를 가진다. 자신의 일에 책임지지 못하고 의존적이며 스트레스 대처 능력이 저하되어 있다. 또한 자아존중감은 학업성취도와 리더십, 또래관계에도 영향을 미친다. 이처럼 자아존중감은 개인의 심리적 안정감과 대인관계에 큰 영향을 미치기 때문에 정신건강의 중요한 요소라 할 수 있다. 자아존중감에는 다양한 요인들이 영향을 미친다. 요인으로는 의미 있는 타인으로부터의 긍정적 지지, 안정적인 소속감, 긍정적 자아상, 개인의 심리적 안정, 성취감, 문제해결능력 등이 있다.

Bergeson(1989)은 9개월 동안 학교 교실에서 동물을 키운 결과 아동들의 자존감 점수가 크게 향상되었으며, 특히 초기에 낮은 점수를 나타냈던 아동들의 자존감 점수가 가장 많이 향상되었다고 하였다. 반려동물매개치료에서는 치료사 및 도우미동

───── 직접 만든 식탁을 사용하여 도우미견의 식사를 챙겨주고 있다.

물과 친밀한 관계를 형성하고 상호교감을 하게 된다. 아동이 도우미동물에게 하게
되는 긍정적 행동들(안아주기, 쓰다듬기, 칭찬하기 등)과 돌봄 행동은 아동을 칭찬할 수 있는
거리를 만들어주며 치료사의 긍정적인 지지는 아동의 자아존중감 형성에 좋은 영
향을 미친다. Cochran & Brassard(1979)은 아동의 자존감은 반려동물 기르기에 의
해 직접적으로 향상되기보다는 아동이 반려동물을 기르는 책임을 다하는 과정에서
부모로부터 받는 긍정적인 강화에 의해 향상되었다는 연구결과를 통해 동물과 함
께 있을 때 아동의 행동을 긍정적으로 지지하는 것에 대한 중요성을 밝혀냈다. 전승
배(2000)는 아동이 지도자가 되어 적극적인 활동을 하고 주어진 역할을 해보는 과정
에서 자기를 높이고 자아존중감이 높아졌다고 하였다. 반려동물매개치료에서 아동
은 보살핌을 받는 역할이 아닌 보살펴 주는 역할을 하게 된다. 자신보다 작고 여린
동물이라는 생명체가 자신이 주는 돌봄으로 인해 편안함을 얻는다는 것을 확인함
으로써 자신의 가치를 높이고 결과적으로는 자아존중감의 향상에 도움을 준다. 또
한 위의 연구결과에서 살펴본 것처럼 치료사가 도우미동물과 함께 있는 아동을 적

절하게 지지하고 격려하는 과정은 필수적이다.

성공경험에는 성공하는 것이 무엇이든지 힘과 용기를 분발시킬 수 있는지에 대한 확실한 증거를 제공한다(Bandura, 1982). 따라서 어렸을 때부터 아동이 스스로의 힘으로 해결할 수 있는 과제들을 부여하고 이를 성공시킴으로써 성취감을 맛볼 수 있도록 하는 것이 중요하다. 작은 성공의 경험들은 아동의 내면에 쌓여 이후 직면하는 삶의 문제나 어려움을 해결할 수 있는 용기를 불러일으킨다. 도우미동물에게 훈련을 시켜보거나 도우미동물이 사용하는 용품들을 알맞게 사용하는 등의 과정 또한 아동이 성취감과 자신감을 얻을 수 있는 경험을 제공한다.

④ 자기표현의 증가

자기표현이란 자신의 정서나 생각, 느낌 등을 상황에 맞게 조절하여 불안감 없이 표현하는 것이다. 자기표현은 자신을 전달하는 역할을 하며 자기 내면의 부정적인 감정들을 감소시켜 준다. 자기표현은 긍정적인 상황 뿐 아니라 부정적인 상황에서도 이루어져야 하는데 부정적 상황은 '불안감을 표현할 때, 분노를 표현할 때, 상반되는 의견을 가졌을 때' 등을 말한다. 부정적 상황에서 자기표현을 하지 못하는 것은 자신의 권리가 침해 받는 상황을 반복되게 만들고 개인의 내적 긴장감을 높이면서 정서적으로 불안하게 만든다.

자기표현은 의사소통 능력이기도 하기 때문에 낮은 자기표현은 대인관계의 어려움을 가져오게 된다. 대인관계의 어려움은 사회적 능력의 발달을 방해하고 이는 또다시 소극적 자기표현을 하게 하는 악순환이 이어진다. 영유아기 때는 자기표현의 수단으로 울음을 사용하지만 언어를 습득하게 되면서 언어를 사용해 자신을 표현하게 된다. 아동은 초등학교를 다니면서 다양한 상황 속에서 자신의 정서를 인식하고 표현해야만 하는데 자기표현을 잘 하는 아동일수록 또래관계를 잘 형성하였다.

자기표현의 억제는 비난이나 거절당한 경험이 많거나 깨고 싶지 않은 관계 속에서 빈번하게 발생한다. 자신의 표현이 부정적인 피드백으로 이어질 때 표현하기를 망설이고 이것은 자발적인 표현욕구와 갈등을 일으켜 내적 긴장을 유발하게 된다. 하지만 반려동물은 어린 아동이 불분명한 소리를 내더라도 재촉하지 않고 이를 수용해 주기 때문에, 아동의 표현능력을 발달시키고 언어능력을 향상시킬 수 있다(Beck & Beck, 2000). 또한 반려동물은 아동의 어떠한 감정표현에도 무조건적 수용을 해주기에 거부 받을 두려움 없이 자신을 마음껏 표현할 수 있게 되고 이는 긍정적 자기표현의 증가에 영향을 미친다.

⑤ 스트레스의 해소 및 정서적 안정

모든 발달단계에서 누구나 스트레스를 경험한다. 정도의 차이만 있을 뿐 스트레스로 인한 불안감이나 우울감 등을 느낀다. 아동은 아직 자신의 스트레스를 인지하는 것과 이를 해결하는 능력이 부족한 상태인데 갑자기 다양한 사회적 적응에 대한 요구를 받음으로써 더욱 높은 스트레스를 경험한다고 할 수

도우미동물과의 교감은 스트레스를 완화시켜 준다.

있다. 학교생활의 적응과 또래와의 관계, 학업 성취 등은 아동에게 스트레스 원인이된다. 아동의 높은 스트레스는 아동의 정서적 불안감과 더불어 학교생활의 부적응이나 문제행동, 학업 부진 등의 형태로 나타날 수 있다. 성인과 마찬가지로 아동 또한 생활전반에 걸쳐 지속적인 스트레스를 받고 있기 때문에 정서나 행동 문제로 발전하기 전에 적절히 해소해주는 것이 중요하다.

사회적 지지는 타인으로부터 보살핌과 사랑을 받고 있다고 인지하고, 자기 자신이 가치 있으며, 사회에 소속된 구성원임을 믿게 하는 정보로 이는 스트레스에 대한 반응을 완화 또는 감소시켜 줄 수 있는 특성이 있는 것으로 규명되었다(Cobb, 1976). 개인에게 깊게 신뢰하고 지지할 수 있는 대상이 있다는 것은 심리적·정서적으로 안정감을 준다. 그 대상과의 관계는 강한 유대감을 통해 스트레스 받는 상황에서 스트레스 완화 역할을 하며 정서적으로 지지해주고 보다 잘 스트레스 상황을 견디고 대처할 수 있도록 한다. 또한 애정을 충족해주며 외로움을 낮춰주기도 한다. 아동의

사회적 지지 자원으로는 부모, 형제, 친구, 학교 선생님, 친척 등이 있다. 여기에 반려동물 또한 아동의 사회적 지지 역할을 훌륭히 수행할 수 있다. 반려동물의 무조건적인 수용과 차별 없고 변함없는 애정은 아동이 애착을 가지도록 하고 심리적 안정을 얻을 수 있다. Blue(1986)의 연구결과에 따르면 아동이 발달 과정에서 겪게 되는 스트레스와 고민을 반려동물이 줄이도록 돕는다고 하였다. 불안 및 스트레스의 감소 과정은 자가 조절을 통해 긴장을 완화하고 부교감신경계 반응을 활성화하는 심리적 이완 작용과 같다(장애화, 2004 재인용). 반려동물을 쓰다듬으며 따뜻한 온기를 느끼고 함께 시간을 보내며 상호작용을 하는 것은 심리적 이완 작용과 같아서 스트레스 및 불안을 감소시킬 수 있다.

(3) 사회적 발달

사회 공동체의 건강한 구성원으로 성장하기 위해서는 사회적 능력(social compe-tence)의 발달이 필요하다. 사회적 능력과 사회적 기술(social skills)을 혼동해서 사용하는 경우도 있으나 최근의 연구들에서는 사회적 기술을 사회적 능력의 하위개념으로 봐야 한다는 경향이 강하다. 사회적 능력은 사회화 과정을 통해 발달하는 것으로 자기중심적 사고를 가지고 있던 아동은 초등학교로 진학하여 또래와의 상호작용을 활발히 하고 지켜야 할 규칙, 규범 등을 학습하게 되면서 사회적 능력을 발달시킨다.

사회적 능력은 절대적인 개념은 아니며 개인이 속한 문화와 가치 환경에 따라 개념이 다르게 해석될 수 있다. 사회적 능력(social competence)은 인간이 사회에 적응하면서 하는 성공적인 사회적 행동과 발생한 문제를 적절하게 해결하는 능력, 타인과의 성공적인 대인 관계를 형성하는 능력이라고 볼 수 있다. 이처럼 사회적 능력은 사회적 발달을 나타내는 지표가 되는 동시에 긍정적인 대인관계에서의 중요한 역할을 하게 된다. 사회적 능력이 부족한 경우 낮은 자아개념과 자아존중감을 형성하고 감정 조절이 어려워 우울감과 공격성향을 보이게 되며 대인관계에 어려움을 겪는다.

사회적 기술(social skills)은 사회적 능력을 구성하는 구체적인 행동적 요소로 대인관계 능력, 자기통제, 정서조절, 자기주장, 돕기, 협동하기, 거절하기, 나누기, 공감하기 등 다양한 구성요소를 가지고 있다. 사회적 기술은 대인관계 형성과 밀접한 연관이 있다. 또래집단에 수용되어 안전한 관계를 형성한 아동은 또래와 상호작용하며 안정감을 느끼고 긍정적인 학교생활을 하며 이후에 필요한 사회적 기술들을 배우게 된다. 그렇지 못한 아동은 학교 적응력과 학업 수행에 부정적인 영향을 받고, 사회적 기술의 학습 부족으로 이후에 대인관계에서 발생하는 여러 상황이나 문제에 적절하게 대응하지 못하게 된다. 또래로부터 소외되는 이유 중 하나가 사회적 기술의 부족이라는 연구결과가 있는 만큼 아동의 사회적 기술의 발달은 매우 중요하다고 할 수 있다.

(4) 반려동물매개치료의 사회적 효과

① 대인관계 능력 향상

대인관계에 어려움을 가진 사람은 사회적 기술이 부족하다고 볼 수 있다. 아동은 학교를 중심으로 생활하게 되면서 또래 친구와 보내는 시간이 많아지는데 여기서 아동은 다양한 감정을 경험하고 의사소통 기술 및 대인관계의 기초를 학습한다. 또래와의 관계는 이전의 관계에서 나타난 수직적 관계가 아닌 처음으로 아동이 맺는 수평적 관계로서 또래와의 경험은 사회적 상호작용에 필요한 사회적 기술들을 시험해 볼 기회를 제공하며 다른 사람의 행동을 어떻게 해석해야 하는지에 대한 정보를 제공하는 사회성 발달의 기초가 된다(Stocker, 1994). 아동이 또래와의 관계에서 안정된 소속감을 느끼고 자신감과 성취감을 얻는다면 자신의 가치를 바르게 인식하게 되고 긍정적인 자아개념 형성에 영향을 미친다. 반대로 또래와 잘 어울리지 못하거나 거부 받는 아동은 고립감, 소외감 등을 느끼고 스스로를 가치 없는 존재로 생각하여 부정적 자아개념을 가지게 된다. 또한 스트레스와 우울증과 같은 심리적 부적응과 일탈이나 공격성과 같은 문제행동을 보일 가능성이 높다.

대인관계는 타인을 만나는 것부터 시작하며 새로운 타인과의 관계 형성 및 유지는 개인이 가진 대인관계 능력 정도에 따라 다르게 나타난다. 아동이 다양한 사람을 만날 기회가 증가할수록 자신이 가진 사회적 기술들을 시험해볼 수 있는 기회가 증가하고 타인의 반응에 따라 사용한 사회적 기술을 수정하고 보완하고 강화해 나갈 수 있는 기회를 가지게 된다. 즉, 사회적 접촉이 많을수록 새로운 사람과의 상호작용 빈도가 증가하면서 그 안에서 안정적인 관계를 형성할 가능성이 높아지게 된다. Mac-

Donald(1981)가 10세 아동 31명을 면 접한 결과, 아동들 중 84%가 반려동 물과 운동을 하는 동안 다른 아동이 나 어른과의 사회적 접촉을 경험하였 다는 연구결과를 발표했다. 또한 반려 동물은 반려동물을 키우고 있는 사람 에게는 같은 관심사를 제공하게 되면

서 타인의 이목을 집중시킬 수 있고 대화를 촉진시키는 다리 역할을 하게 된다. 즉, 함 께 있는 반려동물이 타인과의 대화주제로 사용되어 타인과의 상호작용을 촉진시키는 강력한 사회적 매개체로 작용한 것이다. 이는 사회집단에 대한 소속감과 타인과의 정 기적인 접촉을 제공함으로써 소외감을 감소시키는 기능을 하기도 한다(Duncan, 1995).

　　또한 대인관계는 개인이 타인을 어떻게 인식하는가에 따라 많은 영향을 받는다. 우리는 상대를 매력적이고 긍정적으로 인식할 경우 해당 상대와 대인관계를 형성하 고자 한다. Guttman(1985)의 연구에 의하면 아동과 함께 있는 반려동물은 다른 아 동들에게 흥미를 자극하는 요소가 되고 이것의 이차적인 효과로서 반려동물과의 경험을 가진 아동은 친구 또는 놀이상대로써의 매력이 증진된다고 하였다. 아동이 또래집단에서 인기를 얻어 사회적 지위가 올라가게 되면 친사회적 행동이 증가하게 되고 자부심을 가지며 독립성과 활동성이 높아지는 등의 사회적 능력이 향상된다.

　　② 공감능력 향상

　　공감능력이란 상대가 느끼는 감정을 완전히는 아니더라도 이해하고 느끼는 정서 적 반응을 말한다. 공감능력이 낮은 사람은 자기중심적 사고가 강하여 자신의 이익 을 위해 공격성을 드러내기도 하고 타인을 배려하지 못한다. 공감 능력이 높을수록 타인에 대해 긍정적인 관점을 취하고 상대방에게 개방적인 마음을 가지게 되어 관 계 만족감도 높아질 수 있다(Davis & Oathout, 1987). 타인의 감정을 이해하고 자신의 감 정처럼 느끼는 것은 배려와 존중의 태도를 갖도록 하기 때문에 대인관계의 필수적 인 요소라 할 수 있다.

━━━ 다함께 힘을 합쳐 도우미견을 위한 집을 만들었다.

　　공감은 신생아기 때 양육자의 표정과 같은 정서 특징을 모방하는 것에서부터 발달이 시작되고 유아기 때는 자신의 감정이 타인과 똑같을 것이라고 생각하며 자기중심적으로 공감한다. 아동기에 학교를 다니고 또래관계를 통해 타인의 정서에 대한 이해를 넓히게 된다. 여러 연구결과들에서도 공감능력이 높을수록 또래관계가 좋고 친사회적 행동이 증가된다고 하기 때문에 공감능력은 또래와의 원만한 관계를 형성하는데 중요한 요소라 할 수 있다. Laworoski & Lefrenciere(1984)는 또래관계에서 긍정적 감정표현을 많이 하고 타인에게 자신의 정서를 분명하게 나타내고 공감을 잘 이끌어내는 아동일수록 또래 집단 내에서 위치가 더 높다고 하였다.

　　감정을 이해하기 위해서는 먼저 감정을 정확하게 인식하는 것이 필요하다. 여기에는 자신의 감정과 타인의 감정이 모두 포함된다. 정서를 명확하게 지각하게 되면 정서표현의 갈등이 낮아지고 정서표현에 대한 자신감이 생기게 되며 친구들에게 친밀감을 표현하게 되면서 긍정적인 대인관계를 만들어 가는데 중요한 영향을 미칠 수 있다(김미숙, 2019). 반려동물과의 상호작용으로 반려동물의 감정과 행동을 이해하게 된 아동은 타인의 감정을 수용하고 이해하는 것이 반려동물과 접촉을 하지 않았던 아동에 비해 높았다. 반려동물은 언어적인 표현을 하지 못하기에 세심한 관찰을 통해 감정을 읽어내야 한다. 이를 통하여 아동은 반려동물과의 상호작용을 통해 다른 존재의 내적인 상태를 이해하는 능력을 발달시키게 된다(Melson, 2001). 어떤 상황에서 타인의 내적인 상태를 이해하고 배려하는 것은 공감능력이라 할 수 있고 이는 대인관계 능력을 향상시켜 아동의 사회적 발달에 긍정적 영향을 미친다. 정서를 명확하게 인식하고 나면 해당 정서를 잘 표현해야 한다. 자신이 지각한 감정을 잘 전달해야 하고 타인의 감정을 인식하고 이해했다면 공감적인 반응으로 표현해야 한다. 이는 언어적 · 비언어적 표현방식이 모두 포함되고 반려동물매개치료와 자기표현 능력과의 관계는 위에서 살펴보았다. 반려동물과 함께 있는 아동은 언어가 통하지 않지만 눈빛, 몸짓, 행동 등을 관찰하며 그들의 요구사항을 파악한다. 목이 말라 힘들어하는 반려동물에게 물을 주며 "목이 말랐구나" 하고 말하거나 꼬리를 치며 달려오는 강아지에게 "그렇게 반가워?" 하고 말하는 등 그들의 감정에 공감하며 돌봄의 주체가 되는 경험을 한다. 아동은 자신에게 전적으로 의존하는 반려동물과의 상호작용을 통해 반려동물의 요구를 알게 되고 타인에 대한 공감능력을 발달시킬 수 있다(Paul, 1992).

③ 협동심 향상

협동은 두 사람 이상이 힘을 합해 서로 도우며 공동의 목표나 이익을 달성하고자 하는 것을 말한다. 협동은 첫째, 참여하는 모든 사람들이 긍정적 관계를 형성하고 유지해야 시작될 수 있을 뿐만 아니라 협동의 전 과정을 끝까지 함께 할 수 있다는 면에서 긍정적 상호의존성을 지향한다. 둘째, 공동 목표를 달성하기 위한 과제를 해결하기 위해 동등한 관계에서 서로의 활동에 개입한다는 면에서 수평적 상호작용을 지향한다. 셋째, 협동은 참여하는 모든 이로 하여금 공동 목표와 이익을 위해 함께 하는 운명이라는 소속감, 동질감, 연대의식 및 책임감을 느끼게 하며 공동의 결과물을 산출하기 때문에 공동체 의식을 지향한다(박지혜, 2017). 이처럼 협동심은 사회생활에 꼭 필요한 것으로 아동기 때부터 다양한 협동 활동을 통해 타인과 협력하고 배려하는 방법을 학습해야 한다.

━━━ 다함께 팀을 이루어 공동의 목표를 이루어 나간다.

집단 반려동물매개치료에서는 2인 이상의 내담자가 참여하게 된다. 공동으로 도우미동물들을 돌보기도 하고 결과물을 만들기도 한다. 혼자 힘으로는 만들기 어려운 도우미 동물의 집이나 놀이터, 놀이판 등을 함께 제작하며 자신의 의견을 표현하고 타인의 의견을 듣고 조율해나가는 협동의 과정이 포함된다. 협동은 개인이 해결할 수 없는 문제나 요구가 발생되었을 때 이루어지기 때문에 도우미동물을 위해 결과물을 만든다는 공동의 목적이 동기유발 요소가 되어 아동들의 프로그램에 대한 참여도를 높이고 서로의 협동심과 배려심을 향상시킬 수 있다. 또한 협동 과정의 결과물을 통해 소속감을 강화시키고 성취감을 극대화 할 수 있다. 도우미동물과 함께하는 체육대회나 미션게임과 같은 단체 활동은 공동의 목표가 무엇인지 확인하고 목표달성을 위한 활발한 의사소통을 촉진시킨다. 목표 달성 시 주어지는 보상물은 강화물로써 목표에 달성하기 위해 다함께 끝까지 노력할 수 있는 원동력이 되어 주기도 한다. 프로그램에 치료사가 항상 함께 하면서 아동들의 표현을 격려해주고 협동 과정에서 발생할 수 있는 갈등을 조절해주기 때문에 협동역량을 기르는 데 효과적이라 할 수 있다.

(5) 생명존중의식의 함양

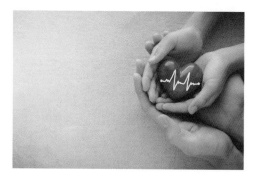

한 번 잃은 생명은 돌아올 수 없기에 생명은 소중하다. 하지만 현대사회는 급격한 산업화와 도시화로 자본주의 사회로 바뀌었고 이로 인해 물질만능주의, 개인주의, 경쟁사회가 되면서 생명의 소중함과 가치를 등한시 하게 만들고 인간성 상실의 위기를 겪게 하고 있다. 생명존중의식이 사라지면서 자신보다 약한 존재를 향한 폭력, 아래를 향한 폭력 예를 들면, 동물 학대 등 심각한 생명경시풍조 현상이 나타났다. 이에 따라 생명의 가치를 깨닫고 존중하고 소중함을 일깨우는 생명존중교육의 중요성이 부각되고 있다. 생명이라는 것은 너무 광범위하고 포괄적인 단어이기에 아동들에게 교육하기가 어렵다. 이 때 아동들에게 실제적인 생명을 가진 매개체와 함께 평소 경험하기 쉬운 생명 현상들을 다룬다면 딱딱한 이론적인 교육이 아니더라도 자연스럽게 생명의 의미와 소중함에 대한 이해를 도울 수 있다. 생명존중교육이란 아동 및 청소년에게 인간중심사상에서 벗어나 지구상의 모든 생명체에 대한 균형 잡힌 윤리적 감수성을 기르기 위한 교육이다(손원현, 2007).

반려동물매개치료의 큰 장점은 살아있는 도우미동물과의 지속적인 만남을 통해 상호 교환적 교감을 나눈다는 것이다. 앞서 말한 것처럼 아동은 살아있는 도우미동물의 생명 현상을 느끼며 생명에 대한 개념을 형성해 간다. 다양한 놀이 활동 및 신체 활동을 함께 하며 즐거운 시간을 보내고 도우미동물을 보살피는 과정에서 양육의 욕구를 충족시키고 책임감과 사랑을 배워간다. 동물을 인도적으로 대하는 방법을 배운 아동은 성인이 됐을 때 폭력적 성향이 현저히 줄어든다는 실험결과도 있다.

반려동물매개치료를 통한 생명존중교육은 생명의 유대성과 생명 공동체에 대한 바른 관점이 형성되게 도와준다. 아동은 도우미동물과의 유대감이 형성됨에 따라

──── 산책을 갔다 와 목이 마른 도우미견에게 물을 챙겨주고 있다.

도우미동물의 행동을 통해 도우미동물의 감정을 이해하게 된다. 자신뿐 아니라 동물도 감정을 가지고 있다는 것과 돌보는 과정 속에서 도우미동물을 보살피고 배려해야 하는 존재로 인식하면서 생명을 보호하고 유지하며 존중하는 것이 인간이 가져야 하는 기본 자세라는 점을 배우게 된다. 밥과 물을 챙겨주고 함께 산책을 하는 등 스스로 동물을 돌봄으로써 동물의 생명이 유지된다는 것을 깨닫고 생명에 대한 경외감을 느끼며 타인의 개입 없이 자연과의 신비한 왕래가 일어난다(손원현, 2007 재인용).

동물과의 상호교감을 통해 동물을 아끼고 소중히 하려는 마음이 생기면서 생명 감수성을 기를 수 있다. 생명 감수성은 단어 그대로 생명에 대해 느끼거나 생명과 관련된 문제에 대해 느끼는 정서적인 반응을 말한다. 생명을 자연스러운 것으로 생각하고 생명을 가진 모든 것들에 대해 존중하고 인정하며 아끼고 사랑하는 마음·감정을 말한다. 생명 감수성은 생명을 존중하는 마음과 더불어 생명존중을 실천하려는 의지를 길러준다. 이를 기르기 위해서는 생명을 직접적으로 체험해 보는 것이 필요하다. 반려동물매개치료를 통해 아동은 도우미동물과의 유대감이 형성되고 애착이 생김에 따라 마음으로 사귀는 친구라고 생각하게 된다. 동물의 습성과 행동을 경험하고 이해하며 배려하는 과정 속에서 자기중심적 사고에서 벗어나 동물도 감정을 가진 하나의 생명체라는 것을 인식하게 된다. 또한 생명을 가진 도우미동물을 만지며 따스한 온기를 느껴보고 눈을 마주치고 함께 하는 다양한 활동을 하게 되고 이는 생명에 대해 심사숙고 해보는 기회를 제공한다.

'세살버릇 여든 간다.'라는 우리나라 속담이 있듯이, 아동기에 받은 교육은 성장하며 가지게 되는 가치관, 행동, 생각을 확립하는 데 많은 영향을 끼친다. 아동들은 반려동물매개치료를 통해 반려동물과 즐겁게 놀고 생활하면서 자연스럽게 생명을 알고 자신과 타인에 대해 알게 된다. 아동기는 삶에서의 가치체계를 배우고 살아가는데 필요한 기본지식과 사회성을 습득하는 결정적 시기이기에, 이 시기 때부터의 생명존중교육은 중요하다. 아동의 생명존중에 대한 이해와 경험은 동물뿐 아니라 자신외의 모든 생명이 세상의 일부임을 인식할 수 있도록 하고 약한 존재를 따뜻하게 배려하고 자연스럽게 공존해야 할 존재로 이해하도록 도울 수 있다. 이는 공동체 속에서 함께 배려하고 더불어 살아가는 사회성을 기르는 데 많은 긍정적인 영향을 미친다.

2) 청소년

청소년기에는 심리적 · 신체적 변화가 가장 크게 일어나는 시기로 미국의 심리학자 스탠리 홀(Stanley Hall)은 이런 청소년의 특징을 살려 질풍노도(storm and stress)의 시기라고 명명하였다. 신체적 발달로는 성호르몬 분비의 증가로 성적으로 성숙하게 되며 1 · 2차 성징이 뚜렷하게 나타난다. 급격하게 발달하는 신체성장과 성적 성숙은 타인과 자신이 자기에 대한 인식을 하는데 영향을 미치고 이에 따라 심리적 갈등과 혼란이 따라온다. 또래와의 관계를 중요시 하다가 점차 이성과의 관계로 이동하게 되고 심리적불평형(disequilibrium)으로 인한 혼란과 갈등 속에서 감정기복이 심해져 정서적 불안감을 크게 느낀다.

(1) 정서적 발달

청소년기에는 갑작스런 신체의 변화와 인지적 발달, 사회적 역할에 대한 확대로 다양한 정서 경험을 하게 된다. 청소년이 느끼는 신체적·생리적 변화는 청소년이 자신의 신체에 민감하게 반응하도록 하고 따라오는 외모의 변화는 타인의 행동의 변화를 일으키며 결과적으로 청소년의 행동과 정서에 영향을 미친다. 또한 피아제가 말하는 형식적 조작능력의 획득으로 자신과 타인의 정서에 대한 이해를 증가시키며 사회적 지위의 변화는 아동기에는 경험해보지 못한 다양한 사회의 요구와 문제에 부딪치게 한다. 여기서 청소년들은 혼란감과 불안감과 같은 부정적 정서를 많이 경험하게 된다. 청소년의 정서문제는 학교적응과 학업성취, 또래관계에 영향을 미치며 비행과 같은 부적응 행동을 보일 수 있기 때문에 청소년의 정서건강에 많은 관심을 가져야 한다.

━━━ 도우미동물들과의 추억을 앨범으로 만들어보고 있다.

(2) 반려동물매개치료의 정서적 효과

① 자아정체감(ego-identity) 형성

자아정체감은 에릭슨이 가장 먼저 사용한 용어이다. 에릭슨은 심리사회적 발달 이론에서 청소년기는 자아정체성 대 정체성 혼란의 시기라 하며 청소년기에 자아정체감을 형성하지 못하면 정체감 혼란을 겪으면서 자기 파괴적이고 편견을 겪는다 하였다. 자아정체감(ego-identity)이란 간단히 말하면 '나는 누구인가?'에 대한 총체적인 자기 인식을 말한다. 여기에는 자기 자신을 명확하게 인식하고 수용하며 미래에 대한 확신, 정서적 안정성, 대인관계 등의 요소가 포함된다. 청소년기에는 자신만의 가치관이 형성되면서 나는 어떤 사람인가? 나는 무엇을 할 수 있는가? 나는 미래에 어떤 사람이 될 것인가? 등 자신에 대한 물음을 통해 자신의 정체성을 확립하는 과정을 겪는다. 청소년기에는 아동기에서 성인기로 옮겨가는 과도기 속에서 급격한 신체 변화와 더불어 사회적 역할의 변화에 따라 진학·이성문제·또래 관계 문제 등 다양한 선택과 결정을 해야 하면서 자아정체감에 혼란이 찾아온다. 자아정체감의 혼란은 부적정인 정서의 경험과 함께 스트레스와 자신에 대한 낮은 신뢰감, 비행과 같은 부적응 행동을 나타나게 하며 심할 경우 자살에 이르게까지 한다.

자아정체감은 유아기에 생기는 애착에서부터 시작하여 아동기 때의 경험과 청소년기, 성인기를 거쳐 노년기에 이르러 일생을 통해 형성된다. 하지만 청소년기의 자아정체감에 특별히 관심을 가지는 이유는 다음과 같다.

- 첫째, 청소년기는 아동기에서 성인기로 넘어가는 과도기로 청소년들은 자신의 위치와 역할 규정에 관한 문제를 가지게 된다. 몸은 이미 성장을 마치고 성인이 되었으나 경제적·사회적으로는 완전한 독립이 되지 않았기에 부모에게 의존할 수밖에 없다. 하지만 아동기 때와는 달리 자신의 행동에 책임을 져야 하고 독립적인 행동을 해야 한다. 이처럼 청소년기에는 자신의 위치와 역할에 대해 고민할 수밖에 없다.
- 둘째, 2차 성징이라 부르는 급격한 신체의 변화를 겪는다. 성에 따른 체형, 골

격, 근육, 발모 등 신체의 형태적·기능적 발달 및 성적 성숙은 청소년에게 이성에 대한 호기심을 일으키고 자신에 대한 고민을 하게 한다. 아동기에는 경험해보지 못한 성적인 충동들로 인해 자아에 대해 생각하고 평가하게 된다.

- 셋째, 사회적 역할의 변화로 새로운 선택과 결정을 한다. 진학, 이성문제 등에 관한 선택을 할 때 자신의 성격이나 속한 환경 능력 등을 고려하게 되므로 자신에 관한 질문을 하게 되고 이는 자아정체감과 큰 관련이 있다. 자아정체감은 자신과 가치체계와 능력을 객관적으로 인식하는 것을 말하며, 적절한 자아정체감을 형성하지 못하면 사회적 역할의 수행에 문제가 발생하게 된다 (송명자, 1995).

청소년기에 긍정적인 환경에서 부모, 형제, 가족, 친구, 교사 등으로부터 믿고 존중하고 대화하고 수용하는 경험을 쌓아가며 성장했을 경우 자신의 존재 가치를 긍정적으로 보게 된다(권이종, 1992). 의미 있는 타인과의 관계는 자아정체감 형성에 긍정적인 영향을 미친다는 것인데 이를 반려동물과의 관계에서도 엿볼 수 있다. 반려동물과의 관계에서 반려동물은 비판이나 비난 없이 무조건적 수용을 해주고 행동을 통한 꾸밈없는 즉각적인 피드백을 제공한다. 또한 강한 돌봄의 과정 속에서 다른 생명을 수용하는 경험을 하고, 강한 정서적인 교감을 나눔으로써 반려동물과의 정서적 유대는 청소년에게 있어 자신의 존재 가치에 대해 긍정적으로 생각하게 하고 자아정체감을 확립하도록 도와준다.

청소년기에는 사회에서 다양한 사람들로부터 사회적 지지를 받는다. 제일 처음 가정 안에서 가족을 중심으로 자아정체감이 확립된다. 부모의 태도에 따라 정체감 형성에 영향을 미치는데 부모의 수용적이고 지지적인 태도는 청소년이 자유로운 의사결정을 하도록 돕고 스스로를 독립적인 개체로 생각하면서 정체감을 형성하는 데 도움을 준다. 반대로 너무 극단적으로 가까운 관계나 지나친 간섭은 스스로 의사결정할 기회를 갖지 못하고 독립된 개체로 인식하지 못하며 정체감을 형성할 기회를 갖지 못한다.

또래관계에서 살펴보면 청소년기에는 또래와 함께 하는 시간이 크게 늘어나면서 또래 집단에 소속되어 그 안에서 정체성을 찾으려 한다. 부모와의 관계보다는 또래와의 관계에 집중하면서 그 안에서 자신의 위치와 역할을 찾게 된다. 자신의 정체성과 가치관을 확립해나가는 과정에서 자신과  다른 가치관을 만나게 되면 서로 대립하게 되면서 자연스럽게 갈등이 생겨난다. 부모와의 관계에서는 부모가 자녀가 자신에게서 독립하길 바라는 마음과 의존하기를 바라는 양가적인 기대에서 또래 관계에서는 같은 성향을 지닌 또래와 집단을 형성하기에 이외의 집단과 갈등을 겪게 된다.

하지만 동물과의 관계에서 동물은 사람에 대한 차별이 없고 변함없는 애정과 관심을 눈으로 볼 수 있는 행동으로 보여주기에 강한 정서적·사회적 지지를 제공한다. 이는 정체성 혼란에서 오는 불안감을 감소시켜주고 인간관계에서의 상실감을 채워주는 역할을 한다. 결과적으로 동물과의 상호교감은 청소년이 자아정체감을 확립하는 데 도움을 줄 수 있다.

② 자아존중감(자존감)의 향상

자아존중감은 자신이 자신을 평가하는 종합적인 태도, 스스로에 대한 믿음을 말한다. 앞서 말한 것처럼 청소년기는 자아정체감을 확립해나가는 중요한 시기이다. 자아존중감은 자아정체감의 확립에도 많은 영향을 미치는데 긍정적 자아존중감은 자신을 긍정적으로 생각하게 되고 적극적이고 창의적으로 행동할 수 있게 해주어 올바른 자아정체감을 확립하도록 도와주기 때문이다.

낮은 자존감을 가진 청소년은 자신에 대해 부정적으로 생각하며 우울과 불안이 심하며 도전에 대한 두려움을 가지고 있다. 낮은 자존감을 청소년 비행의 원인으로 보기도 하는데 한 연구결과에서는 낮은 자존감을 가진 청소년이 비행 행동을 통해 자존감이 증가되기도 하였다. 비행집단에서 중요시되는 육체적 능력, 공격성 등이 비행 행동에서 드러나게 되고 이로 인해 그 집단의 지지와 존경을 받게 되면서 자아존중감이 회복되었다는 것이다. 이는 자신에 대한 낮은 수용에 대한 보상행동으로 비행이 나타난다는 것이다. 이러한 결과는 청소년을 지지해주고 수용해주는 일이 얼마나 중요한지 알 수 있게 해준다.

동물을 자신이 돌보아야 하는 생명체로 인식하고 돌보는 과정에서 자신이 누군가에게 필요하고 소중한 존재임을 알게 되며 한 생명을 책임질 수 있는 능력이 있다고 생각하게 되면서 자신의 존재에 대해 긍정적으로 생각하게 된다. 도우미동물들을 훈련하는 과정에서 자아존중감이 향상될 수도 있다. 훈련의 목표를 설정하고 이를 성공시킴으로써 상담사로부터 받는 긍정적인 지지와 스스로 할 수 있다는 자신감은 긍정적 자아존중감을 형성하는 데 도움을 줄 수 있다. Merriam(2001)이 진행한 수감 중인 비행청소년을 대상으로 유기견 훈련 프로그램을 실시한 결과 정직성, 공감, 사회적 성숙, 이해, 자신감과 성취감이 상승되었다고 하였다.

③ 정서적 안정감

정서적 안정감이란 주관적인 개념으로 자신이 느끼는 삶에 대한 만족도로 긍정적인 정서와 많은 관련이 있다. 정서적 안정감이 낮은 사람은 당황, 불안, 우울, 초조, 열등감 등의 부정적 정서를 많이 경험하며 타인에 대한 의존도가 높아 자신에 대한 신뢰감이 낮고 쉽게 우울해 진다. 스트레스에 대한 대처 능력이 낮아 정서적으로 안정된 사람과 똑같은 스트레스 상황을 겪더라도 더 큰 스트레스와 불안감을 경험하면서 삶에 대한 만족도가 낮다. 정서적 안정감은 개인의 정신건강을 유지하는 중요한 요소라고 할 수 있다.

청소년기는 급격한 신체와 정서의 변화로 정서적으로 예민하고 불안하다. 우리나라 청소년들은 치열한 입시 경쟁으로 인한 학업 스트레스와 진로에 대한 불확실성 등으로 인해 더욱 많은 불안감을 느끼고 낮은 삶의 만족도를 보인다. 이러한 정서적 불안감은 낮은 자아개념과 자아존중감, 부적응 행동 등을 야기하게 되고 우울장애나 불안장애와 같은 정신문제로 발전될 수 있다. 반대로 자신의 정서를 조절하지 못하고 충동적으로 반응하여 공격성을 보이거나 비행 행동을 하기도 한다. 청소년이 느끼는 불안과 우울은 학교생활에도 큰 영향을 미친다. 학업적인 성취뿐 아니라 청소년의 발달에 많은 영향을 미치는 또래관계에서도 부정적 영향을 미치게 된다. 이처럼 정서적 불안감은 청소년의 개인적 발달뿐 아니라 사회적 발달에도 영향을 미치므로 청소년의 긍정적 정서를 증가시키고 안정감을 가지도록 하는 것이 필요하다.

정서적 안정감에는 개인적 기질, 긍정적 대인관계, 자아수용, 사회적 지지 등이 영향을 미친다. 반려동물매개치료에서 도우미동물과의 정서적 교감은 청소년기에 겪는 스트레스와 불안감을 낮춰주고 정서적으로 안정감을 준다. 도우미동물의 따스한 눈길과 사랑은 인간관계에서 부족한 정서적 지지를 채워줄 수 있다. 도우미동물이 내담자의 근처에 머무르며 내담자를 의지하고, 안기는 등의 감각을 통해 직접적으로 느끼는 도우미동물의 친근한 행동들은 자신의 애정과 돌봄이 돌아오는 기쁨을 느끼게 하여 부정적인 정서를 감소시키고 긍정적인 정서를 증가시킨다.

(3) 사회적 발달

청소년기에는 친밀감의 욕구가 가장 크게 나타난다고 한다. 부모에게 의존하던 아동기에서 벗어나 스스로 의사를 결정하고 독립하고 싶은 욕구를 느끼게 되는 동시에 또래집단에 큰 애착을 가지게 되고 강한 심리적 영향을 받음으로써 크게 사회적 발달이 이루어지게 된다.

(4) 반려동물매개치료의 사회적 효과

① 대인관계 능력 향상

청소년기에는 신체적 · 정신적 · 사회적으로 발달하며 다양한 타인과 관계를 맺게 되고 타인과의 관계 속에서 자신에 대해 고민하게 된다. 특히 또래관계를 매우 중요시하며 또래와의 상호작용을 통해 자신의 정서와 사회성을 발달시킨다. 아동기 때의 또래관계와 비교해보면 청소년기에는 또래집단의 크기가 더 커져 집단을 형성하게 되고 결속력이 강해지며 특유의 문화를 가지게 된다.

청소년은 부모의 테두리에서 벗어나 독립적으로 행동하고 싶어 하는데 이 과정에서 부모와의 갈등을 겪게 되고 불안, 스트레스, 혼란 등을 경험하게 된다. 부모의 가치에 대립하여 반항적인 행동을 하게 되고 자신과 유사한 갈등을 겪고 있는 또래와의 관계에서 공감을 얻고 스트레스를 해소하고 안정감을 얻으며 자신의 가치에 대해 확인한다.

청소년기에 경험한 대인관계는 청소년의 다양한 측면으로의 발달에 영향을 미친다. 안정적이고 만족스러운 대인관계의 경험은 심리적인 안정과 함께 관계 욕구를 충족시키며 사회기술의 향상, 긍정적인 자아개념을 형성하게 하고 향후에도 대인관계에 있어 긍정적이고 적극적인 태도를 가지게 한다. 하지만 반대의 경우에는 대인관계에 대한 공포를 가지게 되고 타인과의 접촉을 꺼리게 하며 심각한 정서적 불안감과 여러 부적응 행동들을 보이며 청소년기 이후의 발달단계까지 부정적인 영향을 미치게 된다. 이처럼 또래관계는 청소년의 대인관계능력을 발달시키는데 중요한 역할을 하게 되므로 청소년이 또래관계에 많은 관심을 가져야 한다. 청소년의 또래관계 기능을 정리해보면 다음과 같다.

- 첫째, 자아정체감을 확립한다. 또래관계 속에서 청소년은 자신의 위치를 확인하고 자신에 대해 알아간다. 만족스러운 또래관계는 자아존중감을 높이면서 자아정체감 확립에도 영향을 미친다.
- 둘째, 역할 수행의 기회를 가진다. 또래 관계 속에서 청소년은 성 역할을 경험한다. 성 역할이란 사회가 각 성이 가져야 한다고 하는 태도, 행동, 행동 등을 말하며 성 역할은 이후 직업의 선택에도 영향을 미친다. 또한 공동의 목표를 위해 서로의 요구를 수용하고 통합해 나가며 더불어 일하는 역할을 경험하게 된다.
- 셋째, 대인관계 형성을 위한 사회적 기술을 습득한다. 고도화된 의사소통을 하며 자신 외의 가치관을 이해하고 또래의 피드백을 통해 자신이 가진 사회적 기술을 좀 더 유용하게 수정해나갈 수 있다.
- 넷째, 정서적 안정감을 준다. 안정적인 또래관계는 소속감을 느끼게 하여 정서적 불안감과 스트레스를 낮춰준다. 같은 불안감을 겪는 또래를 통해 위로받고 공감하며 애착관계를 형성하게 된다.

대인관계는 타인을 이해하고 수용하는 것에서부터 시작한다. 타인의 욕구나 바라는 것을 깨닫고, 느낌을 잘 이해하는 것은 공감능력에 기초하고 있다. 도우미동물과 함께하는 시간이 길어질수록 동물의 요구를 인식하게 되고 공감하게 된다. 언어적 표현을 하지 못하는 동물의 행동을 파악하고 이해한다는 것인데 비언어적 정보의 해석 능력이 증가했다는 것으로 해석할 수 있다. 비언어적 정보 해석 능력이 증가하면 타인과의 의사소통 속에서 얼굴표정이나 신

—— 또래와의 상호작용은 발달에 큰 영향을 미친다.

체 언어를 파악하게 되어 원활한 의사소통을 돕는다. 또한 언어적 소통이 되지 않는 반려동물을 마음으로 수용하는 것은 다른 개체에 대한 인식의 확장으로 자신 이외의 존재를 받아들일 수 있는 틀을 마련해 준다.

또한 대인관계 능력을 높이기 위해서는 자기조절능력이 필요하다. 도우미동물과 함께 시간을 보내며 자신의 감정이나 행동에 즉각적인 반응을 보이는 도우미동물을 통해 자신의 행동을 수정할 수 있다. 도우미동물과 함께 오랜 시간을 할수록 애착이 형성되고 유대감을 느끼는데 이는 도우미동물의 행동을 더욱 자세히 관찰하게 만들어준다. 예를 들어, 무심코 낸 큰 소리에 깜짝 놀라는 도우미동물을 보고 놀라지 않게 배려하는 과정에서 스스로의 행동을 통제하게 된다. 나의 행동의 결과가 어떤 영향을 미치는지 알고 자신의 행동을 수정하게 되는 것인데 이는 대인관계에서 타인을 존중하고 배려하는 행동으로 연결될 수 있다.

의사소통능력은 대인관계능력과 밀접한 관련이 있다. 집단 반려동물매개치료는 자연스럽게 집단원과 협력할 수 있는 기회를 제공하고 자신의 생각을 표현하는 기회와 함께 타인의 생각을 수용하면서 의사소통 능력을 발달시킬 수 있다. 또한 타인과의 접촉이 늘어나고 도우미동물이 대화의 매개체 역할을 하면서 풍부한 대화를 나눌 수 있게 한다. 집단 활동은 타인과의 상호작용을 촉진시키며 대인관계 기술들을 습득하고 발달시킬 수 있다. 앞서 말한 공감능력의 향상은 타인의 감정과 생각을

이해하는 것을 높이고 타인과 좀 더 조화롭게 일할 수 있는 능력으로 이어진다.

② 학교생활적응력 향상

청소년이 되면 학교에서 보내는 시간이 크게 늘어나게 된다. 학교생활적응이란 교사 및 또래와 원만한 관계를 맺으며 학업적인 성취와 함께 학교생활에 만족감을 느끼는 것을 말한다. 반대의 경우를 학교생활부적응 또는 학교부적응이라고 하며 학교생활에 즐거움을 느끼지 못하고 무력감과 지루함 등을 느낀다. 교사나 또래와의 관계가 원만히 이루어지지 못하고 학교의 규범이나 규칙을 지키기 어렵다. 이는 심리적 불안감을 일으키고 또래로부터 소외되는 소외되거나 거부당하는 경험을 가지고 올 수 있다. 결국 학교부적응 문제는 우울과 불안과 같은 정서적 문제나 학업 중단, 비행, 일탈과 같은 사회문제로 발전되기도 한다. 학교생활적응력은 청소년이 대부분의 시간을 학교에서 보내는 만큼 삶의 만족도에 영향을 미치기 때문에 중요하다. 학교생활적응력은 개인의 기질, 처한 환경, 부모의 양육 태도, 스트레스 조절 능력, 의사소통 능력, 자아존중감, 자아정체감, 또래관계, 공동체 의식, 정서지능, 사회적 지지 등이 영향을 미친다.

김성천 · 노혜련 · 최인숙(1998)은 학교폭력으로 인해 대인관계를 기피하고 학교에 잘 가지 않는 부적응 행동을 보인 청소년을 대상으로 동물매개치료를 한 결과 무관심했던 친구들과의 교제와 신체 활동에 적극적으로 관심을 가지게 되었고 궁극적으로 스스로 학교로 복학하였다는 연구결과를 밝혔다. 반려동물매개치료를 통해 정서적인 효과와

청소년들이 도우미견에게 간식을 먹이고 있다.

사회적인 효과들은 청소년의 학교생활적응에 긍정적 영향을 미친다고 볼 수 있다.

(5) 생명존중의식의 함양

아동기의 생명존중교육이 중요시 되었던 것만큼 청소년기의 생명존중교육 또한 필수적이다. 청소년기는 아동기 때보다 인지적 능력이 발달하면서 추상적인 사고가 가능하게 된다. 경험해본 적 없는 사실에 대해 가설을 세우고 원인과 결과에 대해 생각할 수 있게 된다. 문제를 객관적으로 파악하여 논리적이고 분석적인 사고로 해결방법을 찾을 수 있게 된다.

따라서 아동기의 생명존중교육이 생명에 대해 인지하고 보살펴야 하는 존재로 인식하는 데서 그쳤다면 청소년기에서는 한 발 더 나아가 동물복지 및 윤리, 반려동물을 포함한 모든 생명체를 보호하기 위한 구체적인 방법을 생각해 볼 수 있다. 청소년들에게 현재 사회에서 이용되는 동물들의 실태를 알려주고 이에 대한 현실적인 문제점이나 개선방안에 대해 탐구해보도록 하고 인간과 동물의 공존에 대한 고민과 동물을 포함한 모든 생명의 도덕적 권리에 대해 고민해볼 수 있도록 해야 한다.

우리 사회에서는 반려동물이 가진 의미처럼 동물을 나와 함께하는 친구·가족으로 생각하고 보살피며 아끼기도 하지만 반대로 사람의 필요에 의해 동물을 희생시키기도 한다. 이렇게 동물을 대하는 양가적인 모습들 중 긍정적인 부분은 다양한 매체를 통해 쉽게 접할 수 있지만 부정적인 부분은 거의 알려지지 않았다. 그렇다 보니 우리의 생활 속에 어떤 동물이, 어디까지, 어떠한 방식으로 희생되고 있는지 잘 모르는 것이 현실이다. 외면하고 싶은 불편한 진실이기도 하고 알게 되었을 때 찾아오는 심리적인 충격도 상당하다. 또는 동물들의 희생을 당연한 것이라고 여길 수 있기 때문에 어느 정도 구체적인 사고를 할 수 있는 청소년기 때부터 사람의 필요에 의해 희생되는 생명들에 대해 알아야 할 의무가 있다.

청소년을 대상으로 생명존중교육을 진행할 때는 일상생활에서 쉽게 접촉할 수 있는 반려동물들에서 벗어나 축산·야생·실험반려동물 등 이와 관련된 문제에 대해 알아보고 생명이 존중받을 권리에 대해 폭넓은 대화를 통한 교육이 진행되어야 한다. 어떤 것이 비도덕적인지, 개선시키기 위한 방안에는 무엇이 있는지 고민하는 것은 생명에 대한 존엄성을 깨닫고 미안함과 소중함을 알게 한다. 동물과의 정서적인 유대감을 경험한 사람은 이러한 문제들에 민감하게 반응하게 되며 생명에 대한 민감성을 키우고 더 나아가 자기의 사고와 행동을 도덕적으로 구성할 수 있다. 그렇기에 반려동물매개치료는 청소년들에게 생명에 대한 민감성을 키우는 데 도움을 주고 좀 더 마음으로 깨닫는 생명존중교육을 할 수 있다.

청소년기에 반려동물을 학대해본 경험이 있는 사람이 후에 인간에 대한 범죄를 저지를 수 있는 가능성이 높다는 점에서 청소년기의 생명존중교육은 중요하다. 생명에 대한 소중함을 알지 못하고 가치에 경중이 있다고 생각하는 것은 생명 경시 풍조가 생길 수 있고 이는 인간 생명에 대한 위협으로까지 이어질 수 있다. 청소년들이 일으킨 동물학대 사건에 대해 이유를 물었을 때 대부분 재미를 위해 동물을 학대했다고 말한다. 이는 동물의 생명을 하찮게 생각하는 생명 경시 풍조의 예라고 볼 수 있다.

반려동물매개치료는 살아있는 도우미동물과 정서적 유대를 바탕으로 진행된다. '동물도 살아있다', '생명은 소중하다'와 같이 교과서적인 말보다는 직접 눈으로 보고 가슴으로 느끼는 교육이 더욱 효과적인 것은 당연하다. 반려동물매개치료를 통한 생명존중교육은 도우미동물과의 정서적 교감을 통해 생명에 대해 인식하고 소중함을 알며 다루는 방법에 대해 배울 수 있다. 동물에 대한 사랑과 배려는 나아가 인간을 포함한 모든 생명체에 대한 배려와 사랑으로 번질 수 있다.

이 외에도 도우미동물과 함께 있으면 정서적으로 안정되고 함께 움직이며 즐거움을 얻는다. 도우미동물의 차별하지 않고 비판하지 않는 무조건적 수용을 통해 조건 없는 사랑을 배우고 이를 통해 강한 정서적 지지를 얻을 수 있다. 또한 도우미동물과의 지속적인 만남으로 도우미동물에 대한 애정이 생기며 자연스럽게 관심이 늘어나게 된다. 동물에 대한 새로운 지식과 기술을 습득하게 되며 좀 더 구체적인 정보를 알고 싶어 하게 되고 이는 동물과 관련된 새로운 직업군의 탐색으로까지 이어질 수 있다.

3) 성인

일반적으로 성인기는 죽음으로 끝나기 때문에 정확하게 연령을 구분하기 어려우며 학자들마다 각자 다른 견해를 내고 있다. 에릭슨(Erikson)은 심리사회이론에서 성인기를 성인초기, 성인중기(중년기), 성인후기(노년기)로 나누었  는데 이 책에서 성인을 대상으로 한 반려동물매개치료는 성인초기와 중기를 포함하여 성인중기(중년기)를 중심으로 다루고 다음 장에서 성인후기(노년기)를 다루기로 한다.

성인기란 생물학적으로 완전한 신체적 발달과 성적성숙으로 생식능력이 갖추어진 시기이다. 자신의 기분과 충동을 조절할 수 있기에 정서적으로 안정되어 사회적으로 성숙하고 책임감 있고 합리적인 행동을 할 수 있다. 성인기에는 연령에 따른 변화보다는 개인의 환경에 따른 차이가 크게 나타난다. 환경은 개인의 신체나 정서·인지와 같은 내적 환경과 가족 구조, 경제력, 사회적 지위와 같은 외적 환경으로 나눌 수 있다.

생물학적·사회적·직업적으로 가족생활주기에 변동이 오는 시기로 자신의 잠재력을 발휘해 변화와 성장 그리고 도전을 할 수 있는 시기이며 인생주기에 있어 그 자체로서 중요성과 의미를 지닌다. 또한 보편적으로 노부모와 성장한 자녀의 중간에 위치한 세대로 사회 및 직업생활에서의 대인관계 및 사회경제적 지위 등에 있어 절정기에 달하였으나 동시에 과중한 의무와 책임을 지고 있는 중요한 시기라고 할 수 있다(인원교, 2012).

성인기에는 비록 신체 생물학적으로는 감퇴할지라도 정신능력, 성격, 일, 자아와 삶의 태도에 있어서 성숙한 변화가 발생될 수 있다(Bjorklund, 2015). 에릭슨(Erikson)은 성인초기를 친근감 대 고립감, 성인중기(중년기)를 생산성 대 침체의 심리사회적 위기를 겪는다고 하였다. 이 시기는 부모로부터 완전히 독립하여 개인적으로 자신의 삶을 개척해나가는 시기이다. 성인초기에서 말하는 친근감은 청소년기의 또래관계에서 나아가 이성에 대한 친근감을 의미하는데 단순한 성적 호기심에서 벗어나 이성과의 진지한 관계를 추구하게 된다. 대부분의 성인은 이성과의 친밀감을 형성하여 자신의 가정을 꾸리고자 한다. 이 때 성격이나 자아정체감과 같은 내면적 특성이 이성을 선택하는 기준을 마련하게 되는데 결혼대상자를 구하는 과정은 서로 상대방에게 자신의 내면을 투사하여 상대방을 환상시하는 불확실한 과정이라고 볼 수 있기 때문이다(오창순 외, 2010).

중년기에는 어느 정도 사회적 위치가 확립되면서 다음 세대를 이끌어 갈 수 있는 부모의 역할 수행과 직업적인 성취 등의 생산적 활동에 몰두하는 시기로 '인생의 황금기'라 부르기도 한다. 하지만 동시에 노부모와 자녀의 사이에 끼여 자녀와 부모의 역할을 동시에 수행하며 복합적인 역할을 하게 되고 이로 인해 많은 스트레스를 경험할 수 있다. 또한 자신에게 남은 시간이 제한적임을 알게 되면서 죽음에 대한 인식과 함께 지나간 삶과 앞으로 남은 삶에 대한 고민을 함께 하며 부정적 정서를 경험하기도 한다.

허비거스트(Havighurst)는 성인기의 발달과업을 일곱 가지로 정리하였다.

- 아동기 · 청소년기의 자녀들을 책임감 있는 성인이 되도록 돕는다.
- 스스로 성숙한 사회인으로서 시민의식에 대한 책임을 다하고, 가정이라는 범위를 넘어 시민단체에서 새로운 사회활동을 통해 여러 문제에 관해 시간 · 노력 및 자원을 투자한다.
- 만족할 만한 업적을 성취하고 유지한다.
- 여가활동을 통해 자신을 발전시킨다.
- 배우자와의 관계에서 새로운 것에 대한 만족을 발견하고 함께하는 활동을 즐기며 계속적으로 친밀감을 높이며 가족생활을 원만하게 유지한다.
- 중년기의 생리적 변화에 적응한다.
- 노부모와 성인자녀 사이에서 중간 역할을 하고 노부모의 부양과 죽음에 대해서 정서적 준비를 한다.

(1) 반려동물매개치료의 효과

① 스트레스 및 불안·우울감 감소

———— 동물매개치료는 장애성인에게도 적용이 가능하다.

성인기에는 갱년기를 지나게 되는데, 갱년기란 노년기로 넘어가는 과정으로서 노화로 인해 전에 없던 신체적·심리적 장애를 경험하는 것을 말한다. 여성의 경우 폐경을 겪게 되고 이로 인한 불안감이나 우울감, 자신감 저하, 상실감과 같은 정서적 문제를 안게 된다. 여성의 상징이라 할 수 있는 출산과 육아의 역할을 폐경으로 인해 상실하게 되면서 우울한 심리상태에 놓이게 된다. 남성의 경우 성욕이 감퇴되며 자신의 남성다움을 상실할까봐 두려워하며 불안해하기도 한다.

또한 성인중기가 되면 가족구조가 변하게 된다. 자녀들이 모두 집을 떠나고 부부만 남게 되는데 이때 역할에 대한 상실감과 슬픔을 의미하는 '빈 둥지 증후군(empty nest syndrome)'을 겪기도 한다. 자녀 양육의 중심에 있던 경우에는 자녀들이 독립하게 되면서 어머니나 아버지로서의 역할이 감소하게 되며 심각한 정체감의 위기를 겪는다. 자녀가 독립하게 되면서 가족 구조가 재조직화 되고 자녀양육에 집중되어 있던 부모의 삶이 재조정되는 큰 변화가 생기기 때문에 상실감, 허무함, 허탈감, 실망감과 같은 감정을 느끼게 한다. 이는 자녀양육에 집중하는 전업주부일수록 더욱 심각하게 경험한다.

심리학자 Jung은 성인중기에 찾아오는 신체적 쇠퇴로 오는 우울감과 삶의 혼란감에 대한 비유로 '중년의 위기'라는 표현을 사용하였다. 중년기 위기감은 인생의 중반기에 자신의 과거, 현재, 미래를 재평가하고, 진정한 자기를 찾아가는 과정에서 겪게 되는 불안정하고 혼란스러움이 현실적 문제와 결합하여 부적응적인 정서로 표출

되는 것이다. 이와 같은 중년기 위기의 방황과 혼란은 정신적 성숙의 계기로 이어질 수 있으나, 부부관계의 침체, 혼외정사, 급작스러운 직업전환, 음주 문제 등 더욱 복잡하고 부정적인 결과를 파생시킬 수도 있다(이민아, 2019).

　　도우미동물들의 친근감 있고 우호적인 태도는 정서적 불안감을 가진 성인에게 스트레스에 대한 인식을 완화시켜주어 결과적으로 스트레스를 감소시켜 준다. 반려동물을 보살피면서 얻을 수 있는 안정감, 자기가치 또는 자기효능감 등은 사람들에게 좋은 동기적, 정서적 그리고 인지적 효과를 가져다주어 스트레스를 효과적으로 대처할 수 있게 하는 좋은 자원이 된다(권현분, 2009). 따뜻한 도우미동물의 체온을 느끼는 신체적 접촉은 외로움을 달랠 수 있다. 활발히 움직이는 도우미동물의 모습을 보면 기분이 좋아지고 활력을 불어 넣으며 웃음을 유발한다. 나 이외의 생명체의 존재만으로도 외로움에 위로를 받을 수 있고 도우미동물의 친근하고 우호적인 행동들은 편안함을 주어 정서적으로 안정되게 해준다.

　　또한 도우미동물을 돌보는 과정에서 상실했던 양육자로서의 역할을 수행함으로써 대리적 양육경험을 통해 상실감을 줄일 수 있다. 자녀를 양육하며 느꼈던 기분들을 반려동물을 돌보는 과정에서 다시 느끼며 반려동물과 강한 정서적 유대감을 형성하고, 돌봄의 주체가 되어 생명을 돌보며 양육욕구를 충족시킬 수 있다.

4) 노인

　　우리나라는 노인 인구가 전체인구의 7%를 넘어가며 2000년 이후 고령화 사회를 맞이하였다. 이후 노인 인구는 빠르게 증가하였고 이에 통계청(2017)은 2030년경 노인 인구가 전체 인구의 20%를 넘어가는 초고령화 사회에 진입할 것이라 예측하고 있다.

노인 인구의 증가는 자연스럽게 노년기의 삶의 질에 관심을 가지게 되었고 '성공적 노화'에 대해 얘기하게 되었다. 성공적 노화(successful aging)란 다차원적 개념으로 노인이 신체적 · 정신적으로 건강하고 사회적으로 원만한 관계를 맺으며 노년기의 삶에 만족하는 것을 말한다. 노년기는 생의 마지막 단계로서 사회적 · 경제적 책임에서 벗어나 은퇴하여 삶을 정리하고 마무리 짓는 시기이다. 신체적 · 정신적 · 사회적 기능이 쇠퇴하고 변화가 찾아오게 되는데 이 과정에서 많은 문제와 위기에 직면하게 된다. 성공적 노화는 이런 변화 과정을 자연스러운 것으로 수용하고 문제에 적응하여 삶의 질을 향상시키는 것을 말한다. 성공적인 노화는 노년기를 부정적으로 바라보던 시선을 긍정적으로 바뀌는 데 큰 공헌을 하였다. 치매나 만성질환과 같은 노인이 가진 질병이나 사회적 역할의 축소로 인한 경제적 어려움을 해결하는 것은 중요하다. 하지만 우리나라의 경우, 평균 기대 수명은 늘어난 반면, 낮은 은퇴연령으로 인해 신체적으로 건강한 노인 인구의 비율이 높다. 따라서 그들이 활기차고 행복한 노년기를 보낼 수 있도록 지원하는 것 또한 중요하며 성공적 노화는 노인의 삶의 만족과 직결되기 때문에 성공적 노화에 관심을 가지고 지원해야 한다.

(1) 신체적 변화

노년기에는 신체적 노화가 급격하게 진행되며 기능이 퇴화되어 가는데 이는 개인의 유전적 · 생활적 특성에 따라 다르다. 외형적으로는 키가 줄어들고 머리카락이 희게 변하고 피부가 탄력성을 잃어간다. 골격이 약화되고 근육의 기능이 떨어지면서 움직임에 제약이 발생한다. 감각기능에도 변화가 오는데 시각과 청각의 감퇴가 가장 두드러지게 나타나며 뇌, 신경계, 호흡기, 순환기 등의 기능 또한 쇠퇴한다. 병에 대한 저항력이 낮아지면서 여러 질환에 걸릴 가능성이 높아지고 완전한 회복이 쉽지 않다. 당뇨나 동맥경화, 골다공증, 근육통, 신경통 등의 만성질환을 가질 확률 또한 높아진다. 이러한 노인의 신체적 변화는 직접적으로 느끼는 고통과 함께 노인의 활동을 제한하게 되고 죽음에 대한 두려움과 삶에 대한 무료함, 타인에 대한 의존성, 심리적 우울감과 상실감을 느끼게 한다.

(2) 정서적 변화

노인의 신체적 변화에서 살펴보았듯 신체 기능의 약화는 스트레스를 증가시키고 불안감과 우울감을 느끼게 한다. 또한 노년기에는 잦은 상실을 경험하게 되는데 자신의 신체와 관련된 부분에서부터 배우자나 가까운 친인척, 친구와의 사별로 상실감을 느끼며 심한 우울감과 죽음에 대한 공포를 함께 느끼게 된다. 사랑하는 사람의 상실은 체중저하나 불면증, 식욕상실 등과 같은 신체증상들과 깊은 우울감과 좌절감, 슬픔, 타인에 대한 관심 저하, 무기력감, 자책감 등과 같은 애도 감정을 느끼게 한다. 사별을 현실적으로 인식하고 고인이 없는 생활에 적응해가는 과정이 필요하지만 이런 감정으로부터의 완전한 회복은 어렵다. 가까운 사람들을 떠나보내는 일은 우울감과 같은 부정적인 정서를 느끼게 하며 친구와 같은 2차 집단과의 관계는 줄어들고 가족과 같은 1차 집단과의 관계가 중심이 되어 사회적인 고립을 초래하게 된다. 지속적인 상실감의 경험은 정서적 안녕감에 부정적 영향을 미치게 된다. 또한 상실감에는 관계에서 오는 것도 있다. 가족에게서 느끼는 소외감이나 사회에서의 역할이 축소되는 것으로부터 오는 소외감, 세대 간의 단절은 노인으로 하여금 깊은 우울감을 느끼게 한다. 우울을 경험하게 하는 주된 원인으로 상실이 주목되고 있다. 우울은 노년기에 느끼는 보편적인 감정으로 성공적 노화를 저해하는 중요한 요인이다.

일반적인 우울증과 달리 노인 우울증은 노화과정의 일환으로 생각하기 쉽다. 노인 우울증은 슬픔의 표현이 적고 신체질환으로 호소하는 경우가 많으며 활동량이 줄어들고 치매와 같이 기억력이 감퇴하는 등 일반적인 노화의 증상처럼 보이기 때문에 알아채기가 쉽지 않다. 따라서 발달적 특성에서 오는 노인의 정서적 변화에 관심을 가지고 적절한 정서적 지원을 하는 것이 필요하다.

(3) 사회적 변화

노년기에는 사회적 지위와 역할의 변화가 나타난다. 성인기에는 사회의 중심 일원으로 생활해왔지만 노인이 되어 직장생활을 퇴직하게 되면 사회적 지위가 하락하게 된다. 퇴직이라는 것이 무조건 부정적인 의미만을 가지는 것은 아니다. 퇴직을 그동안 묶여있던 일로부터 벗어난 자유로 받아들일 수 있고 직장생활로 인해 누리지 못한 여가생활을 즐기거나 새로운 것을 배우는 기회로 삼을 수 있다. 하지만 우리나라에서는 대부분 준비되지 못한 상태에서 퇴직을 맞이하기 때문에 심리·사회적 부담이 커져 퇴직을 부정적인 의미로 받아들이는 경우가 많다.

퇴직과 은퇴는 자주 혼용되어 쓰이지만 엄밀히 따지면 그 의미가 다르다. 표준국어대사전에서 퇴직은 현직에서 물러남을 뜻한다. 즉, 고용관계를 벗어나는 것을 말하며 은퇴는 직임에서 물러나거나 사회 활동에서 손을 떼고 한가히 지냄을 말하는데 퇴직상태가 지속되어 영구적으로 경제활동을 하지 않는 것을 의미한다. 직업은 개인의 정체감을 유지하는데 영향을 미치는데 은퇴는 자아정체감에 위기를 겪게 된다. 은퇴로 인한 사회적 지위와 역할의 상실은 개인의 자아정체감에 혼란감을 주고 스스로를 쓸모없거나 무능하다고 생각하게 되면서 자아존중감이 낮아지고 사회에 잘 참여하지 않으려 한다. 은퇴에 적응하지 못한 노인들은 활력이 떨어지고 우울감과 소외감을 느끼며 자신의 삶에 대해 부정적으로 평가하게 된다.

또한 은퇴는 사회적 관계의 축소를 의미하기도 한다. 대부분의 시간을 직장을 다니면서 인간관계를 맺어왔기 때문에 퇴직을 하며 가족중심으로 축소된 사회적 관계는 퇴직자에게 또 다른 스트레스를 안겨줄 수 있다. 퇴직을 하며 남게 된 많은 시간을 활동적으로 보낼 수 있는 노인 여가활동 프로그램이 활성화되어 있지 않은 우리나라에서 직장생활의 중단은 사회로부터 멀어지게 하고 고독감과 소외감을 불러일으킨다. 가정이 노인이 쉴 수 있는 공간이 되어주고 집안의 어른으로서의 역할을 수행할 수 있게 된다면 은퇴로부터 오는 고독감을 줄일 수 있겠지만 가족들로부터 외면당하거나 독거노인의 경우에는 사회적 고립 상태가 심각해질 수 있다.

노인의 사회활동은 타인과의 활발한 대인관계와 직장이나 가족으로부터 축소된 사회적 역할을 보충하는 역할을 함으로써 삶의 의미를 발견하게 한다. 따라서 노인의 적극적인 사회참여와 적응은 성공적인 노화의 필수적 요소라 할 수 있다.

(4) 치매

치매는 노인들에게 주로 나타나는 질환으로 중앙치매센터(2020)에 의하면 65세 이상의 노인 중 치매환자 수는 약 79만 명으로 중증도별로 구분해보면 경도치매가 41.4%로 가장 높았고 중등도(25.7%), 최경도(17.4%), 중증(15.5%) 순으로 많았다. 2014년 실시된 국내 치매 인식도 조사에서 노인들은 암(33%)보다 치매(43%)를 가장 두려워하는 질병으로 꼽았다. 치매는 퇴행성 질환으로 시간이 지나면서 그 증상이 더 악화되는 경우가 많으며 이로 인한 노인 돌봄 문제나 사회적 비용 증가 등의 다양한 사회적 문제가 발생하고 있다.

① 치매의 정의

「치매관리법」에서 말하는 치매란 퇴행성 뇌질환 또는 뇌혈관계 질환 등으로 인하여 기억력, 언어능력, 지남력(指南力), 판단력 및 수행능력 등의 기능이 저하됨으로써 일상생활에서 지장을 초래하는 후천적인 다발성 장애이다. 질병관리본부(2019)에서는 치매를 여러 가지 원인에 의한 뇌손상에 의해 기억력을 위시한 여러 인지기능의 장애가 생겨 예전 수준의 일상생활을 유지할 수 없는 상태를 의미한다 하였다.

치매를 진단할 때는 미국 신경정신과학회의 DSM−5(정신질환 진단 및 통계 매뉴얼 5번째 개정판)을 사용한다. DSM−5에서 치매는 신경인지장애로 명칭이 변경되어 독립된 장애 범주를 제시하고 있다. 중앙치매센터에서 밝힌 치매의 진단 기준은 아래와 같다.

a. 하나 또는 그 이상의 인지영역(복합적 주의, 집행 기능, 학습과 기억, 언어, 지각-운동 또는 사회 인지) 에서 인지 저하가 이전의 수행 수준에 비해 현저하다는 증거는 다음에 근거 한다.

    1. 환자, 환자를 잘 아는 정보 제공자 또는 임상의가 현저한 인지 지능 저하 를 걱정

    2. 인지 수행의 현저한 손상이 가급적이면 표준화된 신경심리 검사에 의해, 또는 그것이 없다면 다른 정량적 임상 평가에 의해 입증

b. 인지 결손은 일상 활동에서 독립성을 방해한다(즉, 최소한 계산서 지불이나 치료약물 관리 와 같은 일상생활의 복잡한 도구적 활동에서 도움을 필요로 함).

c. 인지 결손은 오직 섬망이 있는 상황에서만 발생하는 것이 아니다.

d. 인지 결손은 다른 정신질환(예: 주요우울장애, 조현병)으로 더 잘 설명되지 않는다.

② 치매의 증상

치매의 증상은 크게 두 가지로 나눌 수 있는데 첫째, 인지기능 장애이다. 인지적 증상에는 기억력 및 지남력 장애, 언어표현 및 이해 능력의 장애, 판단력, 사고력과 같은 인지기능의 장애 등이 있다. 치매는 노화의 자연스러운 현상으로 보이

기 쉽지만, 노화로 인한 기억력 저하와 치매로 인한 기억력 저하는 분명 다르다. 치 매는 기억력 저하가 분명하게 나타나며 시간과 날짜, 장소에 대한 파악 능력이 저하 된다. 이로 인해 늘 다니던 길을 찾지 못하며 자주 만나지 못하는 사람부터 기억하 지 못하다가 가까운 사람인 자녀나 배우자까지 알아보지 못하는 실인증(agnosia)이 발생하게 된다. 언어능력에서는 단어가 생각나지 않다가 질문을 제대로 이해하지 못 하고 엉뚱한 대답을 하거나 표현이 단순화 된다. 인지기능의 저하는 타인에 대한 의 존도를 높이면서 치매 당사자의 일상생활수행능력을 저하시킨다. 식사하기, 목욕하

기, 옷 입기, 외출하기 등의 일상생활이 불가능하다 보니 타인의 돌봄이 필수적이게 되며 이는 보호자의 심리적 부담감을 더 높이게 된다.

둘째, 행동심리증상(BPSD: Behavioral and Psychological Symptoms of Dementia)이다. 행동심리증상은 다시 망상 및 환각, 공격성, 초조행동, 우울증으로 나뉜다.

- **망상 및 환각**: 치매환자가 겪는 망상은 다양한 형태로 나타난다. 누군가 자신의 물건을 훔쳤다고 생각하는 도둑망상, 자신을 해치려 하거나 굶겨 죽이려 한다는 피해망상 등이 있다. 환각증상으로는 환시나 환청이 대표적으로 일어나는데 이런 망상과 환각 증상으로 인하여 치매환자는 우울감과 불안감, 초조함을 느끼고 타인을 공격하기도 한다.
- **공격성**: 공격성은 스스로에게 상처를 입히는 자해행동, 타인에게 신체적인 위협을 가하는 때리기, 침 뱉기, 할퀴기, 꼬집기, 물기 등의 행동과 함께 소리 지르기, 불평하기, 욕하기 등의 언어적 공격행동이 있다. 성적 공격행동으로 갑자기 안거나 신체를 만지는 행동도 있다. 공격성을 지닌 치매 환자를 돌보는 것은 매우 어려운 일로 보호자가 가장 힘들어하고 치매 환자를 시설로 입소시키려 하는 주된 원인으로 꼽히기도 한다.
- **초조행동**: 초조행동은 인지기능이 낮을수록 증가하며 주변 환경의 변화나 의사소통이 잘 되지 않을 때, 우울·망상 및 환각 증상이 있을 때 등 다양한 원인으로 나타난다. 초조행동에는 이유가 없거나 또는 뚜렷하지 않은 이유로 나가려고 하며 돌아다니는 배회행동, 같은 말을 반복하거나 왔다갔다거리거나 무의미한 행동을 되풀이하는 반복행동, 같은 질문과 요구를 반복하는 반복질문, 아주 사소한 물건을 모으거나 숨기는 등의 행동이 있다.
- **우울증**: 치매환자에게 흔히 나타나는 문제로 우울과 불안이 있다. 우울증은 치매가 없더라도 치매와 같은 증상을 일으킬 수도 있을 만큼 정신건강에 큰 영향을 미친다. 우울은 대부분의 사람들이 일상생활에서 경험하는 슬픈 감정, 불행감, 불안, 초조감 등의 정서적인 면과 주의력 저하 등과 같은 인지적인 면, 수면장애, 식욕감퇴, 체중감소, 피로감 등의 신체적인 면을 모두 포함

한다(정민자 외, 1993). 치매환자는 인지기능의 장애로 불안정한 일상을 살아가기 때문에 일반 노인집단과 치매노인 집단의 우울감을 비교하였을 때 치매노인 집단이 더 큰 우울감을 경험하는 것으로 나타났다.

이 외에도 돌봄을 거부하거나 불면증과 같은 수면 장애, 식욕의 변화, 성격의 변화 등 치매는 다양한 증상을 보이게 된다.

③ 치매의 종류
- **알츠하이머병**: 치매의 대표적 원인질환으로 전체 치매의 55~70%를 차지한다. 퇴행성 뇌질환으로 주로 기억력 감퇴의 문제를 보이다가 인지기능의 장애와 행동심리증상을 보이며 일상생활기능의 어려움을 보인다.
- **혈관치매**: 뇌의 혈액공급에 이상이 생겨 뇌조직의 손상으로 인해 발생하는 치매로 두 번째 원인으로 꼽힌다. 혈관성 치매는 알츠하이머와 달리 마비증상이나 보행 장애와 같은 신경학적 증상을 함께 동반하는 경우가 많다. 혈관치매는 고혈압, 당뇨, 고지혈증과 같은 질환이 있는 경우 발생 확률이 증가한다.
- **루이체 치매**: 루이체란 이상 단백 덩어리가 뇌에 쌓여 발생하는 치매로 파킨슨 증상과 같이 움직임에 장애가 나타난다. 떨림, 경직, 균형감각 장애 등과 함께 환시 증상이 자주 나타나는 것이 특징이다.
- **알코올 치매**: 알코올 중독으로 인해 나타나는 치매를 모두 포함하여 부른다. 알코올이 신경세포에 부정적 영향을 주기 때문에 이로 인해 나타나는 치매 또한 다양하다.
- **초로기 치매**: 노년기(65세) 이전에 발생하는 치매를 말한다. 젊은 치매라고도 불리며 가장 흔한 원인은 알츠하이머병이다. 초로기 치매는 매년 증가하고 있으며 건강한 식습관과 생활습관을 가지는 것이 예방법이라 할 수 있다.

(5) 반려동물매개치료의 효과

① 신체적 건강

노년기에는 노화가 빠른 속도로 일어난다. 노화란 연령 증가와 함께 세포의 구조와 기능에 변화가 발생하며 신체의 다양한 조직과 기관들의 기능이 약화되거나 퇴행하는 변화를 말한다. 신체적 건강은 성공적 노화와도 관련성이 높다. 신체의 건강은 노인의 일상적인 활동(밥 먹기, 씻기, 옷 입기 등)을 가능하게 하고 사회에 적극적으로 참여하게 하며 가족이나 친구와 시간을 보낼 수 있게 한다. 건강이 성공적 노화를 위한 유일한 요소는 아니지만 신체적으로 건강한 사람은 분명히 성공적 노화를 경험할 확률이 높다. 건강하고 활기찬 생활은 노화를 자연스러운 것으로 받아들이고 적응할 수 있게 한다.

동물과 함께 있으면 돌봄이 필수적이게 되므로 몸을 움직이게 된다. 반려동물매개치료에서 도우미견과 함께 산책하는 활동은 노인에게 자연스럽게 신체활동을 하도록 동기를 부여한다. 도우미동물에게 생긴 애정은 움직이는 것을 귀찮아하는 노인을 움직이게 만드는 동기가 되어준다. 반려동물과 함께하는 생활은 규칙적인 생활을 하도

━━━ 도우미동물은 신체의 사용을 유도한다.

록 하여 노인들의 건강관리에 도움을 줄 수 있다. Olbrich(1995)는 운동량이 부족한 사람들에게 반려동물은 놀이 및 산책을 함께 할 수 있고, 정규적인 식사준비 및 규칙적인 생활을 소홀히 하기 쉬운 독신이나 노인들에게 보다 규칙적인 생활을 할 수 있도록 도움을 주어 건강증진에 긍정적인 효과를 가져다준다고 했다(한상원, 2006). 이러한 연구결과는 반려동물매개치료가 노인의 신체적 건강에 도움을 줄 수 있다는 것을 뒷받침 한다. 도우미동물을 위해 옷을 만들어 입히거나 함께 한 추억을 앨범으로 만드는 등의 창작활동 등은 손의 소근육을 사용하도록 하고 뇌의 자극을 통해 신체적 건강 유지에 도움을 줄 수 있다.

② 사회적 고립감 해소

노년기에는 직업 및 직위의 상실로 사회적 역할이 축소되어 관계욕구를 충족시키기 어려워지고 이는 노인의 사회적 고립을 발생시킨다. 사회적 고립은 외부와의 접촉이 없으며, 어느 체계에 속해 있다는 소속감이 부족하여 만족스러운 관계를 유지하는데 어려움이 있으며, 네트워크 질에 있어서 신뢰하지 못하거나 학대받거나 돌봄을 받지 못하는 것과 관련된다고 볼 수 있다(Nicholson, 2009). 이는 노인으로 하여금 삶의 뒤안길에 있다고 생각하게 되며 낮은 생활만족도를 보이게 되며 노년의 삶에 대한 부정적인 인식과 함께 삶에 대한 의미를 잃어버리게 한다.

사회적 고립이 발생하는 원인에는 여러 가지가 있겠지만 고립은 그 자체의 문제보다 고립으로 인한 심리상태의 문제가 더 심각하다. 사회 속에서 다양한 사람들과 관계를 맺으며 살아가는 인간에게 사회로부터의 고립은 인간관계의 부재를 의미한다. 이는 우울한 심리상태를 초래할 수 있으며 우울은 삶에 대한 무력감, 고립감, 소외감 및 심리 조절 능력 상실과 함께 더 나아가 피해망상이나 자살 기도와 같은 정신병적 증상까지 연결될 수 있기 때문이다. 따라서 노년기에는 타인과의 지속적인 접촉을 통해 사회적 고립에서 벗어나야 한다.

도우미동물과 함께 있는 것은 개인의 사회적 접촉을 확대시켜줌으로서 고립감과 소외감을 해소시켜 준다. 반려동물매개치료는 반려동물이라는 공통의 관심사를

—— 고양이 간식을 직접 만들어 보고 먹어본다.

—— 어르신이 도우미견을 위해 스카프를 만들었다.

통해 서로 대화하고 상호작용하며 타인과 접촉할 수 있는 기회를 제공하여 노인들의 사회적 고립감을 해소시킨다. 과거에 키웠었던 반려동물에 대해 대화 나눌 수 있고, 현재 만나는 도우미동물에 대한 느낌이나 애정을 공유할 수 있어 타인의 감정에 공감하고, 유대관계를 형성할 수 있게 한다. 도우미동물이 사회적 매개체의 역할을 하는 것이다. 이처럼 동물은 사회에서 은퇴한 노인들에게 다시 사회와 접촉할 수 기회와 타인과의 관계를 형성할 수 있는 기회를 제공하며 노인에게 자신의 존재를 한 번 더 확인할 수 있게 하고 새로운 삶의 자극제가 되어 적극적으로 생활할 수 있도록 도와준다.

③ 우울감 해소 및 정서적 즐거움

노년기에는 대부분 높은 우울감을 경험한다. 노화에 따른 스트레스와 은퇴, 배우자의 사망, 경제력 상실, 사회적 위치의 하락 등 다양한 사건들로 인해 높은 스트레스를 경험하고 우울감을 느끼게 된다. 사회에서도 가정 내에서도 역할을 상실한 노인은 부정적 자기개념을 가지기 쉽다. 역할상실은 삶의 목적을 찾지 못하고 무기력함을 느끼게 하며 낮은 삶의 만족도를 가지게 한다. 조정화(2003)의 연구에 따르면 대학병원에 입원한 만성질환 노인환자가 인지하는 우울 정도가 높을수록 삶의 만족도 정도가 낮았다. 노인의 우울감은 성공적인 노화에 부적관계를 가지고 있기 때문에 노인의 정서건강을 위한 다양한 심리·정서 서비스들이 제공되고 있다.

반려동물매개치료애서 따스한 체온을 가진 도우미동물의 존재는 상실감을 겪는 노인에게 작은 위로가 되어 줄 수 있다. 활기찬 행동들은 웃음을 주고 삶에 대한 활력을 불어넣어 노인들에게 프로그램의 적극적 참여에 대한 동기가 되어주고 정서적 즐거움을 느끼게 한다. 또한 동물들의 사람에 대한 변함없는 애정과 관심은 강한 심리적 지지를 제공하여 스트레스를 효과적으로 대처할 수 있게 하고 우울감을 낮추는 데 효과적이다. 또한 도우미동물은 역할을 상실한 노인에게 돌봄의 주체가 되는 경험을 제공하게 된다. 도우미동물의 먹이를 챙겨주고 품에서 재우는 등의 돌봄 활동은 잃어버렸던 양육자로서의 역할을 상기시켜 주며 자아존중감과 정서적 안정에 긍정적 영향을 미친다.

3. 가족을 대상으로 한 반려동물매개치료

사회구조가 변화함에 따라 가족 구조의 형태도 다양하게 변하고 있으며, 현대사회의 다양한 가족형태를 그 역할 및 구성과 관련하여 분류하면 전통적 가족, 맞벌이가족, 계부모가족, 한 부모 가족 등이 있다(배요한, 2009). 이러한 다양한 가정들의 욕구와 문제점을 알고 긍정적인 변화를 위해 가족치료가 필요하다. 가족치료에는 미술치료, 놀이치료, 음악치료, 반려동물매개치료 등이 있는데 이 중에서 반려동물매개치료의 실천분야에 대해 알아보고자 한다.

1) 한 부모 가족

(1) 한 부모 가족의 정의

한 부모 가족이란 부모 중 어느 한쪽이 사망, 이혼, 유기, 장애, 별거 등의 이유로 인해 한쪽 부모로만 구성된 가정을 말한다(김영아, 2006). 또한, 2008년에 개정된 한 부모 가족지원법에 따르면 한 부모가족의 '모', '부'의 정의를 미혼자 배우자와 사별 또는 이혼하거나 배우자로부터 유기된 자 뿐 아니라, 정신이나 신체의 장애로 장시간 노동능력을 상실한 배우자를 가진 자로서 아동(18세 미만)인 자녀를 양육하는 자로 규정(제4조)하고 있다.

(2) 한 부모 가족의 특징

한 부모가족은 배우자들과 사별 혹은 이별 직후 직면하는 여러 가지 문제를 극복하고 그 상황에 적응하고, 역할을 재조정해야 하는 입장에 처하게 된다. 즉, 한 부모 가족의 부모는 혼인상태의 변화, 가족구조 내의 역할변화, 가족기능의 변화, 가족관계의 변화를 경험하게 된다(최용배, 1997). 이러한 가족 내의 구조변화가 부정적으로 진행이 된다면 한 부모 가족은 과다한 역할로 갈등을 느끼며, 그 자녀들은 양부모가족의 자녀보다 정서적으로 불안정하고 성취도가 낮으며, 성역할 동일시에서 혼란스러움을 겪으며 비행을 저지르는 경우가 많다(배요한, 2009). 또한, 한 부모가정은 이러한 구조적인 문제와 함께 기능적인 결함으로 인해 가족구성원들이 많은 어려움을 겪고 있다.

편모가정인 경우는 모의 역할가중, 정서적 결핍, 아동양육의 어려움 등을 겪고 있지만 무엇보다도 경제적 자립이 가장 큰 문제가 되고 있다. 편부가정의 경우에는 모의 부재로 인해 감정이나 애정을 표현하는 등의 표현적 경험을 가질 기회가 박탈되어 가족원을 비롯한 타인과의 긴밀한 관계를 형성하는 데 어려움을 갖고 과중한 가사 부담으로 어려움을 겪고 있다(김인숙, 1997). 또한 가족 내의 구조변화의 문제뿐 아니라 한쪽 부모의 부재가 경제적 어려움, 가족생활의 문제, 특히 자녀에게 사회·심리적으로 부정적인 영향을 미친다(김소라, 2014).

(3) 반려동물매개치료의 효과

① 자존감 향상

자존감이란 스스로를 가치 있다고 생각하고 존중해주는 자신에 대한 태도로서, 자신의 성취와 타인에 의한 대우, 심지어는 자신의 신체적 특성화 같은 모든 종류의 영향력에 의해 형성되는 개인적인 가치판단으로 정의할 수 있다(채영경, 2011). 한 부모 가족의 자녀들은 경제적인 문제로 인해 긴장감이나 사회적 통념에서 비롯된 열등감을 느끼며, 가족의 구조변화로 인해 심리적 갈등과 정서적 불안을 경험하면서 이러한 자존감이 낮은데 반려동물매개치료를 통해 반려동물이 주는 차별이 없는 무조건적인 애정과 반려동물에게 훈련기술을 가르치는 프로그램 등을 함으로써 자신이 존중받는 느낌을 받으며, 반려동물을 보살펴 자신이 누군가에게 필요한 존재임을 확인하게 하는 등의 긍정적인 효과로 자기개념과 자존감을 강화시켜 줄 수 있다.

② 사회성 향상

사회성이란 그가 속해 있는 사회 환경과 조화되어 어울리는 능력이며, 그가 속해 있는 사회에 적응하는 방법을 습득하여 사회의 구성원으로 살아가는 능력이라고 한다(전미향, 1997). 한 부모 가족의 경우 일반적인 가정에 비해 가정에 대해 평안한 마음을 누리지 못하고 원만한 가정생활을 누리지 못하므로 가정에 대한 불만족, 불화, 갈등, 적대감이 크고 또한 성격적 자아도 부정적으로 나타나고 사회적 자아도 상대적으로 덜 성숙되는데(이광희, 1998), 이것은 후에 대인관계에도 영향을 줄 수 있다. 반려동물매개치료는 사회·정서적 관계에서 차별하지도 평가하지도 않으며, 조건 없이 수용하는 반려동물과의 상호작용을 통해 자기개방과 감정이입도 쉽게 이룰 수 있게(최완오, 2007) 반려동물매개 상담사가 도움을 줄 수 있으며, 반려동물이 좋아하는 행동과 싫어하는 행동에 대해 이해하고 배려하는 마음을 기름으로써 더 나아가 타인과의 관계에서도 타인을 수용하고 이해할 수 있도록 도와 원만한 대인관계를 갖는 데 도움을 줄 수 있다.

2) 다문화 가족

(1) 다문화 가족의 정의

현재 국내에서 사용되고 있는 다문화 가정(Multi Cultural Family)이란 용어는 국적과 문화가 다른 남녀의 결혼으로 이루어진 가정을 일컫는다. 다문화 가정은 우리나라와 다른 민족·문화적 배경을 가진 사람들이 구성된 가정을 통칭하는 개념이다(강현정, 2012).

우리나라에서 다문화 가정의 역사가 시작된 것은 한국전쟁 이후로 미국군인과

한국여성과의 결혼사례를 통해서이다(최협 외, 2005). 하지만 이 당시의 국제결혼에 대해 사회적 인식은 매우 부정적이었으나 그럼에도 불구하고 1990년대 이후부터 증가하기 시작하였는데, 이것은 출생성비의 불균형과 젊은 여성들이 결혼으로 인해 사회활동의 제약, 가사노동, 자녀 양육의 부담 등으로 결혼을 기피하는 현상으로 결혼이 늦춰지면서 발생되었다(추현화 외, 2008).

(2) 다문화 가족의 특징

다문화 가족은 서로 다른 인종과 국적을 가진 두 사람이 만나 한 가정을 꾸미면서 언어에서부터 식생활 등의 여러 가지 문화 차이와, 대부분의 다문화 가정은 빈곤한 한국 남성이 국제결혼을 하는데 이에 따른 경제적인 문제, 자신의 생각을 정확하게 표현하지 못하는 의사소통의 장벽, 양육방식의 차이 등의 갈등을 경험하게 되는데, 이러한 갈등들로 인해 다문화 가정의 자녀들은 부모 각각의 다른 가치관과 문화적 차이로 인해 혼란을 겪을 수 있으며(이지애, 2008), 언어 습득, 언어소통 등 언어 환경에 따른 문제로 언어습득과 발달에 필요한 자극을 제대로 받지 못해 그에 따른 다양한 문제가 발생할 수 있다(정은희, 2004). 또한 대인관계 형성과정에서의 문제점도 보여지고 있는데 다문화 가정 자녀들이 일반가정의 자녀들에 비해 대인관계 형성부분에서 많은 문제점을 나타내고 있다(오성배, 2005).

(3) 반려동물매개치료의 효과

① 언어적 발달

다문화 가족의 자녀는 다른 국적을 가진 부 또는 모로 인해 언어 습득과 언어소통 등에 필요한 언어적 발달에 필요한 자극을 받지 못한다. 하지만 Condoret(1983)에 의하면 반려동물은 불분명한 소리를 내더라도 수용해주며, 반려동물과 상호과정에서 반려동물에게 칭찬, 명령, 격려, 그리고 벌을 주는 형식으로 자연스럽게 대화를 도출할 수 있게 되어 언어 습득 및 언어 능력을 증진시킨다고 한다. 따라서 반려동물이 줄 수 있는 긍정적인 효과를 간식주기, 칭찬해주기, 훈련프로그램 등을 통해 반려동물매개 상담사가 내담자와 반려동물을 상호작용할 수 있게 도움을 주어 이

러한 언어적 자극을 이끌어내어 보다 쉽게 언어적인 발달을 기대할 수 있다.

② 가족 응집성과 적응성 강화

다문화 가정은 서로 다른 문화의 두 사람이 만나 가정을 이루었기 때문에 가족 구성원 사이에 결합이 필요하다. 이러한 결합은 가족구성원 간의 친밀감, 또는 거리감, 정서적 지지와 같은 가족구성원들이 서로에 대해 갖는 정서적 유대와 한 개인이 가족체계 내에서 경험하는 개인적인 자율성의 정도를 말하는 가족 응집성과 가족 구성원들에게 부여된 개인의 자율성과 가족이 함께하는 정도, 가족의 변화를 허용하는 정도와 균형을 유지하려는 정도를 의미하는 가족 적응성으로 나눌 수 있다(안경숙, 2006).

Paul(1992)에 따르면 반려동물은 가족 구성원 간에 의사소통을 촉진하는 역할을 함으로써 가족 구성원 간의 대화를 할 수 있는 주제가 생기고, 가족이 함께 하는 시간도 증가하게 되어 가족 응집성과 적응성에 도움이 될 수 있다고 한다. 이러한 반려동물이 주는 긍정적인 효과를 통해 반려동물매개상담사는 가족구성원들이 서로 대화를 나눌 수 있는 기회를 제공하여 서로의 다른 문화를 이해하고 배려할 수 있도록 도움을 줄 수 있다.

③ 공감능력 향상

공감능력이란 타인의 내면으로 들어가 타인의 감정이나 심리상태를 '마치 나의 것처럼' 이해하고 느끼며 의사소통하는 것을 말한다(박경은, 2014). 다문화 가정의 아동은 대인관계를 형성하는 과정에서 문제점이 나타나는데 이러한 대인 관계형성단계에서 제일 중요한 공감능력은 반려동물과의 애착형성이나 상호작용과 관련되어 있는 것으로 보고되었는데, 반려동물을 기르는 아동 중 강한 애착을 형성하고 상호작용을 더 많이 하는 아동의 경우, 반려동물과의 상호작용을 거의 하지 않는 아동에 비해 다른 사람의 정서를 더 잘 이해하는 것으로 확인되었으며(Melson et al., 1994), 이를 기반으로 공감능력을 향상시킬 수 있는 동물의 감정 알아보기, 동물 배려해주기 등의 프로그램을 진행하며, 후에는 향상된 공감능력으로 대인관계 형성단계에서 긍정적인 효과를 기대할 수 있다.

3) 맞벌이 가족

(1) 맞벌이 가족의 정의

맞벌이 가족은 부와 모 모두 일을 하고 있어 일상적으로 출퇴근을 하는 상황에서 자녀의 가정생활이나 학습을 돌보아 주는 시간이 퇴근 후에만 가능한 가정을 의미한다(김희수, 2003). 이러한 맞벌이 가족이 지속적으로 증가하고 있는 이유는 여성의 취업 필요성 때문이라고 볼 수 있는데 첫 번째는 경제적 필요에 의한 것이고, 두 번째는 개인적인 성취동기에 의한 것으로 나뉠 수 있다(우미정, 2008).

(2) 맞벌이 가족의 특징

맞벌이 가족은 부와 모 모두 일을 하고 있어 외벌이 가정에 비해 자녀양육에 더 어려움을 겪으며 아동의 대리양육문제로 더 많은 스트레스를 받고 있다. 이러한 어려움은 주로 학원의 이용, 방과 후 교실 수업 이용 등 교육기관의 도움 또는 대리모

등으로 대신하고 있지만 대부분의 맞벌이 가정 어머니들은 아동들에 대한 불안감과 죄책감을 가지고 있다. 또한, 맞벌이 가족의 부모는 아이와 같이 있는 시간이 부족하기 때문에 아동들의 특성에 대해 잘 알지 못하는 경우가 많으며, 아이에 대한 애정과 의사소통의 부족으로 인해 아동의 정서장애와 다양한 발달이상이 나타날 수 있다고 한다(이태경, 2012).

(3) 반려동물매개치료의 효과

① 자녀의 우울 개선

맞벌이 부부의 자녀는 우울증에 걸릴 수 있는데, Blatt는 유년시절 가족의 원만하지 못한 생활이 우울과 관련이 있다는 가정 하에 의존적 우울과 투사적 우울로 나뉠 수 있으며, 의존적 우울의 경우 무력감과 나약함을 느끼고, 버려졌다는 두려움 때문에 보호받고 사랑받기를 원하며, 투사적 우울은 의존하고 있는 사람으로부터 소외될까봐 두려워 자신의 적대적 감정을 자아에 대항하는 것처럼 투사된 감정이 스스로 기대했던 것만큼 달성하지 못했다는 실패감을 느껴 성격화되는 것이라고 설명하고 있다(김지영, 2015, 재인용). 이러한 우울은 애정의 부족, 대화 부족 등의 문제로 나타날 수 있는데 반려동물매개치료를 접목시키면 반려동물이 상담사와 내담자간의 신뢰감을 형성하는 데 도움을 주는 매개체가 되어 보다 쉽게 대화를 이끌어나갈 수 있으며, 반려동물이 주는 무한적인 애정을 받고 의존하는 반려동물을 배려해주면서 사랑을 주고받는 법을 자연스레 알게 되고, 이를 통해 타인과의 관계에서도 긍정적인 효과를 일으킬 수 있다.

② 취업모의 양육스트레스 최소화

취업모의 경우 자녀양육과 집안일에 대한 가정에서 모의 역할과 직장 내에서 주어진 업무를 완수해야 하는 취업인으로서의 책임감 등의 역할을 모두 감당해야 하는 것에 부담을 느껴 생기는 스트레스와 자신이 자녀와 함께 있지 못함에 대해 미안해하고 죄책감을 느껴 스트레스를 받을 수 있다. 이러한 문제에 반려동물매개치료를 접목시키면 반려동물은 이해타산적이지 않으며, 친밀감을 나눌 수 있고 감정교류가 가능하기 때문에 인간이 제공하는 사회적 지지의 대안이 될 수 있는데(Zasloff et al., 1994), 스트레스를 경험할 때 의지할 수 있는 강한 지지적인 관계는 스트레스를 완충시킬 뿐 아니라, 스트레스를 유발하는 사건에 보다 잘 대처할 수 있도록 하며, 우울이나 외로움의 증상을 최소화 시키는 데 매우 중요한 역할을 할 수 있다(김성천 외, 1998).

4. 장애인을 대상으로 한 반려동물매개치료

보건복지부가 발표한 장애인 등록 현황에 따르면 2019년 말 기준 등록장애인은 261만 8천 명으로 전체 인구 대비 5.1%로 나타났다. 장애를 가지게 된 이유 중 90% 이상이 중도장애인, 즉 후천적 이유로 장애를 가지게 되었다는 것은 우리 중 그 누구도 장애로부터 자유로울 수 없다는 것을 의미한다. 또한 고령화 사회가 되면서 장애노인의 비중 또한 높아지고 있는 것 또한 우리가 장애인의 삶에 관심을 가져야 하는 이유로 충분하다.

1) 장애의 개념 및 범주

우리나라에서 장애인이라는 용어가 사용되기 시작한 것은 1989년 개정된 「장애인복지법」이 개정되면서 부터이다. 여기서 말하는 장애인이란 신체적 · 정신적 장애로 오랫동안 일상생활이나 사회생활에서 상당한 제약을 받는 자를 말한다. 장애의 범주는 장애인복지법의 개정과 함께 조금씩 확대되어 2003년부터 현재까지는 총 15개로 장애 범주가 확대되었다. 우리나라는 서구 선진국들에 비해 법적으로 인정하는 장애의 범주가 협소하여 복지서비스를 받을 수 있는 대상이 제한적이기 때문에 앞으로 장애범주에 대한 확대는 계속해서 이루어져야 할 것이다.

우리나라 「장애인복지법」에서 정한 장애유형은 총 15가지로 크게 신체적 장애와 정신적 장애로 나눌 수 있다. 신체적 장애는 다시 외부 신체 기능장애와 내부 신체 기능장애로 나뉜다. 외부 신체 기능장애는 지체 · 뇌병변 · 시각 · 청각 · 언어 · 안면 장애로 나뉘고 내부 신체 기능장애는 신장 · 심장 · 간 · 호흡기 · 장루와 요루 · 뇌전증 장애로 나뉜다. 정신적 장애는 지적 · 자폐성 · 정신장애로 나뉘는데 이를 표로 정리하면 아래와 같다.

표 3-2 우리나라 장애의 분류

대분류	중분류	소분류	세분류
신체적 장애	외부 신체 기능의 장애	지체장애	절단장애, 관절장애, 지체기능장애, 변형 등의 장애
		뇌병변장애	중추신경의 손상으로 인한 복합적인 장애
		시각장애	시력장애, 시야결손장애
		청각장애	청력장애, 평형기능장애
		언어장애	언어장애, 음성장애, 구어장애
		안면장애	안면부의 추상, 함몰, 비후 등 변형으로 인한 장애
	내부 신체 기능의 장애	신장장애	투석치료 중이거나 신장을 이식받은 경우
		심장장애	일상생활이 현저히 제한되는 심장기능 이상
		간장애	일상생활이 현저히 제한되는 만성·중증 간기능 이상
		호흡기장애	일상생활이 현저히 제한되는 만성·중증 호흡기 기능 이상
		장루·요루장애	일상생활이 현저히 제한되는 장루·요루
		뇌전증장애	일상생활이 현저히 제한되는 만성·중증 뇌전증(간질)
정신적 장애	지적장애		지능지수가 70 이하인 경우
	자폐성장애		소아자폐 등 자폐성 장애
	정신장애		정신분열병, 분열형 정동장애, 양극성 정동장애, 반복성 우울장애

출처: 2014 장애인 실태조사.

1989년 「장애인복지법」의 개정으로 장애인등급제가 시행되었다. 장애인등급제란 의학적 상태를 중심으로 장애정도에 따라 1~6급으로 구분하여 서비스를 제공하는 것이다. 하지만 장애인등급제는 획일화된 서비스 제공으로 장애인 당사자가 필요한 서비스와 불일치하다는 점에 많은 비판이 계속되었고 이에 2019년 7월부터 장애인 등급제가 폐지되었다. 기존의 1~6급으로 나누던 장애 등급을 장애 정도에 따라 '정도가 심한 장애인(1~3급)'과 '정도가 심하지 않은 장애인(4~6급)'과 같이 2단계로 구분하였다.

2) 장애유형별 특성과 반려동물매개치료의 효과

장애인을 대상으로 반려동물매개치료하기 위해서는 장애에 대한 이해가 기본적으로 수행되어야 한다. 반려동물매개치료는 장애의 정도를 직접적으로 낮추기 위한 것이 아니라 장애로 인해 찾아오는 정서적 · 심리적 · 사회적 어려움을 지원하기 위한 서비스로 많이 활용되고 있다. 예를 들자면, 청각장애인을 대상으로 한 반려동물매개치료의 목적은 청력의 회복이 아니라 청력의 손실로 인해 경험할 수 있는 부정적인 정서나 심리적 어려움을 낮추는 데 그 목적이 있다는 것이다. 장애의 특성에 대한 이해는 장애인을 대상으로 할 때 프로그램의 개입 방향이나 난이도, 구성 요소를 계획하는 데 도움을 준다. 이때, 주의해야 할 것은 특성이 절대적이라는 것은 아니며 장애인의 교육 정도나 환경에 따라 특성이 다르게 나타날 수 있다.

본서에서는 15개의 장애유형 중 저자의 경험을 바탕으로 반려동물매개치료의 효과를 확인한 장애 위주로 서술되었으며, 앞으로 다양한 유형의 장애인을 대상으로 한 반려동물매개치료의 연구가 진행되길 바란다.

(1) 지적장애

① 지적장애의 정의

우리나라에서는 2007년 개정된 「장애인복지법시행령」에서 '정신지체'라는 용어 대신 '지적장애'라는 용어를 사용하게 되었다. 「장애인복지법」에서 정의한 지적장애는 지능지수(IQ)가 70 이하인 사람으로서 교육을 통한 사회적 · 직업적 재활이 가능한 사람을 말한다. DSM−5에서는 지적장애를 발달 시기에 시작되며 개념, 사회, 실행 영역에서 지적 기능과 적응 기능 모두에 결함이 있는 상태를 말하고 있다. 지적장애는 발달과정에서 나타나는 지적 기능과 사회적 성숙도, 적응기술에 결함이 나타나는 장애로 만 18세 이전에 발생해야 하며, 이후에 발생하는 지적장애는 치매라 한다.

지적장애의 판정은 정신의학과, 신경과 또는 재활의학과 전문의가 하고 있으며 장애 정도가 심한 장애인으로만 구분된다. 그 상태는 첫째, 지능지수가 35 미만인 사람으로 일상생활과 사회생활의 적응이 현저하게 곤란하여 일생 동안 타인의 보호가 필요한 사람, 둘째, 지능지수가 35 이상 50 미만인 사람으로 일상생활의 단순한 행동을 훈련시킬 수 있고, 어느 정도 감독과 도움을 받으면 복잡하지 아니하고 특수 기술을 요하지 아니하는 직업을 가질 수 있는 사람, 셋째, 지능지수가 50 이상 70 이하인 사람으로 교육을 통한 사회적·직업적 재활이 가능한 사람이다. 장애인 등급제가 폐지되기 전에는 첫째의 상태가 지적장애 1급, 둘째의 상태가 지적장애 2급, 셋째의 상태가 지적장애 3급으로 숫자가 작아질수록 장애 정도를 중증으로 보게 된다.

표 3-3 **지적장애의 장애 정도**

장애 정도	장애 상태
장애의 정도가 심한 장애인	1. 지능지수가 35 미만인 사람으로 일상생활과 사회생활의 적응이 현저하게 곤란하여 일생 동안 타인의 보호가 필요한 사람 2. 지능지수가 35 이상 50 미만인 사람으로 일상생활의 단순한 행동을 훈련시킬 수 있고, 어느 정도의 감독과 도움을 받으면 복잡하지 아니하고 특수기술을 요하지 아니하는 직업을 가질 수 있는 사람 3. 지능지수가 50 이상 70 이하인 사람으로 교육을 통한 사회적·직업적 재활이 가능한 사람

② 지적장애의 특성

지적장애의 특성은 인지적, 신체적, 사회·정서적 특성으로 나눌 수 있는데, 첫째, 인지적 특성으로는 지적장애아의 지적발달은 비장애아보다 느리며, 성인이 되어도 일반적인 지적 상태가 비장애인의 평균이하가 예상된다. 지적발달의 장애 정도나 상태에 관계없이 비록 느리게 진행되나 지능 발달이 정지한 것은 아니다. 그렇기 때문에 새로운 것을 학습하는데 비장애인보다 오랜 시간이 걸리고 반복적인 교육이 필요하다. 지적발달의 지연으로 인해 학습에 대한 단계별 구분과 파악이 어려워 통합적인 인지의 발달에는 한계가 있다. 고착성이 강하고 문제를 해결하는데 또래보다 융통성이 없으며 상상력을 발휘하거나 추상적인 사고가 어렵고 과제수행에 어려움을 느낀다.

둘째, 신체적 특성으로는 개인, 장애의 등급, 장애의 원인 등에 따라 그 정도의 차이가 있지만 감각·운동 기능면에서 많이 뒤떨어져 있으며, 병에 대한 저항력이 낮고 쉽게 피로해지는 경향을 보인다. 경증은 신장과 몸무게에 있어서는 비장애아에 비해 별 차이가 없으나 운동능력과 균형적인 발달이 1~4년 정도 늦으며, 여러 감각 간의 협응과 섬세한 운동 능력에 있어서 지연과 한계를 보인다(국수윤, 2012). 따라서 퍼즐을 맞추기, 선을 따라 그리거나 오리기 등과 같은 눈과 손의 협응력이 요구되는 소근육 활동을 하기 어려워한다.

셋째, 사회·정서적 특성으로 지적장애인은 지적능력에 결함이 있어 학습을 통해 얻을 수 있는 성취감, 자신감 등을 감소시키며 동기유발에 부정적인 영향을 줄 수 있다. 이러한 부정적인 영향은 자신의 능력에 대해 믿지 못하여 부정적인 자아개념을 가지게 되며, 이는 어떤 상황이나 과제가 주어졌을 때 쉽게 좌절하거나 불안, 회피, 부적응을 일으키며 타인에 대한 의존도를 높이게 된다. 이러한 지적장애의 특성들로 인해 또래의 친구를 사귀거나 다른 사람과의 어려움을 보이는 경우가 많으며, 생활전반에 관한 반응이 매우 느리다(이시윤, 2012).

(2) 반려동물매개치료의 효과

① 긍정적 자아개념의 형성

지적장애인은 어릴 때부터 잦은 실패의 경험으로 동기 유발에 부정적인 영향을 주어서 미리 실패를 예상하고 실패의 상황을 피하기 위해 낮은 목표를 설정하려 한다. 이로 인해 자신의 능력에 불신이 생겨 낮은 자아존중감과 자기 비하적인 성향으로 부정적인 자아개념이 형성된다(윤영아, 2008). 임윤창(2004)에 따르면 지적장애인들은 자신의 인지적 능력과 행동에서 확신과 신뢰가 부족하므로 문제해결 상황에서 타인에게 지나치게 의존하는 행동경향을 보이며 어떠한 새로운 상황에서 여러 가지 해결 방법을 스스로 찾지 못하는 경직성을 가지고 있다고 한다. 반려동물매개 프로그램을 지적장애인에게 적용하였을 때 김태희(2012)의 연구결과로는 지적장애인에게 반려동물과의 상호작용을 통해 긍정적인 자아개념과 정서 상태가 안정화 되고 있으며, 행복감을 느끼고 내면의 심리적 안정감이 나타났고, 불안한 지적장애인의 심리

상태에 긍정적인 변화가 나타났다고 하였다.

긍정적 자아개념의 형성을 위해서는 스스로 시도하여 성공하는 경험을 많이 하는 것이 중요하다. 반려동물매개치료에서는 도우미동물에게 간식을 먹이고 훈련을 시켜 성공하는 것 또한 지적장애인에게는 해결해야 할 과제가 될 수 있으며 치료사의 칭찬과 도우미동물이 먹이를 받아먹고 지시를 따르는 모습은 긍정적 피드백의 효과로 자아존중감 향상에 도움을 줄 수 있다. 자아존중감의 향상은 스스로의 가치를 높이게 되면서 긍정적 자아개념의 형성과 연결되게 된다. 따라서 반려동물매개치료사는 만나는 지적장애인의 특성을 잘 파악하여 스스로 해결할 수 있는 정도의 과제를 부여하고 과제해결 시 즉각적이고 긍정적인 피드백을 제공해야 한다.

② 인지기능의 향상

인지기능의 저하는 언어 능력, 모방 능력, 문제해결 능력, 운동 능력 등 다양한 영역에 영향을 미치며 일상생활과 사회적 적응을 어렵게 한다. 지적장애인은 새로운 학습에 대해 자신감이 없거나 성취욕이 일반인보다 현저히 낮아 스스로가 지식습득에 대해 미리 포기하는 경향이 높다. 그러나 김태희(2012)의 연구결과에 의하면 반려동물을 훈련시키는 과정을 통해 훈련에 대한 지식습득에 성취감을 느끼는 등 새로운 지식습득에 대해 욕구가 증가되었으며, 반려동물에 관한 학습을 할 때에는 관심을 보이고 집중을 하는 등의 긍정적인 효과를 불러올 수 있다고 한다. 따라서 도우미동물과의 라포가 형성이 된 후 도우미동물에게 좀 더 관심을 보임으로써 동물에 대한 호기심을 가지고 그로 인해 동물에 대해 학습을 할 수 있게 되며 더 나아가 학습으로 인한 성취감을 느껴 새로운 지식습득에 대해 자신감이 향상되는 것을 기대할 수 있다.

또한 인지 기능의 향상은 손의 촉각 경험이 중요하다는 연구결과가 있다. 손의 수많은 신경세포들이 움직임으로써, 학습에 필수적인 섬세하고 민첩한 숙련된 조절을 가능케 하고 사물의 지각 및 인지 능력을 향상시킨다(장성호 외, 2006). 도우미동물이 가진 털의 부드러운 촉감은 뇌를 자극시킬 수 있다. 도우미동물이 사용하는 방석을 만들어 선물하기 위해 털실을 꿰거나 목걸이를 만들기 위해 구슬을 꿰는 등의

────── 외부에서 모르는 강아지를 만났을 때 어떻게 행동을 해야 하는지 학습하고 있는 아동

요소가 포함된 프로그램은 지적장애인의 손의 소근육을 사용하도록 유도하여 인지기능의 향상에 도움을 줄 수 있다.

③ 사회성 향상

사회성은 공동체 생활에서 필요한 능력으로 대인관계와 많은 관련이 있다. 지적장애인은 대부분 사회적 기술 발달이 크게 지체되어 있어 사회적인 상황을 회피하고, 대인관계에 있어 두려움을 보이고, 다른 사람의 사회적 접근에 반응하지 않는 경향이 있어 사회적으로 고립되는 경우가 많다(나덕희, 1999). 지적능력의 결함으로 인한 제한된 언어적·비언어적 표현은 타인과의 관계맺음을 어렵게 만든다. 눈치를 잘 채지 못하고 응용력이 낮으며 익숙하지 않은 상황에서 안절부절 하는 것은 또래관계 형성을 어렵게 한다. 그러나 사회적 기술이라는 것은 선천적인 것이 아니라 후천적으로 학습을 통해 배울 수 있는 것이기 때문에 지적장애인들에게 긍정적이고 건강한 환경과 경험, 자원을 제공해준다면 이들의 사회적 기술이 충분히 향상될 수 있다(진미령, 2020).

우진경(2013)의 연구에 따르면 인간관계에서 타인과 협력할 때 주어지는 책임감이나 부담감이 높은 데 비해 반려동물과의 관계에서는 교감이 이루어져야 하고, 협력이 이루어져야 할 때 책임감이나 부담감이 감소되었으며, 반려동물을 배려하고 교감을 나눌 수 있다고 한다. 즉, 지적장애인은 반려동물과의 상호작용을 통해 보살핌, 배려, 교감, 책임감 등을 경험할 수 있고 나아가 타인과의 관계에서도 책임감과 이해심을 느끼는 등 사회성 향상에 도움을 줄 수 있다. 또한 타인의 도움을 받아오던 지적장애인이 도우미동물에게 돌봄을 제공하는 과정에서도 사회성이 향상될 수 있다.

④ 부적응 행동 감소

부적응 행동이란 인간이 속한 환경과의 상호작용에서 자신의 욕구가 충족되지 않음으로써 발생한 심리적 불만족으로 인해 나타나는 사회의 질서에 조화되지 못한 내현적, 외현적 문제행동이다(정은주, 2008). 부적응 행동에는 자해행동이나 타인을 해치려는 행동, 공격적인 행동, 반복적인 행동(상동 행동), 위축 행동, 과잉 행동, 지나친 의존성 모두를 포함하고 있다. 즉, 부적응 행동은 흔히 우리가 생각하는 적응행동의 반대 행동으로 이해하면 쉽다. 부적응 행동은 누구에게나 나타날 수 있지만 지적장애인의 경우 지적능력의 결함으로 부적응 행동을 할 가능성이 높아진다. 부적응 행동의 원인은 다양하며 마음속에 쌓인 스트레스를 적절하게 해결하는 방법을 잘 알지 못하는 지적장애인은 이로 인해 부적응 행동이 심화되기도 한다. 부적응 행동은 그 자체로도 개인의 성장을 방해하지만 이로 인해 다른 사람들과 갈등이 발생하고 소외되어 고립 상태를 초래할 수 있다. 사회적인 발달을 저하시키고 대인관계의 단절은 우울, 분노, 위축감 등을 느끼게 하며 개인의 정신건강에 악영향을 끼치기 때문에 더욱 주목해야 한다.

반려동물매개치료에서 도우미동물 및 치료사와의 친밀감은 지적장애인에게 정서적 안정감을 제공한다. 장애로 인한 차별적인 시선이나 소외 없이 온전하게 자신이 수용되는 경험을 함으로써 지적장애인의 자신감을 높이고 내적 스트레스를 해소하게 해주고 이는 부적응 행동의 감소로 이어진다. 도우미동물의 행동을 보고 감정 상태를 이해할 수 있는 지적장애인은 자신의 부적응 행동에 반응을 보이는 도우미동물을 통해 자신의 행동을 통제하게 되면서 공격 행동이나 과잉행동 등의 부적응 행동을 감소시킬 수 있다.

(3) 자폐성 장애

① 자폐성 장애의 정의

자폐(自閉)라는 단어 그대로 자폐성 장애는 자신의 세계에 갇혀 있는 상태라 볼 수 있다. 「장애인복지법」에서 정의하는 자폐성 장애는 제10차 국제질병사인분류(International Classification of Diseases, 10th Version)의 진단기준에 따른 전반성발달장애(자폐증)로 정상발달의 단계가 나타나지 않고, 기능 및 능력 장애로 일상생활이나 사회생활에 간헐적인 도움이 필요한 사람이다. 자폐성 장애는 정신건강의학과(소아정신건강의학과) 전문의가 판정을 내리며 전반성발달장애(자폐증)가 확실해진 시점(최소 만 2세 이상)에서 장애를 진단한다. 장애인등급제가 폐지되기 이전에는 1~3급으로 자폐성 장애를 구분하였으며 지능지수와 전반적 발달 정도를 보고 판정하였다. 현재 자폐성 장애는 장애의 정도가 심한 장애인으로 구분되어 있고 장애 상태는 아래의 표와 같다.

표 3-4 **자폐성 장애의 장애 정도**

장애 정도	장애 상태
장애의 정도가 심한 장애인	1. ICD－10의 진단기준에 의한 전반성발달장애(자폐증)로 정상발달의 단계가 나타나지 아니하고 지능지수가 70 이하이며, 기능 및 능력장애로 인하여 GAS척도 점수가 20 이하인 사람 2. ICD－10의 진단기준에 의한 전반성발달장애(자폐증)로 정상발달의 단계가 나타나지 아니하고 지능지수가 70 이하이며, 기능 및 능력장애로 인하여 GAS척도 점수가 21~40인 사람 3. 1호 내지 2호와 동일한 특징을 가지고 있으나 지능지수가 71 이상이며, 기능 및 능력 장애로 인하여 GAS척도 점수가 41~50인 사람

DSM－5에서는 별개의 장애로 분류되었던 전반적 발달장애(자폐성 장애, 아스퍼거 증후군, 달리 구분되지 않은 전반적 발달장애)가 자폐스펙트럼장애(Autism Spectrum Disorder)로 통합되었다. 사회적 의사소통에서 사용되는 언어, 상징, 또는 상상놀이에 있어 명백한 지체 및 비정상적인 기능을 수반하고 있고, 증상과 특성들이 다양한 수준의 심각도와 조합을 나타내고 있기 때문에 스펙트럼 장애(spectrum disorder)라고 불리며 인지수준과 언어문제의 심각성 및 사회적 능력 등의 양상이 아동에 따라 굉장히 넓은 범위로 산재해 있음을 알 수 있다(조현춘 외 역, 2004).

자폐의 증상이 나타나는 시기는 3세 이전이며, 이러한 자폐아동은 3세 이전에 타인과의 접촉을 피하고 정해진 일과에 강한 집착을 보이며 또래와 놀이를 할 때에도 다른 형태의 놀이를 한다(김성미, 2008). 보호자와 눈 마주침을 잘 하지 않으려 하고 생후 2~3개월 때 보이는 사회적 미소반응이 거의 없으며 안아주고 업어주는 등의 신체적 접촉을 거부한다. 부모가 사라져도 잘 찾지 않고 안기려 하지 않으며 애착행동이 거의 없다. 이름을 부르거나 장난감 소리를 들려주어도 잘 돌아보지 않아 많은 부모들이 청력의 이상을 의심하는 경우가 많다.

② 자폐성 장애의 특성

자폐성 장애의 특성은 DSM－5에서 제시하는 진단기준을 살펴보면 이해하기 쉽

다. 진단기준은 크게 다섯 가지가 있지만 자폐성 장애의 특성에 대해 기준만 살펴보
고자 한다.

A. **다양한 맥락에서 사회적 의사소통과 사회적 상호작용의 지속적인 결함이 있다.**
- 사회적 · 정서적 상호성의 결함
  - 비정상적인 사회적 접근과 정상적인 대화의 실패
  - 흥미나 감정 공유의 감소
  - 사회적 상호작용의 시작 및 반응의 실패
- 사회적 상호작용을 위한 비언어적인 의사소통 행동의 결함
  - 언어적 · 비언어적 의사소통의 불완전한 통합
  - 비정상적인 눈마주침과 몸짓언어
  - 몸짓의 이해와 사용의 결함
  - 얼굴 표정과 비언어적 의사소통의 전반적 결핍
- 관계 발전, 유지 및 관계에 대한 이해의 결함
  - 다양한 사회적 상황에 적합한 적응적 행동의 어려움
  - 상상 놀이를 공유하거나 친구 사귀기가 어려움
  - 또래에 대한 관심 결여

B. **제한적이고 반복적인 행동을 하거나 흥미로운 것이 있다.**
- 상동증적이거나 반복적인 운동성 동작, 물건의 사용, 반복적으로 말하기
  - 단순 운동 상동증
  - 장난감이나 색연필 정렬하기, 물체 튕기기
  - 반향어나 특이한 문구의 사용
- 동일성에 대한 고집, 일상적인 것에 대한 융통성 없는 집착, 의례적인 언어
  나 비언어적 행동 양상
  - 작은 변화에 대한 극심한 고통
  - 변화의 어려움과 완고한 사고방식
  - 의례적인 인사

　　　－ 매일 같은 길로만 다니거나 같은 음식 먹기
　　• 강도나 초점에 있어서 비정상적인 극도의 제한 및 고정된 흥미
　　　－ 특이한 물체에 대한 강한 애착 또는 집착
　　　－ 과도하게 국한되거나 고집스러운 흥미
　　• 감각 정보에 대한 과잉·과소 반응, 환경의 감각적 측면에 특이한 관심
　　　－ 통증, 온도에 무관심함
　　　－ 특정 소리나 감촉에 대한 부정적 반응
　　　－ 과도한 냄새 맡기 또는 물체 만지기
　　　－ 빛이나 움직임에 대한 시각적 매료

　　자폐성 장애인의 약 80%가 지적장애를 동반하고 있어 인지발달의 지체를 보인다. 대부분 언어표현에 제한이 있어 의사소통에 어려움을 겪는다. 이에 자폐성 장애인은 상대에게 자신의 요구를 표현하지 못하기 때문에 오는 좌절감을 수시로 느끼게 된다(김은정, 2000). 자폐성 장애아동들은 환경적 변화를 싫어하기 때문에 사회적 환경에 대해 무감각하고 반응이 없으며, 사회적 상호성에 결함이 있고 사회적 상호작용의 기초라고 할 수 있는 모방능력이 현저하게 결여되어 있다(변찬석, 1994).

(4) 반려동물매개치료의 효과

① 타인에 대한 인식 증가

　　자폐성 장애아동들은 타인과의 의사소통과 관계형성에 관심이 없고, 상호적인 관심을 나누려는 행동도 보이지 않는다(양문봉, 2000). 타인과 눈을 맞추려 하지 않는 것이 가장 큰 특징적 행동이며 타인이 존재하지 않는 것처럼 행동한다. 이진숙(2005)은 이러한 특성을 지닌 자폐유아들에게 반려동물과 상호작용을 할 수 있는 스킨십, 훈련, 간식주기 등의 프로그램을 접목시켜 연구하였으며 그 결과로 첫째, 상대의 관심을 긍정적인 방법으로 끌게 하는 행동을 수행하는 데에 효과가 있었다. 둘째, 타인의 대한 인식을 증가시켰고 셋째, 사회적 규칙들을 알게 하는 데 효과적이며 넷째, 사회적 놀이 활동을 증가시킬 수 있고 다섯째, 자립성을 키워줄 수 있다고 한다.

━━━ 팀원과 자연스럽게 교류를 할 수 있고 도우미견과의 유대감을 증진할 수 있는 미니 운동회

자폐성 장애인에 따라 다르지만 대부분 사람이 아닌 대상에는 관심을 보이는 경우가 많다. 평소에 접하지 못한 작은 도우미동물이 움직이며 소리 내는 것은 자폐성 장애인에게 두려움의 대상이 되기도 하지만 흥미로운 대상이 되기도 한다. 저자의 경험에 의하면 치료사에게 관심이 없고 눈을 잘 마주치려 하지 않았던 자폐성 장애인도 도우미동물을 빤히 쳐다보거나 집요하게 눈을 맞추려 하는 모습들을 볼 수 있었다. 도우미동물에 대한 집중이 치료사에게로 연결되어 자연스럽게 타인에 대한 인식이 증가되는 효과를 볼 수 있다.

② 언어표현의 증가

비장애아동이 말을 배우기 이전에 다른 사람에게 자신의 욕구나 감정 등을 다양한 얼굴 표정과 목소리, 제스처 등을 사용하여 표현하는 데 반해, 자폐아동은 자신의 감정이나 욕구를 나타내기 위한 제스처 등의 결함을 나타내기 시작하므로 심각한 언어적 손상을 초래하게 된다(윤미원, 2005). 또한, 미국정신의학회(APA, 2000)에서 정한 언어관련 진단기준(DSM-IV-TR)은 첫째, 표현 언어발달의 지연 혹은 결함, 둘째, 대화를 시작하거나 유지하는 능력의 결함, 셋째, 반복적이며 특이한 언어 구사, 넷째, 가상적 놀이·사회적 모방놀이 기능의 결함 등을 제시하고 있다(최경식, 2005 재인용). 이러한 자폐 아동에게 반려동물매개치료사는 도우미동물과 크게 상호작용할 수 있는 훈련프로 그램, 간식주기, 눈 마주침 등의 프로그램을 적용함으로써 언어적 및 비언어적 의사 소통을 할 수 있게 유도하여 언어적 표현이 향상될 수 있는 기회를 제공한다.

③ 상동행동의 감소

상동행동이란 어떠한 목적 없이 같은 행동을 반복적으로 하는 것을 말한다. 상 동행동은 자폐성 장애인과 지적장애인 등 발달에 지연을 보이는 사람 모두 보일 수 있지만 자폐성 장애인이 좀 더 높은 확률로 다양한 상동행동을 보인다. 상동행동은 특정 상황이나 수행하는 개인이 어떤 감정을 느꼈을 때, 표현하고 싶을 때, 스트레스 를 받았을 때 등 다양한 상황에서 발생하며 행동뿐 아니라 음성, 사물의 조작 등 다 양한 형태로 표현된다. 예시로는 눈 앞에서 손 흔들기, 몸을 좌우로 흔들기, 몸을 앞 뒤로 흔들기, 발을 바닥에 구르기, 물건 깨물기, 귀 막고 소리내기, 귀 두드리기, 박수 치기, 특정 소리에 집착하거나 싫어하기, 높은 곳에 올라가기, 눈 깜박거리기, 입으로 딱 소리내기, 손가락으로 소리내기, 어떤 촉각을 거부하거나 집착하기 등이 있다.

상동행동의 원인은 여러 가지 가설이 있지만 모두 뚜렷하게 상동행동의 원인을 설명하지는 못한다. 그 중 가장 널리 알려진 이론은 '자기-자극 이론'이다. 인간은 누구나 오감을 통해 감각을 충족하며 살아가는데 자폐성 장애인은 장애로 인해 어 떤 감각에 대해 지나치게 예민하거나 둔감해진다. 어떤 감각에 대해 부족함을 느끼 게 되면 이를 채우기 위한 보상행동으로 자신에게 자극을 주는 행동을 하게 된다. 예를 들면, 시각적인 감각이 부족할 때 눈으로 빛을 쫓거나 눈 앞에서 손이나 팔을 팔락거려서 시각적 감각을 채우게 된다. 반대로 외부의 자극을 너무 과도하게 받아 들여 불쾌감을 느끼고 이를 상쇄시키기 위해 자신을 자극하는 행동을 하게 된다. 자신에게 집중할 수 있는 행동을 반복함으로써 외부의 자극을 밀어내는 것이다. 자 폐성 장애인이 소란스럽거나 낯선 환경에서 상동행동이 증가하는 모습들은 자기- 자극 이론을 대표하는 예시가 된다.

상동행동은 행동 그 자체의 문제보다는 상동행동으로 인해 타인과 어울릴 수 있는 기회를 제공받지 못하며 개인의 발전을 저해하는 요소가 되기 때문에 상동행동의 감소를 위한 많은 연구들이 진행되고 있다. 반려동물매개치료를 통해 자폐성 장애인이 치료사와 도우미동물과의 안정적인 관계를 형성하는 것은 상동행동의 감소에 영향을 줄 수 있다. 도우미동물이 가진 털의 촉감과 짖는 소리, 움직임 등은 자폐성 장애인에게 다양한 자극을 주고 치료사의 적절한 중재를 통해 상동행동이 아닌 사회적으로 허용되는 방식으로 자신을 표현하는 방법을 배움으로써 상동행동의 감소에 영향을 미칠 수 있다.

(5) 정신장애

급변하는 현대사회에서 인간은 환경의 변화에 적응하는 데 어려움을 겪고, 사회에서 소속감이나 공동체의식을 느끼기보다는 소외감과 단절감을 느끼면서 정신적인 스트레스가 많아짐에 따라 인간의 정신 병리적 현상이 증가하게 되었다.

이에 따라 인간의 정신질환은 점점 더 증가하는 추세이고, 증상 또한 다양화 되어 가고 있다. 정신병 혹은 정신질환은 의학적으로 매우 광범위해서 생물학적·심리적 이유로 지능, 인지와 지각, 생각, 기억, 의식, 감정, 성격 등에서 병적인 현상이 나타나는 모든 질환을 포괄한다. 그리고 정신질환이 만성화 되어 어느 정도 병적인 현상이 고착된 경우에는 정신장애로 판정한다(이준우 외, 2007).

① 정신장애의 정의

정신장애는 정신질환과는 달리 질병 자체의 활발한 진행 외에도 감정조절·행동·사고 기능 및 능력의 장애로 인하여 일상생활이나 사회생활에 상당한 제약을 받으며, 이전의 기능 수준으로는 완전히 돌아갈 수 없는 상태를 의미한다. 보다 쉽고 구체적으로 정리하면, 정신장애란 정신질환이 사람에게 영향을 주어 제약을 초래하는 상태라고 볼 수 있다(양옥경, 2006 재인용). 장애진단을 받기 직전의 1년 동안 지속적으로 진료를 받고 3개월 이상 약물치료가 중단하지 않았음에도 치료 후 호전의 기미가 거의 보이지 않을 만큼 장애가 고착되었을 때 정신장애를 판정한다.

정신장애를 판정할 때는 능력장애(disability)의 상태를 확인한다. 능력장애의 측정 기준에는 첫째, 스스로 적절하게 음식을 섭취하는지, 둘째, 대소변 관리·목욕·청소 등의 청결 관리가 자발적인지, 셋째, 대인관계와 의사소통 능력은 어떠한지, 넷째, 자발적이고 규칙적인 통원 및 복약이 가능한지, 다섯째, 금전을 인지하고 적절한 구매행동이 가능한지, 여섯째, 대중교통 및 공공시설의 이용이 가능한지가 있다.

DSM-5에서는 정신장애를 20개의 범주로 나누고 하위범주로 300개 이상의 장애를 규정하고 하고 있음에도 불구하고 우리나라 「장애인복지법」에서는 지속적인 정신분열병, 분열형 정동장애, 양극성 정동장애, 반복성 우울장애의 4개만 정신장애로 인정함으로써 매우 협소한 정신보건서비스가 제공되고 있음을 알 수 있다. 법적인 정신장애로는 인정되지는 않지만 공황장애, 강박장애, 거식증 및 폭식증, ADHD, 불안장애, 성격장애 등의 정신질환도 있으며 이로 인해 고민하고 있는 사람들 또한 많다.

정신장애의 치료방법에는 약물치료와 정신사회재활치료로 나뉘는데 정신재활치료 프로그램의 종류에는 여가활용훈련, 사회기술훈련, 직업재활, 일상생활기술훈련 등이 있다. 치료를 위해 단독으로 약물치료를 하기보다는 정신사회재활치료를 함께 병행하는 것이 재발을 낮추는 데 더욱 효과적이라는 연구결과가 있다. 미술치료, 연극치료, 음악치료 등과 더불어 반려동물매개치료 또한 정신장애인의 치료방법으로 활용되고 있으며 이에 따른 연구 또한 활발히 진행되고 있다.

② 정신분열병(schizophrenia)

정신분열병은 다른 말로 정신분열증, 조현병(調絃病)으로도 부른다. 조현병에서 조현(調絃)이란 현악기의 줄을 고른다는 의미로 정신분열환자의 모습이 마치 조율되지 못한 현악기처럼 혼란스러워 보인다고 하여 2011년 정신분열병에서 조현병으로 용어가 바뀌었다. 조현병은 유병률이 1% 정도로 매우 흔한 질환이다. 만성환자의 경우 완전한 회복이 어려워 오랜 병원생활을 하거나 입원과 퇴원을 반복하는 등 약물치료를 병행한 장기적인 치료를 필요로 한다.

조현병의 원인은 정확하게 밝혀지지 않았지만 생물학적 요인으로는 유전과 도파민이라는 신경전달 물질의 과다, 뇌의 구조적 이상 등이 있다. 심리사회적 요인으로는 스트레스에 대한 취약성, 개인이 처한 환경(빈곤, 사별, 가족관계 등), 부모의 양육태도, 부부관계, 성장 과정 등이 있다.

정신분열병의 주요 증상은 양성증상과 음성증상으로 나눌 수 있는데 첫째, 양성증상은 외향성 증상이라고도 하며 모든 기능이 비정상적으로 확대된 것을 말한다. 환청이나 환각, 망상, 와해된 언어와 행동, 사고의 와해 등이 외부적으로 표현되어 타인에게 주의를 끌게 되는 원인이 된다. 충동 조절에 문제가 있을 수 있어 작은 사건에도 과민반응을 보이거나 공격성을 보이기도 한다. 와해된 언어를 사용하여 말이 횡설수설하고 주제를 자꾸 벗어나면서 상대방이 들었을 때 어떤 이야기를 하고 있는지 이해하기 어렵다. 문장을 완성하지 못하고 서로 관련 없는 단어들을 나열하거나 새로운 단어를 만들어 사용하기도 한다. 말을 하던 중에도 말을 하고자 했던 방향을 잃고 다른 생각이 끼어들면서 논리적으로 말이 진행되지 못한다.

표 3-5 **조현병의 양성증상**

양성증상			
환각		**망상**	
환청	아무 것도 없음에도 불구하고 소리를 듣는 것으로 욕이나 명령, 울음, 웃음소리 등 환자에 따라 다르다.	피해망상	타인이 나에게 피해를 주고 있다고 믿는다. 누군가 자신을 감시하고 미행하고 괴롭히며 고통을 주려고 한다고 믿는다.
환시	존재하지 않지만 보이는 것으로 사람, 동물, 물건 등이 있다.	과대망상	자신이 매우 특별한 인물이라고 믿으며 초능력을 가졌거나 신적인 존재라고 생각한다.
환미	음식의 맛이 이상하거나 불쾌하며 맛이 느껴지지 않음에도 맛이 난다고 한다.	관계망상	모든 것이 자신과 관련이 있다고 믿는 것이다.

환촉	느껴지지 않는데도 촉각을 느끼는 것으로 벌레가 기어 다니거나 무언가 닿은 것 같거나 통증을 느끼기도 한다.	애정망상	다른 사람이 나를 사랑한다고 믿는 것이다.
환후	냄새가 나지 않음에도 냄새를 맡는 것으로 악취나 타는 듯한 냄새를 맡는다.	신체망상	의학적으로 아무 이상이 없음에도 불구하고 신체에 큰 질병이나 이상이 있다고 믿는다.

둘째, 음성증상은 내향성 증상이라고도 하며 양성증성과 반대로 모든 기능이 비정상적으로 축소된 것을 말한다. 음성증상은 양성증상보다 치료하기가 어렵다. 음성증상은 단답형의 대답만 하는 등 말의 양이 줄어드는 표현 불능, 행동이나 활동에 흥미가 없는 의욕결핍, 무감동하고 무기력한 모습을 보인다. 음성증상을 보이는 환자와 대화를 할 때 표정변화를 보이지 않고 단답형으로 대답하는 모습을 많이 볼 수 있다. 무감동, 무의욕, 무감동 등의 음성증상은 의미 있는 대인관계를 형성하는 데 어려움을 겪게 하고, 이는 사회적 고립을 초래한다.

표 3-6 **조현병의 음성증상**

음성증상	
감소된 정서표현	외부자극에 대한 정서적 반응이 둔화된 상태로 얼굴, 눈맞춤, 말의 억양, 손이나 머리의 움직임을 통한 정서적 표현이 감소된다.
무의욕증	마치 아무런 의욕이 없는 듯 목표를 위해 나아가는 행동도 하지 않고 사회적 활동에도 무관심한 채로 오랜 시간을 보낸다.
무언어증	말이 없어지거나 짧고, 간단하며 공허한 말을 하게 된다.
무쾌락증	긍정적인 자극으로부터 쾌락을 경험하는 능력이 감소하는 증상이다.
비사회성	타인과의 사회적 접촉 및 상호작용에 대한 관심이 없다.

표 3-7 정신분열병의 와해된 언어 및 혼란스러운 언어

	와해된 언어 및 혼란스러운 언어
비논리적	자신의 생각을 똑바로 정리하지 못하고, 자신이 무슨 말을 하는지 조차 까먹으며 어떤 말을 하려고 했는지도 까먹는다.
사고의 비약	• 여러 가지 생각이 아주 빠르게 잇달아 떠오르거나, 연상 작용이 매우 빨라 생각이 일정한 방향을 잡지 못하는 사고 장애이다. • 연상 작용이 빨라 입이 머리를 따라가지 못해 하던 말을 끝내지 못하고 다른 주제가 튀어나온다.
우원증	말하고자 하는 목표를 향해 사고를 논리적으로 진행시키지 못하고 초점을 잃거나 다른 생각이 침투하여 엉뚱한 방향으로 생각이 흘러간다.

③ 반복성 우울장애(recurrent depressive disorder)

우울감은 누구나 느낄 수 있는 감정이지만 우울증은 우울한 감정이 지속되는 것 뿐 아니라 인지 기능이나 신체적 기능, 수면 장애, 피로감, 무의욕과 같은 증상을 느끼며 일상생활 기능이 저하되게 된다. 식욕이 떨어지고 체중이 감소하며 불면증이 찾아온다. 흔히 우리는 우울증이라 하면 한없이 가라앉는 기분만을 느끼는 것으로 생각하는데 DSM-5

우울증은 우울한 기분과 무기력증을 느낀다.

에서도 지속성 우울장애의 주요 증상으로 우울한 기분과 무기력증을 제시하고 있다. 흥미롭던 것에 관심이 사라지고 재밌는 것을 찾을 수 없다. 특별히 아픈 것이 없는데 몸 상태가 좋지 않고 짜증이 늘며 기억력이 저하된다. 우울은 불안감, 무기력감, 슬픔, 우울한 기분을 느끼는 상태에서부터 무기력감과 상실감을 느끼기도 하고 두통이나 소화불량과 같은 신체증상, 이인증(depersonalization), 심한 경우 자살기도나 피해망상 등 그 정도에 따라 다양한 증상을 호소한다.

④ 양극성 정동장애(Bipolar affective disorder)

일반적으로 조울증으로 알려져 있는 질환으로 기분이 저조한 우울 상태와 고양된 기분상태인 조증(mania) 상태가 번갈아 나타난다. 조증은 지나치게 의기양양하거나 행복감에 심취되어 신이 된 것 같은 기분을 느끼고 모든 것을 할 수 있는 것 같은 기분이 든다. 평소보다 말이 많아지고 충동 조절에 문제를 보여 사소한 일에 분노하거나 과격한 행동을 일으키기도 하며 과민한 반응을 보인다. 수면에 대한 욕구가 줄어들고, 지나치게 자신에 대한 능력을 믿고 판단력이 흐려지며 갑자기 물건을 무분별하게 구매하거나 큰돈을 갑자기 투자하는데 이때 미래에 대한 고려는 하지 않는다. 우울과 마찬가지로 심한 경우 환청이나 망상과 같은 정신병적 증상을 보이기도 한다.

⑤ 분열형 정동장애(schizo-affective disorder)

분열형 정동장애는 정신분열증(조현병)과 정동장애 증상을 함께 보이며 급성적으로 시작되는 특징이 있다. 기분삽화에 따라 우울형과 양극형으로 구분된다.

(6) 반려동물매개치료의 효과

① 스트레스의 해소

정신장애를 가진 사람은 일반적인 사람에 비해 스트레스에 취약하다. 고성희(1979)의 정신질환자와 비정신질환자의 스트레스 및 그 적응방법에 대한 비교연구를 살펴보면 정신질환자와 비정신질환자 사이에 스트레스를 느끼는 사건수에는 유의한 차이가 없었으나 정신질환자가 비정신질환자에 비해 스트레스에 대한 심각도가 높게 나타났다. 다시 말하자면, 스트레스를 느끼는 사건 수보다는 오히려 이를 인지하는 심각 정도가 정신질환과 중요하게 관련된다고 할 수 있는 것이다. 도우미동물과의 상호작용은 이완 활동과 유사하여 불안 감소 효과를 가져 온다. 비판적이지 않고 무조건적 수용을 하는 도우미동물과의 상호작용은 긴장된 상태를 완화시켜주고 스트레스 수준을 감소시킨다(Katcher, Friedmann, Beck, & Lynch, 1983).

② 대인관계 능력 향상

과거에는 정신장애인들의 정신병적 증상의 완화가 치료의 목표였지만 최근에는 탈시설화 하고 지역사회에서 거주하며 기능적인 삶을 유지하는 데 초점을 두고 있다. 정신장애인들은 재발과 재입원을 반복하는 악순환 속에서 자신의 생각이나 감정을 적절한 언어로 표현하고, 타인의 말과 행동 감정을 있는 그대로 이해하며 소통하는 방법을 제대로 배우지 못하여 의사소통을 하는 데 어려움을 겪는다. 의사소통기술의 부족은 타인과의 관계 속에서 비정신질환자에 비해 더 많은 스트레스를 받게 하고 이것은 대인관계에서의 어려움으로 연결된다. 정신질환 환자들은 정서를 인식하거나 표현하는 것이 어렵다고 보고되고 있다(Heimberg et al., 1992; Bellack et al., 1992; Kerr&Neale, 1993).

다른 사람의 정서 상태를 지각하는데 중요한 기술인 얼굴표정이 가지는 정서를 올바르게 인식할 수 있는 능력은 정신분열병 환자들이 일반인에 비해 얼굴표정 인식기능에 유의한 손상이 있으며, 이는 공감능력과 관련하여 상대방의 정서를 제대로 인식하지 못하여 대인관계에 어려움을 가진다고 보고 있다(이수정 외, 2002). 타인과의 좋은 관계를 형성하기 위해서는 타인에게 관심을 기울여야 하는데 정신 장애인들은 정신과적 증상으로 인해 타인의 행동, 태도 등에 관심을 기울이는데 어려움이 많다.

반려동물매개치료는 대인관계를 형성하는 데 도움을 줄 수 있다. 체온을 가진 살아있는 도우미동물과 접촉하고 친밀감을 형성하는 과정에서 각각 도우미동물들의 성격을 이해하고 수용하며 긍정적인 관계를 형성하게 되면서 도우미동물들의 행동과 감정을 이해하는 마음은 한 발 더 나아가 타인과의 관계에서도 타인을 수용하고 이해할 수 있도록 도와 대인관계를 갖는 데 도움을 줄 수 있다.

낮병원 회원님들이 가장 좋아하는 '도우미견과의 실외산책'. 기분 전환도 되면서 다른 회원들과 자연스럽게 교류할 수 있는 시간

③ 의사소통 기술의 향상

타인과의 관계에서 의사소통, 즉 대화는 중요한 역할을 하는데 정신장애인은 타인과의 관계에 있어 수동적인 경향이 있어 먼저 말을 거는 경우가 잘 없고 대화를 할 때도 단답형으로 대답하거나 타인의 말에 적절한 반응을 보이는 것이 어렵다. 이러한 태도는 타인과의 의사소통을 하는데 장애요소가 되고 관계의 단절로까지 이어질 수 있다. 이로 인해 개인이 느끼게 되는 소외감, 고립감, 좌절감, 우울감 등은 정신질환의 심화나 재발로까지 이어질 수 있다.

하지만 도우미동물은 언어적인 대화를 필요로 하지 않기에 거부당할 두려움 없이 다가갈 수 있으며 마음으로 대화를 하는 친구가 될 수 있다. 또한 동물은 비판없는 무조건적인 수용을 하기 때문에 부정적인 생각이나 감정을 마음껏 표현할 수 있어 환기 효과를 얻을 수 있고, 감정이입이 쉽게 이루어진다(Ross, 1992; Gonski, 1985). 이는 자기개방과 수용이 어려운 정신 장애인에게 타인과의 의사소통 연습을 할 수 있는 기회를 제공한다.

④ 자기표현 기술 향상

상황적 요구 조건에 맞춰 자신의 내면과 정서를 표현하는 것은 개인의 사회적 적응과 심리적 안정에 매우 중요하다. 타인의 정서를 인식하고 그에 대한 적절한 정서의 개인적 경험과 표현은 대인관계를 유지하는 데 큰 영향을 미친다. 하지만 정신장애인은 타인의 정서를 인식하는 것뿐 아니라 자신의 정서를 인식하고 표현하는 데도 어려움을 겪는다. 타인과의 관계를 형성

입원병동 환자분들이 도우미견에게 간식을 주고 있다.

할 수 있는 기회가 줄어들며 자연스럽게 자기표현기술이 감소되기도 한다.

도우미동물과 보내는 시간은 감정표현을 할 수 있는 기회가 된다. 도우미동물들의 행동에 자신의 감정을 빗대어 표현할 수도 있고, 점차 관계가 형성됨에 따라 함께하는 즐거움과 스킨십과 체온을 통한 위로, 칭찬과 미운 감정의 표현, 섭섭함의 표현 등 타인과의 관계에서 경험할 수 없는 것을 도우미동물을 통해 경험하고 긍정적 표현과 부정적 표현을 모두 할 수 있게 한다. 앞서 말한 것처럼 정신장애인은 긍정적인 표현보다 두려움이나 분노와 같은 각성수준이 높은 정서를 표현하기 어려워하는데 반려동물을 통한 부정적 감정의 표현은 감정의 정화와 억압된 감정을 해소할 수 있는 기회를 갖게 한다(권현분, 2009).

이 외에도 도우미동물의 대화의 주체가 되어 타인과의 의사소통을 할 수 있는 계기를 마련해주어 사회적 접촉을 증가시키거나, 정서적인 유대감을 통해 고독감을 해소할 수 있다. 또한 도우미동물들의 행동을 통해 미소를 짓고 소리 내어 웃음으로서 얼굴표정의 변화와 정서적 즐거움을 통해 무감동, 무쾌락과 같은 음성증상을 완화시킬 수 있고, 도우미동물과 함께하는 동적인 활동들을 통해 운동증진 효과도 볼 수 있다. 정신 장애인에게 반려동물매개치료는 상호작용 할 수 있는 대상과의 만

남, 교감을 통한 심리적 안정, 의사소통의 통로, 대인관계 기술 습득, 스트레스 해소, 자기표현을 통한 자신에 대한 이해와 수용, 돌봄의 대상이 아닌 돌봄의 주체가 되어 자아존중감 향상 등의 다양한 긍정적인 효과를 줄 수 있다.

3) 주의력결핍 과잉행동장애(Attention Deficit hyperactivity disorder, ADHD)

우리나라 장애인 법상에는 속하지 않으나 반려동물매개치료의 접근이 가능한 장애를 소개하려 한다.

(1) ADHD의 정의

학령 전기 아동들이 한 자리에 가만히 앉아있지 못하고 주위를 산만하게 돌아다니거나, 한 가지 과제를 끈기 있게 하지 못하는 등의 행동은 발달 측면에서 볼 때 자연스러운 행동이라고 볼 수 있으나 또래 아이들에 비해 이런 행동적인 특징이 과도하게 나타내는 아  동들이 있다. 이런 아동들 중 몇몇은 ADHD를 나타내는데, 여기서 ADHD는 'Attention Deficit Hyperactivity Disorder'의 약자로 '주의력결핍-과잉행동장애'라 부른다. 미국심리학회 APA에 따르면 전체 아동의 3~5%가 ADHD증상을 보이며 여자보다 남자의 발현 비율이 높은데 남녀 비율은 4:1에서 9:1에 달한다고 보고하였다 (American Psychiatric Association, 1994).

ADHD는 인지, 정서, 행동 면에서 결함을 동반하는 아동기 발달장애 중의 하나라고 볼 수 있다(Barkely, 1990). ADHD가 적절한 시기에 제대로 치료되지 않으면 학령기에 접어들면서 점진적인 학습 부진, 또래 관계의 문제, 낮은 자존감과 활동 동기 저하, 우울감이나 불안감·위축감 등과 같은 이차적 문제를 낳게 하며 청소년기와 성인기까지 지속적이고 광범위하게 인지적, 사회적, 정서적인 문제를 나타낸다 (Barkely, 1997; Hinshaw, 1994).

ADHD의 치료법으로 우리나라에서 흔히 시행되는 것이 약물치료이다. 약물 치료는 ADHD의 주요치료 방법인데 Barkley(1990)에 의하면 ADHD증상 아동 중 60~90%가 약물치료를 받고 있다고 하였다. 약물치료가 증상 완화에 효과적이기는 하지만 부작용의 위험이 있고 약물이 아동의 신체 체계 내에 있는 동안만 지속되기에(Hinshaw, 2010; Solanto, 2013) 확실한 치료방법이라고 볼 수 없다. 약물치료의 한계성으로 다양한 인지 행동적, 심리 치료적, 예술 치료적 접근방법들이 연구되고 있다.

(2) ADHD의 주요 증상

단순히 과도하게 행동하고 산만하다고 해서 ADHD를 진단 받는 것이 아니다. ADHD라는 이름에서 알 수 있는 것처럼 주의력 결핍, 과잉행동, 충동성의 문제를 가지고 있는데 이러한 문제가 7세 이전에 발생되어 적어도 6개월 동안 지속되고 최소 두 가지 이상의 환경(집, 학교, 직장 등)에서 동시에 장애를 보이며 이러한 증상으로 인해 학업이나 사회적, 직업적인 문제가 발생되어야 ADHD로 진단한다.

① 주의력결핍(Attention Deficit)

부주의와 같은 의미로 사용되며 적절한 환경 자극에 주의를 기울이고 부적절한 자극을 무시할 수 있는 능력인 '선택적 주의(selective attention)'와 오랜 시간에 걸쳐 어떤 과제에 주의를 기울이는 능력인 '지속적 주의(sustained attention)'에서 문제를 보인다 (정명숙 외, 2001). 또한 지시를 따르지 않고 과제나 맡은 일을 끝내지 못하며 활동이나 과제에 필요한 물건들을 자주 잊어버린다.

② 과잉행동(Hyperactivity)

과잉행동의 증상은 앉아 있어도 손이나 발, 몸을 움직이며 안절부절 못하고, 가만히 앉아 있어야 하는 상황에서 자주 자리를 이탈하며 지나치게 수다스럽다. 또한 또래에 비해 더 많이 움직이고, 기어오르며, 뛰어다닌다. 아동들은 대부분의 생활을 학교에서 하기에 이러한 낮은 자기통제력을 보이는 행동들은 또래들과의 원만한 관계를 맺는데 방해요소가 되고 교사로부터 잦은 지적을 받게 됨으로서 흔히 말하는 '문제아'로 인식되면서 자아존중감이 낮아지고 스스로에 대해 부정적으로 생각하게 된다.

③ 충동성(Impulsiveness)

ADHD 아동들은 자신의 감정을 잘 조절하지 못하고 특정 상황에서의 반응을 제지할 수 없다. 차례를 잘 기다리지 못하고 타인의 활동을 방해하거나 간섭하며 질문이 끝나기도 전에 대답을 한다. 과잉행동과 항상 연계되어 나타나기 때문에 DSM-Ⅳ에서도 행동억제불능을 의미하는 하나의 행동특성으로 서술되어 있다(이효신, 2000).

(3) 반려동물매개치료의 효과

① 사회기술의 향상

ADHD아동은 낮은 자기통제력으로 타인과의 관계에 있어서도 충동적이고 공격적인 행동을 많이 보인다. 쉽게 짜증을 내고 자신의 차례를 기다리지 못하며 규칙을 지키기 어려워하고 교사의 지시를 따르지 못한다. 이런 모습들은 또래들과 원만한 관계를 유지하지 못하고 시끄럽고 제멋대로라는 평가를 받으며 따돌림 당하는 경우가 많다. 이 시기의 아동들은 학교생활을 중심으로 또래관계 속에서 발달해나가기에 이러한 또래 관계의 문제는 거부, 거절로 한정되지 않고 높은 사회적 공격, 낮은 사회적 수행, 대인관계 문제 등으로 나타날 수 있다(Hoza, 2007). Minuchin과 Shapiro(1983)는 학교에서의 경험이 아동의 태도와 가치관의 형성에 중요하게 기여할 수 있다고 하였다. 그렇기에 ADHD아동의 사회기술의 향상은 매우 중요하다고 할 수 있다.

Gresham과 Elliott(1987)가 개발한 사회기술평정체계(Social Skills Rating System: SSRS)를 살펴보면 사회기술을 협력, 자기주장, 공감, 책임, 자기통제의 5개 영역으로 나누었다. Barynet(1992)에 의하면 반려동물을 키워본 경험 등 동물과의 접촉이 많았던 아동일수록 그렇지 않은 아동에 비해 타인에게 더 많은 친밀감을 표현할 수 있다고 하였다. 또한 반려동물과 많은 시간을 보낸 아동이 그렇지 않은 아동보다 다른 사람의 감정을 이해할 수 있는 감정이입 능력이 높다는 연구결과도 있는데 이는 반려동물이 매개체가 되어 반려동물과의 지속적인 만남을 통한 변화를 꾀하는 반려동물매개치료가 사회기술의 향상에 긍정적인 영향을 준다는 사실을 뒷받침해준다. 또한 예측할 수 없는 반려동물들의 행동을 이해하고 받아들이는 과정은 타인과의 관계에서도 타인의 행동을 이해하고 수용할 줄 아는 마음으로까지 연결되게 하여 대인관계 능력을 향상시킨다. 동물과 함께하는 시간이 많아지면서 그들을 직접적으로 경험하고 느끼는 과정에서 동물을 하나의 생명체로 인식하게 된다. 이는 개인의 공감능력이나 친사회적 행동과 같은 사회적 기술능력을 증가시키며 돌봄의 주체가 되는 경험을 통해 책임감 또한 성장시킬 수 있다.

② 자기통제력(self-control)의 향상

ADHD의 주요 증상인 주의력결핍, 과잉행동, 충동성은 자기통제력(self-control)과 많은 관련이 있다. ADHD아동의 행동특성은 규칙이나 기준을 지켜야 하는 행동에서의 자의적인 규제를 의미하는 자기 통제력의 부족 때문으로 인식되고 있다(Barkley, 1995; Kendall & Braswell, 1993). 자기 통제력이 부족한 아동은 분위기에 맞지 않는 소리를 내거나, 타인을 방해하며 기분대로 행동하고 쉽게 화를 내는 경향이 있다. 운동경기와 같은 규칙을 지키는 상황을 어려워하기도 하는데 반려동물매개치료는 자기 통제력을 증진시키는 데 도움을 줄 수 있다.

 자기의 순서를 기다리면서 도우미견에게 간식을 먹인다.

반려동물은 어떤 환경에서 어떤 행동을 할 지 예측이 불가능하기 때문에 지속적인 관찰이 요구된다. 관찰하는 과정에서 아동의 주의가 반려동물에게 기울면서 자연스럽게 행동이 억제된다. 또한 반려동물들의 예측 불가능한 행동은 아동에게 있어 새로운 자극제인 동시에 지속적인 주의를 요구하는 사항이기에 아동이 반려 동물에게 관심을 가지게 하고 아동의 충동성이나 민감성을 감소시켜 반응을 연장시 키는 효과가 있다. 반려동물과의 상호교감은 ADHD아동의 내부로 향해 있는 주의 방향을 외부로 끌어내어 각성 정도를 낮추며 어떤 행동에 대해 정확하게 이해할 수 있도록 하고 부정적인 행동을 억제시키는 데 도움을 준다(Katcher & Wilkins, 2000 재인용).

Jackons(2008)은 뉴런 체계의 약화가 주의력결핍의 주요 원인이며, 집중력 훈련이 나 마음 훈련을 통해서 자신을 조절할 수 있는 힘을 강화시켜 주면 주의력이 개선된 다고 하였다. 즉, 자신을 조절하는 힘인 자기 통제력의 강화는 아동의 주의력강화에 긍정적 영향을 미친다는 것이다.

이처럼 반려동물과의 상호교감을 통한 반려동물매개치료는 ADHD아동의 자기 통제력을 기르는 데 도움을 주어 상황을 보고 판단하여 인지과정을 통해 행동을 수행하고, 수행한 행동을 수정할 수 있으며 부정적인 행동은 억제할 수 있게 된다.

③ 긍정적 자아개념의 형성

자아개념이란 개인이 가지고 있는 성격, 태도, 느낌, 가치, 개성 등 자신에 대한 전반적인 개념을 말한다. 간단하게 말하면, 내가 나를 어떻게 생각하는가에 대한 것 이다. 긍정적인 자아개념을 가진 아동은 긍정적인 자기언어로서 자신을 강화하지만 부정적인 자아개념을 가진 아동은 부정적인 자기언어로 자신을 강화한다(김기정, 1996)

ADHD아동은 행동적 특성으로 인해 또래부터로의 고립, 낮은 학업성취도, 주 위의 부정적인 피드백, 반복되는 실패 등으로 불안감을 느끼고 낮은 자존감을 형성 하여 좌절감이나 우울을 경험한다. 따라서 ADHD를 가진 사람은 자기 자신의 존 재 가치를 낮게 평가하고 중요하게 생각하지 않으면서 부정적인 자아개념을 형성하 게 된다. 자아개념은 개인의 행동과 발달에 중요하게 작용하므로 긍정적 자아개념 을 형성하는 것은 중요하다. 긍정적 자아개념이 형성된 사람은 가정, 직장 등 자신 이 속한 환경 속에서 자신의 존재를 긍정적으로 인식하며 자신에 대해 믿음을 가지고 있고 높은 자아존중감과 자아수용감을 보인다. 반대로 부정적 자아개념이 형성된 사람은 다양한 환경 속에서 자신을 무가치한 존재로 인식하고 자신을 거부하기도 하고 낮은 자아존중감과 자아수용감을 가지고 있다. 따라서 잦은 실패를 경험하는 ADHD아동이 긍정적인 자아개념을 형성할 수 있도록 하는 일은 매우 중요하다.

반려동물들은 차별하지 않고 비판 없는 무조건적인 수용을 해준다. 반려동물과 함께 있으며 ADHD아동은 반려동물에게서 자신의 모든 감정과 문제들이 무조건적으로 수용되는 것을 경험하게 되고 부정적 피드백들이 아닌 온전히 자신이 받아들여짐을 느끼게 된다. 이는 스스로를 이해하고 자신의 존재 가치를 깨닫게 하여 긍정적 자아개념을 형성하는 데 도움을 준다. 과잉행동 등의 행동특성으로 인해 주변의 관심이 늘 집중되어 있고 항상 보살핌을 받는 존재였으나 보살펴주어야 하는 반려동물을 돌봄으로써 보호자의 역할을 경험하게 된다. 자신이 누군가에게 필요한 소중하고 책임감 있는 존재임을 확인하는 것이다. 이는 성취감과 동시에 자기효능감을 향상시켜주어 긍정적 자아개념을 형성할 수 있게 한다.

반려동물매개치료는 자연치료의 한 분야로서 ADHD의 증상을 완화시킬 수 있고 개인의 정신건강에도 도움을 줄 수 있다. 소아청소년광역정신보건센터(2007)에서 서울시내 19개 초·중·고교 학생 2,664명을 대상으로 실시한 소아청소년 정신장애 유병률 조사 결과에 따르면 조사 대상의 13.25%가 ADHD에 속한다고 보고되는 등 높은 유병률로 인하여 학교 현장을 포함하여 우리 사회의 문제로 부각될 정도로 사회적 관심이 커지는 실정이다(이종구, 2013). ADHD가 한 개인의 문제가 아닌 사회적 문제로 대두됨에 따라 ADHD아동을 위해 반려동물매개치료를 포함하여 다양한 치료접근방법이 연구되어야 한다.

4) 특정 공포증(specific phobia)

(1) 특성 공포증의 정의

특정 공포증은 불안장애(anxiety disorder)의 하위범주 중 하나이다. 불안이라고 하는 것은 어떤 특정한 상황에 대하여 자신이 위협을 받는다고 받아들임으로써 야기되는

불쾌한 감정적인 반응이라고 정의
될 수 있다(조수철, 2000). 특정 공포증
은 단순 공포증이라고도 하는데 특
정한 상황이나 대상에게 심각한 불
안함을 느끼고 공포심을 가지게 되
며 이것이 일상생활이나 사회생활에
영향을 주는 것을 말한다. 우리는 누
구나 불안해하는 것이 있고 다양한
공포를 경험한다. 하지만 특정 공포
증을 가진 사람들은 두려움의 대상
이나 상황에 즉각적인 공포를 경험하며 일상생활이나 사회생활에 명백한 지장을 받
으며 심한 경우에는 공황발작을 일으키기도 한다. Rosen(1976)의 조사에 따르면 거의
열 명 중 한 사람의 비율로 심각한 공포증을 가지고 있는 것으로 나타났다.

(2) 공포증의 진단 및 유형

특정 공포증의 유형으로는 반려동물형, 자연 환경형, 혈액-주사 손상형, 상황형
으로 나눌 수 있다. 반려동물형은 말에서 나타나는 것처럼 개, 비둘기, 쥐, 거미 등
에 공포를 가지는 것이고 자연 환경형은 강이나 산과 같은 자연환경을 두려워하는
것인데 고소공포증도 자연 환경형에 속한다. 혈액-주사 손상형은 피나 주사에 공
포감을 가지는 것을 말하며, 상황형은 교통수단, 터널, 다리 또는 폐쇄된 공간에 대
한 공포로 폐쇄공포증은 상황형 공포증에 속한다.

DSM-IV-TR에 따른 특정 공포증의 진단기준은 다음과 같다.

① 매우 비합리적이며 지속적인 두려움이 있고, 특정 대상 또는 상황에 직면하
거나 그러한 것이 예상될 때 두려움이 유발된다.
② 공포 자극에 노출된 상황에서 즉각적으로 항상 불안 반응이 유발된다.(소아의
경우에는 울거나 칭얼거리거나 몸이 굳는 행동으로 나타날 수 있다.)

③ 스스로가 자신의 두려움이 지나치고 비합리적임을 인지하고 있다.(소아에게서는
    이러한 양상은 존재하지 않는다.)
④ 공포 상황에 직면하면 회피하거나 불안과 고통을 견디어 낸다.
⑤ 고통이 개인의 정상적인 일상생활과 직업적(또는 학업적) 기능, 사회적 활동이나
    관계에 명백한 지장을 주고 공포를 경험하는 것이 심한 고통이어야 한다.
⑥ 18세 이하의 경우에는 공포를 느끼는 기간이 최소한 6개월 이상이어야 한다.
⑦ 강박 장애, 외상 후 스트레스 장애, 분리불안 장애, 사회 공포증, 공황장애 등
    과 같은 다른 정신 장애에 의해 잘 설명되지 않아야 한다.
⑧ 과거에는 공포증을 개인의 의지부족으로 생각하였으나, 현대에서는 일반적인
    생활에 지대한 영향을 끼치고 논리적으로 설명할 수 없기에 개인의 의지로
    해결할 수 없는 문제로 인식하고 있다.

(3) 공포증의 원인

① 정신분석적 접근

정신분석이론의 프로이트(Freud)에 따르면 인간은 살아가면서 성적 충동, 공격적
충동, 적개심, 원한, 좌절감 등의 여러 요인에서 오는 심리적 갈등을 경험한다고 하
였다(오창순 외, 2010). 공포증은 불안에 기초하는데, 여기서 불안은 절박한 위험이나 압
도적인 공황상태에 관하여 자아에게 경고하는 신호의 기능을 담당한다. 인간이 자
신이 가진 힘으로는 불안을 통제할 수 없을 때 무의식적으로 극심한 공포를 경험하
고 있는 자아를 보호하기 위해 자아방어기제를 사용하게 되면 원초아의 충동은 무
의식 속으로 억압되고 불안한 상태가 된다고 하였다. 통제되지 못한 불안이 외부대
상에 투사되었을 때 특정 공포증으로 나타난다.

② 행동주의적 학습이론

행동주의적 학습이론 입장에서는 특정 공포증의 원인을 고전적 조건형성이론에
서 이해한다.
고전적 조건형성이란 무조건 자극과 연합된 중성 자극이 반복적으로 노출되

어 무조건 반응과 유사한 형태의 조건반응을 일으킨다는 것인데 John Broadus Watson의 어린 앨버트 실험(Little Albert Experiment)은 고전적 조건형성을 통해 공포증이 발생할 수 있음을 보여주는 예시이다. 개인이 공포를 느끼지 않는 중립자극에 공포를 일으

키는 자극을 반복적으로 제시하면 공포를 느끼지 않던 중립자극에도 공포를 느끼게 된다는 것이다. 행동주의 이론에서는 어떤 대상이나 상황에 공포를 느끼면 해당 대상이나 상황을 피할 수 있는 행동을 하게 되고 이 행동이 공포심과 불안감을 감소시켜주는 보상이 되어 공포증이 계속 유지된다고 하였다. 또한 공포가 타인의 반응을 통해 학습될 수 있다고 하였는데 이를 '관찰학습'이라 한다. Davis와 Palla-dino(1995)는 공포증을 나타내는 사람 중에는 실제로 공포자극에 접한 적이 없지만 다른 사람들이 그런 대상들에 대해 공포를 느끼는 것을 관찰함으로써 학습되었을 수 있다고 주장하였다. 아동은 개를 무서워하지 않았으나 신뢰감이 강하게 형성되어 있는 부모가 개에 물려 아파하는 모습을 본다. 직접 물리는 사건을 경험하지 않았으나 개를 무서워하게 되는 경우가 관찰을 통해 공포를 학습한 예시가 될 수 있다. 관찰학습은 언어적 지시와 깊은 연관이 있는데 공포상황에 대해 언어적인 설명을 통해 공포반응을 학습하는 것이다. 엄마가 자녀에게 "바늘은 찔리면 아프니 위험하다.", "불은 뜨거우니 가까이 가면 위험하다.", "강아지가 물 수 있으니 가까이 가면 안 된다." 등의 언어적인 지시를 통해 공포반응을 학습하는 것이다.

하지만 같은 경험을 해도 공포증이 발생하는 사람도 있고 그렇지 않은 사람도 있으며, 아무런 공포적 반응을 얻을 만한 경험(트라우마)이 없음에도 공포를 느끼는 등 아직까지 어떤 이론도 공포증의 원인에 대해 정확하게 밝히지 못하고 있다.

(4) 반려동물매개치료의 효과

특정 공포증은 가장 흔한 불안장애로 특정한 대상에 극심한 공포를 나타내는 것을 말하는데 다양한 대상 중 벌레, 쥐, 뱀 그리고 박쥐 등과 같은 동물에 대한 공포증이 가장 많이 나타나고 있다(Ost, Stridh, & Wolf, 1998).

동물매개치료는 다양한 치료방법으로 내담자의 동물에 대한 거부감을 낮춘다.

반려동물을 키우는 인구가 늘어나면서 동물 공포증을 가진 사람들의 고민도 같이 늘어나고 있다. 길거리에서도 흔하게 강아지를 산책시킬 수 있는 사람들을 볼 수 있고 동물의 수가 늘어난 만큼 유기동물도 늘어나면서 길거리에 아무런 안전장치 없이 돌아다니는 동물들을 쉽게 볼 수 있다. 동물 공포증을 가진 사람은 동물(모든 종류의 동물이 아닌 선택적으로 반려동물에게 공포를 가질 수 있다)을 보는 순간 즉각적으로 공포 반응이 온다. 그런 사람들에게는 동물을 쉽게 접할 수 있는 사회가 반갑지만은 않을 것이다. 공포증은 타인에게서 이해받기 어렵다. 지나가는 고양이를 보고 정신을 놓을 정도의 극심한 공포에 빠진 사람을 반려동물을 좋아하는 사람으로서는 이해할 수 없을 것이다. 어디선가 동물이 튀어나올지도 모른다는 불안감에 동물 공포증 환자들은 외출을 할 때 주위를 예민하게 경계하며 다니고 동물인줄 알고 작은 비닐이나 소리에도 깜빡 놀란다. 증상에 대한 이해를 받지 못하다 보니 주위로부터 자신이 가진 공포증을 비웃음 당하고 위축되고 스트레스를 받는다. 동물 공포증 환자들은 동물을 싫어하는 것과 무서워하는 것에는 차이가 있다고 말하며 자신이 가진 공포증이 완화되기를 원한다.

모든 상담의 기초가 상담자와 내담자의 라포형성인 것처럼 반려동물매개치료 또한 반려동물과의 상호작용을 바탕으로 한 치료법이기에 반려동물과 라포를 형성하는 것은 반려동물매개치료의 첫 걸음이라고 할 수 있다. 일상생활에 영향을 받을 만큼 동물에 대한 공포증 때문에 힘들어하는 사람뿐 아니라 반려동물매개치료를 받고 싶으나 동물에 대해 거부감을 가진 내담자를 대상으로 한 반려동물매개치료 프로그램은 동물에 대한 공포를 줄여나가는 단계부터 시작되어야 한다.

동물 공포증을 치료하기 위한 여러 방법들 중 반려동물매개치료에서 사용되는 치료방법은 행동치료의 방법 중 하나인 체계적 둔감법(systematic desensitization)을 들 수 있다. 체계적 둔감법은 반려동물 공포증뿐 아니라 다른 여러 공포증에 가장 많이 사용되는 방법으로 남아프리카 정신과 의사 Wolpe에 의해 고전적 조건형성 이론에 근거하여 개발되었다. 이는 공포를 적게 느끼는 상황에서부터 조금씩 공포를 많이 느끼는 상황을 단계적으로 극복하면서 최종적으로는 가장 공포를 많이 느끼는 상황을 극복하도록 하는 것이다. 체계적 둔감법은 다른 행동을 유발하던 자극에 새로운 행동을 짝지어 학습시키는 상호제지(reciprocal in-hibition) 이론에 근거를 두고 있다. 이는 불안과 상반되는 반응이 불안을 야기하는 자극이 있는 데에서 일어나게 하여 불안반응을 부분적으로 또는 전적으로 억압한다면 불안을 일으키는 자극은 그 힘을 잃고 만다는 것이다(박경애, 2011).

원래 체계적 둔감법은 3단계로 나누어 이완훈련을 하고 불안위계를 작성한 후 감감의 절차를 거쳐 진행되는데 반려동물매개치료 프로그램이 개인치료로 진행된다면 가능하겠으나 집단치료일 때는 이러한 절차를 밟기가 현실적으로 어렵다. 따라서 내담자들 중 반려동물에 대한 거부반응을 보이는 내담자가 있다면 반려동물을 직접적으로 만나기 전, 사진을 통해 반려동물과 인사를 나누게 하고 반려동물을 멀리서 보게 한 후 반려동물과의 거리를 조금씩 좁혀나가며 가벼운 스킨십부터 할 수 있도록 유도하는 등의 방법을 사용할 수 있다.

상담심리의 이해

Companion Animal
Assisted Therapy

CHAPTER 06

상담의
기초

1. 상담의 의미

상담자는 누군가가 '상담이 무엇인가?'라고 묻는다면, 나름대로 상담에 대한 정의를 해 보는 것도 중요하다. 상담은 문제를 해결하기 위한 상담자와 내담자 사이의 상호작용이라고 연결하면 쉽게 이해할 수 있다. 상담이 이루어지기 위해서는 상담자, 내담  자, 해결문제라는 세 가지의 구성요소가 충족되어야 한다.

내담자는 자신이 행복한 삶을 누릴 수 있음에도 주변 환경과의 상호작용 과정에서 겪게 되는 여러 가지 심리적 좌절을 가지고 있는 사람을 말한다. 내담자는 왜 자신 스스로 변화할 수 있는 능력이 부족하고 자신이 가지고 있는 능력을 마음껏 발휘하지 못하는지를 잘 알지 못한다. 알고 있다고 하더라도 어떻게 자신을 변화시켜야 하는지에 대한 방법을 모르는 내담자가 대부분이다. 이렇듯 내담자는 겪고 있는 문제의 원인을 파악하고 변화를 도울 수 있는 상담자의 도움이 필요하다. 따라서 상담이란 전문적인 훈련을 받은 상담사와 심리적으로 어려움을 겪고 자신의 타고난 잠재력을 마음껏 발휘하지 못하는 내담자 간의 상호작용을 통하여 내담자의 문제를 해결하고 내담자가 행복한 삶을 살아가도록 돕는 과정을 말한다. 그런데 대부분의 사람들은 스트레스를 받거나 심리적으로 고통스러운 문제가 생겼을 때 상담을 받아보라는 말을 들으면 상담을 받으려는 자신의 모습이 문제가 있는 사람으로 보일까봐 걱정하고 스스로 문제를 해결하지 못하는 사람, 이상한 사람으로 보일까봐 상담을 받아야겠다는 결정을 쉽사리 하지 못한다.

이처럼 상담에 대해 고민을 하는 사람은 많지만 실제로 상담을 받기 위한 행동을 하는 사람은 적다. 살아가는 동안 인간은 많은 심리적 문제나 갈등을 반복해서 경험하는데 그럴 때마다 문제를 해결하지 않고 넘어갈 수도 없고, 단순히 타인에게 자신의 어려움과 괴로움을 호소한다고 해서 상담이라 할 수도 없다. 또한 모든 어려움이 있을 때마다 상담을 할 수도 없는 일이다. 그렇다면 상담은 어떤 사람에게 필요할까?(천성문 외, 2006)

2. 상담의 필요성

상담은 스스로 해결할 수 없는 심리적인 문제로 고통을 겪는 사람들에게 필요하다. 거의 대부분의 사람들이 상담을 받지 않고도 문제를 해결한다. 그래서인지 사람들은 심리적 문제가 신체적으로까지 고통을 주는데도 이러한 문제를 심각하게 생각하지 않고 다른 방법으로 해결하려고 하는 경우가 많아 전문가에게 상담을 받을 시기를 놓치는 경우가 많다. 상담을 통해 문제해결을 하기 위해서는 내담자 스스로가 상담에 대한 필요성을 느끼고 자신이 변화하고자 하는 자발적인 동기가 필요하다. 상담에 대한 부정적인 시선이 줄어들고 우리나라 실정에 맞는 상담 문화를 만들어낸다면 자연스럽게 상담자를 찾아가는 문화가 형성될 수 있을 것이다.

3. 상담의 목표

상담의 목표는 내담자에 따라 달라진다. 상담을 원하는 내담자들의 문제가 다르고, 문제의 형성과정과 문제를 해결하기 위해 내담자가 가진 강점, 주변의 조력도 모두 다르기 때문이다. 상담의 목표는 내담자의 문제 해결, 환경에 대한 적응, 문제 발생의 예방 등으로 다양하다. 그 중 내담자의 문제를 해결하는 것이 중요한데 교육적인 방법이나 치료적인 방법을 통한 내담자의 주 호소문제 해결이 상담의 가장 중요한 목표이다. 내담자의 문제 해결만큼 중요한 것이 문제 발생의 예방이다. 상담이 끝난 후에도 내담자가 어려움을 잘 해결하고 있는지 확인해야 하며 예방차원에서의 상담은 내담자의 성장과 문제의 해결을 위해서 반드시 필요한 단계이다.

4. 상담자와 내담자

1) 상담자

기본적으로 상담은 상담자와 내담자의 상관관계를 바탕으로 서로가 주고받는 사회적 영향이라고 볼 수 있다. 스트롱(1968)은 내담자가 상담자를 높은 수준의 전문성(Expertness: E), 사람을 이끄는 친근감(Attractiveness: A), 믿음을 주는 신뢰감(Trustworthiness: T), 즉 EAT를 가지고 있는 중재로 지각할 때 상담 결과가 가장 좋을 것이라고 믿었다. 이러한 상담자의 태도에 근거하여 스트롱은 상담의 두 단계를 제안하기도 하였다. 첫 번째 단계에서는 상담자의 ETA에 대한 내담자의 지각을 향상시킨다고 하였고 두 번째 단계에서는 상담자가 내담자의 EAT에 대한 긍정적인 지각을 촉진시키는 것에 의해서 내담자의 태도와 행동변화에 영향을 미친다고 하였다.

(1) 상담자의 특성

효과적인 상담자의 특성은 오랫동안 가장 인기 있는 연구 주제가 되어 왔다. 대부분의 연구가 상담자 효과로서 이론적 입장이나 전문적 경험과 같은 상담자의 특별한 특성과 관련하여 시도되어 왔다. 그리고 시도되었던 각각의 연구는 나름대로 효과적인 상담자가 되는데 무엇이 필요한가에 대한 전체적 조망의 일부에 기여하였다. 상담이론가와 실천가들 역시 임상적인 관찰을 통해 효과적인 조력자의 특성에 대한 이해를 확장해 왔다. 지금까지 일반적으로 밝혀진 효과적인 조력자의 주요한 특성은 다음과 같다(Patterson & Welfel, 2000, pp. 10-14; Welfel & Patterson, 2005, pp. 13-18).

① 효과적인 상담자는 내담자에게 다가갈 수 있는 능숙한 대인관계기술을 가진다.
② 효과적인 상담자는 내담자에게 진실감, 신뢰감, 자신감을 야기한다.
③ 효과적인 상담자는 내담자를 돌보고 존경한다.
④ 효과적인 상담자는 타인 이해뿐만 아니라 자기 이해를 바탕으로 성숙된 삶을 영위한다.
⑤ 효과적인 상담자는 내담자와의 갈등을 효과적으로 처리한다.
⑥ 효과적인 상담자는 가치 판단을 강요함이 없이 내담자의 행동을 이해하려고 한다.
⑦ 효과적인 상담자는 내담자의 자기파괴 행동패턴을 확인할 수 있고 그러한 자기파괴 행동을 보다 보상적인 행동패턴으로 변화하도록 조력할 수 있다.
⑧ 효과적인 상담자는 내담자가 특별한 가치를 둔 어떤 영역에 있어 전문적인 지식과 경험을 갖는다.
⑨ 효과적인 상담자는 체계적으로 추리하고 체계에 의해 생각할 수 있다.
⑩ 효과적인 상담자는 문화에 대한 능숙한 지식을 가진다. 즉, 그는 사람들이 생활하는 사회적, 문화적, 정치적 맥락을 이해할 수 있다.
⑪ 효과적인 상담자는 자신을 좋아하고 존중하며 자신의 욕구를 만족시키기 위해 내담자를 이용하지 않는다.
⑫ 효과적인 상담자는 인간행동의 심층적 이해를 발달시킨다.
⑬ 효과적인 상담자는 바람직한 인간 모델을 가진다. 이러한 인간은 건강하고 효과적이며 충분히 기능하는 자질과 행동패턴을 가진다.

(2) 상담자의 관점

상담자가 내담자를 만날 때 공통적으로 묻는 질문이 두 가지가 있다. 내담자의 문제가 무엇인지, 내담자를 어떻게 조력할 것인지가 그 질문이다. 질문을 쉽게 풀어 말하자면, 첫 번째 질문은 정확한 진단에 해당하고, 두 번째 질문은 진단에 따른 처방이라고 볼 수 있다.

상담자는 인간을 어떻게 보고, 내담자의 문제를 이해하고, 내담자를 어떻게 상담할지에 대한 상담자의 관점을 아는 것이 중요하다.

2) 상담자의 윤리

키츠너(Kitchener, 1984)는 상담의 기본적인 윤리적 원리로 자율성, 선행, 무해성, 공정성, 충실성을 제안하였다. 자율성은 타인의 권리를 해치지 않는 한 내담자가 자신의 행동을 선택할 권리를 의미하며 선행은 타인을 위해 친절을 베푸는 것을 말한다. 무해성은 내담자에게 피해를 주지 않는 것을 말하며 공정성은 모든 내담자들이 그들의 차이에 관계없이 동등하다는 전제에 따른 원리다. 충실성은 상담자가 내담자와 맺은 약속을 지키며 믿음을 주는 행동을 의미한다.

상담자가 내담자의 이익과 보호를 위해 지켜야 할 윤리적 책임감과 관련된 것으로는 비밀유지, 전문적 한계, 이중 관계가 있다.

(1) 비밀유지

상담을 할 때 비밀유지는 매우 중요한 부분이다. 상담관계에서 내담자는 상담자를 신뢰하며 자신의 속마음을 털어놓는데 그런 내담자의 사적인 문제를 지켜줄 책임이 있다. 상담자가 비밀유지를 파기할 수 있는 예외는 내담자가 스스로를 해칠 가능

성이 있는 경우, 내담자가 타인을 해칠 가능성이 있는 경우, 아동학대와 관련된 경우이다. 아동학대는 크게 신체적 학대, 심리적 학대, 성적 학대로 나눌 수 있다.

(2) 전문적 한계

상담자는 자신의 능력과 훈련을 통한 자격을 바탕으로 실천적 활동을 하는 전문가이다. 만약 상담자가 자신의 전문적 한계를 인식하고 내담자에게 적절한 조력을 할 수 없는 경우에는 다른 상담자에게 내담자를 의뢰해야 한다.

(3) 이중 관계

상담자는 내담자의 친인척, 친구 등 내담자의 관계가 상담의 성과에 영향을 줄 수 있다고 판단되면 다른 상담자에게 의뢰해야 한다. 또 상담할 때 이외에는 내담자와 사적인 관계를 갖지 않아야 하며 상담료 이외의 금전적인 거래 관계를 해서는 안 된다.

(4) 성적 관계

상담자는 상담관계 중 내담자와 어떠한 종류의 성적 관계를 가져서는 안 된다.

3) 내담자

상담은 조력을 필요로 하는 내담자를 돕는 전문적 활동이다. 로저스(Carl Rogers)는 "주관적 인간은 기본적으로 어떤 중요성과 가치를 가진다. 그가 어떻게 평가되고 명명되건 그는 인간이다."(Carl Rogers, 1971, p. x)라고 하였다. 이 관점을 보았을 때 로저스는 상담자와 내담자의 관계가 인간 대 인간의 관계임을 강조한 것을 알 수 있다.

(1) 내담자의 발달 연령

상담자는 내담자를 효과적으로 조력하기 위해 발달 연령의 주요한 특성에 대해 반려동물지식과 경험을 갖는 것이 요구되는데 내담자의 문제는 대부분 발달연령에 부합한 행동을 하지 못한 것과 관련이 되는 경우가 많기 때문이다. 내담자의 발달 연령에 따라 일반적으로 아동 상담, 청소년 상담, 성인 상담으로 분류된다.

① 아동 상담

아동 상담은 보통 3~4세에서 12세까지 해당된다. 이 시기의 아동들은 주로 발달장애와 관련되어 있으며 지적 능력 발달, 언어적 발달, 사회적 발달, 행동발달 등을 이루지 못한 경우가 대부분이다. 아동을 대상으로 상담을 하는 상담자들은 이러한 발달 장애에 대한 지식과 경험을 쌓는 것이 중요하다. 또 아동뿐만 아니라 자신의 자녀 때문에 스트레스를 겪는 부모와도 상담을 할 수 있는 능력을 키워야 한다.

② 청소년 상담

청소년 상담은 보통 13세에서 18세까지 해당된다. 청소년들도 아동과 마찬가지로 발달과업과 관련되어 있는 경우가 많다. 이 시기의 청소년들은 친구나 이성관계, 정체감 혼란, 학업 문제 등으로 고민하는데, 이 시기의 청소년을 위해 상담자는 정체감을 확립하고 주변 사람들과 원만한 대인관계를 맺을 수 있도록 조력한다. 또한 공부, 미래, 직업 활동을 위해 학업상담과 진로상담을 하고 비행을 차단하는 것도 노력하여야 한다.

③ 성인 상담

성인 상담은 19세 이후에 해당된다고 볼 수 있다. 갓 성인이 된 대학생들은 지금까지 부모 의존적인 상태에서 벗어나 독립적인 주체로서 살아가야 하고 결혼을 해서 가족을 이루고 가족과 사회에 기여할 수 있도록 생산적인 활동을 할 수 있어야 한다. 그러나 살아가면서 겪게 되는 가족 갈등과 적응문제, 성격문제, 인관관계 문제, 직장 스트레스 등의 문제들이 삶의 질을 저하시켜 많은 정서적 장애를 유발할 수 있기 때문에 성인들이 흔히 겪게 될 수 있는 문제들에 집중할 수 있는 상담이 필요하다.

(2) 내담자의 문제 행동

상담을 할 때에는 내담자가 갖는 문제내용에 따라 상담 명칭이 달라질 수 있다. 예를 들면, 내담자가 성 문제로 상담을 하고 싶은 경우에는 성 상담이라고 하며 성 상담을 해주는 상담자를 성 상담 전문가라고 칭한다. 또 내담자가 우울증의 문제를 해결하고 싶어 할 때에는 정신건강 상담이라고 하고 이러한 상담자를 정신건강 상담 전문가라고 칭한다. 이처럼 내담자가 호소하는 문제는 많기 때문에 그에 따른 상담 유형 또한 많다. 이 외에도 여러 가지의 내담자의 문제행동과 상담 유형이 있다.

① 진로 상담

인간이 살아가면서 자신이 원하는 직업을 가지고 취업을 하는 것은 중요한 삶의 일부분이다. 진로 상담을 전문으로 하는 진로 상담 전문가는 내담자가 적성에 맞는 것과 능력에 맞는 진로를 선택할 수 있도록 조력해야 한다.

② 비행 상담

청소년 비행은 사회적으로도 크게 주목을 받고 있다. 상담자는 사회적으로 이탈을 하는 행동의 이유에 대한 지식과 경험을 바탕으로 비행예방상담을 하는 것이 필요하다.

③ 가족문제 상담

상담을 하는 내담자들은 부분적으로 가족과 관련되어 있다. 청소년 가출, 가정폭력, 부부갈등 등은 가족과 직접적 또는 간접적으로 관련된 문제이다. 상담자는 가족을 하나의 체계로 보며 가족치료를 적용하여 내담자를 조력한다.

④ 위기상담

상담자는 내담자를 조력하며 시간의 긴박성을 인식하고 위기상황을 처리할 수 있는 위기관리능력을 갖추는 것도 필요하다. 상담자는 내담자가 아무리 위급한 상황에 직면한다고 해도 적절한 조치를 취하며 위기상황을 극복해야 한다.

Companion Animal
Assisted Therapy

CHAPTER 07

상담 이론

1. 정신분석 상담

1) 지그문트 프로이트

지그문트 프로이트(Sigmund Freud, 1856~1939)는 정신과 의사이자 정신분석학의 창시자이다. 프로이트는 오스트리아의 작은 마을에서 태어났고 일곱 남매 중에 맏이로 태어났다. 그의 아버지에게는 이미 전처와 두 아들이 있었고 그 후에 아버지가 프로이트의 어머니와 재혼하고 그를 낳았을 때 벌써 할아버지가 되어 있었다. 프로이트는 자신을 지극히 사랑했던 어머니가 항상 밤만 되면 늙고 추하게 생긴 아버지와 다른 곳으로 간다는 사실

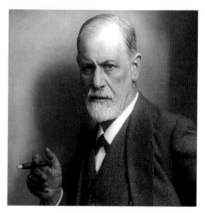

Sigmund Freud (1856~1939)

에 늘 불만을 가지고 있었다. 이런 경험을 통해 남아는 자신의 어머니를 사랑하고 아

버지를 적대시하는 심리현상을 오이디푸스컴플렉스(Oedipus complex)라고 명명하였다.

그 이후 프로이트는 히스테리아 환자를 치료하는 과정에서 중요한 개념 중 하나인 "무의식(unconscious)"을 발견하였고 인간이 무의식의 지배를 받고 행동하며 자기자신을 이성적으로 통제할 수 없을뿐더러 무의식의 힘에 의해 자신의 운명이 결정된다고 하였다. 비록 정신분석이론이 나온 후 100년에 걸쳐 많은 학자들에 의해 변천과 수정이 가해졌으나 프로이트가 만들어 놓은 기본 가설은 오늘날의 정신보건영역과 임상분야에서 매우 영향력이 있는 성격이론으로 간주되고 있다.

2) 인간관

프로이트는 우선 인간을 생물학적 존재로 보았다. 인간이 쾌락을 추구하는 생물학적인 존재로 보고 본능의 중요성을 강조하였다. 즉, 인간의 모든 행동, 사고, 감정은 생물학적인 본능으로 지배를 받고 특히 성적 본능(libido)과 공격적 본능(thanatos)의 역할을 강조하였다. 두 번째는 프로이트가 인간을 결정론적 존재로 보았다. 심적결정론(psychic determinism)이라는 것은 인간의 모든 사고, 감정, 행동에는 심리적 의미와 목적이 있으며, 이런 의미와 목적은 개인의 과거 환경이나 경험 등에 의해 결정되어 있다는 것이다. 즉, 인간이 마음 안에 일어나는 모든 것들은 우연히 일어나는 것이 없고 모든 정신적 현상들에는 반드시 어떠한 원인이 있다는 것이다.

정신분석학에서는 인간의 행동이 여러 가지의 의식 차원에서 일어나고 그 중에 특히 무의식의 영향을 많이 받는다고 하였다. 무의식은 일반적으로 많은 작업과 노력이 없이 결코 자각할 수 없는 부분이고 과거에 일어났던 일들이 망각된다고 생각하나 사실은 무의식에 저장이 되며 그것이 우리의 생각과 감정 그리고 행동에 계속 영향을 미친다. 세 번째는 현재가 과거의 영향을 받기 때문에 한 사람의 행동을 이해하려면 그 사람의 역사적 발달을 이해해야 한다고 했다. 특히 프로이트는 인간의 성격 구조가 생후 5~6세 동안의 경험에 의해 형성이 된다고 강조했고 이러한 성격 구조는 성인이 될 때까지도 계속 영향을 미친다고 보아 인간발달의 초기인 영유아기 때의 경험들이 매우 중요하다고 생각했다.

3) 주요 개념

프로이트의 정신분석학을 이해하기 위해 알아야 할 주요 개념이 의식 구조, 성격 구조, 심리성적 발달단계, 불안 그리고 자아방어기제가 있다.

(1) 의식 구조

프로이트는 인간의 의식에는 세 가지 차원이 있다고 말했으며 인간의 성격을 이해하는 틀로서 성격 구조를 의식(conscious), 전의식(preconscious), 무의식(unconscious)의 세 가지 수준으로 나누어 제시하였다. 프로이트는 특히 무의식을 강조하였고 인간의 마음을 빙산에 비유하여 물 위에 떠 있는 작은 부분을 의식이라고 불렀고 물 수면에 보일 듯 말 듯한 부분을 전의식, 물속에 잠겨 있는 훨씬 큰 부분을 무의식이라고 불렀다.

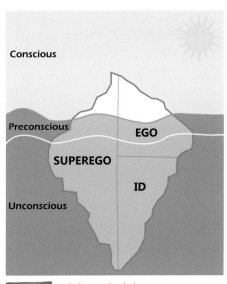

그림 4-1 **의식구조와 성격구조**

① 의식(conscious)

의식은 한 개인이 어느 순간에 인식하고 있는 모든 정신과정을 말한다. 즉, 현재 자각하고 있는 감정, 경험, 기억 등을 말하는데 프로이트는 우리가 자각하고 있는 의식은 빙산의 일각에 불과하고 우리가 자각하지 못한 부분이 훨씬 더 많다는 것을 강조하였다.

일단 의식된 내용은 시간이 경과하면 전의식이나 무의식 속으로 잠재된다. 프로이트는 의식을 개인의 전체적인 정신활동 면에서 보면 아주 작고 순간적인 일부분에 지나지 않는다고 보았다.

② 전의식(preconscious)

전의식은 즉시 인식되지는 않지만 어떤 자극이나 적은 노력으로도 꺼내올 수 있는 기억의 저장소로서 무의식과 의식 영역을 연결해 주는 교량이다. 즉, 현재는 의식 밖에 있지만 노력하면 의식으로 가져올 수 있는 부분이다. 바로 그 순간에는 의식되지 않지만 조금만 노력을 기울이면 의식될 수 있는 경험을 말한다.

③ 무의식(unconscious)

무의식은 인간 정신의 심층에 잠재된 부분이고 전혀 의식되지 않는 부분이다. 그러나 우리는 의식하지 못하지만 무의식은 인간의 행동을 결정하는 데 있어서 지대한 영향력을 행사한다. 무의식은 직접 눈으로 볼 수 없지만 여러 증거(꿈, 말실수, 자유연상 등)에 의해 추론될 수 있다.

(2) 성격 구조

프로이트는 인간의 성격 구조는 원초아(id), 자아(ego), 초자아(superego)라는 세 가지 요소로 구성되어 있다고 했고 이 세 가지의 요소는 감각의 기능, 특성, 구성요소, 작용원리 등을 가지고 있으나 서로 밀접하게 연관되어 있고 프로이트는 인간 자체를 에너지 체계로 보면서 세 가지의 요소 중 어느 요소가 에너지에 대한 통제력을 더 많이 가지고 있느냐에 따라 인간의 행동 특성이 결정된다고 보았다.

① 원초아(id)

원초아는 성격의 핵심이자 인간이 선천적으로 타고난 생물학적 본능이다. 원초아는 외부세계와 단절되어 있으며 법칙, 논리, 이성 또는 가치에 대해 전혀 알지 못하고 현실성이나 도덕성에 대한 고려 없이 본능적 추동에 의해 충동적으로 작동한다.

프로이트는 인간의 본능을 성적 본능과 공격적 본능으로 설명했고 성적 본능의 에너지를 libido라고 했으며 공격적 본능의 에너지를 thanatos라고 했다. 삶의 에너지라고도 불리는 libido는 육체적 성욕을 비롯하여 삶의 에너지에 있어서 생산, 창조, 성취 및 인간관계 형성 등의 기본적인 에너지라고 설명했고 죽음의 에너지라고

도 불리는 thanatos는 공격행동을 비롯하여 파괴, 정리, 저항, 인간관계 단절의 기본적 에너지라고 설명했다.

원초아는 심리적 에너지의 원천이자 본능이 자리 잡고 있는 곳이기 때문에 본능적 충동에 의해 야기된 생리적 긴장 상태를 감소시키기 위해 '쾌락원리(pleasure principle)'를 작동시킨다. 쾌락의 원리는 불쾌감이나 고통을 피하고자 하는 심리적 기능으로서 고통을 최소화하고 쾌락을 최대화하려는 속성으로 참을성 없이 즉각적인 만족을 추구하고자 한다. 그리고 즉각적인 만족과 욕구를 현실적으로 충족시키지 못할 경우에 환각이나 망상과 같은 원시적인 사고를 통해 자신의 무의식적인 욕구를 만족시키는데 이를 '1차과정사고(primary process thinking)'라고 부른다. 예를 들어, 원하는 것이 있는데 현실에서 이루기 어렵거나 못할 때 상상이나 꿈을 통해 이루는 것이 그 예다.

② 자아(ego)

갓 태어난 아이는 주로 본능적인 행동을 하지만 성장하면서 외부세계로의 적응과 생존을 위해 본능적인 충동을 적절하게 충족시키거나 효과적으로 지연시키는데 이 때 형성되는 성격구조가 바로 자아이다. 자아는 약 생후 1년경에 발달하기 시작하고 생성 초기부터 원초아와 갈등관계에 놓이게 된다. 자아는 원초아의 본능 욕구와 현실 세계의 균형을 유지하거나 통제하는 역할을 하고 '현실원리(reality principle)'에 따라 현실적이고 논리적인 사고를 하며 환경을 적응해 나간다. 여기서 말하는 현실원리란 자아가 원초아의 본능적 충동을 충족시킬 수 있는 현실적이고 바람직한 대안과 환경조건이 발견될 때까지 현실을 검증하고 원초아의 긴장방출을 지연시키는 것을 말한다. 다시 말해, 현실원리는 현실을 고려하여 사회적으로 바람직한 표현방법이 발견될 때까지 긴장을 참아 내고, 사회적으로 수용 가능한 형태로 만족을 얻는 원리다.

또한 원초아에 의한 충동적 행동은 사회로부터 처벌을 받게 될 수 있으므로 심리적 고통과 긴장이 증가될 수 있다. 이때 1차과정사고만으로는 그 고통과 긴장을 효과적으로 감소시킬 수 있기 때문에 '2차과정사고(secondary process thinking)'가 등장한

성격 구조

다. 2차과정사고는 자아가 현실적이고 논리적인 사고와 계획을 수립하여 원초아의 충동적 행동을 지연시키는 정신과정을 말한다. 즉, 자아는 원초아와 외부세계 사이를 중재하고, 현실을 검증하여 적절한 욕구만족 및 지연행동을 선택하는 것이다.

   ③ 초자아(superego)
   초자아는 쾌락보다 완전을 추구하고 현실적인 것보다 이상적인 것을 추구하는 심판자이다. 초자아는 유전되는 것이 아니고 인간의 발달과정 중 가장 마지막에 발달하는 부분으로 아이가 부모의 사회적 가치와 이상을 내면화한 정신요소로 발달한다. 초자아의 형성은 부모의 사회적 가치를 내면화하면서 시작되고 도덕적이고 이상적인 목표를 추구하며 무엇이 옳고 그른지, 또 어떤 것을 해야 하고 어떤 것을 하지 말아야 하는지 등을 판단한다. 또한 초자아는 도덕에 위배되는 원초아의 욕구와 충동을 억제하며 도덕적이고 규범적인 기준에 맞추도록 요구하고 평가하는데 이것이 '도덕원리(morality principle)'라고 하는 심리적 과정이다. 프로이트의 정신분석 이론에서 도덕원리는 쾌락원리·현실원리와 함께 인간심리를 통제하는 중요한 원리의 하나이다.
   프로이트는 초자아가 '양심(conscience)'과 '자아이상(ego ideal)'이라는 두 개의 하위

요소로 구성된다고 하였다. 양심은 부모가 도덕적으로 나쁘다고 간주하는 것과 관련되며 자녀에 대한 명령, 금지와 같은 통제에 의해 형성되고 자아이상은 부모가 도덕적으로 바람직한 것이라고 간주하는 것과 관련되며 부모의 칭찬에 의해 형성되는 부분이다. 자아이상은 개인으로 하여금 목표나 포부를 갖게 해주지만 이것을 달성하지 못한다면 수치심을 느끼게 되고 양심에 어긋나는 행동을 했다고 여길 때에는 죄책감을 느끼게 된다. 또한 지나치고 엄격하게 자녀를 교육하는 경우에는 강한 양심이 형성되고 이것이 행동을 위축시키고 긴장이나 불안을 가중시킬 수 있으며 죄책감이나 열등감에 사로잡히게 될뿐더러 더 심한 경우에는 사회불안 또는 대인 공포증, 완벽주의 등과 같은 신경증적 증상이 나타난다.

(3) 심리성적 발달단계(psychosexual development theory)

프로이트는 인간의 무의식 중에서도 특히 성적 본능을 강조했고 모든 사람은 아동기 초기, 즉 생후 5~6년 동안 그 사람 일생의 성격 형성에 결정적인 영향을 미치는 몇 개의 심리성적 발달단계를 거친다고 했다. 그 발달 시기에 경험하는 갈등과 그것을 해결하는 과정을 통해 습득한 관점과 태도가 나중에 성인이 되어서까지 무의식 속에 잠재되어 지속적으로 영향을 미친다고 보았다.

인간발달의 중요한 요소는 성적 충동이고 초기발달 시, 성적 에너지인 리비도가 집중된 부위에 따라 발달단계를 나누었기 때문에 이것을 '심리성적 발달단계(psychosexual development theory)'라고 했다. 심리성적발달은 사회적 요인보다는 생물학적인 요인으로 결정된 발달단계이며 그 순서와 특성은 국가나 문화와 상관없이 모든 사람에게 공통적으로 나타난다. 또한 각 단계에서 개인이 겪는 사회적 경험은 그 단계에서 얻는 특성과 가치관으로 형성되어 성인기의 인간관계, 태도, 가치관 등을 결정짓는다.

프로이트의 심리성적 발달단계는 구강기(oral stage), 항문기(anal stage), 남근기(phallic stage), 잠재기(latent stage), 생식기(genital stage)의 다섯 단계로 이루어진다. 성격은 이 다섯 단계를 거치면서 형성되고 특히 앞의 세 단계가 성격형성에 결정적인 역할을 한다. 각 단계마다 주요 과업을 성취하면서 적절한 정도의 만족을 얻어야 다음 단계로 넘어갈 수 있는데 만일 특정 단계에서 지나치게 불만족스러웠거나(좌절, regression) 또는 지나치게 만족스러운 경우(방임, overindulge)에는 성인이 되어서도 해당 단계에 지속적으로 머무르게 되고 이는 고착(fixation)이라고 부른다.

표 4-1 **심리성적 발달단계**

시기	단계	특성
0~1세	구강기 (oral stage)	빠는 행위는 음식과 쾌락에 대한 욕구를 만족시킨다.
1~3세	항문기 (anal stage)	배변훈련을 통해 통제, 독립, 분노와 공격 등 부정적 감정을 표현하는 것을 학습한다.
3~6세	남근기 (phallic stage)	성별 차이점에 대해 관찰하고 생식기가 쾌락의 대상이 되며 동성의 부모를 경쟁자로 인식한다.
6~12세	잠재기 (latency stage)	이 시기에 성적 본능은 휴면을 취하고 학교생활, 우정, 운동 등을 통해 성적 충동을 승화시킨다.
12세 이후	생식기 (genital stage)	리비도가 성기에 집중되면서 이성에 대한 관심과 함께 성행위를 추구하기 시작한다.

또한 자신이 어려운 상황이나 갈등에 처했을 때 만족스러웠던 초기 발달단계로 돌아가 그 시기에 만족을 가져다주었던 유아적인 행동을 하는데 그것을 '퇴행(regression)'이라고 한다. 불안유발상황이나 극복하기 어려운 발달과제에 직면하는 경우 퇴행이 나타나기 쉽고 개인이 스트레스를 받으면 종종 성숙한 대처전략을 포기하고 대신 고착된 단계의 행동패턴을 사용한다. 예를 들어, 한 구강기에 고착된 성인이 극도로 스트레스를 받을 때 과음, 과식하거나 담배를 많이 피우거나 손톱을 물어뜯는 등 퇴행적인 행동을 보이고 동생이 태어나서 자신의 존재에 위협을 느끼는 아동의 경우는 잠자리에 오줌을 싸거나 스스로 밥을 먹지 않고 먹여달라고 하는 등 유아적 행동을 보이는 것처럼 발달에서 이전의 안전했던 시기로 돌아가고자 하는 경우도 퇴행에 해당된다.

① **구강기**(oral stage)

구강기(oral stage)는 아이가 출생 후 약 1세까지에 해당하는 심리성적 발달의 첫

단계이다. 이 때 아이들의 성적 에너지인 리비도(libido)는 입(구강)에 집중이 되고 입을 통해 빨고, 먹고 깨무는 행위에서 긴장을 해소하고 쾌락을 경험한다. 따라서 아이의 빨기 행위는 생존을 위해 필요한 것 이외에도 긴장 해소와 쾌락을 주기 때문에 배가 고프지 않아도 무언가를 빨려고 한다.

아이는 리비도의 1차적 대상인 어머니의 젖을 빨면서 어머니에게 전적으로 의존한 상태에서 이 세상에 대한 지각을 배우게 되고 양육자를 소유하고 양육자에게 의존하는 경험을 통해 전반적인 인생에 나타나게 되는 '소유'나 '의존'에 대한 태도가 형성된다. 또한 6개월 되기 전까지 자신의 욕구를 충족시켜주는 대상(어머니)이 자신과 분리된 다른 사람이라는 것을 인지하지 못하지만 약 6~7개월이 지나면서 그것을 깨닫게 된다. 즉, 대상(어머니)의 존재를 느끼고 자신의 욕구를 채워주는 사람이 존재한다는 것을 알게 된다.

이 단계에서 적절하게 욕구를 충족하게 되면 개별화와 분리, 그리고 대인관계에서 친밀한 관계를 형성하지만 그렇지 못하게 되면 성인이 된 후에 의존성, 대인관계의 문제와 사회적 고립을 경험할 수 있다. 구강기에 만족을 얻은 유아는 성인이 되어 낙천적이며 조바심이 없으며 음식을 즐기는 성격의 소유자가 되지만 이와 반대로 제한을 많이 받은 유아는 자라서 의타심이 많고 비꼬기를 좋아하며 언쟁을 즐기는 성격이 된다. 또한 이 시기에 고착된 성인은 심리적 갈등에 처하게 되면 퇴행하여 음식에 집착하거나 손가락이나 사물을 물어뜯거나 구강기적 쾌감을 위해 흡연이나 음주에 몰두하는 행동을 보이게 된다.

② 항문기(anal stage)

1세~3세 사이에는 리비도가 구강 영역에서 항문 영역으로 이동하고 항문기는 인격 형성에 가장 중요한 시기이다. 이 시기의 아이는 대변의 배출과 보유에서 만족감을 느끼고 신경계의 발달로 항문 괄약근을 본인의 의지에 따라 조절할 수 있게 되고 이 과정에서 원초아로부터 자아가 분화되기 시작한다.

배설은 아이에게 쾌락이지만, 배변훈련의 시작과 함께 아이는 생후 처음으로 본능적 충동이 외부로부터 통제받는 경험과 함께 쾌락을 지연시키는 방법을 배우게 된다. 또한 이런 행동은 양육자에 의해 통제되면서 아이들은 배변훈련을 받게 되는데 이때 양육자가 너무 지나치게 엄격하고 억압적이면 아이의 성격은 완고하고 인색하며 파괴적이고 짜증을 잘 내는 특성을 갖게 된다. 반대로 아이와 양육자가 배변을 적절히 조절하는 방법을 습득할 경우에 아이는 창조적이면 생산적이며 관용, 자선, 박애행동 등의 특징이 나타나는 성격을 갖게 된다. 이 시기에 고착된 사람은 반동형성의 방어기제를 많이 사용하여 배변훈련을 시키는 부모와 권위적 인물에게 분노를 느끼지만 분노 대신에 철저한 복종을 표현한다.

③ 남근기(phallic stage)

남근기는 심리성적 발달단계 중에서 가장 복잡하고 논쟁과 여지가 많은 단계로 3세부터 6세까지에 해당되며 이때 아이의 성적 에너지인 리비도가 성기에 집중된다. 이 단계에서 아이들은 자신의 성기에 대한 관심이 높아지고 출생과 성, 남아와 여아의 성적 차이에 대해 관심을 나타낸다. 또한 이 시기의 기본적인 갈등은 아이가 부모에게 느끼는 무의식적 근친상간의 욕망에 집중되어 있고 이러한 감정은 위협적으로 느껴지므로 억압된다. 이 갈등관계의 형성에는 남아가 겪는 갈등을 오이디푸스 콤플렉스(Oedipus complex), 여아가 겪는 갈등을 엘렉트라 콤플렉스(Electra complex)라고 한다.

오이디푸스 콤플렉스는 어머니를 사랑하고 아버지를 경쟁상대로 삼으면서 나타내는 남아의 심리특성으로서 어머니의 사랑을 독차지하고 싶어하여 아버지를 미워하고 적대감을 가지며, 살부혼모(殺父婚母)의 무의식적 욕망을 품게 된다. 그러나 자신의 의도가 아버지에게 들키면 자신의 성기가 잘리지나 않을까 하는 '거세불안(castration anxiety)'을 경험하게 된다. 남아가 이러한 갈등을 극복하기 위해 자신을 아버지와 동일시하고 이 과정에서 사회적 규범, 도덕적 실체라고 할 수 있는 아버지에 대한 동일시를 통해 초자아를 형성하게 된다.

엘렉트라 콤플렉스는 아버지를 사랑하고 어머니를 경쟁상대로 삼는 여자아이들의 심리특성으로서 아버지에 대한 사랑을 독차지하려고 어머니를 미워하고 적대감을 가지며, 살모혼부(殺母婚父)의 무의식적 욕망을 품게 된다. 프로이트는 남아의 거세

불안과 상반되게 여아는 남근선망(penis envy)을 갖는다고 보았다. 즉, 남아는 자신의 성기를 잃을까 두려워하고 여아는 성기를 잃었다고 믿는다는 것이다. 이 때의 여아 는 이러한 갈등을 극복하기 위해 어머니와 동일시하고 엘렉트라 콤플렉스를 해결하 면서 초자아를 형성하게 된다.

④ 잠재기(latency stage)

잠재기는 6세부터 12세까지에 해당되고 성적인 수면상태에 들어가게 된다. 이 시기에 무의식적 욕구는 승화되어 지적인 관심, 운동, 친구 간의 우정, 즉 외부세계 의 적응에 대한 관심으로 전환된다. 아이들이 이 단계를 적절하게 보낸다면 적응능 력이 향상되고 학업에 매진하게 되며 원만한 대인관계를 갖게 되나 잠재기에 고착 되면 성인이 되어서도 이성에 대한 정상적인 관심을 발달시키지 못하고 동성 간의 우정에 집착할 수 있다.

⑤ 생식기(genital stage)

이 단계는 청소년기에 해당하는데 청소년은 신체적 변화에 따라 오랫동안 휴면 에 있었던 리비도가 성기에 집중되면서 이성에 대한 관심과 인식이 증가되며 성적 그리고 공격적 충동이 다시 나타난다. 생식할 능력을 갖춘 존재로서 청소년은 타인 과의 관계를 통해 만족을 추구하며 직접적으로 성행위를 충족시키지 못할 경우 자 위행위를 통해 긴장을 해소하면서 쾌락을 경험한다. 생식기에 해당하는 청소년들은 쾌락추구에 너무 몰두하거나 정서적 억압을 강하게 하는 경향을 나타내며 혼란스 러운 모습을 보인다. 그러나 점차 청소년들은 성적 성숙을 하고 가족과 분리를 통해 진정한 자신을 찾는 방향으로 나아가게 된다.

(4) 불안(anxiety)

프로이트는 불안이 일어나는 이유는 원초아, 자아, 초자아 간의 갈등과 마찰이 생겼기 때문이라고 말했다. 자아는 원초아와 초자아를 조정하여 현실의 원칙을 충 실히 따르려고 하나 지속적인 원초아의 욕구나 초자아의 압력 사이에서 자아는 갈등과 마찰을 경험하게 되고 이러한 갈등과 마찰은 긴장한 상태인 불안을 유발한다. 불안은 원인에 따라 현실적 불안(reality anxiety), 신경증적 불안(neurotic anxiety), 도덕적 불안(moral anxiety)으로 구분된다.

① 현실적 불안(reality anxiety)

자아가 현실을 지각하여 두려움을 느끼는 불안으로 실제 외부 세계에서 받는 위협, 위험에 대한 인식 기능을 하는 것을 의미한다. 실제 외부의 생활로부터 오는 불안으로 불안의 정도는 실제 위험에 대한 두려움의 정도와 비례하고 실제 위험이 사라지면 이 불안도 자연스럽게 사라진다.

② 신경증적 불안(neurotic anxiety)

현실에 의해 작동하는 자아와 본능에 의해 작동하는 원초아 간의 갈등에서 비롯된 불안이다. 즉, 불안을 느껴야 할 이유가 없음에도 불구하고 자아가 본능적 충동을 통제하지 못해 불상사가 생길 것이라는 위협을 느껴서 불안에 사로잡히는 것을 의미한다. 자아가 원초아로부터의 본능적 위협을 감지하면 우리는 언제나 불안을 느낀다.

③ 도덕적 불안(moral anxiety)

원초아와 초자아 간의 갈등에서 비롯된 불안으로 본질적 자기 양심에 대한 두려움이다. 만약 도덕적 원칙에 위배되는 본능적 충동을 표현하도록 동기화되면 초자아는 당신으로 하여금 수치와 죄의식을 느끼게 한다. 즉, 도덕적 불안은 자신의 행동이 도덕적 기준에서 위배되었을 때 생기는 불안이다.

(5) 자아방어기제(ego defense mechanism)

정신분석이론에서 자아방어기제는 아주 중요한 개념이다. 프로이트가 먼저 자아방어기제의 개념을 발견했지만 실제로 그 연구를 하고 체계화시킨 사람은 프로이트의 막내딸인 안나 프로이트였다. 자아방어기제는 이성적이고 직접적인 방법으로 불안을 통제할 수 없을 때 붕괴의 위기에 처한 자아를 보호하기 위해 무의식적으로 사용하는 사고 및 행동 수단이다. 즉, 자아는 충동적으로 쾌락을 추구하는 원초아와 도덕적으로 완벽성을 추구하는 초자아 간의 갈등으로 인한 불안을 피하려고 노력한다. 방어의 개념에는 자아를 보호하는 요소와 위험하다는 신호를 보내는 요소가 포함되어 있어서 방어기제는 병적인 것이 아닌 정상적인 행동이다. 그러나 그것이 무분별하고 충동적으로 사용될 때는 병리적이 되고 과다한 사용은 다른 자아기능을 발달시키지 못하도록 정신에너지를 소모한다. 개인이 사용하는 방어는 개인의 발달 수준과 불안 정도에 따라 다르고 어떤 사람은 특정한 방어기제만 사용하며 방어유형이 그 사람 성격패턴의 일부가 되기도 한다.

주요 자아방어기제에 대한 간략한 설명은 다음과 같다.

① 억압(repression)

억압은 가장 중요하고 보편적인 1차적인 자아방어기제로서 의식하기에는 현실이 너무나 고통스럽고 충격적이어서 그러한 감정, 사고, 욕망, 기억 등을 무의식 속으로 억눌러 버려 의식화되는 것을 막아내는 것을 말한다. 그러나 모든 무의식적 충동과 마찬가지로 억압된 사고는 인간의 행동에 강력하게 영향을 미치고 위협적인 정보를 억압하기 위해서는 엄청난 양의 정신에너지가 필요하다.

억압과 혼동할 수 있는 유사한 용어는 억제(suppression)이다. 억압은 너무나 고통스럽고 힘든 과거의 사건을 전혀 기억하지 못하는 경우를 말하는 것이고 수치심이나 죄의식 또는 자기비난을 일으키는 기억들은 주로 억압하여 의식하지 못하게 한다. 반면, 억제는 받아들이고 싶지 않은 욕구나 기억을 의식적으로 잊으려고 노력하는 것을 말한다.

② 투사(projection)

투사는 스트레스와 불안을 일으키는 원인인 자신의 감정, 느낌, 생각 등을 무의식적으로 타인의 탓으로 돌려 자신을 보호하는 방법이다. 예를 들어, 자기가 화나 있는 것은 의식하지 못하고 상대방이 자기에게 화를 냈다고 생각하는 것, 어떤 사람이 자신을 미워하기 때문에 자신도 그 사람을 미워한다고 생각하는 것 등이 있다.

③ 부정(denial)

자신이 받아들일 수 없는 현실을 인식하지 않거나 거절하는 것이다. 이는 의식화되다면 도저히 감당하지 못할 어떤 생각, 욕구, 현실적 존재를 무의식적으로 부정하는 것이다. 예를 들어, 사랑하는 사람의 죽음이나 배신을 인정하려고 하지 않고 사실이 아닌 것으로 여기거나 백일몽으로 현실을 떠나 일시적 안도감을 찾는 경우이다.

④ 동일시(identification)

중요한 인물들의 태도와 행동을 자기 것으로 만들면서 닮으려는 것을 말하고 자아와 초자아의 형성에 큰 역할을 하며 성격발달에 영향을 미치는 가장 중요한 방어기제이다. 예를 들면, 자기가 좋아하는 사람의 사상이나 행동을 무의식적으로 모방하는 것이다.

⑤ 퇴행(regression)

심각한 좌절이나 스트레스, 또는 위협적인 현실 등으로 인한 불안을 감소시키기 위해 불안을 덜 느꼈던, 그리고 편했던 예전의 수준으로 후퇴하는 현상을 말한다. 즉, 초기 발달단계의 쾌락이나 만족과 관련된 행동을 하는 것이다. 부모의 애정을 독차지했던 아이가 동생이 태어나 부모의 관심이 동생에게 집중되자 갑자기 나이에 어울리지 않게 응석을 부리거나 대소변을 못 가리는 것이 그 예다.

⑥ 합리화(rationalization)

부적응행동이나 실패를 할 경우, 현실에 더 이상 실망을 느끼지 않으려고 그럴듯한 구실을 붙여 정당화함으로써 불쾌한 현실을 피하려고 하는 방어기제이다. 자신의 무의식적 동기를 전혀 의식하지 못하기 때문에 어디까지나 성실하고 정직하게 말하고 이때 바른 충고를 하면 받아들이지 못하고 화를 내게 된다. 예컨대, 친구의 잘못을 선생님께 보고한 것은 내가 그렇게 해야 할 의무 때문이었다고 핑계를 대지만 자기 자신도 깨닫지 못하고 있는 진정한 이유는 친구에 대한 미움이나 그에 대한 경쟁심을 가지고 있는 경우를 들 수 있다.

⑦ 저항(resistance)

프로이트가 억압에 대한 개념을 체계화할 수 있었던 기법은 자유연상이다. 자유 연상의 과정에서 억압된 내용을 상기시킬 때 흔히 부딪히게 되는 것은 바로 저항이 다. 저항은 억압된 감정이나 생각이 의식화되는 것을 방해하는 것을 말하고 무의식 의 내용을 의식화할 때 심층수준에서 이를 방해하는 방어기제이다.

⑧ 승화(sublimation)

사회적으로 용납할 수 없는 본능적인 충동들을 사회적으로 인정되는 형태와 방 법을 통해 발산하는 것이다. 예를 들면, 타인에 대한 공격성을 훌륭한 권투선수로 대체하여 사회적으로 인정받는 경우, 성적 욕망을 예술로 승화하거나 잔인한 파괴 적 충동을 외과의사로 승화하는 경우이다.

⑨ 치환(displacement)

어떤 대상이나 사건으로 인해 받은 부정적인 감정을 직접적으로 그 대상에게 표 현하지 못하고 전혀 다른 대상에게 자신의 감정을 발산하는 것을 말한다. 예를 들 어, 아빠에게 꾸중들은 아이가 적대감을 아빠에게 표현하지 못하고 동생을 때리거 나 개를 발로 차는 경우, 자신의 도덕적 타락에 대한 무의식적 죄책감에 휩싸인 사 람이 더러움을 타는 것을 무서워해서 하루에 몇 번씩 속옷을 갈아입는 경우이다.

⑩ 반동형성(reaction formation)

실제로 느끼는 분노나 화 등의 감정을 직접 표현하지 못하고 반대의 감정으로 표 현함으로써 불안을 감소시키려는 현상이다. 미워하거나 싫어하는 대상에게 오히려 좋아하는 것처럼 행동하는 것이다. 남동생이 태어나서 부모의 사랑을 빼앗긴 누나 가 감정을 억압하여 남동생을 극단적으로 귀여워해 주는 경우, 실제로 자기를 학대하는 대상인데도 좋아하는 것처럼 행동하는 경우이다.

⑪ 분리(isolation)

고통스러운 기억, 생각과 그에 수반된 감정과 정서를 의식에서 분리시키는 것을 말한다. 이 방어기제를 사용하면 고통스러웠던 사실은 기억하지만 그에 수반된 감정과 정서는 무의식에 존재하게 된다. 따라서 슬프거나 고통스러운 일을 듣거나 이야기를 해도 겉으로 아무런 정서적 표현을 하지 않는다.

⑫ 주지화(intellectualization)

불쾌한 생각이나 사건을 지적으로 이해할 수 있는 방식으로 개념화함으로써 감정적 갈등이나 스트레스를 처리하고자 하는 방어기제다. 예를 들어, 죽음에 대한 불안감을 줄이기 위해 죽음의 의미와 그 뒤의 세계에 대해 추상적으로 사고하거나 해석하는 경우다.

4) 상담목표 및 기법

(1) 상담목표

정신분석을 통한 상담목표는 내담자로 하여금 불안을 야기하고 있는 억압된 충동을 자각하게 하는 것이다. 즉, 무의식을 의식화하고, 원초아와 초자아, 외부 현실의 요구를 효과적으로 중재하도록 자아의 기능을 강화하는 것이다. 인간에게 문제가 되는 것은 자신도 잘 모르는 내용이다. 직면해서 똑바로 보면 괴롭고 두려우며 불안하기 때문에 생각하기 싫은 내용들을 무의식에 숨겨버린다. 억압된 내용을 표현하고 밝힘으로써 당신은 보다 솔직한 자신의 모습을 발견할 것이다. 비록 그러한 내용이 죄의식과 공격적인 내용일지라도 그것을 인간의 모습으로, 자신의 모습으로서 수용하는 용기가 필요하다.

정신분석 상담은 무의식적인 내용들을 철저히 분석하는 치료방법을 사용하므로 상담의 목표는 문제 해결이나 새로운 행동을 학습하는 것이 아니며, 자기 이해를 깊게 하기 위해 현재 문제와 관련된 과거에 억압된 갈등에 대해 깊이 탐색해가는 것이다.

(2) 상담 기법

① 자유연상(free association)

프로이트가 사용해오던 최면술을 포기하고 무의식 탐구를 위해 개발한 방법이 자유연상이다. 자유연상은 내담자가 상담자에게 자신의 마음속에 떠오르는 생각들을 있는 그대로 이야기하는 것이다. 내담자가 자신의 마음속에 떠오르는 것이 아무리 사소하고 괴상하고, 시시한 내용일지라도 전혀 거르지 않고 상담자에게 이야기하는 것이다. 상담자는 그것을 통해 내담자 내면에 억압된 자료를 수집하고 해석하여 내담자의 통찰을 돕는다. 자유연상에서는 어떤 검열과 자기비판도 금지된다. 자유연상은 내담자가 방어기제를 사용하여 억압한 무의식에 숨겨진 진실을 찾기 위해 사용하는 기법이다. 이렇게 감정을 표현하고 경험을 개방하는 것은 내담자가 자신의 감정과 경험을 더 이상 억압하지 않고 자유로워지도록 하는 효과가 있다.

② 꿈의 해석(dream analysis)

꿈의 해석은 자유연상과 같이 내담자의 무의식 세계에 접근할 수 있는 또 하나의 방법이다. 수면 중에 내담자의 방어기제가 약화되어 억압된 욕망과 본능적 충동, 갈등들이 의식의 표면으로 떠오른다. 꿈은 일상생활에서 경험한 일, 잠을 잘 때 듣는 소리나 감각적인 자극, 잠재적 사고나 욕구 등 다양한 요인에 의해 형성되고 프로이트는 꿈을 "무의식에 이르는 왕도"라고 하였다.

잠재된 생각과 소망은 자아의 무의식적인 방어와 초자아의 무의식적 검열을 통해 응축되고 전위되며 꿈으로 상징화된다. 소망과 방어 간의 타협이 잘 안 되면 꿈은 '수면의 수호자'로서의 역할을 할 수 없게 되어 잠자는 동안 방어가 허술해져 억압된 내용들이 표면화된다. 상담자는 이러한 꿈의 특성을 활용하여 내담자의 꿈을 분석하고 해석하여 내담자로 하여금 자신이 가진 심리적 갈등을 이해하고 통찰하게 한다.

③ 전이분석(transference analysis)

전이분석은 정신분석 상담에서 아주 중요한 기법이다. 왜냐하면 상담자는 정신분석의 치료과정에서 내담자로 하여금 전이를 유도하고 전이를 해결하는 작업을 수행하기 때문이다. 전이는 내담자가 상담 상황에 대해 가지고 있는 일종의 왜곡으로, 과거에 중요한 사람에게 느꼈던 감정을 현재의 상담자에게 느끼는 것을 말한다. 정신분석에서 상담자의 주된 업무의 하나는 전이를 유도하고 해석하는 것이다. 전이는 내담자가 상담자에게 부여하는 모든 투사의 총합이다.

전이는 이전에 관계양상이 활성화되는 성향으로 많은 옛 체험들이 과거에 지나간 것이 아니라 심리치료라는 한 인간과의 실제 관계에서 다시 생생해진다. 즉, 내담자는 상담을 통해 이전에 자신이 가지고 있다가 억압했던 감정, 신념, 소망 등을 표현하게 되는데, 상담자는 이러한 전이를 분석하고 해석함으로써 내담자가 무의식적 갈등과 문제의 의미를 통찰하도록 돕는다.

④ 저항분석(resistance analysis)

저항분석은 내담자가 치료과정에서 보여 주는 비협조적이고 저항적인 행동의 의미를 분석하는 작업을 말하는 것이고 내담자가 상담에 협조하지 않는 모든 행위를 포함한다. 또한 상담하는 과정에서 상담자의 분석과 해석으로 인해 내담자가 불안과 위협을 느낄 수 있으므로 저항을 통해 억압된 심리 상태, 즉 현재 상태를 유지하려고 하는 힘이다. 내담자가 저항을 하는 주요 이유는 첫째, 무의식적 갈등을 직면하는 것에 대해 두려워한다. 둘째, 변화에 대한 두려움이다. 셋째, 무의식적 소망과 욕구의 충족을 계속 유지하고 싶어한다. 그러므로 상담자는 내담자가 무의식적으로 숨기고자 하는 것, 피하고자 하는 것, 불안해하는 것 등의 정보를 얻어 분석하고 해석해야 한다. 그리고 이러한 저항과 무의식적인 갈등의 의미를 파악하여 내담자가 통찰을 얻도록 돕는다.

⑤ 해석(interpretation)

치료의 초점은 꿈, 실언, 전이, 자유연상, 증상 등 다양한 곳에 맞추어질 수 있지만, 무의식적 자료를 의식으로 가져오는 도구는 바로 자료를 해석하는 것이다. 해석을 통해 상담자는 내담자의 무의식적인 내용을 의식화하도록 촉진하며 내담자로 하여금 자신의 무의식에 대한 통찰을 얻게 한다. 해석은 일반적으로 몇 가지의 원칙이 이루어져야 효과를 기대할 수 있다. 첫 번째, 적절하지 못한 때에 해석을 하면 내담자가 거부반응을 일으킬 수 있기 때문에 해석하는 시기가 중요하다. 두 번째, 내담자가 소화해 낼 수 있을 정도의 깊이까지만 해석해야 한다. 저항이나 방어의 저변에 깔려 있는 무의식적 감정 및 갈등을 해석하기에 앞서 그 저항과 방어를 먼저 지적해 줄 필요가 있다.

2. 개인심리학 상담

1) 알프레드 아들러

알프레드 아들러(Alfred Adler, 1870~1937)는 1870년 오스트리아 빈 근교에서 유대인 집안에서 육남매 중 둘째로 태어났다. 어린 시절에 아들러는 구루병과 폐렴 등의 병을 앓아 몸이 매우 허약하여 학교 성적이 부진했고 명민한 형과 자주 비교하며 형에 대한 질투심으로 열등감을 지녔다. 아들러는 이러한 신체적 열등감 때문에 어머님으로부터 특별한 보호를 받아 왔지만 동생의 탄생으로 어머니의 사랑을 동생에게 빼앗겼다. 또

—— Alfred Adler (1870~1937)

한 학교 선생님이 아들러의 아버지에게 아들러는 학교를 그만두고 구두제조의 기술을 배우길 권유할 정도로 학교 성적이 나빴다. 그러나 아버지가 아들러를 포기하지 않고 끊임없이 격려해주고 보살펴주어 결국 그는 분발하여 최우수 학생으로 고등학

교를 졸업하였다. 3세 때 그는 동생의 죽음을 직접 목격하게 되는데 본인의 병약함
과 동생의 죽음은 아들러로 하여금 어렸을 때부터 의학에 대한 관심을 가지게 했고
고등학교를 졸업한 후 1888년에 명문 비엔나 대학교에 입학해서 의학을 공부하는
계기가 되었다.

1902년에 아들러가 지역신문에서 프로이트의 꿈분석 이론을 공격하는 것을 방
어한 것이 프로이트와의 관계를 형성하는 계기가 되었고 프로이트는 아들러를 자신
의 토론 그룹에 초대하여 함께 토론하는 시간을 가졌다. 1910년에 아들러는 정신분
석학회의 초대 회장으로 임명되었지만 프로이트와의 마찰이 계속 일어나자 1911년
에 정신분석학회를 탈퇴했고 같이 탈퇴한 몇몇 사람이 아들러와 합류하여 '자유정
신분석학회'라는 모임을 결성하였으며 1912년에 개인심리학의 개념을 가지고 '개인
심리학회(Society for Individual Psychology)'를 탄생시켰다. 개인심리학은 오늘날 많은 심리
치료 접근들의 선구자로 인식되고 있고 자녀양육, 부모교육 및 부모상담, 인간관계
개선, 결혼과 가족치료 등 수많은 분야에 영향을 주고 있다.

2) 인간관

아들러는 프로이트의 이론이 성적 본능을 지나치게 강조함을 느껴 프로이트의
정신분석학파와 결별하고 자신의 고유한 이론 "개인심리이론"을 발전시켰다. 아들
러는 무의식을 강조한 프로이트와 다르게 우리가 볼 수 없고 통제할 수 없는 무의식
의 힘보다는 의식의 힘을 강조했고 인간은 성적 동기보다 사회적 동기에 의해 주로
동기화된다고 보았다. 또한 인간의 행동을 형성하는 것은 개인의 생활양식(life style)
이라고 했고 개인은 사회 속에서 목표지향적으로 행동하며 자신의 삶의 의미, 성공,
완전성을 추구한다고 했다. 목표를 지향하는 인간은 자신의 삶을 창조할 수 있고 선
택할 수 있으며 자기결정을 내릴 수 있는 존재임을 설명하였고 인간은 유전과 환경
에 주어진 것에 반응만 하는 것이 아니라 자기가 스스로 선택한 목표를 도달하기
위해 노력하며 자신의 운명을 개척하고 창조해 나가는 존재라고 보았다. 즉, 인간은
창조력을 갖고 있기 때문에 무한한 가능성을 가지고 목표를 향해 도전하는 힘이 있

다고 하였다. 따라서 아들러는 개인에게 주어진 환경 자체가 중요한 것이 아니라 개인이 그 환경을 어떻게 느끼고 받아들이며 해석하는 것이 중요하다고 말하였다. 또한 아들러는 인간이 단순히 원초아, 자아, 초자아로 구성된 복합체의 관념을 비판했고, 전체적, 통합적, 현상학적, 목적론적으로 인간을 바라보았다. 그는 인간을 전체로서 사회 속에서 의미를 부여하며 살아간다고 생각했고 자신이 경험하고 있는 현재의 상태에서 매순간 주관적으로 선택하는 현상학적 존재라고 설명하였다.

3) 주요 개념

(1) 열등감과 보상(inferiority complex and compensation)

열등감이란 자신의 능력이나 수준이 다른 사람이나 이상적인 자기 또는 자기상에 비해 낮거나 부적절하다고 느끼는 마음 또는 감정 상태를 의미한다. 아들러는 인간은 누구나 어떤 측면에서 열등감을 느낀다고 하였다. 왜냐하면 인간은 누구나 현재보다 더 나은 상태, 즉 완전성을 추구하기 위해 노력하는 존재이기 때문이다. 또한 인간은 자기완성을 실현하기 위해 자신이 느끼는 열등감을 극복하려고 하는 경향성을 가지고 있다는 것을 강조했기 때문에 그는 열등감을 긍정적인 측면에서 보았다.

아들러는 열등감이 인생 전반에 걸쳐서 커다란 영향을 미치고 있다고 하였고 특히 열등감은 인간의 정신병리 현상과 밀접한 관계를 가지고 있다고 보았다. 따라서 그는 열등감의 개념 없이 정신병리학을 이해한다는 것은 불가능하다고 하면서 "열등감에 관한 연구는 모든 심리학자, 심리상담자 그리고 교육학자들에게 학습장애아, 노이로제 환자, 알코올중독자, 성도착증자, 범죄자, 자살자를 이해하는 데 없어서는 안 되고 또 없어질 수 없는 열쇠임을 증명해 보인다."(Adler, 1973a)라고 하였다.

아들러는 인간은 열등한 존재로 태어나므로 인간이 된다는 것이 곧 열등감을 갖는 것이라고 말했다. 예를 들면, 인간이 생애 초기에는 육체적으로 아주 약한 존재로서 타인에 의존할 수밖에 없고 타인의 도움이 없이 생존조차 할 수 없는 무력한 존재라는 것에 주의를 기울였다. 그는 이러한 생득적인 열등함을 인간이 어떻게 받아들이고 대응하는 것이 중요한 것이지, 열등함 그 자체가 중요한 것이 아니라고 생각했다. 다시 말해, 열등감은 객관적인 원인을 바라보기보다는 주관적으로 어떻게 느끼는가가 더 결정적인 영향을 미친다는 것이다. 역사적으로 위대한 사람들은 열등감을 지녔던 사람들이 많은데 예컨대, 말더듬이었던 데모스테네스는 자기의 신체적 열등감을 극복하기 위해 피나는 노력을 하여 고대 그리스의 아주 유명한 웅변가가 되었고 청각장애를 가진 베토벤, 학력이 없었던 링컨 등이 열등감을 극복하여 성공한 사람들이었다. 이러한 사람들은 자신의 부족한 점을 스스로 인정하고 그것을 극복하려는 의지와 노력을 통해 자기완성을 이루기 위해 매진하였다.

아들러에게 있어 열등감은 인간의 성장과 발전, 나아가 인류 문명의 발전에 매우 중요한 요인이다. 열등감이 이와 같이 긍정적이고 생산적인 것으로 인식될 수 있는 것은 열등 개념과 꼭 붙어 다니는 보상(kompensation) 개념 때문이다. 초기에 아들러의 논문에서 열등한 기관들이 쉽게 병에 영향을 받고 심리적 문제를 줄 수 있지만 인간은 약한 기관을 강하게 함으로써 보상하고자 하는 경향을 가지고 있음을 발견하였다. 그는 이어 신체적 열등감뿐만 아니라 자신이 약하다고 느끼는 심리사회적 문제까지도 보상하고자 노력하는 것을 발견하였다.

아들러는 인간이 열등감을 극복하지 못하고 개인이 더 이상 스스로 변할 수 없다고 생각할 때 부적응적이고 극단적인 행동을 하는 경우가 있는데 이를 '열등감 콤플렉스(inferiority complex)'라고 하였다. 개인이 열등감으로 인해 개인적 우월성 추구에 집착하면 파괴적 생활양식을 갖게 되어 신경증에 빠지게 된다. 즉, 열등감에 사로잡혀 그의 노예가 된다면 그것은 열등감이 우리를 지배하게 된다는 것이다. 아들러는 열등감 콤플렉스의 세 가지 원인을 기관열등감(organ inferiority), 과잉보고(spoiling) 그리고 양육태만(neglect)으로 정리하였다.

① 기관열등감(organ inferiority)

이 원인은 개인의 신체와 관련된 것이다. 외모에 대해서 어떻게 생각하는가? 신체적으로 건강한가? 신체적으로 불완전하거나 만성적으로 아픈 아동들은 다른 아동들과 신체적인 차이로 인해 성공적으로 경쟁하기 어려워 기관열등감을 가질 가능성이 높다.

② 과잉보고(spoiling)

자녀를 독립적으로 키우느냐 의존적으로 키우느냐는 부모의 교육방식에 따라 달라진다. 아이들이 일상생활에서 어떤 문제가 생겼을 때, 아이 스스로 해결할 수 있도록 기회를 주기보다는 부모들이 먼저 나서서 모든 일을 해결해버리는 경우가 많은데 이러한 교육환경에서 자라는 아이들은 어려운 고비에 부딪혔을 때 자신감이 부족하여 문제를 해결할 능력이 없다고 믿고 열등감에 젖게 된다. 그뿐만 아니라 과잉보호 속에 자신이 세상에서 가장 중요한 존재라고 생각하게 되어 타인을 위해 베푸는 것을 전혀 모르게 된다.

③ 양육태만(neglect)

아이들은 부모와의 신체접촉과 놀이를 통해 안정된 정서를 갖게 되고 자신의 존재 가치를 느끼게 된다. 그러나 자녀에 대한 사랑과 관심 부족으로 아이는 자신이 필요하지 않다고 느끼고 있기 때문에 열등감을 극복하기보다는 오히려 문제에 대해 회피하거나 도피한다. 즉, 이러한 아이들은 자신의 능력을 인정받고 애정을 얻거나 타인으로부터 존경받을 수 있다는 자신감을 잃고 세상을 살아간다.

(2) 우월성 추구(striving for superiority)

아들러는 '우월성 추구'란 개념을 자기완성 추구 또는 자아실현이란 의미로 사용하였다. 프로이트가 인간의 행동 동기를 긴장을 감소시키고 쾌락을 얻는 것으로 보았다면, 아들러는 열등감이 늘 긴장을 자아내는 감정이기 때문에 우월감을 향해서 나아가는 보조적인 운동이라고 보았다. 인간은 기본적으로 자신의 약점으로 인해 생기는 긴장과 불안정감, 남보다 열등한 사실을 견디기 힘들어한다. 따라서 열등의 감정을 극복 또는 보상하여 우월해지고, 성공을 향한 목표를 달성하고자 노력한다. 아들러는 인간이 자신의 열등감을 보상하는 방향으로 행동하고 보상의 궁극적인 목적을 우월의 추구라고 하였다. 우월의 추구는 모든 인간이 문제에 직면했을 때 부족한 부분은 보충하고, 낮은 부분은 높이며 미완성한 부분은 완성하게 만드는 경향성을 말한다.

인간의 우월 추구를 향한 보상은 긍정적 또는 부정적 경향을 취할 수 있다. 이는 초기 아동기 동안 어떤 대우를 받으며, 또 이 열등감을 어떻게 다루느냐 하는 것이 그의 성격을 형성하는 데 아주 중요하다. 또한 아동이 어린 시절에 얼마나 깊은 불안감과 열등감을 느꼈는가와 삶의 문제를 극복하는 데 있어 주변 사람들이 어떠한 모델이 되어 주었는가에 따라 각기 다른 보상 형태가 이루어진다고 하였다. 아동이 어린 시절에 열등감 때문에 억압받지 않고 열등감을 장점과 역량을 키우면서 줄여나가며 성장 지향적인 건강한 방향으로 나아가려고 애쓰면 긍정적인 발달과 성숙, 발전을 할 수 있다. 그러나 잘못된 교육 상황이나 부적절한 환경, 즉 응석받이로 자라거나 방치된 아동의 경우는 힘을 키우고자 하는 노력을 저지당하고 긍정적인 발달을 경험할 가능성이 크게 훼손된다. 이러한 환경에서 자란 아동은 열등감이 더욱 심화되어 삶의 유용한 측면에서 정상적인 방법으로 더 이상 자신의 열등감을 극복할 수 없다고 믿게 되면 비뚤어진 방향의 보상을 시도하게 된다.

우리나라의 사회 문화적 풍토는 어릴 때부터 타인과 비교당하고 타인과의 경쟁에서 앞서야 한다는 관념에 익숙해져 있다. 이러한 상황 속에서 우월성 추구는 자신을 발전시키는 데 있어서 원동력이 될 수도 있다. 하지만 우월성이 지나치거나 오랫동안 충족되지 못한다면 쉽게 무력감에 빠져 자신감을 잃고 열등감을 갖게 된다. 아들러는 이를 '우월감 콤플렉스(superiority complex)'로 설명했는데 열등감을 지닌 개인이 문제를 회피하는 하나의 방법으로 사용된다. 실제로는 우월하지 않지만 자신이 우월하다고 가정하고 그릇된 성공은 견딜 수 없는 열등 상태를 보상해준다.

(3) 사회적 관심(social interest)

사회적 관심이란 인간에 대한 공감으로서 개인의 이익보다는 사회발전을 위해 다른 사람과 협력하는 것을 의미한다. 아들러는 인간을 사회적이며 목적론적인 존재로 이해했고 인간이 사회적 존재로서 사회에 참여하여 타인에 기여할 수 있는 애타적인 측면을 강조했다. 개인의 완전에의 욕구가 완전한 사회로의 관심으로 대체된 것으로, 인간은 사회와 결속되어 있을 때 안정감을 갖게 되고 강한 열등의식을 지닌 인간은 사회적 승인을 받지 못하면 고립될지 모른다는 불안 속에서 살게 된다. 아들러는 인간이 경험하는 많은 문제들은 자신이 가치가 있다고 생각하는 집단에서 인정을 받지 못하거나 받아들여지지 않는다면 두려움을 느끼게 되고 소속감을 느끼지 못할 경우에는 불안하게 된다. 반면에 소속감을 느끼고 인정을 받을 때 자신의 문제를 직면하는 용기가 생긴다고 하였다.

Adler(1966)는 "문화라는 도구 없이 원시의 밀림에서 혼자 사는 인간을 상상해 보라. 그는 다른 어떤 생명체보다 생존에 부적합한 것이다. 인간의 생존을 위해서 가장 좋은 방법은 공동체 안에 있는 것이고 공동체감은 모든 자연적인 약점을 보상하는 데 있어서 반드시 필요하고 또 바른 것이다."라고 말할 정도로 인간의 행복과 성공은 사회적 결속과 관계가 있다고 믿었다. 또한 아들러는 초기 아동기의 경험이 사회적 관심을 결정하는 데 중요한 역할을 한다고 보았고 모든 아동은 사회적 관심을 개발할 수 있는 잠재력을 가지고 태어나며 적절한 양육으로 사회적 관심을 개발시킬 수 있다고 보았다. 사회적 관심은 태어나서 일차적으로 어머니와 가족구성원, 학교생활을 통해 발달될 수 있으며, 계속 훈련되어야 한다. 특히 학령기의 학생들의 사회적 관심을 잘 발달시키려면 학교생활, 즉 교사와의 관계, 또래와 관계에서 일어나는 협동과 상호존중을 통해 타인을 공감하고 배려할 수 있도록 유도하는 것이 중요하다.

또한 아들러는 공동체감이 제대로 발달되었는지의 여부를 정신건강의 척도로 사용하였고 신경증, 정신병, 범죄, 자살 등의 문제들은 사회적 관심이 부족해서 초래된다고 설명하였다. 신경증의 경우에는 사회적 관심이나 유익한 행동에 대한 관심 없이 오로지 자기중심적인 우월성을 추구하고자 하는 것이고 높은 열등감을 없애기 위해 개인적인 안전을 추구하려고 노력하는 과정에서 생겨나는 '자기 고양', '힘', '개인적인 우월감' 등을 추구하는 것으로 간주되었다. 이와 같이 신경증을 가진 사람은 영향력, 자기 소유와 힘 등을 높이려고 하고 다른 사람을 비하하며 속이려고 하는 사람이라고 할 수 있다.

아들러의 개인심리학에서는 사회적 관심을 가진 사람은 정신적으로 건강하고 행복하며 사회에 기여하는 사람이고 그렇지 못한 사람은 부적응한 사람으로 인식된다. 이러한 사람은 단지 자신의 욕구에만 집중하고 사회적으로 사람과 상호작용을 하거나 타인의 욕구를 중요시하지 않는다.

(4) 생활양식(life style)

생활양식은 아들러 이론의 또 다른 핵심 개념이다. 생활양식은 개인이 어떻게 인생의 장애물을 극복하고 문제를 해결하며 어떤 방법으로 목표를 추구하는지에 대한 방식을 결정해 주는 무의식적인 신념체계라고 할 수 있다. 즉, 개인의 생활양식은 생각하고 느끼고 행동하는 모든 기초가 되는 것으로, 대략 4~5세경에 형성되어 이후에는 거의 변화가 없다고 하였다. 물론 사람들은 계속 그들의 독특한 생활양식을 새로운 방식으로 나타내는 것을 배우지만, 그것은 단순히 어릴 때 정착된 기본 구조의 확대일 뿐이다. 즉, 생활양식은 변화될 수 있긴 하지만 확실한 결심과 분명한 노력을 통해서만 가능하다는 것이다.

열등감과 보상이 생활양식의 근본을 결정하기 때문에 생활양식이 어떻게 발달하는가를 이해하기 위해서는 이 개념들을 이해하는 것이 필요하다. 즉, 모든 개인은 열등감을 경험하고 어떤 방식으로든 열등감을 보상하려고 노력하게 되는데 이 노력이 개인의 생활양식을 형성하는 것이다. 또한 가족의 구성과 상호작용은 개인의 생활양식을 형성하는 데 가장 중요한 영향을 미친다고 하였다.

개인의 독특한 생활양식은 그가 생각하고 느끼고 행하는 모든 것의 기반이 된다. 개인의 생활양식이 일단 형성이 되면 이것은 인간의 외부 세계에 대한 전반적인 태도를 결정할뿐더러 인간의 기본적인 성격구조가 일생을 통하여 일관성이 유지되게 한다. 따라서 개인의 생활양식을 통해 그가 추구하는 우월의 목표와 그의 독특한 방법 그리고 자신과 세계에 관한 자신의 의견을 이해한다는 것이 개인심리학의 기본 원리다. 아들러는 각 개인의 독특성을 이해하는 것이 중요하다고 생각하여 생활양식 유형론을 적극 지지하지 않았으나 그것이 인간의 행동을 이해하는 데 있어서 도움이 된다는 점에는 동의하였다. 아들러의 생활양식 유형은 사회적 관심과 활동성 수준에 따라 네 가지로 구분된다.

① 지배형(dominant or ruling type)
지배형은 부모가 지배하고 통제하는 독재형으로 자녀를 양육할 때 나타나는 생

활양식이고 이 유형의 사람은 사회적 관심은 부족하지만 활동성은 높은 편이다. 그들은 타인을 배려하지 않고 부주의하며 공격적이고 경우에 따라 공격성이 자신에게 향하기도 하여 알코올중독, 약물중독, 자살의 가능성도 나타낼 수 있다. 오랫동안 가부장적 가족문화, 유교문화로 권위를 중시한 우리나라처럼 아직도 부모가 막무가내로 힘을 통해 자녀를 통제하려고 한다. 이러한 가정에서 자란 자녀들의 생활양식은 지배형으로 형성되는 경우가 많다.

② 기생형(getting type)

기생형의 사람들은 자신의 욕구를 다른 사람에게 의존하여 충족시키려고 하고 자신의 문제를 스스로 해결하기보다는 타인에게 의존하여 기생의 관계를 유지하는 것이다. 이러한 생활양식은 부모가 자녀를 과잉보호할 때 나타나는 태도이고 자녀를 지나치게 보호하여 독립성을 길러 주지 못할 때 생기는 생활태도이다.

③ 회피형(avoiding type)

회피형의 사람들은 사회적 관심과 활동성이 다 떨어지는 유형으로 실패의 두려움에서 벗어나려고 하기 위해 삶의 문제를 아예 회피하려고 한다. 또한 이 유형을 가진 사람은 매사에 소극적이고 부정적인 특징을 가지고 있고 자신감이 없기 때문에 문제를 적극적으로 직면하거나 해결하려고 하는 의식이 없다.

④ 사회적 유용형(socially useful type)

사회적 유용형은 사회적 관심과 활동성이 모두 높은 유형이다. 이 유형의 사람은 성숙하고 긍정적이며 심리적으로 건강한 사람이다. 또한 이 유형을 가진 사람들은 삶의 과제에 적극적으로 대처하고, 자신의 삶의 문제를 타인과 협동하여 해결할 수 있는 능력을 갖추고 있으며 적절한 행동을 할 수 있다.

여기서 사회적 관심이 높고 활동성이 낮은 유형은 실제로 존재할 수 없다. 왜냐하면 사회적 관심이 높은 사람은 어느 정도의 활동성이 있음을 의미하기 때문이다.

(5) 가족구도(family constellation)와 출생순위(birth order)

아들러는 가족구도와 출생순위가 개인의 생활양식에 많은 영향을 준다고 하였고 자녀의 수가 몇 명인가도 역시 성격형성에 영향을 준다고 하였다. 아동기 때 타인과 관계하는 독특한 스타일을 배워서 익히게 되고 그들은 성인이 되어서도 그 상호작용 양식을 답습한다. 다시 말해, 출생순위와 가족 내 위치에 대한 해석은, 어른이 되었을 때 세상과 상호작용하는 방식에 큰 영향을 미친다는 것이다. 따라서 개인의 생활양식을 탐색하고자 할 때 가족구도는 그에 관한 많은 것을 예측할 수 있게 도와준다.

가족구도에는 가족의 구성, 각 구성원의 역할, 개인이 초기 아동기 동안 형제자매 및 부모와 맺은 관계의 양상이 포함된다. 아동은 가족 내 상호작용에 의해 정해지는 특정한 역할을 하게 되고 부모와 형제자매가 아동 자신에게 어떻게 반응할지에 영향을 미친다. 출생순위도 가족의 또 다른 주요 측면으로 아들러는 이것이 발달에 심대한 영향을 미친다고 보았다(Adler, 1963b). 예를 들면, 결혼을 해서 낳은 첫째 아이가 부부가 정말 원해서 출생했는가의 여부, 첫째 아이가 남자인 경우 혹은 여자인 경우, 독자인 경우 등에 따라 부모가 자녀에게 대하는 심리적 태도가 다를 수 있기 때문에 자녀의 수가 몇 명인가와 출생순위가 성격형성에 영향을 준다고 주장한 것이다. 그는 가족에 다섯 종류의 심리적 위치가 있다고 하였는데 맏이, 둘째, 가운데 아이, 막내, 외동으로 열서하였다.

① 맏이

이들은 다섯 집단 중에서 가장 머리가 좋고 성취 지향적이며 부모의 사랑과 관심을 독차지하면서 자라게 된다. 그리고 처음에 어른들로만 이루어진 가족에서 성장하게 되어 의존적이고, 체계적이며 책임감 또한 강하다. 부모와 가장 많은 상호작용을 하며 부모로부터 많은 지지, 압력과 간섭을 받기 때문에 실제 다른 자녀에 비해 높은 수행능력을 보이기도 한다. 아직 동생이 태어나지 않았을 때 맏이는 관심과 사랑의 초점이 되며 때때로 버릇없는 응석받이가 될 수도 있지만 동생이 태어나면서 맏이는 자신이 지금까지 독차지하면서 누리던 소중한 것들을 동생에게 빼앗겼다고 생각하고 이러한 상실감으로 인해 분노와 두려움, 불안감과 질투심을 느낄 수 있다. 따라서 부모가 첫째 아이의 위치를 안전하게 인식하도록 격려해주고 공정하게 관심과 사랑을 주면 맏이는 더 친화적이고 더 자신감 있는 아이가 될 수 있다.

② 둘째

이들은 형제와 계속 경쟁하면서 서로 다른 성격이 발달되기도 하는데, 두 아이의 연령이 비슷하고 성별이 같을 때 더욱 그렇다. 둘째 아이는 위를 따라 잡으려고 하고 아래보다는 앞서가기 위해 노력하는데 만일 셋째 아이가 출생할 경우 둘째 아이는 형제를 위아래로 두고 있으므로 압박감을 느끼게 된다. 일반적으로 맏이가 이미 성공적으로 성취한 분야에서는 둘째 아이는 그 이상으로 더 따라 잡을 수 없다고 판단하고 맏이와 완전 반대의 분야에서 노력을 기울이는 경향이 있다. 예를 들어, 맏이가 수학이나 영어 같은 전통적인 영역에서 두각을 나타난다면, 둘째는 노래나 그림 그리기 등 보다 창의적이고 덜 관습적인 영역에서 성공을 추구할 경향이 있다.

③ 가운데 아이

출생순위가 가운데인 아이들은 종종 둘째이기도 하여 둘째가 가진 많은 장점을 보여주지만 위에 언급했듯이 이미 자리를 확보하고 있는 첫째와 사랑과 관심을 받고 있는 동생 사이에 끼어 압박감을 느끼기도 한다.

④ 막내아이

동생에게 자리를 빼앗기는 충격을 경험하지 않고 가족의 귀염둥이로 부모와 형제에 의해 응석받이로 자라게 되며, 그 지위를 즐기며 그들을 돌봐줄 보호자를 가지게 된다. 하지만 막내아이는 자기보다 크고 힘이 세고 특권이 있는 형제에게 둘러싸여 있으므로 독립심의 부족과 강한 열등감을 경험하기 쉽다. 또한 막내아이는 부모와 형의 도움을 받아 자신의 야심을 키워가는 배후에서 그들을 공격하기도 하고 주의집중하게 만들기도 한다. 가족 전체가 막내를 어떤 방법으로 사랑하는가는 중요하다. 지나치게 사랑받는 아이는 결코 자립할 수 없으며 자신의 노력에 의해서 성공할 수 있다는 용기를 잃어버리게 된다.

⑤ 외동 자녀

어린 시절을 주로 어른들 사이에서 보내는 경우가 많다. 그래서 외동자녀는 응석받이가 될 수도 있고 항상 가족의 관심을 받고자 할 수도 있다. 반면 역할 모델로서 성인의 역할을 해볼 기회가 많아지므로 더 유능하고 협동적인 가족의 한 구성원으로서 자랄 수도 있다.

3. 행동주의 상담

1) 행동주의 배경

행동주의자들은 관찰이 가능한 인간의 행동만이 심리학의 연구주제가 될 수 있다고 주장하며 과학적인 방법을 모색하여 인간의 행동을 설명하려고 하였다. 또한 행동주의 상담은 인간의 이상행동을 무의식의 갈등 증상이라고 보는 정신분석 상담과 달리 인간의 외현적인 행동의 변화를 중시하였고 과거의 경험보다는 현재의 이상행동에 초점을 두었다. 다시 말하면, 행동치료는 과거보다는 현재, 무의식보다는 관찰 가능한 행동, 단기치료, 명확한 목표, 빠른 변화에 초점을 두는 것이었다. 이러한 행동주의 심리학의 이론적 토대는 학습이론이고, 인간행동의 원리나 법칙을 학습이론에 근거하여 설명한다. 학습이론은 어떤 행동이 왜 지속되는지 또는 중단되는지에 대해 설명해 주는 이론을 통틀어 학습이론이라고 한다. 학습을 자극과 반응의 새로운 결합이라고 보고 자극과 반응 사이의 연결은 특정 조건에서 강해질 수도 있고 약해질 수도 있다. 따라서 행동주의 상담에서는 인간의 바람직한 행동뿐만 아니라 올바르지 않은 행동도 학습이 된다고 믿는다.

행동주의는 인간의 행동을 연구하는 분야로서 20세기 초부터 시작되어 20세기 동안 막강한 영향력을 보였다. 1900년대 초반 러시아의 생리학자인 Ivan Pavlov는 실험에 근거한 고전적 조건형성(classical conditioning)으로 알려진 학습의 유형을 발견해 설명하였고, 미국의 심리학자 John B. Watson은 인간행동을 변화시키기 위해 학습이론과 함께 Pavlov의 고전적 조건형성이론 및 자극일반화를 사용하여 환경적 사건의 중요성을 강조하였으며 인간의 모든 행동은 학습의 결과라고 주장하였다. 그리고 Pavlov와 Watson의 연구를 기반으로 B. F. Skinner는 행동이론을 발전시켰고 행동이 환경을 '조작'하고 또 그것의 결과를 통제하기 때문에 Skinner는 이것을 조작적 조건형성(operant conditioning)이라고 불렀다. 전통적 행동치료는 1950년대에 미국과 남아프리카, 영국에서 동시에 시작되었고 1960년대에 Albert Bandura는 고전적 조건형성과 조작적 조건형성을 관찰학습에 결합하여 사회학습이론을 개발하였다. 1970년대 동안 현대적 행동치료가 심리학에서 중요한 세력으로 등장했고 행동주의 치료기법은 많은 심리적 문제에 대해 효과적인 치료방법으로 간주되었다. 1990년대 후반에 행동인지치료학회(Association for Behavioral and Cognitive Therapies, ABCT)는 약 6,000명의 정신건강 전문가와 학생들이 자신들의 경험에 근거하여 행동치료 혹은 인지행동치료를 연구했고, 2000년대 들어서 행동치료는 마음챙김, 수용, 치료적 관계, 정서적 표현 등의 다양한 관점들을 받아들여 다양한 치료 형태로 확장되고 있다.

2) 행동주의 상담의 주요 학자와 개념

(1) 파블로프

러시아의 생리학자인 파블로프(Ivan Pavlov, 1849~1936)는 1849년에 태어나 1936년에 사망하기까지 행동수정의 기초가 된 과학적 원리를 개발하고 지속적인 연구를 수행하였다. 파블로프는 상트페테르부르크 대학교에서 화학과 생리학을 전공했고 상트페테르부르크의 임페리얼 의학 아카데미에서 의사자격을 취득하였다. 1881년에 결혼했고, 자신이 얻은 성공의 많은 부분을 가정적 또는 종교적이고 자신의 편안함과 연구를 위해 끊임없이 헌신한 부인의 덕분이라고

Ivan P. Pavlov (1849~1936)

말하였다. 1900년대 개의 침샘을 연구하던 중 개가 음식을 보고 침을 분비하는 현상을 발견한 것을 계기로 조건반사에 대한 법칙을 공식화하였고 그것을 고전적 조건형성이라고 불렀다. 그는 1904년에 소화액 분비에 관한 연구로 노벨 생리학·의학상을 수상하였고, 만년에는 수면, 본능, 신경증의 연구를 진행하였으며 조건반사의 연구는 국외의 생리학계와 심리학계에서 활발하게 진행하도록 하였다.

① 고전적 조건형성(classical conditioning)

개를 이용한 파블로프의 생리학 실험 과정에서 개의 입속에 먹이가 들어갈 때마다 자동적으로 침 분비가 일어나는 반사적인 반응임을 발견하였다. 개가 이런 실험을 여러 번 경험했더니 나중에 먹이가 없어도 실험자나 조교의 발자국 소리, 먹이 그릇만을 접했을 때도 침을 흘리는 현상을 관찰하였고, 그는 이러한 현상을 체계적으로 연구하기 시작했으며 그것을 '고전적 조건형성'이라고 불렀다. 고전적 조건형성은 다음과 같은 절차로 도식화된다.

파블로프는 실험에서 종소리와 같은 중립 자극은 처음에 개의 타액 분비에 아무 반응을 일으키지 못하지만 개에게 먹이(무조건자극, unconditioned stimulus: UCS)를 주기 직전에 종소리(중립자극, neutral stimulus: NS)를 제시하고 먹이를 주는 과정을 반복하였다. 이 두 자극은 연합되어 조건화되었고, 그 이후 개는 종소리만 듣고도 침을 분비하였는데 이러한 과정을 통해 개는 학습된 자극에 의해 학습된 반응을 나타낸 것이라고 설명하였다.

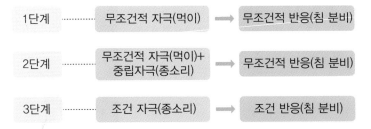

그림 4-3 고전적 조건형성의 절차

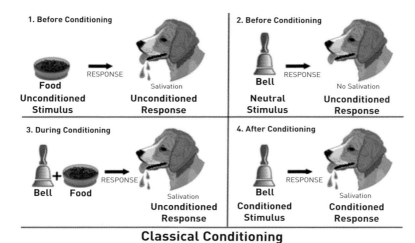

그림 4-4 고전적 조건형성

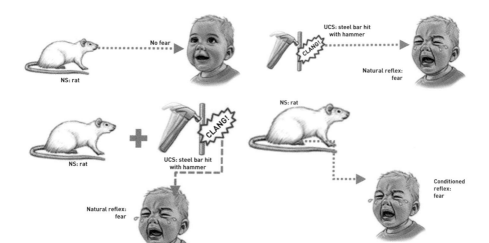

그림 4-5 어린 앨버트 실험

행동주의 심리학자들은 여러 실험을 통해 고전적 조건형성의 원리에 의해 행동과 정서 반응도 학습이 가능할 수 있음을 보여 주었는데 그 중에 Watson과 Rayner의 1세 미만 아기 Albert의 실험이 있었다.

Watson과 Rayner의 목적은 어떤 중립자극과 공포반응을 유발할 수 있는 자극과 연합을 시킬 때 Albert가 두려움(정서반응)을 학습하게 될지의 여부를 확인하는 것이었다. 우선 Albert의 두려움을 유발하지 못한 흰 쥐(중립자극)를 선택했고 Albert가 흰쥐와 함께 있을 때 Watson과 Rayner는 아이의 머리 뒤에서 망치로 쇠막대기를 두드려서 큰 소리를 냈다. 이렇게 반복하다 보니 Albert는 흰 쥐만 보아도 놀라서 울게 되었고 쇳소리가 들리지 않아도 마찬가지였다. 이 실험을 통해 공포증을 비롯한 여러 정서장애가 고전적 조건형성에 의해서 형성될 수 있음을 보여 주었다.

이처럼 고전적 조건형성은 처음에 아무런 반응도 일으키지 못했던 중립자극이 무조건자극과 반복적인 연합을 하면 중립자극이 조건자극이 되어 생리적 반응(침 분비 등)이나 정서적 반응(두려움 등)과 같은 조건반응이 나타날 수 있고 이러한 결과는 학습하는 것이다.

(2) 스키너

——— B. F. Skinner (1904~1990)

미국 행동주의 심리학의 대표적인 학자인 스키너(B. F. Skinner, 1904~1990)는 1904년 미국 펜실베니아주 법관인 아버지와 도덕적이고 따스한 성품을 가진 어머니의 두 아들 중 장남으로 태어났다. 그의 부모는 일정한 행동규칙과 계획으로 자녀를 양육하였고 이 원칙에 따라 자녀의 행동에 대해 적절한 보상과 처벌로 교육하였다. 스키너는 부모의 영향을 크게 받았음을 부모의 자녀양육방식에서 추정해 볼 수 있다. 그의 아버지는 법관으로서 법에 따라 행동에 대해 옳고 그름을 판결하고, 어머니는 자녀양육에 있어서 일정한 행동원칙에 따라 자녀들이 행동하기를 원하는 성격을 가지고 있었다. 스키너는 부모의 자녀양육방식을 그대로 심리학에 적용시켰고, 그 결과는 행동주의 심리학의 대표적인 이론인 조작적 조건형성이론을 형성할 수 있었다 해도 과언이 아니다. 아울러 자신의 기계적 적성과 동물행동에 대한 관심을 토대로 '스키너상자'를 만들어 과학적이고 실험적인 방식을 통해 행동주의이론을 증명하였다.

① 조작적 조건형성(operant conditioning)

조작적 조건형성은 행동이 체계적으로 변화되는 결과에 의해 변경된다는 학습유형으로 B. F. Skinner에 의해 그 원리가 더욱 체계화되었다. 스키너의 관점은 행동이 얼마나 자주 일어나는가는 주로 그 행동에 뒤따르는 사건들에 의해 결정된다고 가정하였다. 다시 말해, 어떤 특정한 반응이 바람직하면 결과(강화)로서 '보상'을 제시하고, 그 반응이 바람직하지 못 하면 결과(강화)로서 '처벌'을 제시하는 것이다. 그렇게 하면 보상을 받은 행동은 증가가 되고 처벌을 받은 행동은 감소가 된다는 가설을 지닌 이론이다. 스키너는 자신의 조작적 조건형성이론을 과학적이고 실험적인 것을 입증하기 위해 스스로 '스키너 상자(Skinner Box)'를 제작하고 실험동물로 쥐와 비둘기를 사용하였다.

스키너는 상자에 누르면 먹이가 떨어지는 지렛대를 설치하였고 일부의 상자에는 동물에게 전기충격을 가하는 전기 그물이나 바닥을 설치하였다. 그리고 배고픈 쥐를 실험상자에 넣어 쥐의 행동을 관찰했는데 쥐가 상자 안을 배회하다 우연히 지렛대를 누르자 먹이 한 조각이 떨어져 나왔고 이를 먹은 모습을 관찰하였다. 이러한 상황이 반복되면서 나중에 쥐는 지렛대를 누르면 먹이가 나온다는 것을 학습하게 되었고 배가 고플 때마다 지렛대를 누르는 모습을 관찰할 수 있었다. 반면, 쥐에게 전기충격이 나오는 지렛대를 누르는 횟수가 줄어들거나 아예 누르지 않은 모습도 관찰할 수 있었다. 이처럼 행동은 그 결과에 따라 변화될 수 있는데 보상이 따르는 행동은 증가되고 처벌이 따르는 행동은 감소된다는 것이다.

위 내용을 다시 정리하자면, 스키너는 행동을 반응행동과 조작행동으로 구분하였는데 반응행동은 밝은 불빛에 눈의 동공이 수축되거나 뜨거운 냄비에 모르고 손가락을 댔다가 반사적으로 손을 치우는 등과 같이 자극에 의해서 야기되는 반사 혹은 자동적 반응을 의미하는 것이다. 이러한 행동은 학습된 것이 아니라 불수의적으로 나타나는 것이다. 조작행동은 제시되는 자극이 없이 자발적으로 나타나는 행동을 말하는데 반응에 따르는 사건에 의해 강해지거나 약해진다. 반응행동이 선행사건에 의해 통제되는 것이라면 조작행동은 그것의 결과에 의해 통제된다고 보면 된다. 다시 말해, 조작행동은 행동이 완성된 후에 일어나는 결과에 의존하여 일어나는 조건형성된 행동이고 스키너는 이런 특별한 행동을 조성하고 유지시키는 과정을 조작적 조건형성이라 불렀으며 많은 연구 결과를 바탕으로 조작적 조건형성의 원리를 인간의 행동까지 확대하고자 하였다.

② 강화(reinforcement)

스키너의 조작적 조건형성의 핵심 개념 중에 하나가 강화(reinforcement)이다. 강화는 어떤 행동에 뒤따르는 결과(사건)가 그 행동을 다시 일으킬 가능성이 높아질 때 반응(행동)의 빈도를 증가시키는 것을 강화라 하고 그 행동을 증가시키는 자극을 강화물이라 한다. 강화는 정적강화와 부적강화가 있는데 정적강화(positive reinforcement)는 학습자가 좋아하는 자극 또는 강화물을 제공함으로써 원하는 행동의 빈도수를 증가시키는 것을 말하고 부적강화(negative reinforcement)는 학습자가 싫어하는 자극 또는 강화물을 제거함으로써 원하는 행동의 빈도수를 증가시키는 것을 말한다. 즉, 강화의 원리는 긍정자극을 제공하거나 혐오자극을 제거할 때 반응(행동)의 빈도가 증가하는 것을 말한다.

③ 처벌(punishment)

처벌은 어떤 행동에 뒤따르는 결과(사건)가 그 행동을 다시 일으킬 가능성을 감소시킬 때마다 일어난다. 강화처럼 처벌에도 정적처벌과 부적처벌이 있다. 정적처벌(positive punishment)은 학습자가 싫어하는 혐오자극이나 강화물을 제공함으로써 원하지 않는 행동의 빈도수를 감소시키는 것을 말하고 부적처벌(negative punishment)은 학습자가 좋아하는 자극이나 강화물을 제거함으로써 원하지 않는 행동의 빈도수를

감소시키는 것을 말한다. 즉, 처벌의 원리는 혐오자극을 제공하거나 긍정자극을 제
거할 때 반응(행동)의 빈도가 감소하는 것을 말한다.

표 4-2 강화와 처벌

	강화	처벌
정적	정적 강화 (긍정자극 제공)	정적 처벌 (혐오자극 제공)
부적	부적 강화 (혐오자극 제거)	부적 처벌 (긍정자극 제거)

④ 변별과 일반화(discrimination & generalization)

교통신호등은 우리에게 변별된 자극으로 행동한다. 우리는 신호등의 불빛에 따
라 멈추어야 할지 건너도 될지에 대한 변별을 학습하였다. 만약 개인이 적절한 자극
변별을 하지 못한다면 교통신호(자극)를 위반하여(행동) 벌금을 물게 되거나 교통사고
(결과)를 당할 수 있다. 이러한 자극 통제는 자극 변별을 통해 가능해지고, 어떤 자극
(상황)에서 우리의 행동이 강화될 것인가 혹은 강화되지 않을 것인가, 그리고 어떤 상
황에서 우리의 행동이 처벌될 것인가 혹은 처벌되지 않을 것인가에 대해 구별하는
것으로 자신이 학습했던 내용들을 바탕으로 자극 변별(stimulus discrimination)을 학습하
게 된다. 일반화는 변별과 대립되는 개념이다. 일반화(generalization)는 특정 장면에서
강화를 통해 학습된 행동이 다른 상황이나 장면에서도 나타나는 현상인데, 상황들
은 흔히 공통적 속성을 공유하는 복잡한 자극들의 집합으로 구성되는 경우가 많아
한 가지 유형의 자극에 대한 반응양식의 기회를 높이는 강화는 유사한 자극에 전이
되기 쉽다. 종소리를 듣고 침을 흘리는 개가 다른 유사한 종소리를 들을 때도 침을
흘릴 수 있다는 것이다.

⑤ 소거(extinction)

학습된 행동에 대해 강화를 제공하지 않을 때 그 행동을 더 이상 하지 않게 되
는 것을 말한다. 이렇게 형성된 조작행동이 줄어들거나 나타나지 않는 것을 소거

(extinction)라고 한다. 다시 말하면, 소거는 주어진 상황에서 개인이 이전에 강화되었던 반응이나 행동을 방출하는데 그러한 반응이나 행동이 강화되지 않으면, 그는 다음에 유사한 상황에 처했을 때 같은 반응이나 행동을 하지 않을 가능성이 높을 것을 말한다(Martin & Pear, 1992: 49). 예를 들어, 아이가 떼를 쓸 때 부모가 지속적으로 관심을 주면 아이가 떼를 쓰는 행동이 강화될 수 있다. 그러나 아이가 떼를 쓸 때 부모가 관심을 더 이상 주지 않으면 아이의 떼를 쓰는 행동이 점차 감소되거나 사라진다.

⑥ 행동조성(behavior shaping)

행동조성(behavior shaping)은 일련의 복잡한 행동을 학습시키기 위해 목표행동에 근접하는 행동을 보일 때마다 강화를 하여 점진적으로 목표행동을 학습시키는 것을 말한다. 우리는 단계적으로 쉬운 행동부터 학습하여 많은 기술을 갖게 되고 이렇게 처음에는 서툴고 투박한 행동에서 단계적으로 차근차근 학습하여 정교한 기술을 갖는 절차가 행동조성이다. 즉, 행동조성은 그러한 목표행동에 접근하는 반응들을 강화함으로써 새로운 행동을 가르치거나 학습하는 것을 말한다.

(3) 반두라

—— Albert Bandura (1925~)

앨버트 반두라(Albert Bandura, 1925~)는 1925년 캐나다의 앨버타 주에서 태어났고, 시골마을에서 성장했으며 브리티시 컬럼비아 대학에서 학사학위, 아이오와 대학에서 석·박사학위를 취득하였다. 그는 초기에 심리치료과정과 아동의 공격성 등에 대한 연구를 했다가 밀러와 달러드가 쓴 『사회학습과 모방』을 읽고 영향을 받아 인지와 행동에 관심을 가지기 시작했다. 그는 1953년부터 현재까지 소속되어 있는 스탠퍼드 대학교에 재직하면서 많은 연구를 수행하고 많은 논문을 발표하였다. 그는 사회학습이론 분야의 많은 연구를 수행했고, 인간이 행동을 습득하게 되는 것에 관심을 갖고 다른 사람의 행동을 관찰하며 모방하게 되는 과정에 초점을 두었다. '보보인형 실험'은 이러한 관찰학습의 작용을 보여주는 반두라의 가장 유명한 연구이다. 1960년에 접어들어 반두라는 모방학습에 관한 일련의 논문과 서적 등을 발표하여 이론의 개념을 보다 확대시켜 갔다.

① 사회학습이론

반두라의 사회학습이론은 행동주의적 학습이론의 확장이고 사람들의 행동관찰과 모방을 통해 일어나는 학습을 말한다. 사회학습이론은 정적 및 부적 강화, 소거, 일반화, 고전적 및 조작적 조건형성을 포함한 자극-반응의 원리를 통합한 것이다. 반두라는 인간의 행동을 설명할 때 인간의 선행되는 조건형성에 인지적 중재를 포함시켰고 인지적 중재는 인간의 사고과정에서 나타나는 실제적 상황과 행동의 상징적 표상을 의미한다. 반두라는 사회학습이론에서 중요한 학습은 모방학습(modeling), 대리학습(vicarious learning), 관찰학습(observational learning) 세 가지 유형으로 나누어 설명하였다. 첫째, 모방학습은 가장 단순한 형태로서 인지적 중재가 없이 자동적으로 학습하는 유형인데 예를 들면, 집에서 아이가 부모님의 싸움에서 사용되는 난폭한 말이나 행동 등을 모방하여 그대로 따라하는 것이다. 둘째, 대리학습(vicarious learning)은 다른 사람들의 행동이 어떤 결과를 일으키는지를 관찰함으로써 자신도 같은 행동을 했을 때 초래될 결과를 예상하는 학습방법이다. 마지막으로 관찰학습(observational learning)는 사회적 상황에서 다른 사람의 행동을 관찰해 두었다가 유사한 상황에서 학습한 행동을 표현하는 것을 말한다. 반두라는 관찰학습을 네 단계로 나누었는데 우선 선택된 관찰대상의 행동에 관심을 갖고 그 대상을 정확하게 지각하는 것을 '주의과정'이라고 하고, 관찰대상의 행동을 주의 깊게 관찰하여 그 내용을 기억하는 것을 '저장과정'이라고 한다. 그리고 특정한 상황에서 저장된 관찰 행동을 하기로 결정하는 것을 '동기화 과정'이라고 하고 관찰한 행동을 재생하는 것을 '재생과정'이라고 한다.

(4) 상담목표

행동주의 상담의 일반적인 목표는 새로운 조건의 학습을 창출하는 것이고 학습된 경험들이 문제의 행동을 해결할 수 있고 학습이 문제 행동을 개선시킬 수 있다는 데 근거한 것이다. 그리고 상담 목표는 내담자에 따라 개별화되어야 하고 언제나 구체적이면서 관찰되고 측정할 수 있는 행동 용어로 진술되어야 한다. 현대의 행동주의 상담은 내담자가 능동적으로 상담에 관한 결정을 하고, 상담 목표를 선택할 수 있도록 하며 상담과정을 통해 지속적으로 평가함으로써 목표 달성의 정도를 확인한다. 상담과정에서의 구체적인 목표는 부적응 행동을 제거하고 좀더 효율적인 행동을 학습하게 하며 행동에 영향을 주는 요인을 발전시키고 문제 행동에 대해 무엇을 할지를 결정하는 데 초점을 맞춘다.

(5) 상담과정

행동치료 상담자의 주요한 관심은 내담자의 행동을 분석해서 문제를 정의하고 구체적 목표를 설정하여 달성하도록 조력하는 것이다. 행동주의 상담은 과학적인 연구와 성공적인 치료 경험에 근거하여 표적행동을 객관적으로 이해하고 평가하여, 부적응 행동을 수정하고 새로운 행동을 습득하는 것을 목적으로 한다. 일반적으로 행동주의 상담의 과정은 ① 상담관계 형성, ② 문제 행동 규명, ③ 내담자의 행동 분석, ④ 상담 목표와 방법 협의, ⑤ 상담의 실행, ⑥ 상담결과의 평가와 조정, ⑦ 상담효과의 유지, 일반화 및 종결로 구성된다.

(6) 상담기법

① 체계적 둔감법

체계적 둔감법은 행동치료 상담사들이 자주 사용하는 기법이다. 체계적 둔감법은 이완된 상태에서 불안을 유발하는 상황들을 생각하게 함으로써 불안과 병존할 수 없는 이완을 연합시켜 불안을 감소 또는 소거시키는 방법이다. 남아프리카의 울페(Wolpe)는 최초로 고전적 조건화에 따른 체계적 둔감법을 사용하여 고양이의 불안감을 제거하는 데 성공하였다. 그는 불안감을 일으키는 자극에 고양이를 살짝 노출시켰다. 그런 후에 음식과 같은 긍정적인 자극을 고양이에게 주었고 이러한 방법을 통하여 고양이가 불안의 요소에 긍정적으로 반응을 하도록 함으로써 고양이의 불안감을 제거하는 데 성공하였다. 걱정, 두려움, 언어 불안, 폐쇄공포증, 수학 학습 불안 등과 같은 정서적 행동에 광범위하게 사용되어 왔다. 체계적 둔감법이란 사실상 불안 자극을 직접적으로 노출시키고 불안 자극의 상상을 통하여 노출시키는 방법이다. 심상적 노출은 내담자가 위험한 결과를 초래하지 않으면서도 상상적 방법을 적용하여 불안이나 회피 반응을 소거할 수 있다는 장점이 있다.

② 혐오기법

혐오기법은 바람직하지 않은 행동에 대해 혐오 자극을 제시함으로써 부적응 행동을 제거하는 방법이다. 즉, 상담자는 내담자가 바람직하지 못한 행동을 하면 유해 자극을 주기도 하고 또 그와 같은 행동을 일으키는 단서와 유해 자극을 연합시키기도 한다. 혐오기법은 행동치료 기법으로 널리 알려지지 않았을 뿐더러 기본적으로 처벌이나 부정적 결과보다 보상을 적용한 기법이 선호되기 때문에 논쟁의 여지도 많다.

③ 모델링

내담자가 다른 사람의 행동을 관찰하고 관찰한 것을 활용하는 것을 모델링이라고 한다. 모델링은 관찰학습, 대리학습, 사회학습, 모방 등의 용어들과 바꾸어 사용하기도 한다. 행동주의 상담에서의 모델링에는 다섯 가지의 상담적 기능이 있다. 첫 번째로 적응행동이 어떤 것인지 가르쳐줄 수 있는 교수, 둘째, 하고자 하는 적응행동을 강화할 수 있는 동기화, 셋째, 내담자가 두려워하는 행동을 하는 모델을 관찰하며 불안이 감소될 수 있도록 돕는 불안감소, 넷째, 문제 행동을 하지 않고 단념할 수 있도록 하는 저지, 마지막으로 적응 행동을 실질적으로 행하도록 촉진시키는 촉구가 있다.

④ 타임아웃

타임아웃은 내담자가 바람직하지 않은 행동을 하였을 때 긍정적인 강화를 받을 기회를 박탈시키며 바람직하지 않은 행동을 감소시키기 위한 방법이다. 보통 학교 수업시간에 졸고 있는 학생을 뒤로 나가있게 하는 것이 타임아웃의 예이다. 타임아웃은 잠깐 동안 활용해도 큰 효과를 볼 수 있고 공격적인 행동이나 난폭한 행동 등 여러 가지 바람직하지 못한 행동을 제지하는 데 유용하게 활용된다.

⑤ 토큰경제

토큰경제법은 강화 원리를 이용한 행동변화를 위해 널리 사용되는 기법으로 토큰 또는 교환권을 강화물로 사용하여 바람직한 행동을 유도하는 기법이다. 토큰을 강화물로 사용하면 여러 가지의 장점이 있다. 만약 강화물이 먹을 것이라면 토큰을 5개 모으면 먹을 것을 주는 등의 규칙을 정하면 편리하게 사용할 수 있고 강화물의 효과가 즉각적이기 때문에 강화를 지연시킬 우려도 없다. 또 한 가지의 강화물이 아닌 여러 가지 강화물을 교환할 수도 있다. 토큰경제법은 개인상담보다는 교실, 집단 상황에서 더 자주 활용되는 기법이다.

⑥ 노출기법

노출기법은 내담자가 두려워하는 자극이나 상황에 반복적으로 노출시키고 상황을 직면하게 하며 특정 자극 상황에 대한 불안감을 감소시키는 방법이다. 노출기법은 실질적인 불안 자극에 직접적으로 노출시키는 실제 상황 노출법, 상상을 통하여 불안 자극에 노출시키는 심상적 노출법 두 가지로 나누어볼 수 있는데 상상적 노출보다는 실제 상황에서의 노출이 더 효과적이라고 알려져 있다. 실제 상황 노출법과 심상적 노출법 외에도 낮은 불안감을 유발하는 자극으로부터 점점 강도를 높여가는 점진적 노출법, 처음부터 강한 불안감을 유발하는 자극에 노출시키는 급진적 노출법도 있다. 급진적 노출법은 내담자가 높은 불쾌감을 느낄 수도 있기 때문에 신중하게 사용해야 한다.

4. 인간중심 상담

1) 칼 로저스

—— Carl Rogers(1902~1987)

칼 로저스(Carl R. Rogers, 1902~1987)는 미국 일리노이주 시카고 근교에서 6명의 자녀 중 넷째로 태어났다. 그의 부모는 엄격하고 배타적인 근본주의 기독교적 견해를 가졌고 가정이 도덕적이기는 했으나 전혀 따스하거나 애정적이지 못했다. 그는 중국북경에서 열린 세계기독학생 연합회에 참여했는데, 하나님을 믿지 않는 중국인들이 행복하게 살 수 있는 모습을 보고 기독교에 대한 심각한 회의감을 갖게 된다. 뉴욕에서 로저스가 두 가지의 경험을 통해 그의 삶의 방향을 다시 변화시켰다. 첫 번째 경험은 그가 심도 있는 신학 연구를 통해 자신의 종교적 믿음에 대한 의문을 갖게 된 것이고, 두 번째 경험은 심리학에 대해 새롭게 이해한 것이었다. 결국 그는 다양한 경험을 통해 신학을 포기하고 심리학을 공부하였다. 심리학 박사학위를 받은 후, 비행 및 장애아동을 진단하고 치료하면서 대부분의 시간을 보냈고 로저스의 인간중심치료에서 주요한 핵심은 인간에 대한 그의 진실한 관심이었다.

2) 인간관

인간중심 상담은 칼 로저스에 의해서 창시된 상담 및 심리치료의 한 접근법이다. 로저스는 인간의 삶은 자신이 통제할 수 없는 어떤 힘에 의해 조종당하는 삶이 아니라 개인의 자유로운 능동적 선택의 결과라고 보았다. 인간은 선천적으로 타고난 성장 가능성을 가지고 태어났으며, 이를 실현하는 과정에서 자신이 살아가는 동안 인생 목표와 행동 방향을 스스로 결정할 수 있고, 그에 대한 책임감을 가지고 자신을 조절하고 통제하는 능력이 있는 존재로 보았다. 다시 말하면, 인간중심상담에서는 인간이 자기실현의 경향을 발휘하기 위해 항상 노력하고 도전하고 어려움을 극복하여 진정한 한 사람으로 성숙해 간다고 보았다. 로저스는 인간이 선천적으로 선하게 태어났다고 보았는데 인간이 부정적이고 악하게 된 것을 외부적인 영향, 부모나 사회에서 가해지는 '가치의 조건화'에 의해 이러한 실현화 경향성이 방해받기 때문인 것으로 보았다.

3) 주요 개념

(1) 유기체(organism)

로저스의 인간 이해를 위한 철학적 입장은 현상학에 영향을 받아 형성되었고 심리학에서 현상학은 인간의 자각과 지각에 대한 연구를 의미한다. 즉, 현상학을 지지하는 학자에게 중요한 것은 '대상 혹은 사건 그 자체가 아니라 개인이 대상 혹은 사건을 어떻게 지각하고 이해하는가'이다. 유기체, 즉 전체로서 개인은 모든 경험의 소재이다. 로저스가 "경험은 나에게 최고의 권위이다."라고 말한 것처럼 그는 유기체의 경험을 중시하였다. 유기체는 세계에 반응하고 어떤 자극이 있을 때 그 자극에 대해 우리의 전 존재가 반응하며, 이러한 경험을 유기체적 경험이라고 한다. 생후 초기에 인간은 세계를 유기체적으로 있는 그대로 경험하고 자신이 실제로 어떻게 느끼느냐에 따라 상황을 평가하고 반응한다. 예를 들어, 아이들은 배고프거나 아프면 울고, 만족스러우면 웃는다.

(2) 자기(self)

'자기(self)'는 사람들이 자신에 대해 갖고 있는 조직적이고 지속적인 인식을 말하며, 성격 구조의 중심이다. 로저스는 개인은 외적 대상을 지각하고 경험하면서 그것에 의미를 부여하는 존재임을 강조하였다. 인간이 자라면서 유기체적으로 반응하는 것을 다른 사람들이 존중해 주고, 반응해 줄 때 건강한 자기가 발달된다. 건강한 자기가 발달한 사람들은 경험에 개방적이고, 자신의 감정을 수용하며, 과거나 미래보다 현재의 삶에 충실하다. 자기와 관련된 개념으로 '자기개념(self image)'이 있는데 자기개념은 현재 자신이 어떤 존재인가에 대한 개인의 개념으로, 자기 자신에 대한 자아상이다. 로저스는 자기개념은 현재 자신의 모습에 대한 인식, 즉 현실의 자기(real self)와 앞으로 자신이 어떤 존재가 되어야 하며 어떤 존재가 되기를 원하고 있는지에 대한 인식, 즉 이상적 자기(ideal self)로 구성되어 있다고 본다. 로저스는 현재 경험이 이러한 자기구조와 불일치할 때 개인은 불안을 경험하게 된다고 보았다. 이와 같이 로저스는 자기구조와 주관적 경험의 일치성이 매우 중요하다고 하였고, 이 두 구조가 일치될 경우에는 인간은 적응적이고 긍정적이고 건강한 성격을 형성하게 된다고 하였다.

(3) 자기실현 경향성

로저스는 모든 인간은 태어나면서부터 성장과 자기증진을 위해 끊임없이 노력하고, 실현화시킬 경향성에 의해 동기화되어 있다고 믿었으며 생활 속에서 직면하게 되는 고통이나 성장 방해 요인을 극복할 수 있는 성장 지향적 유기체라고 보았다. 인간뿐만 아니라 모든 유기체는 자신이 좀 더 나은 방향으로 성장하거나 형성하려고 노력하는 경향성을 가지고 있는데, 이는 더욱 질서 있고 정교한 방향으로 나아가려고 하는 진화적인 경향성이라고 할 수도 있다(Rogers, 1977). 다시 말하면, 자기실현 경향성은 단지 유기체를 유지하는 것이 아니라 유기체의 성장과 향상, 발달을 촉진하고 지지한다. 로저스는 유전적인 구성으로 되어 있는 인간의 모든 변화는 자기실현 경향성에 의해 달라질 수 있고 이러한 변화가 유전적으로 결정되었을지라도 유기체의 완전한 발달은 자동적이지 않고 노력 없이 이루어지지 않는다고 보았다. 자기실현 경향성은 유기체가 극단적으로 적대적인 조건하에서 생존하게 할 뿐만 아니라 적응하고, 발달하고, 성장하도록 하는 저항할 수 없는 힘의 존재라고 믿었다.

(4) 현상학적 장

현상학적 장(phenomenal field)은 경험적 세계 또는 주관적 경험으로 불리는 개념으로 실제 세계가 아니라 개인이 주관적으로 지각한 세계를 의미하고, 로저스는 동일한 현상일지라도 개인에 따라 다르게 지각하고 경험하기 때문에 이 세상은 개인적 현실, 즉 현상학적 장만이 존재한다고 보았다. 현상학적 장은 사람들이 현실에 대해 어떻게 지각하는지, 자신에 대한 인식과도 밀접한 연관이 있는데 프로이트가 과거의 경험이 인간의 행동을 결정하는 요인이라고 본 점에 대항하여, 로저스는 현재 행동을 결정하는 요인이 과거 그 자체가 아니라 과거에 대한 각 개인의 현재의 해석이라고 할 정도로 현상학적 장을 매우 강조하였다. 다시 말하자면, 개인은 객관적 현실이 아닌 자신의 현상학적 장에 입각하여 재구성된 현실에 반응하기 때문에 동일한 사건을 경험해도 사람마다 다르게 반응하고 행동할 수 있다. 이러한 속성 때문에 모든 개인은 서로 다르게 독특한 특성을 보이는 것이다.

4) 상담목표

인간중심치료의 목표는 전통적 접근과 달리 개인의 독립과 통합을 목표로 삼는다. 내담자의 현재 문제가 아니라 내담자의 존재 자체에 관심을 가지고 있고 치료의 목표가 문제를 해결하는 것이라고 보지 않았다. 그보다는 내담자의 성장과정을 도와 현재 직면하는 문제와 미래의 생길 문제에 더 잘 대처할 수 있도록 하는 것이다. 인간중심치료에서는 인간은 누구나 유기체로서 자기실현 경향성을 발현시킬 수 있고 현상학적 장에서 독특한 실존적 존재로서 자기실현을 이룰 수 있는 잠재력을 갖고 있다고 설명했다. 다시 말하면, 인간중심 상담의 궁극적인 목표는 로저스의 표현 그대로 '자기 자신이 되는 것'이라고 할 수 있고 완전하고, 충분히 기능하는 인간 유기체가 되는 것이다.

5) 상담과정

로저스는 상담의 과정이 상담자가 아닌 내담자에 의해 상담의 경향성이 이끌려진다는 점을 분명히 설명하였다. '어떻게 하면 내가 진실된 나를 발견할 수 있을까?', '어떻게 하면 가면을 벗고 진정한 내 자신이 될 수 있을까?' 등 내담자들이 종종 치료과정에서 자주 물어보는 질문들이었다. 일반적으로 치료하기에 앞서 내담자들은 사회화과정에서 만들어 온 자신의 가면을 먼저 벗어야 한다. 왜냐하면, 내담자는 이러한 가면 때문에 자기 자신과의 접촉을 잃고 지내왔기 때문이다. 따라서 내담자가 상담을 통해 가면을 벗고 자신에게 의무적으로 강요되는 자신을 불편하게 하는 고정된 생각으로부터 자유로워지는 방향으로 나아가게 해주는 것이다.

6) 상담의 기법

인간중심상담에서는 누구나 자신의 문제를 깨닫고 스스로 해결해 나갈 수 있는 능력을 갖고 있다고 믿었고 모든 인간은 수용받고 지지받는 따뜻한 환경만 주어지면 긍정적인 자기개념을 확장해 나가고 스스로 자신의 문제를 파악하고 해결할 수 있다고 설명하였다. 내담자의 성장을 돕기 위해 상담자가 갖추어야 할 세 가지 조건이 있고 이것들 또한 상담의 기법이라고 볼 수 있다.

(1) 진솔성(genuineness)

진솔성(genuineness)은 상담자가 진실하다는 의미이다. 즉, 치료시간에 진실하고 통합되어 있고 솔직하다는 뜻으로 상담자가 내적 경험과 외적 표현이 일치하며 내담자와의 관계에서 지금 느껴지는 감정, 생각, 반응, 태도를 개방적으로 표현할 수 있어야 한다는 것이다. 진솔성이 필요한 이유는 상담자와 내담자 간의 신뢰 관계를 형성하기 위해서다. 따라서 상담자는 내담자에게 부정적 감정도 숨김없이 표현하여 정직한 대화를 할 수 있어야 한다. 그러나 진솔성이라는 것은 상담자가 모든 감정을 충동적으로 표현하거나 내담자와 공유해야 한다는 것이 아니라 상담자가 자신의 감정을 자각하여 내담자의 성장에 도움이 되는 방식으로 표현하는 것을 말한다. 진솔성은 완전한 자기실현을 성취한 상담자만이 효율적인 상담이 이루어질 수 있다는 것이 아니다. 상담자도 인간이기 때문에 완전히 진실할 수 없다. 다만, 상담하는 과정에서 상담자가 최대한 진솔할 수 있도록 노력해야 긍정적인 상담결과를 얻을 수 있다는 것이다.

(2) 무조건적 긍정적 존중(unconditional positive respect)

상담자는 내담자를 하나의 인격체로서 무조건적으로 존중하고 있는 그대로의 모습을 따뜻하게 수용해야 한다. '나는 ~할 때만 당신을 존중하겠습니다'라는 태도가 아닌 '나는 당신을 있는 그대로 존중하겠습니다'라는 태도를 말한다. 이러한 존중은 내담자의 감정, 사고, 행동 등에 대해 어떠한 평가나 판단도 하지 않는다. 이렇게 존중하고 수용하는 분위기가 형성되었을 때, 내담자는 자신의 감정이나 경험 등을 자유롭게 표현할 수 있고 상담자와 공유할 수 있게 된다. 로저스도 상담자가 항상 진지하게 내담자를 무조건적으로 긍정적인 존중을 하는 것은 불가능하다는 점을 분명히 밝혔다. 그러나 상담자가 내담자를 존중하지 않거나 싫어할 경우 내담자가 방어적 태도를 취하게 되어 상담이 진척되기 어려워질 수 있기 때문에 내담자에 대한 존중과 수용을 항상 강조하는 것이었다.

(3) 공감적 이해(empathetic understanding)

치료회기 동안 상담자의 중요한 과제 중에 하나는 순간순간 내담자와의 상호작용에서 드러나는 내담자의 경험과 감정을 민감하고 정확하게 이해하는 것이다. 그런 다음 그 경험에 대해 이해하는 것에만 그치지 않고 자신의 이해와 느낌을 표현해야 한다. 진정한 공감은 내담자가 느끼는 감정에 대해 상담자가 정확히 이해하고 그것을 내담자에게 전달하는 것을 말한다. 그러나 여기서 말하는 공감적 이해는 내담자에 대한 깊고 주관적인 이해를 말하는 것이지 내담자에 대한 동정심이나 측은지심을 가지라고 하는 것이 아니다. 그리고 상담자는 내담자의 감정과 비슷한 자신의 경험을 유추하여 내담자의 주관적 세계를 공유할 수는 있지만 상담자 자신의 정체성을 잃어버리면 안 된다. 즉, 상담자가 내담자와 비슷한 혹은 거의 동일한 경험을 가지고 있다고 하여 자신의 그러한 과거 경험에 비추어 내담자를 이해하는 것을 공감적 이해와 혼동해서는 안 된다. 상담자는 내담자와 같은 경험을 했건 아니건 내담자의 고유한 경험 세계를 탐색하고 이를 공감하는 것이 중요하다.

5. 게슈탈트 상담

1) 프리츠 펄스

프리츠 펄스(Fritz Perls, 1893~1970)는 형태치료(게슈탈트치료)의 창시자인 개발자다. 그는 1893년에 독일 베를린의 중·하류층 유대계 가정에서 3남매 중 둘째로 태어났다. 펄스는 어려서부터 자신을 '부모에게 폐를 끼치는 존재'라고 생각했고 사춘기를 겪으면서 7학년 때는 두 번이나 낙제를 했다. 학교에서 문제를 일으켜 퇴학을 당하기도 했으나 학업을 계속하여 정신과 전문의 자격과 의학박사 학위를 취득했다. 펄스는 프랑크푸르트에 있는 '골드스타인 연구소'에서 골드스타인과 함께 일했는데

——— Fritz Perls (1893~1970)

이때 그는 인간을 '별개로 기능하는 부분들의 합 이상의 기능을 하는 전체(Gestalt)'로 보아야 한다는 것을 깨닫게 되었다. 또한 1936년 체코슬로바키아에서 개최된 정신분석학 연차대회에서 프로이트를 만나려고 했지만 그의 방 문턱도 넘어서지 못했다. 이 사건을 계기로 이전까지 억압되었던 정신분석에 대한 의심과 불안이 모두 그를 압도할 정도로 떠오르는 것을 경험하게 되었고, 자신이 가지고 있었던 신념을 버리고 나서야 과거에 자신을 지배했던 압박으로부터 자유로워졌다. 그 후에 그는 '자기 자신 이외의 외부자원에 의존할 필요가 없다'는 결심을 굳혔고 게슈탈트 치료법(Gestalt Therapy)의 핵심을 "나 자신의 실존에 대한 모든 책임은 내가 지키겠다"라고 표현하였다. 1952년 뉴욕에서 형태치료 연구소를 열었고, 이후에 캘리포니아에 정착하고 에살렌 연구소에서 워크숍과 세미나를 개최하면서 심리치료를 진행하였다.

2) 인간관

펄스는 인간을 현상학적이며 실존적 존재로서 자신에게 가장 긴급하게 필요한 게슈탈트를 끊임없이 완성해 가며 살아가는 유기체로 보았고 인간은 마음과 몸이 이분화된 존재가 아니라 전체로서 기능하는 통합적인 유기체로 보았다. 펄스는 인간 유기체를 "우리는 간이나 심장을 가지고 있는 것이 아니라 우리는 간이고 심장이고 뇌다.", "우리는 부분들의 합이 아니라 전체의 협응이고 우리는 몸을 가지고 있는 것이 아니라 우리가 몸이다.", "우리는 어떤 사람인 것이다."라고 표현한 바와 같이 인간을 부분들의 집합 이상인 전체적인 존재로 보았다. 그는 성숙한 인간은 자신에게 일어난 일들에 대해 책임을 질 수 있는 책임적 존재이고 개인이 자신의 인생에서 길을 찾아내고 개인적인 책임감을 받아들여야 한다고 주장하였다. 개인의 욕구가 게슈탈트를 형성하여 전경으로 드러나고, 그것이 충족되면 배경으로 사라지게 되고, 또 다른 욕구가 전경이 되어 그 자리를 차지하는 것과 같은 식으로 우리는 매순간 내·외적 환경에 창조적으로 적응한다고 하였다. 또한 그는 '사람은 근본적으로 선하고, 자신의 삶에 성공적으로 대처하는 능력을 가지고 있다.'고 믿었으며, 건강한 사람은 생존과 생계의 과업을 생산적으로 해 나가고 직관적으로 자기 보존과 성장을 향해 움직인다고 주장하였다.

펄스가 자신의 이론형성을 위해 주창한 인간에 대한 다섯 가지의 가정이 있는데 그것은 다음과 같다.

(1) 인간은 완성을 추구하는 경향이 있다

이 가정은 인간이 끊임없는 게슈탈트의 완성을 통해 삶을 영위하고 있음을 나타내는 가정이다. 미완성한 일은 인간의 집중력을 방해하고 미완성된 일이 중요하면 중요할수록 집중을 반복적으로 방해한다.

(2) 인간은 자신의 현재의 욕구에 따라 게슈탈트를 완성할 것이다

이 가정은 인간이 현재의 급박한 상황에서 필요한 게슈탈트를 형성하고 완성한다는 것을 의미한다. 게슈탈트 치료에서 상담사가 자주 사용하는 질문인 '지금 이 순간에 당신이 자각하는 것이 무엇인가?'라는 질문도 인간에 대한 이 가정과 밀접한 관계를 가지고 있다.

(3) 인간의 행동은 그것을 구성하는 구체적인 구성요소인 부분의 합보다 큰 전체이다

이 가정은 "전체는 부분의 합보다 크다."라는 말처럼 부분의 합보다 전체를 강조한 말이다. 이런 점에서 게슈탈트 치료는 인간의 행동을 자극-반응의 원리에 의해 설명하는 행동주의 입장과 대립되기도 한다.

(4) 인간의 행동은 행동이 일어난 상황과 관련해서 의미 있게 이해될 수 있다

이 가정은 게슈탈트 치료의 주요 이론인 장이론(field theory)을 강조한 내용이다. 어떤 한 가지 행동의 단편적인 행동을 보고 판단하기보다는 전체적인 맥락이나 상황 속에서 그 행동을 이해하고 파악해야 한다.

(5) 인간은 전경과 배경의 원리에 따라 세상을 경험한다

인간이 갖는 관심의 초점이 무엇이냐에 따라 전경과 배경의 원리는 역동적으로 일어난다는 것을 알 수 있다. 이런 점에서 게슈탈트 치료는 우리 각자가 주관적으로 세상을 경험하면서 살아가는 실존적 존재임을 강조한다.

3) 주요 개념

(1) 게슈탈트(Gestalt)

게슈탈트(Gestalt)란 독일어의 게슈탈텐(gestalten: '구성하다, 형성하다, 창조하다, 개발하다, 조직하다' 등의 뜻을 지닌 동사)의 명사로, 개체가 자신의 욕구나 감정을 하나의 의미 있는 전체로 조직화하여 지각한 것을 뜻한다. 즉, 게슈탈트는 전체, 형태 또는 모습을 의미하는 독일어로, 여기에는 형태를 구성하는 개별적 부분들이 조직화되는 방식이 내포되어 있다. 개체는 게슈탈트를 형성함으로써 자신의 모든 활동을 조정하고 해결한다. 분명하고 강한 게슈탈트를 형성할 수 있는 능력을 가져야 건강한 삶을 가질 수 있고, 자연스러운 유기체 활동을 인위적으로 차단하고 방해함으로써 게슈탈트 형성에 실패하면 심리적 또는 신체적 장애를 겪을 수 있다.

(2) 지금-여기(here and now)

펄스가 가장 중요하게 생각한 시제는 '현재'다. 과거는 지나가 버렸고 미래는 아직 오지 않았음에도 불구하고 대부분의 사람들은 현재의 힘을 잃고 대신 과거를 생각하거나 미래를 위해 끊임없이 계획하고 대비책에 연연한다. 현재에 초점을 둔다는 것은 과거에 관심이 없다는 것을 의미하는 것이 아니라, 과거는 우리의 현재와 관련되어 있다는 것을 인식하는 것이 중요하다. 게슈탈트 치료를 할 때 내담자가 과거의 어떤 사건에 대해 이야기하면 상담자는 내담자에게 과거에 살고 있는 것처럼 과거를 재연하라고 요구한다. 이처럼 상담자는 내담자가 현재에 집중할 수 있도록 '왜'라는 질문 대신 '무엇이', '어떻게'라는 질문을 더 많이 활용한다. 우리는 인생에서 현재의 방향제시를 위한 책임감을 떠맡지 않은 것을 정당화하기 위해 과거에 매달리는 경향이 있다. 과거에 머무름으로써 우리의 존재방식에 대해 타인을 비난하는 게임을 끊임없이 할 수 있고, 그래서 다른 방향으로 움직일 자신의 능력과 결코 마주치지 않는다. 우리는 생기 없는 상태의 해결책과 합리화에 사로잡히고 만다(perls, 1969).

(3) 자각과 책임감(awareness & responsibility)

자각은 개체가 개체=환경의 장에서 일어나는 중요한 내적·외적 사건들을 지각하고 체험하는 것이다(Yontef, 1984). 즉, 자각은 우리가 생각하고, 느끼고, 감지하고, 행동하는 것을 인식하는 과정이라 할 수 있다. 게슈탈트 치료에서 가장 중요시하는 것은 현재이며, 현재 상황에서 겪는 감정을 자각하는 것으로 모든 기법의 기초가 된다. 다만, 이때 지금-여기에서 발생되는 현상들을 방어하거나 피하지 않고, 있는 그대로 지각하고 체험하는 것이 중요하다.

펄스는 게슈탈트 치료에서 즉시적인 상황에서 경험하는 것과 현재의 자각을 증가시키기 위해 어떻게 경험했는지에 대해 더 많은 초점을 둔다. 예를 들어, 내담자의 움직임이나 자세, 언어유형, 목소리, 타인과의 상호작용 등에 주목하는 것이다. 많은 사람들이 자신의 외현적인 것을 보지 못하기 때문에 게슈탈트 상담에서는 내담자 자신이 외현적인 것을 어떻게 회피하고 있는지, 자신의 감각을 어떻게 사용할 것인지 등을 알게 하고, 지금-여기에 개방하는 것에 도전시킨다. 또한 상담자는 게슈탈트 치료를 진행하며 내담자들이 경험하고 행동하는 것이 무엇이건 간에 다른 사람에게 탓을 돌리지 않고 상담자 자신이 책임을 지도록 해야 한다. 온전한 자각을 통해 자신을 조절하고 최적의 수준에서 기능할 수 있다고 본 펄스는 자각은 그 자체로도 치유할 수 있다고 믿었고 이는 충분한 자각이 이루어지는 사람은 주변의 환경을 더 빨리 알아차리며 자신의 선택과 자기 자신에 대해 책임지며 수용함을 의미하기도 한다.

(4) 전경과 배경(figure & background)

게슈탈트 상담에서는 게슈탈트의 형성을 전경과 배경의 개념으로 설명하였다. 개인이 대상을 인식할 때 어느 한 순간 관심의 초점이 되는 부분을 전경, 관심 밖에 놓여 있는 부분을 배경이라 한다. 예를 들어, 배가 매우 고프다는 것은 그 순간에 배고픔이 전경으로 떠오르게 되고, 그 외의 다른 일들은 배경으로 물러나게 된다. 즉, 게슈탈트를 형성한다는 것은 개체가 어느 한 순간에 가장 중요한 욕구나 감정을 전경으로 떠올린다는 말과 같은 의미다. <그림 4-6>에서 그림의 검은 부분에 관심을 갖고 전경으로 부각시키는 것과 흰 부분에 관심을 갖고 전경으로 부각시키는 것에 따라 보이는 그림이 다르다. 이는 우리가 동일한 대상을 보더라도 보는 사람의 관심과 시각 또는 심리적, 정서적 상태에 따라 완전 다른 모습으로 인식할 수 있다고 설명하고 있다. 그러나 특정한 욕구나 감정을 다른 것과 구분하지 못하게 될 경우 강한 게슈탈트를 형성하지 못하게 되어 사람들이 자신이 진정으로 하고 싶은 일이 무엇인지 알지 못하고, 따라서 행동 목표가 불분명하고 매사에 의사결정의 어려움을 겪게 된다. 반면, 건강한 개체는 전경으로 떠올렸던 게슈탈트가 해소되면 그것은 배경으로 물러나고, 만약 새로운 게슈탈트가 생기면 또 다시 전경으로 떠오른

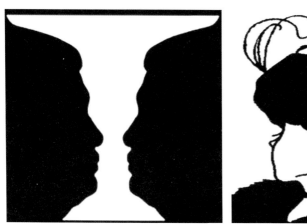

그림 4-6 게슈탈트 이론

다. 유기체에서는 이러한 과정이 끊임없이 되풀이되는데, 이러한 유기체의 순환과정
을 '게슈탈트의 형성과 해소' 또는 '전경과 배경의 교체'라 한다.

4) 상담목표

게슈탈트 치료의 목표는 내담자가 성숙하여 자신의 삶을 책임질 수 있고 접촉을
통해 내담자가 게슈탈트를 완성하도록 조력하는 것이다. 게슈탈트 상담자는 유기체
가 자기조절 기능을 수행할 수 있다는 유기체의 지혜를 믿으며 타인과 관계를 맺고
삶을 살아가면서 너무 계산적이거나 강박적으로 빠지지 않고, 있는 그대로 자신을
수용하면서 살아갈 것을 강조한다. 게슈탈트 상담은 개체를 스스로 성장, 변화해 나
가는 생명체로 보고 증상 제거보다는 성장에 관심을 기울이는 접근법이고 내담자
스스로 자기 자신을 되찾도록 격려하고 도와주는 것이다. 또한 내담자 스스로 자신
의 내적 힘을 동원하여 자립하는 것을 강조하기 때문에 상담은 내담자의 자립 능력
을 일깨워 주고 그 능력을 다시 회복하도록 도와주는 방향으로 이루어진다.

5) 상담과정

게슈탈트 치료에서 상담과정은 일반적으로 내려진 절차가 없고 대부분의 상담자들이 다르게 내담자의 변화를 유도하기 때문에 정확히 정의내리기가 쉽지 않다. 게슈탈트 치료는 지금-여기에서 내담자가 자기를 충분히 이해하여야 하고 부적응 행동의 본질과 부적응 행동이 본인의 삶에 어떠한 악영향을 끼치는지에 대해서도 충분히 인식하며 실존적인 삶을 살아가도록 돕는 과정을 말한다. 그 과정은 크게 두 단계로 구분해볼 수 있다(Yontef, 1995). 첫 번째 단계에서는 상담자와 내담자가 진솔한 접촉에 근거한 관계형성을 하고 내담자로 하여금 현재 무엇이 어떻게 진행되는가를 자각하도록 촉진하는 단계이다. 둘째 단계는 내담자의 삶을 불편하게 하는 심리적 문제를 실험과 기법을 통해 경험하도록 함으로써 통합 및 균형을 이룰 수 있도록 하는 단계이다.

6) 상담기법

(1) 언어표현 바꾸기

게슈탈트 상담에서는 내담자로 하여금 간접적이고 모호한 단어를 사용하는 것 대신 내담자 자신과 자신의 성장에 책임감을 주는 단어들을 사용하게 한다. 우리가 일상생활에서 말하는 것은 종종 우리의 감정이나 사고, 태도를 반영하기 때문에 평소 말하는 습관에 주의하게 된다면 자각을 높일 수 있다. 예를 들어, '그것', '당신', '우리' 등의 대명사를 일인칭인 '나'로 바꾸어 쓰도록 요구하거나 '내가 ~할 수 없다'대신 '나는 ~하지 않겠다', '나는 ~가 필요하다' 대신 '나는 ~을 바란다'로 바꾸어 쓰도록 함으로써 개인에게 상황에 대한 책임감을 부여하도록 하고 표현에 대한 정확성이 높아지며 덜 긴급하고 더 적은 불안감을 야기할 수있다.

(2) 신체적 자각

게슈탈트 상담을 하는 과정에 내담자의 신체 행동에 주목하는 것은 게슈탈트 상담자에게 큰 도움이 된다. 내담자의 신체 자각을 돕기 위해서는 "당신의 목소리가 어떤지 알고 있나요?", "당신이 상사와 대화를 할 때 당신의 호흡이 어떤지 알고 있나요?" 등의 질문을 할 수 있다. 효과적인 게슈탈트 상담을 하는 상담자는 내담자와 의사소통을 할 때 내담자의 목소리 크기, 고저, 강약, 전달속도 같은 의미도 예리하게 들을 수 있다. 상담자는 내담자의 신체 행동이 언어적 표현과 일치하지 않을 때에 불일치를 지적하며 내담자의 자각을 확장시키기도 한다. 예를 들어, 내담자가 턱을 습관적으로 꽉 다문다는 것을 알아차리면, 상담자는 말하려는 어떤 충동이 억압되어 있다는 것을 의심해 보게 되고 웅크린 자세는 자신의 연약한 부분을 보호하려는 시도일 수도 있다. 에너지가 신체의 어느 한 부분에 집중되는 것은 대개 억압된 감정들과 관련이 있는데, 이는 흔히 근육의 긴장으로 나타나서 내담자는 이를 자각함으로써 소외된 자신의 부분들을 접촉하고 통합할 수 있다.

(3) 빈 의자 기법

빈 의자 기법은 게슈탈트 치료에서 가장 많이 쓰이는 기법 중 하나로 현재 상담에 참여하지 않은 사람과 상호작용할 필요가 있다고 판단될 때 사용한다. 빈 의자 기법은 빈 의자 두 개를 이용하여 대화를 하는 것이다. 내담자가 감정적 관계를 갖고 있는 대상이 빈 의자에 앉아 있다고 상상하며 감정적 관계를 갖고 있는 대상과 대화를 나누도록 시키며 그 상황에서 느끼는 감정을 자각하도록 도와주는 것이다. 이러한 대화는 감정적 관계를 갖고 있는 대상에게 말하는 것보다 훨씬 효과적일 수 있다. 또한 빈 의자 기법을 통해 상대방의 감정에 대한 자각과 이해도 함께 생기고 공감할 수 있는 장점이 있다. 이 때 내담자는 외부로 투사된 자신의 감정을 되찾아 자각하는 데도 많은 도움을 받을 뿐만 아니라 내담자는 자기 내면의 어떤 부분에 대해 추상적으로 말하는 것보다 그것을 빈 의자에 앉혀 놓고 직접적으로 대화함으로써 자신의 내면세계를 더욱 깊이 탐색할 수 있게 된다.

(4) 꿈 작업

펄스에게는 꿈 작업이 매우 중요한 상담기법이지만 정신분석의 꿈 해석과는 매우 다르다. 게슈탈트 접근은 꿈을 해석하거나 분석하지 않고 대신에 꿈을 가지고 와서 그것이 마치 현실인 것처럼 연기해보는 것이다. 펄스는 꿈의 각 부분은 자신에 대한 투사이며 모든 상이한 부분은 자신과 정반대이거나 불일치한 면이라고 가정하였다. 꿈에 나오는 내담자들은 사람이나 물질이나 모두 우리 자신의 투사물이어서 꿈을 통해 외부로 투사된 나의 일부를 다시 찾아 통합할 수 있게 된다. 그리고 꿈의 분석과 해석을 피하고, 대신 그러한 모든 부분이 되어 보고 경험하는 것을 강조하는 것은 내담자가 꿈의 실존적 메시지에 보다 가까이 접근하게 도와준다. 게슈탈트 상담자는 내담자에 투사된 것들을 동일하게 하며 지금까지 억압하고 회피해 왔던 내담자 자신의 욕구, 충동, 감정들을 다시 접촉하고 통합할 수 있도록 해 준다. 프로이트가 꿈은 무의식에 이르는 왕도라고 했다면, 펄스는 꿈은 통합에 이르는 왕도라고 말했다.

6. 교류분석 상담

1) 에릭 번

에릭 번(Eric Berne, 1910~1970)은 1910년에 캐나다의 몬트리올에서 의사인 아버지와 문학적 재능이 풍부한 전문작가이자 편집가인 어머니 사이에서 장남으로 태어났다. 번은 아버지를 매우 좋아했고 그가 9세 때 개업의사인 아버지가 38세의 나이에 심장마비로 병사했기 때문에 그의 어머니가 작가와 편집가로 일하며 가정을 꾸려나갔고 번과 여동생을 양육하였다. 번의 어머니는 번이 의사가 되기를 격려했고 번 역시 어렸을 때부터 아버지의 영향을 받아 25세 나이에 의과대학에서 의사자격

—— Eric Berne(1910~1970)

증과 외과석사학위를 취득했다. 1936년부터 예일의학대학 정신과에서 레지던트로 2년 동안 근무하는 동안 정식적으로 미국 시민이 되어 이름을 레오나드 번슈타인에서 에릭 번으로 개명하였다. 1943년부터 1946년까지 국내 육군의료단 정신과 군의관으로 복무하였고 이 기간 동안 그는 수많은 병사들의 정신질환 진료를 통해 집단치료의 효과를 골고루 체험함과 동시에 단시간에 정확한 진단을 내리는 방법에 관심을 가지게 되었다. 특히 번은 필요에 따라 병사들이 비언어적 커뮤니케이션을 사용하는 것을 관찰한 것은 그 후 교류분석의 이론적 기초를 만드는 데 도움이 많이 되었다고 하였다. 번이 그토록 갈망했던 정신분석협회의 자격요청이 보류되어 1956년에 그는 협회를 탈퇴했고, 자신의 진료경험, 다양한 아이디어와 자료들에 근거하여 '정신치료에서 자아상태'란 논문을 썼으며, 1964년에 사회정신의학협회와 국제교류분석협회를 창립하였다.

2) 인간관

교류분석에서는 인간이 자기를 발달시킬 능력과 자신을 행복하게 하고 생산적이게 할 능력을 가지고 태어났다고 보았다. 인간은 과거 불행한 사건을 경험했다 하더라도 변화 가능한 긍정적인 존재로 이해되고 있고 모든 인간들은 존재 가치가 있고 존엄성이 있으므로 삶과 환경에 대해 재결정할 수 있으며 그에 따라 사고, 감정, 그리고 행동 방식을 재구조화할 수 있다. 따라서 교류분석에서는 정신분석에서처럼 결정론적인 입장에서 인간을 보지 않고, 인간은 자기의 환경조건과 아동기의 조건을 개선할 수 있는 능력이 있음을 믿었다. 또한 이 이론은 인간에게는 자기의 과거의 결정을 이해하는 능력이 있고, 그것을 재결단할 수 있다고 가정했으며 인간에게 자신의 습관성을 뛰어넘어 새로운 목표와 행동을 선택할 능력이 있음을 신뢰한다.

3) 주요 개념

(1) 자아상태(ego-state)

자아상태(ego-state)란 특정 순간에 우리 성격의 일부를 드러내는 방법과 관련된 행동, 사고, 감정을 말한다. 인간의 성격은 세 가지의 특정적인 자아상태, 즉 부모 자아(parent ego state: P), 어른 자아(adult ego state: A), 어린이 자아(child ego state: C) 상태로 구성되며, 이는 각각 분리되어 독특한 행동의 원천이 된다.

① 부모 자아(P)

어버이 자아는 6세경부터 발달하기 시작하며, 양육의 종류와 사회문화적 환경에 영향을 받는다. 정신분석에서의 초자아 기능처럼 가치체계, 도덕 및 신념을 표현하는 것으로 주로 부모나 형제 혹은 정서적으로 중요한 인물들의 행동이나 태도의 영향을 받아 형성된다. 부모 자아 상태는 '비판적 부모 자아(critical parent: CP)', '양육적 부모 자아(nurturing parent: NP)'로 구성되어 있다. '비판적 부모 자아'는 양심과 관련된 것으로 주로 생활에 필요한 규칙을 가르쳐주고 그 동시에 비판적이고 지배적으로 질책하는 경향을 보인다. '양육적 부모 자아'는 격려하고 보살펴주는 보호적 태도로 대체로 공감적이다.

② 성인자아(A)

개인이 현실세계와 관련해서 객관적 사실에 의해 사물을 판단하고 감정에 지배되지 않으며 이성과 관련되어 있어서 사고를 기반으로 조직적, 생산적, 적응적 기능을 하는 성격의 일부분이다. 성인자아 상태는 현실을 검증하고 문제를 해결하며, 다른 두 자아 상태를 중재한다. 따라서 성인자아 상태는 성격의 균형을 위해 중심적 역할을 하며 성격의 전체적인 적응과정에 가장 기여하는 부분으로 여겨질 수 있다. 이러한 어른 자아가 강한 사람은 정서적으로 성숙하고, 행동의 자율성이 있으며, 개인의 행복과 성취뿐 아니라 사회적 문제에도 관심을 갖고 있다.

③ 어린이 자아(C)

어린 시절에 실제로 느꼈거나 행동했던 것과 똑같은 감정이나 행동을 나타내는 자아상태다. 즉, 정신분석의 원초아의 기능처럼, 내면에서 본능적으로 일어나는 모든 충동과 감정 및 5세 이전에 경험한 외적인 일들에 대한 감정적 반응체계를 말한

그림 4-7 자아상태 도표

다. 특히 부모와의 관계에서 경험한 감정과 반응양식이 내면화되어 '자유로운 어린이'와 '순응하는 어린이'로 나뉜다. '자유로운 어린이(free child: FC)'는 부모의 규정화의 영향을 받지 않고 본능적, 자기중심적, 적극적인 성격이 형성되어 즉각적이고 열정적이며 즐겁고 호기심이 많다. 그러나 지나치면 통제하기 어렵고 경솔한 행동이 나타날 수 있다. 반면 '순응하는 어린이(adapted child: AC)'는 부모나 교사 등의 기대에 순응적으로 행동하고 자신의 감정이나 욕구를 억제하는 성격이 형성된다. 부모의 기대에 맞추어 행동하고 자연스럽게 자신의 감정을 나타내지 않으며 낮은 자발성으로 타인에게 의지하는 경향을 가진다. 이러한 특징으로 순응하는 어린이는 일상생활에서 온순해 보이지만 예기치 않게 반항하거나 격한 분노를 나타내는 행동을 보이기도 한다.

(2) 교류분석(transactional analysis)

교류분석(transactional analysis)이란 P, A, C의 이해를 바탕으로 일상생활 속에서 주고받은 말, 태도, 행동 등을 분석하는 것이다. 여기서 교류란 의사교류를 말하는 것으로 자아상태 간에 발생하는 사회적 상호작용의 단위이고, 대안관계에 있어서 자신이 타인에게 어떤 대화방법을 취하고 있는지, 또 타인은 자신에게 어떤 관계를 가

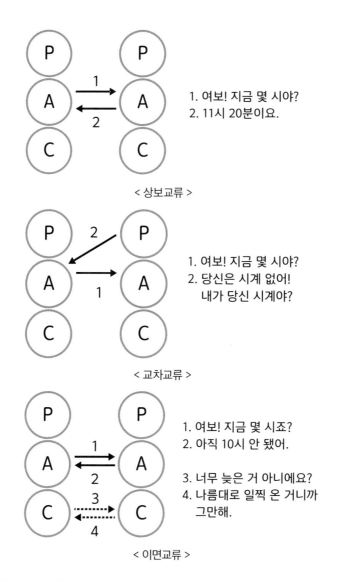

< 상보교류 >

1. 여보! 지금 몇 시야?
2. 11시 20분이요.

< 교차교류 >

1. 여보! 지금 몇 시야?
2. 당신은 시계 없어!
   내가 당신 시계야?

< 이면교류 >

1. 여보! 지금 몇 시죠?
2. 아직 10시 안 됐어.

3. 너무 늦은 거 아니에요?
4. 나름대로 일찍 온 거니까
   그만해.

그림 4-8 세 가지 교류패턴의 예

지려고 하는지를 학습하고 파악함으로써 의사소통이나 대인관계 문제해결에 유용
하게 적용할 수 있다. 교류분석이론에 따르면 두 사람이 교류할 때 P, A, C 중 한 기

능을 선택하여 메시지를 주고받는데, 자극과 반응에 따라 상보교류, 교차교류와 이면교류로 나눌 수 있다.

① 상보교류(complementary transaction)

상보교류는 두 사람이 같은 자아상태에서 작동되거나 상호 보완적인 자아상태에서 자극과 반응을 주고받는 관계를 말한다. 즉, 두 사람의 자아상태가 상호 관여하고 있는 교류로서 발신자가 기대하는 대로 수신자가 응답해 가는 것이다. 이때 언어적인 메시지와 표정, 태도 등의 비언어적인 메시지가 일치되어 나타난다.

② 교차교류(crossed transaction)

교차교류는 상대방에게 기대한 반응과는 다른 자아상태의 반응이 활성화되어 되돌아오는 경우로 인간관계에서 고통의 근원이 된다. 즉, 세 개 또는 네 개의 자아상태가 관여하고 있는 것으로 발신자가 기대하는 대로 응답해 오지 않고 예상 밖의 응답이 될 때 일어나는 교류다.

③ 이면교류(ulterior transaction)

이면교류는 두 가지 자아상태가 동시에 활성화되어 한 가지 메시지가 다른 메시지를 위장하는 복잡한 상호작용을 한다. 예를 들어, 대화를 할 때 표면적으로는 어른 자아 대 어른 자아로 대화하는 것처럼 보이지만 사실은 그 이면에는 다른 속셈이 깔려 있는 경우를 말한다.

4) 상담목표

교류분석은 내담자가 그의 현재 행동과 삶의 방향에 대한 새로운 결정을 내리는 것을 돕는 것이 기본 목표이며 상담자는 내담자가 자각, 친밀성, 자발성의 능력을 회복하도록 돕는다. 그리고 통합된 어른 자아의 확립이란 어른 자아가 혼합이나 배타에서 해방되어 자유롭게 기능하도록, 즉 선택의 자유를 경험하도록 하는 것이다 (윤순임 외, 1995).

교류분석 상담의 또 다른 목표는 내담자로 하여금 현재 그의 행동과 인생의 방향과 관련하여 새로운 결단을 내리도록 하는 것이다. 좀 더 구체화 해보면, 교류분석은 개인이 자신의 생활 자세에 대한 초기의 결단을 따름으로써 선택의 자유가 얼마나 제약되었는지를 각성하고 헛된 결정론적인 생활방식을 버리도록 하는 목표를 가진다(corey, 2003).

5) 상담과정

사람에게 선택의 자유를 가질 수 있도록 해주고 상담을 통해 각본을 받아들이는 것이 아니라 내담자 스스로 각본을 만들어 가는 것이 교류분석의 상담목표이다. 구조분석의 상담과정 기본 요소는 상담자와 내담자가 상호 동의한 목표를 구체화하고 상담의 방향을 설정해 주는 치료적 계약이다. 내담자의 변화와 성장을 위해서는 동기화, 자각, 상담 계약, 자아상태 정리, 재결정, 재학습, 종결과 같은 단계로 나눌 수 있다.

첫 번째로 동기화는 변화에 대한 동기는 자신의 심리적 고통이나 불행과 괴로움에 대한 자각이며 변화에 대한 욕구와 필요성이 절실한 정도를 동기화라고 말한다. 상담을 시작하기 전에 내담자가 자신의 삶에 어떠한 부정적인 영향을 주고 있는지를 파악해야 하며 상담사는 그것에 대해 격려하는 분위기를 조성해야 한다.

두 번째로 자각은 상담을 하며 내담자는 자신의 현실을 만족스럽지 않다고 느끼고 원하는 변화가 무엇인지 정확하지 않을 수 있다. 상담자는 이러한 내담자가 원하는 변화가 무엇인지 파악한 후 구체적인 용어로 결정할 수 있어야 한다.

세 번째로는 상담계약이다. 계약이란 명백하게 진술된 목적을 성취하기 위한 상담자와 내담자 간의 동의를 의미하며 상담계약은 상담의 목표를 결정하는 것을 말한다.

네 번째로는 자아 상태를 정리해야 하는데 내담자가 자신의 각본을 유지하기 위해 현재 어떤 행동을 사용하고 있는지를 파악하고 내담자 자신이 한 결정에 책임을 지는 단계이다. 내담자가 만족하지 못한 욕구나 감정을 깨닫게 하고 이를 표현하고 격려하며 내담자의 자아 상태를 정리하고 내담자의 재결정에 필요한 내적 안전감을 발전시킬 수 있도록 하는 것이 이 단계의 목적이다.

다섯 번째로 재결정은 내담자가 자신의 각본의 어떤 측면을 변화시키는 것으로 특정 과정에서가 아니라 시간을 두고 조금씩 앞으로 천천히 나아가는 경우가 많다. 재결정의 준비가 되지 않은 내담자는 이전 단계부터 재탐색하도록 한다. 재결정은 끝이 아니라 또 다른 시작이고 내담자가 세상에 나가 새로운 결정을 실제로 수행해야 하며 이것은 계속적인 과정이다. 마지막으로 종결단계에는 내담자가 상담목적 달성 여부를 확인해야 한다.

6) 상담기법

(1) 상담 분위기 조성기술

교류분석상담은 치료적 분석과 함께 다양한 기법들을 사용하는데 상담 분위기 형성과 관련된 세 가지 기법과 전문적 상담 행동을 규정하는 조작기법이 있다.

① 허용(permission)

상담 장면에 들어오는 대부분의 내담자들은 여전히 부모의 금지령에 근거하여 행동한다. 따라서 상담 장면에서도 그러한 금지령으로 인해 내담자의 행동이 제약을 받을 수 있다. 상담자는 무엇보다도 내담자로 하여금 부모가 하지 말라고 하는 것들을 하도록 허용해야 한다. 예를 들면, 상담자는 내담자가 그들의 시간을 효과적으로 사용할 수 있도록 허용하거나 내담자의 모든 자아상태가 기능할 수 있도록 허용하는 것 등이 있다.

② 보호(protection)

내담자는 상담자의 허용으로 자신의 어린이 자아가 자유롭게 기능함으로써 당황하거나 놀랄 수 있다. 예를 들어, 내담자가 "선생님, 저 주말 정말 재미있게 보냈어요. 호호"라고 상담자에게 말한 경우, 내담자의 어린이 자아는 윗사람에게 예의 바르게 대해야만 한다는 어른 자아 때문에 이런 자연스러운 말을 하는 것에 놀랄 수 있다. 따라서 상담자는 내담자의 그러한 반응에 대해 안심시켜야 하고 지지해 줌으로써 내담자로 하여금 보다 안전하게 새로운 자아를 경험할 수 있도록 한다.

③ 잠재력(potency)

상담자가 최상의 효과를 얻을 수 있는 방향으로 자신의 모든 상담기술을 최적의 시간에 활용할 수 있는 능력을 말한다.

(2) 조작기법

조작(operation)기법은 구체적인 상담자의 행동, 즉 상담기술로서 이 중 처음 네 가지는 단순한 치료적 개입기술이고 나머지 네 가지는 중재기술이다.

① 질의(interrogation)

내담자가 어른 자아의 반응을 나타낼 때까지 질문을 던지는 것이다. 이 기술은 특별히 어른 자아의 사용에 문제를 갖고 있는 내담자에게 제시된 자료들을 명료화하기 위해 사용된다. 이 기법은 직면적이어서 내담자의 저항을 가져오거나, 단순히 생애사의 자료만을 얻을 수 있다는 한계가 있으므로 사용에 유의해야 한다.

② 명료화(specification)

내담자의 특정 행동이 어떤 자아상태에서 비롯되는지에 대해 상담자와 내담자가 일치했을 때 사용되는 기법이다. 이 기술은 특별히 내담자로 하여금 그의 세 가지 자아상태들의 기능 작용을 이해할 수 있도록 돕는 데 사용된다.

③ 직면(confrontation)

상담자가 단순히 내담자의 행동들에 나타나는 모순들, 특별히 언어적 표현과 비언어적 표현 간의 모순들을 지적함으로써 내담자가 자신의 문제를 파악하여 대안적 방법을 고려해 보는 기회를 제공한다.

④ 설명(explanation)

상담자의 입장에서 교류분석의 특징적인 측면에 관하여 가르치는 것을 말한다. 즉, 상담자 편에서 일종의 가르치는 행동으로 상담자가 내담자에게 그가 왜 현재와 같은 행동을 하고 있는가를 설명할 때 나타나는 어른 자아 대 어른 자아의 의사교류라 할 수 있다.

⑤ 예시(illustration)

직면기술의 긍정적인 효과를 강화시킬 목적으로 성공적인 직면기술의 사용 다음에 일화, 미소, 비교 등의 방법을 통해 실례를 제시하는 것이다. 이 기술은 긴장을 완화시키기도 하고 가르치기도 하는 이중적 가치를 지니고 있다.

⑥ 확인(confirmation)

내담자의 특정 행동은 상담에 의해 일시적으로 달라졌다가 곧 원래의 행동으로 돌아가는 경우가 많다. 이러한 경우 상담자가 내담자에게 그가 아직 과거의 행동을 완전히 버리지 못했으니 더 열심히 노력하도록 강화해 주는 기술이다.

⑦ 해석(interpretation)

정신분석에서의 해석과 마찬가지로 내담자의 행동 뒤에 숨어 있는 이유를 깨달을 수 있도록 도와주는 기법으로 상담자와 내담자의 어른 자아 간에 교류가 이루어질 수 있게 한다.

⑧ 구체적 종결(crystallization)

상담자가 내담자에게 이제 게임을 할 필요가 없게 된 단계에 도달했다는 사실을 말해 주는 것이다. 상담자는 내담자에게 원하는 스트로크를 보다 나은 방법으로 얻을 수 있다는 점을 알려 준다.

7. 현실치료 상담

1) 윌리엄 글래서

윌리엄 글래서(William Glasser, 1925~2013)는 1925
년 미국 오하이오 주 클리블랜드에서 화목한 가
정에서 셋째이자 막내로 태어났다. 19세에 화학
공학 학사를 획득했고 23세에 임상심리학 석사
를 받았으며 28세에 의학박사(M.D.)를 획득하였
다. 그 후 UCLA와 서부 LA 재향군인병원에서 정
신분석적 접근에 따른 전문의 수련과정을 거치게
되었지만 수련과정 동안 글래서는 전통적인 정신
분석적 접근의 이론과 기법 그리고 치료효과에
대해 점차 회의감을 느끼기 시작했다. 이 무렵 병
원 신경정신과 병동을 맡게 된 해링턴과 함께 공

William Glasser(1925~2013)

동 연구를 수행하면서 현실치료라고 불리는 새로운 접근의 기본 구성개념을 개발하
였다. 1956년에 정신과 자문의로 활동하면서 현실치료의 기본 개념들을 여자 비행
청소년 치료에 적용함으로써 여자 재학생들의 비행 재범률이 효과적으로 감소되었고
1963년부터 캘리포니아 주의 공립학교들을 위한 자문위원으로 활동했다. 글래서는
계속해서 자신의 이론과 상담기법들을 보완했고 1969년 캘리포니아 주 카노가 파크
에 '현실치료연구소(Institute of Reality Therapy)'를 설립하여 오랫동안 소장과 재단 운영위
원장으로 활동하였으며, 2013년 사망할 때까지 이 연구소를 중심으로 활동하였다.

2) 인간관

글래서는 인간을 긍정적 관점에서 보았고 인간은 각자가 정말로 무엇을 원하는
가를 파악해야 한다는 점에서 인지적 해석의 중요성을 강조하였다. 그리고 인간은
자신의 행동과 정서에 대해 스스로 책임이 있음을 강조했고 무의식의 힘이나 본능

보다는 의식 수준에 의해 작동하는 자율적이고 책임감 있는 존재라고 보았다. 글래서는 개인의 삶은 선택에 기초하는데, 생의 초기에 습득하지 못한 것은 나중에 그것을 습득하기 위한 선택을 할 수 있고 이러한 과정을 통해 자신의 정체감과 행동방식을 변화시킬 수 있다고 하였다. 그리고 현실치료 상담자들은 기본적으로 우리 각자는 성공적인 정체감을 통해 만족스럽고 즐거워지기를 바라며, 책임질 수 있는 행동을 보여 주고 싶어 하고, 의미 있는 인간관계를 가지고 싶어 한다고 보았다.

3) 주요 개념

(1) 기본 욕구

글래서는 뇌의 기능과 기본 욕구를 연관시켜 설명하였고 인간은 선천적으로 다섯 가지의 기본 욕구를 가지고 태어났다고 하였다.

① 생존의 욕구(survival needs)

생존(survival)은 생물학적인 존재로서의 인간 조건을 반영하는 욕구로서 생존에 대한 욕구이다. 즉, 의식주를 비롯하여 개인의 생존과 안전을 위한 신체적 욕구를 의미한다. 생존 욕구는 몇 가지의 특징을 가지고 있는데 첫째는 이러한 욕구는 생득적이고 일반적이며 보편적인 것이다. 둘째는 이러한 욕구는 중복적이고 욕구들 사이에 갈등이 일어날 수 있기 때문에 상호 갈등적이고 대인 갈등적이다. 셋째는 개인의 욕구는 순간적으로 충족되었다가도 다시 불충분한 상태로 되돌아갈 수 있기 때문에 욕구가 계속 충족된 상태로 유지되기 어렵다. 넷째는 이러한 욕구는 충족되었다가도 다시 불충분한 상태로 가게 되고 충족된 상태가 지속되기 어렵기 때문에 이것이 동기의 근원이 된다. 인간은 위에 다섯 가지 기본적인 욕구를 충족시키기 위해 끊임없이 어떤 행동을 해야만 하고 우리는 주관적이기는 하지만 자기 나름대로 다양한 방법을 찾아 자신의 욕구를 충족시키려고 한다. 따라서 인간이 자기의 욕구를 충족시키기 위해 다양한 방법과 수단을 자기의 내면 또는 질적 세계 속에 심리적 사진으로 사진첩에 저장했다가 필요시에 꺼내 사용하게 된다.

② 소속의 욕구(belonging needs)

소속의 욕구(belonging needs)는 다른 사람과 연대감을 느끼며 사랑을 주고받고 사람들과 접촉하고 상호작용함으로써 소속되고자 하는 욕구를 의미한다. 소속감과 관련된 유사어는 사랑, 우정, 돌봄, 관심, 참여 등이 있다. 글래서는 이 욕구를 다시 세 가지 형태로 나누었는데 첫째는 사회집단에 소속하는 욕구, 둘째는 직장에서 동료들에게 소속하는 욕구, 셋째는 가족에게 소속하고 싶은 욕구가 있다. 그 이유는 욕구의 충족은 여러 환경에서도 일어날 수 있기 때문이다. 소속욕구는 생리적 욕구처럼 절박한 욕구는 아니지만 인간이 살아가는 데 있어서 원동력이 되는 기본 욕구다.

③ 힘 욕구(power needs)

힘 욕구(power needs)는 성취를 통해 자신에 대한 자신감과 가치감을 느끼며 자신의 삶을 제어할 수 있는 욕구다. 현실치료에서 말하는 힘과 관련된 유사어는 성취감, 존중, 인정, 기술, 능력 등이 있고 이러한 힘에 대한 욕구는 개인이 각자 자기가 하는 일에 대해 칭찬과 인정을 받고 싶어 하는 기본적인 욕구를 의미한다. 그러나 사람들은 사랑과 소속의 욕구를 충족시키기 위해 결혼을 하지만 부부 사이에서 힘에 대한 욕구를 채우고 싶어 하여 서로 통제하려고 하다가 결국은 부부관계가 깨질 수 있다는 것이다. 따라서 이러한 힘의 욕구가 타인에게 영향력을 행사하려는 행동으로 나타날 때 관계를 악화시키기도 한다.

④ 자유의 욕구(freedom needs)

자유의 욕구(freedom needs)는 자율적인 존재로 자유롭게 선택하고 행동하고자 하는 욕구를 뜻한다. 이것은 인간이 이동하고 선택하는 것을 마음대로 하고 싶어 하고 내적으로 자유롭고 싶어 하는 속성을 말한다. 개인이 각자가 원하는 곳에서 살고, 대인관계와 종교 활동 등을 포함한 삶의 모든 영역에서 어떤 방법으로 살아갈지 스스로 선택하고 결정하며, 자신의 생각을 자유롭게 표현하고 싶어 하는 욕구를 말한다. 그러나 욕구충족을 위해 다른 사람들의 자유를 침범하면 안 되고 타협과 양보를 통해 이웃과 함께 살아갈 수 있어야 한다. 즉, 우리의 욕구를 충족시키려면 타인의 권리를 인정하고 나의 권리를 인정받는 것에 대한 합리적인 이해와 자기선택에 대한 책임을 질 필요가 있다.

⑤ 즐거움의 욕구(fun needs)

즐거움의 욕구(fun needs)는 즐겁고 재미있는 것을 추구하며 새로운 것을 배우고자 하는 것을 말한다. 글래서는 인간의 즐거움에 대한 욕구는 기본적이고 유전적인 지시라고 확신한다. 암벽타기, 스카이다이빙, 자동차 경주를 하는 것처럼 인간은 즐거움의 욕구를 충족시키기 위해 생명의 위험도 감수하면서 자신의 생활방식을 바꾸어 나가는 경우도 있다. 즐거움은 인간생활에 없으면 안 되는 요소이므로 우리는 늘 즐거움이 더한 삶을 원하지만 즐거움의 욕구와 다른 욕구들 간에도 갈등이 일어날 수 있다. 예를 들면, 어떤 이는 해외여행이 재미있어서 소속감 욕구를 포기하고 결혼을 지연시키거나 하지 않을 수도 있다.

(2) 전체행동

글래서는 인간의 행동을 생각하고 느끼고 활동하고 생리적으로 반응하는 통합적 행동체계로 보고 이를 '전체행동(total behavior)'이라고 했다. 글래서는 인간의 모든 행동에는 목적이 있다고 했고 인간의 전체행동은 네 가지, 즉 행동하기(acting), 생각하기(thinking), 느끼기(feeling), 그리고 생물학적 반응(biological behavior)으로 구성되어 있다고 보았다. 현실치료에서는 '행동하기'를 중시하는데 그 이유는 행동하기는 거의 완전한 통제가 가능하기 때문이다. '생각하기' 역시 비교적 통제가 수월한 편인 반면, '느끼기'는 통제가 어렵고 '생물학적 반응'은 더더욱 통제하기 어렵다. 따라서 글래서는 '행동하기'와 '생각하기'를 변화시키면 '느끼기'와 '생물학적 반응'이 따라오게 되어 행동 변화가 쉬워진다고 생각한다. 예를 들면, 현재 내가 매우 화가 나있다고 가정하면 나 자신이 화나는 전체행동을 선택했기 때문이라고 설명할 수 있고 이때 나의 전체행동을 분석할 수 있는데 '행동하기'는 물건을 던지고 있고, '생각하기'는 '엄마가 왜 내 의견을 자꾸 반대하는걸까? 짜증나'라고 생각에 잠겨 있는 것이며, '느끼기'는 분하고 짜증나는 감정이며, '생물학적 반응'은 호흡이 빨라지고 위에 통증을 느끼게 된다. 전체행동을 바꾸고 싶다면 먼저 행동하고 생각하는 방식을 변화시킬 필요가 있다. 글래서는 이러한 원리를 자동차에 비유하여 설명했는데 다섯 가지 기본적인 욕구는 자동차의 엔진을 구성하고, 개인의 욕구를 충족하기 위한 선택은 핸들에 해당되며, 행동하기와 생각하기는 자동차의 앞 두 바퀴, 느끼기와 생리학적 반응은 뒤 두 바퀴에 해당된다. 앞바퀴에 해당되는 행동하기와 생각하기를 변화시킨다면 두 개의 뒷바퀴에 해당되는 느끼기와 생물학적 반응에도 자동적인 변화가 수반된다. 따라서 행동변화의 핵심은 행동하기와 생각하기를 새롭게 선택하는 것이고 적극적인 행동과 긍정적인 사고를 많이 할수록 좋은 감정과 생리적인 편안함이 따라오게 된다.

4) 상담목표

현실치료의 목표는 내담자가 책임질 수 있고 만족한 방법으로 자신의 심리적 욕구인 힘, 자유, 사랑, 재미를 달성하도록 조력하는 것이다. 글래서는 정신과 치료를 필요로 하는 모든 사람은 자신의 기본적 욕구를 충족할 수 없기 때문에 고통을 받는다고 지적하였다. 그리고 증상의 심각성은 개인이 자신의 욕구를 충족할 수 없는 정도를 반영하는 것으로 보았다(Glasser, 1965). 현실치료에서는 자신의 기본적인 욕구에서 비롯된 바람이 정말 무엇인가를 파악하지 못하거나 파악했다 하더라도 효과적으로 그러한 바람을 충족시키지 못한 것을 문제로 본다. 따라서 현실치료의 주요한 상담목표는 일차적으로 내담자가 정말 원하는 것이 무엇인지를 그의 기본 욕구를 바탕으로 파악하도록 하는 것이다. 내담자가 그의 바람을 파악한 후 상담자는 바람직한 방법으로 그 바람을 달성할 수 있도록 조력한다(노안영, 2005).

5) 상담과정

현실치료는 내담자의 기본적인 욕구를 파악하여 바람직한 방식으로 달성할 수 있도록 하는 상담 접근방식이고 글래서가 제안한 현실치료의 상담과정에는 상담자가 기본적으로 지켜야 할 원칙들이 있다.

(1) 내담자와의 라포 형성

내담자가 상담관계에 자발적으로 참여하도록 원만한 관계를 형성해야 한다. 그리고 상담자는 내담자가 무엇을 원하는지, 내담자가 무엇을 통제하고 있는지를 탐색해야 하고 내담자가 모든 힘을 다하여 충고하려고 해도 충족할 수 없는 내부세계의 내용이 무엇인지도 직시해야 한다.

(2) 내담자의 바람과 현재하고 있는 행동에 대한 파악

이 단계에서는 내담자의 바람, 욕구, 지각을 탐색하게 되고 그가 자신의 바람을 달성하기 위해 현재 어떤 행동을 하고 있는지도 탐색해야 한다.

(3) 행동 평가하기

내담자의 현재 하고 있는 행동들이 그의 바람을 달성하는 데 있어서 도움이 되었는지에 대해 평가하는 것이다. 즉, 내담자 스스로 선택한 행동이 자기가 원한다고 말한 것을 얻게 해 주는가를 평가하도록 하는 것이다.

(4) 책임질 수 있는 행동 계획하기

이 단계는 내담자들이 보다 효과적으로 바람을 성취할 수 있는 행동을 수행할 수 있는 계획을 세우고, 조언하고, 조력하고, 격려하는 것이다. 내담자가 하고 있는 행동이 소용없다고 판단되면, 내담자가 원하는 것을 얻을 수 있는 방법 또는 그의 생활을 효과적으로 통제할 수 있는 더 좋은 방법을 생각해 내도록 돕는 것이다.

(5) 계획이행에 대한 약속 얻기

내담자가 자신이 수립한 계획에 따라 행동을 할 것에 대한 언약을 얻어야 한다. 계획이 세워지면 상담자는 내담자에게 그 계획을 끝까지 수행할 수 있도록 노력하겠다는 다짐을 요구해야 한다. 약속은 상담자에 대한 것일 뿐만 아니라 내담자 자신에 대한 것이기 때문에 강력하다.

(6) 변명에 대한 불수용

내담자가 세운 계획을 이해하지 않고 변명을 할 경우에는 이를 수용하지 않는다. 현실치료에서는 계획을 수행하지 않은 이유나 변명에 집중하지 않기 때문이다.

(7) 처벌 금지

상담자는 내담자를 비판하거나 논쟁하거나 처벌하지 않는다.

(8) 지속적인 조력

사람들은 비효과적인 방법으로 세상을 통제하는 것에 익숙해져 있기 때문에 스스로 효과적인 통제력을 얻을 수 있는 방법을 찾을 때까지 오랜 시간이 걸린다. 그럼에도 불구하고 상담자는 내담자를 포기하지 않고 지속적인 관심을 갖고 조력해주어야 한다.

6) 상담기법

(1) 질문하기

현실치료에서 질문은 전체 상담 과정에서 중요한 역할을 담당한다. 질문은 내담자가 자신이 원하는 것에 대해 생각할 수 있게 하고 자신의 선택과 행동이 옳은 방향으로 나아가고 있는지를 검토하는 데 유익하다. Wubbolding(1986)에 따르면 질문하기는 내담자의 내적 세계에 들어가 정보를 주고받고 내담자가 보다 효과적인 통제를 하도록 조력해줄 수 있는 유용한 방법이라고 말했다.

(2) 유머 사용

현실치료에서는 즐거움과 흥미를 기본적인 욕구라고 강조했다. 상담자와 내담자가 농담을 공유한다는 것은 서로가 동등한 입장에서 즐거움의 욕구를 공유한다는 것을 의미한다. 또한 유머는 내담자와 편안하고 친밀한 관계를 맺는 데 도움이 될 뿐만 아니라 내담자에게 새로운 자기표현 방법을 알려주면서 내담자가 자신을 관찰하도록 융통성을 제공해준다.

(3) 직면하기

직면하기는 내담자의 행위에 대한 책임수용을 촉진하기 위한 방법으로 내담자가 자신이 한 말과 행동이 일치하지 않다는 것을 인식시키는 것이다. 현실치료 상담자는 기본적으로 내담자의 변명을 수용하지 않고 포기하지도 않기 때문에 직면하기는 상담과정에서 필수적이다. 내담자가 바람의 달성과 불일치한 행동을 했을 때 상담자는 내담자를 조력해주는데 이때 직면하기를 통해 내담자가 선택한 행동에 대해 책임을 지도록 한다.

(4) 역설적 기법

역설적 기법은 내담자의 통제감과 책임감을 증진하기 위해 사용되고 상담자는 내담자에게 모순된 요구나 지시를 주어 그를 딜레마에 빠지게 하는 것이다. 예를 들면, 발표할 때 실수하는 것에 두려워하는 내담자에게 발표할 때 실수하도록 요구한다. 만약 내담자가 상담자의 제안대로 실수를 했다면 이는 내담자가 실수를 할 것인지 말 것인지를 선택할 수 있는 통제력을 가지고 있다는 것이고, 만약 내담자가 상담자의 제안에 저항하면 내담자가 실수를 통제하여 딜레마를 제거한 것이다. 이 기법은 내담자가 자신의 행동을 통제할 수 있고 선택할 수 있다는 것을 인식하게 하는 것이고 자신이 갖고 있는 문제에 대한 생각을 전환할 수 있게 한다.

8. 인지 · 정서 · 행동치료

1) 앨버트 엘리스

앨버트 엘리스(Albert Ellis, 1913~2007)는 1913년 9월 피츠버스에서 가난한 유대인 부모 사이에서 2남 1녀 중 장남으로 태어났고 그는 자신이 거의 '반고아'라고 말했다.

그 이유는 엘리스의 아버지는 여행을 즐겨서 자녀들을 돌봐주지 않았고 그의 어머니는 아직 자녀를 키울 준비가 전혀 되지 않았던 사람이었다. 따라서 엘리스는 "어머니가 나를 돌보는 것만큼 나도 어머니를 돌봐야 했다"라고 말했다. 엘리스는 아동기 때 부모의 소홀한 양육태도, 나쁜 건강상태와 말썽을 부리는 동생들, 부끄러움을 타는 내성적인 성격으로 인해 아동기를 많이 힘들게 보내왔지만 그는 '비참한 것을 거부'했다. 그리고 여동생은 우울증과 불안에 시달렸지만, 후에

—— Albert Ellis(1913~2007)

엘리스는 자신의 인지 · 정서 · 행동치료로 여동생을 치료하였다. 이러한 엘리스의 성장 배경을 살펴보면 그의 이론은 자신의 어린 시절 문제를 치유하기 위해 개발한 것임을 알 수 있다. 1943년에는 컬럼비아 대학교에서 임상심리학으로 석사학위를 받고 1947년에는 철학박사(임상심리학 전공) 학위를 받았으며 이어 정신분석 수련을 받았다. 1953년에 정신분석을 포기하고 1955년에 인지를 강조하는 새로운 접근법인 인지치료(rational psychotherapy)를 소개하였다. 그러나 그 후에 정서를 무시한다는 비난을 받자 인지-정서치료(rational emotive psychotherapy)를 접근법으로 수정하였고 1991년에는 인지 · 정서 · 행동치료로 명명했다. 엘리스의 어린 시절의 성장배경과 환경조건은 불행한 편이었지만 이런 정서적 무관심과 정서적 혼란의 상황 속에서도 그로 하여금 인생을 이끌어갈 수 있게 한 힘은 정서나 감정보다는 인지적 노력이었을 것이다. 만일 그런 환경에서 엘리스가 "좋은 부모를 만났으면 어떻게 될까?", "내가 왜 이런 집에서 태어났을까?" 등과 같은 당위적 사고(비합리적 사고)를 가지고 자랐다면 그의 인생은 불행했을 것이다. 그러나 그는 그 속에서 삶에 중요한 것은 결코 조건에 있는 것이 아니라 의미부여(인지적 측면)에 있음을 깨닫게 된다. 이런 인지적 노력과 상담에 대한 자질은 결국 그로 하여금 인지를 중요시하면서 정서와 행동을 치료하는 REBT치료를 개발하게 되었다.

2) 인간관

인지 · 정서 · 행동치료는 인본주의적 심리치료(REBT)로 엘리스가 주장한 것이다. 엘리스는 인간이 합리적 사고와 비합리적 사고의 잠재성을 가지고 태어났다고 가정하였으며, 인간은 합리적 신념과 비합리적 신념이 타고났다고 보았다. 합리적 신념은 자신을 성숙하게 하거나 실현시킬 수 있으며 비합리적 신념에 의해 자신의 성숙을 방해하거나 자신을 파괴할 수도 있다고 본다. 엘리스는 인간은 살면서 끊임없이 자기 대화, 자기 평가를 하면서 자신의 삶을 유지한다고 보았고 합리적 신념에 의한 자기 대화와 자기 평가는 자신이 선택한 건전한 인생목표를 달성하게 해줄 것이라고 믿었다. 하지만 비합리적 신념에 의한 자기 대화, 자기 평가는 자신의 부적절한 정서를 느끼며 역기능적 행동을 수행하게 할 수도 있다. 엘리스는 인간은 대상 자체가 아닌 그 대상에 대한 관념에 의해 혼란을 겪는다는 것이라고 했고 이러한 사상에 영향을 받은 그의 인간 이해는 다음과 같다.

- 인간은 합리적이면서도 동시에 비합리적인 존재다.
- 인간은 비합리적인 사고로 인해 정서적 문제를 겪게 된다.
- 인간은 자신의 인지 · 정서 · 행동을 변화시킬 수 있는 능력을 가지고 있다.
- 인간은 왜곡되게 생각하려는 생리적 또는 문화적 경향성이 있고 자신이 스스로 자신을 방해한다.

3) 주요 개념

(1) 성격의 세 가지 측면

엘리스는 성격의 형성을 설명하는 세 가지 측면을 생리적 측면, 사회적 측면 그리고 심리학적 측면으로 구분하여 설명하였다(김정희, 이장호 공역, 1998, pp.260-265).

① 생리적 측면

인간에게는 사용되지 않은 거대한 성장 자원이 있고, 자신의 사회적 운명과 개인적인 운명을 변화시키는 능력을 가지고 있다고 주장하였다. 이와 반대로 사람들이 비합리적으로 생각하고 스스로에게 해를 끼치려는 강한 선천적 경향성도 동시에 가지고 있다고 보았다. 이러한 인간의 성향은 개인이 자신의 인생에서 일어나는 모든 일에서 최고의 것을 원하고 주장하는 매우 강력한 경향성을 가지고 태어난다. 그러나 자신이 뜻대로 되지 않거나 원하는 것을 얻지 못했을 때 자신과 타인, 그리고 세상을 비난하는 매우 강한 경향을 가지고 태어난다.

② 사회적 측면

인간은 사회 집단 내에서 보살핌을 받고 자라며 인생의 거의 모든 부분을 타인에게 인상을 남기려고 하며, 타인의 기대에 맞춰 살려고 노력한다. 또 타인의 수행을 뛰어넘기 위하여 노력하는 데 바치기도 한다. 즉, 인간은 타인이 자신을 인정해 줄때 자기 자신을 가치 있는 사람으로 본다는 것이다. 엘리스에 따르면, 정서적 장애를 가진 사람들은 대부분 타인들에 대한 생각을 지나치게 많은 염려를 하는 것과 관련이 있고 다른 사람들이 자신을 좋게 생각할 때만 자기 스스로를 수용하고 그렇지 않을 때는 자신이 가치가 없는 사람으로 믿는다. 그 결과는 타인의 인정을 받고 싶어 하는 욕구만 커지게 되고 그러한 인정과 승인을 절대적이고 긴박한 것으로 여겨 불안과 우울을 겪게 된다.

③ 심리학적 측면

엘리스는 슬픔, 유감스러움, 좌절감, 성가심 등 구별되는 정서적 혼란이 비합리적인 신념에서 온다고 보았다. 개인이 비합리적인 사고를 통해 불안함과 우울함을 겪게 되면 자신이 스스로 불안하고 우울한 것에 대해 또 한 번 우울하고 불안해 할 것이다. 이 과정이 반복되며 악순환을 경험하는데 이러한 감정에 초점을 둘수록 그 감정들은 더 나빠질 가능성이 크다. 따라서 바람직하지 못한 감정을 아예 차단하기보다는 논리적(인지적) 관점을 통해 개인으로 하여금 불안과 우울을 생성하는 신념 체계를 변화시켜야 한다고 주장했다.

(2) 비합리적 신념

엘리스는 사람들이 정서적 문제를 겪는 이유는 일상생활에서 겪는 구체적인 사건들 때문이 아니라 그 사건을 합리적이지 못한 방식으로 지각하고 받아들이기 때문이라고 말했다. 다시 말해, 비합리적인 신념이나 사고란 자기 패배적 정서를 야기하는 사고를 말하는 것인데 사람들은 이러한 비합리적 신념을 스스로 계속 반복해서 확인함으로써 느끼지 않아도 되는 불쾌한 정서를 만들어 내고 유지한다. 따라서 합리 · 정서 · 행동치료(rational emotive bahavior therapy: REBT)가 답해야 할 중요한 이론적 문제는 정서적 혼란을 유도하는 인지적 과정 또는 비합리적 신념이란 도대체 무엇인지 그리고 그러한 비합리적 사고가 어떻게 강력한 정서적 혼란을 일으키는지에 있다. 엘리스가 제시한 정서장애의 원인이 되고 유지시키는 비합리적인 생각은 첫째, 나는 내가 만나는 모든 사람에게 사랑이나 인정을 받아야만 한다. 둘째, 나는 완벽하고 유능하며 합리적이고 가치 있는 사람으로 인식되어야만 한다. 셋째, 내가 원하는 대로 일이 되지 않는 것은 내 인생에서 큰 실패라고 생각한다. 넷째, 위험하거나 두려운 일들이 내게 일어나 큰 해를 끼칠 것에 대해 늘 걱정한다. 다섯째, 나는 다른 사람들의 문제나 고통을 내 자신의 일처럼 같이 아파해야 한다 등이 있다. 엘리스는 이런 비합리적 신념을 부적응 행동과 심리적 장애의 원인으로 보았다.

(3) 당위적 사고

당위적 사고는 요구에 의한 표현으로 드러나는데 영어로는 'must', 'should', 'ought', 'have to' 등으로 표현된다. 인간은 근본적으로 불완전한 존재이다. 전지전능하지 않기 때문에 인간과 관련하여 당위적 사고를 강조하는 것은 비합리적이다. 각 개인의 기본적인 세 가지 불합리적 신념은 다음의 중요한 세 가지 당위적 사고에 의해 요약될 수 있다(강진령, 2009; 박영애, 1997; Palmer, 2000).

① 자신에 대한 당위

우리는 자신에 대해 당위성을 강조하는데 "나는 훌륭한 사람이어야 한다.", "나는 실패해서는 안 된다.", "나는 무엇을 해도 완벽해야 한다." 등 우리는 수없이 많은 당위적 사고에 매어 있다. 그리고 우리의 당위적 사고는 이루어지지 못하면 끔찍하고 나는 보잘것없는 하찮은 인간이 된다고 생각하는 것이다.

② 타인에 대한 당위

"부모니까 나를 사랑해야 한다.", "애인이니까 자나깨나 나에게 관심을 가져야 한다.", "직장동료니까 항상 일에 협조해야 한다." 등과 같이 타인은 반드시 나를 공정하게 대우해야 한다고 생각하는 것이다. 만일 타인에게 바라는 당위적 기대가 이루어지지 않을 때 인간에 대한 불신감을 갖게 되고 이러한 불신감은 인간에 대한 회의를 낳아 결국 자기비관이나 파멸을 가져오게 된다.

③ 조건에 대한 당위

"내 가정은 향상 사랑으로 가득 차 있어야 한다.", "내 교실은 정숙해야 한다.", "내 사무실은 아늑해야 한다." 등 자신에게 주어진 조건에 대해 당위적 기대를 갖고 있는 것이다. 그러지 못하는 것은 끔찍하다고 생각하고 화를 내거나 부적절한 행동을 한다.

(4) ABC이론

엘리스는 신념 체계를 합리적인 것과 비합리적인 것으로 분류하였으며 합리적 신념체계를 갖는 사람과 비합리적 신념체계를 갖는 사람은 동일한 사건을 경험하더라도 서로 다른 정서적·행동적 결과를 경험하게 된다. 우리의 정서적·행동적 결과에 영향을 미치는 원인으로 사건보다는 신념 체계의 중요성을 강조한다는 점에서 인지·정서·행동치료를 ABC 이론이라고도 한다. 여기서 A는 우리에게 의미 있는 '활성화된 사건(Activating events)'을 뜻하고, B는 '신념체계(Belief)'를 말하며, C는 정서적·행동적 '결과(Consequences)'를 의미한다. 엘리스는 내담자의 심리적인 고통이나 문제는 그의 비합리적인 신념체계에서 비롯된 것이라고 믿었기 때문에 인지·정서·행동치료는 내담자가 가지고 있는 비합리적인 신념체계를 합리적인 신념체계로 바꾸어 심리적인 문제를 해결할 수 있도록 하는 것이다.

(5) ABCDEF모델

인지·정서·행동치료 과정의 핵심 부분은 ABCDEF로 불리는 틀이 있다. ABCDEF의 첫 단계인 A는 앞서 말한 것처럼 활성화된 사건(Activating events)을 확인하고 기술하는 것이며, 두 번째 단계인 B는 활성화된 사건에 대한 개인의 신념(Belief)이다. 세 번째 단계인 C는 신념에서 비롯된 결과(Consequences)로 합리적 신념은 합리적 결과를, 비합리적 신념은 비합리적 결과를 초래한다. 네 번째 단계인 D는 비합리적 결과를 야기한 비합리적인 신념을 논박하기(Disputing)를 나타낸다. 다섯 번째 단계인 E는 논박하기의 결과로 나타난 효과(Effect)를 나타낸다. 마지막으로 F는 논박하기를 통해 바뀐 효과적인 합리적 신념에서 비롯된 새로운 감정(Feeling)이나 행동을 나타낸다.

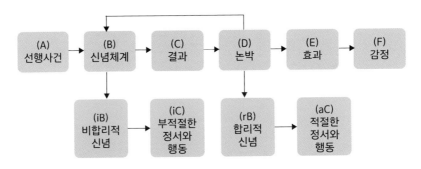

그림 4-9 ABCDEF 모델

4) 상담목표

인지·정서·행동치료의 목표는 내담자의 비합리적 신념체계를 합리적인 신념체계로 바꾸어 수용할 수 있는 합리적 결과를 갖게 하는 것이다. REBT에서 상담자는 내담자의 정서적 장애를 최소화하고 자기파멸 행동을 감소시키며, 조금 더 행복한 삶을 영위할 수 있도록 돕는 것이다. 다시 말해, 상담자는 내담자의 증상을 없애는 데에만 관심을 가지는 것이 아니라 문제를 일으키는 내담자의 신념과 가치체계를 새로 학습시키는 것을 목표로 한다.

5) 상담과정

상담자는 상담에 들어가기에 앞서 내담자와 친밀한 상담관계를 형성하여야 한다. 상담자는 내담자가 가지고 있는 문제에 ABC 이론을 적용하여 비합리적 신념을 확인한 후 내담자의 주장이나 의견에 대하여 그 잘못된 점을 조리 있게 말해 이를 합리적 신념으로 바꾸어 적절한 정서와 행동을 경험하도록 하는 과정이라 할 수 있다(Corey, 1986, 1991; patterson, 1980). REBT의 기본 과정을 정리하면 다음의 표와 같다(Ellis & Grieger, 1977).

표 4-3 REBT의 상담과정

1단계	상담자는 내담자에게 문제점을 질문한다.
2단계	문제점을 규명한다.
3단계	부적절한 부정적 감정을 알아본다.
4단계	선행사건(A)을 찾아내고 평가한다.
5단계	이차적 정서 문제를 규명한다.
6단계	신념체계(B) − 결과(C)의 연관성을 가르쳐 준다.
7단계	비합리적 신념(iB)을 평가 · 확인한다.
8단계	비합리적인 신념체계(iB)와 결과(C)를 연관시켜 비합리적 신념을 확인시킨다.
9단계	비합리적 신념을 논박한다.
10단계	합리적 신념체계를 내담자가 학습하고 심화하도록 한다.
11단계	새로 학습된 신념체계를 실천에 옮기도록 내담자를 격려하고 연습시킨다.
12단계	합리적 인생관을 확립하게 한다.

6) 상담기법

인지 · 정서 · 행동치료에서 상담자는 내담자의 변화를 위해 내담자의 비합리적인 절대주의적 생각을 최소화하도록 조력한다. 여기서는 이러한 변화를 위해 상담자들이 사용하는 기법들을 크게 인지기법, 정서기법, 행동기법으로 나누었다.

(1) 인지기법

인지적 기법이란 내담자의 생각 중 비합리적인 생각과 그 생각에 근거한 내담자의 언어를 찾아서 이를 합리적 생각과 언어로 바꾸는 것을 말한다. 상담과정 중 비합리적인 생각과 언어를 확인한 후 이를 합리적인 생각과 언어로 재구성하는 것을 논박이라고 하는데 비합리적인 생각을 합리적인 생각과 언어로 바꾸기 위해 REBT에서는 논박을 많이 사용한다. 논박의 첫 단계는 확인된 비합리적 사고와 그 사고에 근거한 내담자 자기의 언어를 규정하여 다시 진술하도록 한다. 둘째 단계는 비합리적인 사고와 그 사고에 근거한 자기의 언어를 규정하여 재구성한 사고나 언어가 합리적인지를 질문하고 답하는 것이다. 셋째 단계는 비합리적인 사고나 그 사고에 근거한 언어를 내담자가 하려고 하는 일에 도움이 되는 생각이나 언어로 바꾸도록 하는 것이다.

(2) 정서기법

인지 · 정서 · 행동치료에서 상담자는 내담자가 선호하는 것과 당위적 사고를 구별할 수 있도록 정서적으로 이러한 사고 간의 차이를 극대화하는 다양한 수단을 활용한다. 여기서 당위적 사고란 자신을 파멸로 몰아넣은 근본적인 문제, 자신이 갖고 있는 비합리적 신념을 말한다.

① 합리적 정서 상상

합리적 정서 상상은 내담자로 하여금 습관적으로 부적절한 느낌이 드는 장면을 생생하게 상상하도록 한 후, 부적절한 느낌을 적절한 느낌으로 바꾸어 상상하게 하고 부적절한 행동을 적절한 행동으로 바꾸어 보는 것이다. 엘리스는 합리적 정서 상상 기법이 더 이상 비합리적 신념들 때문에 혼란을 느끼지 않을 것이라고 믿었다.

② 수치심 제거 연습

이 기법은 정서적·행동적 요소 두 가지가 모두 포함되며 내담자 자신의 행동에 대해 주위 사람이 어떻게 생각할지에 대한 두려움 때문에 하고 싶은 행동을 하지 못하는 행동을 내담자가 행동해보도록 하는 기법이다. 이러한 과제를 통해 내담자는 주위 사람들이 내담자가 생각한 것보다는 큰 관심을 두지 않으며, 다른 사람의 비난에 대해서도 과도하게 영향을 받을 필요가 없다는 것을 깨닫게 해준다.

③ 무조건적 수용

무조건적 수용은 내담자의 어떤 말이나 행동을 무조건적으로 수용하는 기법을 말한다. 이러한 수용은 상담자의 언어나 비언어적 표현을 통해 내담자에게 전해질 수 있다. 무조건적인 자기 수용과 자기 인정은 자신을 완전하게 받아들이고자 하는 결심을 전제로 한다.

반려동물매개치료
실무

Companion Animal
Assisted Therapy

CHAPTER 08

개인 반려동물매개치료의
진행

1. 개인 반려동물매개치료의 개념

상담은 내담자와 상담사가 1:1의 개인적이고 전문적인 인간관계를 맺음으로써 내담자가 자신의 문제를 해결한다든지 환경에 보다 유능하게 대처할 수 있는 새로운 행동을 익히는 체계적인 활동이라 정의할 수 있다(이동렬, 박성희, 2000). 그렇다면 개인 반려동물매개치료란 무엇일까? 개인 반려동물매개치료는 내담자와 상담사와의 1:1 관계에서 도우미동물로 하여금 두 사람의 다리 역할을 하게끔 하여 진행하는 상담을 말한다. 도우미동물과 함께 있는 공간에서 내담자는 상담사에게 좀 더 편안히 마음의 문을 열 수 있게 되며 내담자는 도우미동물을 통해 무조건적인 수용과 즐거운 상황들을 경험함으로써 정서의 안정과 스트레스 해소 등의 긍정적인 영향을 받을 수 있다.

이러한 개인 반려동물매개치료도 집단 반려동물매개치료와 같이 일정한 진행순서를 가지고 있는데 그 진행순서에 대한 설명은 다음에 계속된다.

2. 내담자의 치료 의뢰

상담은 사실상 내담자가 상담을 의뢰하는 순간부터 시작되기 때문에 상담에서 의미 있는 결과를 창출해내기 위해서는 상담 전부터의 준비가 철저하게 이루어져야 한다.

반려동물매개치료를 시작하기 전에 내담자는 반려동물매개심리상담사 본인 혹은 반려동물매개치료센터에 접촉을 시도하여 상담을 받고자 한다. 내담자가 접촉을 시도하는 경로는 세 가지로 나누어 볼 수 있는데 접촉하고자 하는 형태는 다르나 궁극적으로는 반려동물매개치료가 무엇인지 정확히 알고 내담자에게 반려동물 매개치료가 어떤 효과를 보여줄지에 대해 상담하고자 한다. 다음은 내담자가 접촉을 시도하는 세 가지의 유형을 설명한다.

1) 전화를 통한 접촉

내담자나 내담자의 보호자는 센터 혹은 반려동물매개심리상담사에게 직접 전화를 걸어 접촉하기도 한다. 이럴 경우는 일전에 반려동물매개치료를 받아 본 내담자가 주변의 지인에게 상담사의 전화번호를 소개해서 연락을 취할 수 있도록 도움을 준 경우나 센터를 방문했다가 직접 상담사로부터 명함을 받아서 연락을 취하는 경우도 있다. 일전에 반려동물매개치료 경험이 있는 내담자로부터 추천을 받고 연락을 한 경우에는 상담사나 반려동물매개치료에 대해 막연하거나 고정관념적인 기대를 가지고 있을 수 있기 때문에 내담자에게 반려동물매개치료에 대해 다시 설명을 해주고 상담사가 해줄 수 있는 일과 그렇지 못한 일에 대해 분명히 말하여 내담자가 잘못된 기대를 가진 경우 바로 잡아주어야 한다. 센터를 방문하여 직접 연락처를 받은 후 연락을 취한 내담자의 경우에는 이미 센터에서 간단히 반려동물매개치료에 대한 소개를 듣고 상담사와도 간단한 면담을 진행했을 것이기 때문에 반려동물매개치료에 대한 특별한 소개 없이 바로 접수면접 시간을 의논한다.

전화를 통한 만남이라고 하더라도 그 만남은 반려동물매개치료에 대한 인상을 좌지우지할 수 있기 때문에 전화로 접촉을 하게 되더라도 항상 친절하고 예의바르게 내담자 혹은 보호자를 대해야 한다.

2) 인터넷을 통한 접촉

간혹 반려동물매개치료센터나 상담사가 반려동물매개치료에 대한 정보를 SNS(Social Network Service)에 올려 홍보할 때, 이 게시글을 본 내담자가 이메일이나 메시지로 연락을 취해 반려동물매개치료를 받고 싶다는 의향을 전하기도 한다. 이런 경우에도 친절하게 상담 시에 지켜야 하는 수칙과 대표적인 프로그램들을 이메일로 간단히 소개하고 직접 전화를 할 수 있도록 해서 접수면접 시간을 의논한다.

3) 직접 방문을 통한 접촉

내담자 혹은 그 보호자가 내담자가 가지고 있는 문제에 대해 시급하다고 느끼게 되거나 직접 반려동물매개심리상담사와 면담을 나누고 싶을 때는 반려동물매개치료센터로 직접 방문을 하게 된다. 내담자 혹은 그 보호자가 급한 마음으로 센터를 찾아왔다고 하더라도 급하게 바로 개입을 하기보다는 내담자가 호소하는 문제에 대해 이야기를 나누고 어떤 방향으로 치료를 진행할지 의논한 후에 반려동물매개치료를 진행한다. 이 때는 내담자 혹은 그 보호자에게 반려동물매개치료가 급하게 개입을 해서 효과를 나타낼 수 있는 단순한 치료가 아님을 설명해주고 내담자 그리고 그 보호자와 충분한 면담을 통한 후에 구체적인 계획을 잡아 차근차근 진행해야만 효과적인 치료를 진행할 수 있음을 자세히 설명해주어야 한다.

3. 초기 상담

프로그램 기획 단계는 프로그램 개발의 전 과정을 제시하는 단계이기 때문에 내담자와의 접수면접을 통해 호소 문제를 알아보고 그 해결을 위한 프로그램의 총 목표와 목적을 설정해야 한다. 전체 프로그램을 이루는 각 프로그램들은 내담자의 호소문제 해결을 위해 설정한 총 목표의 달성에 도움을 줄 수 있도록 기획해야 한다.

1) 접수면접

접수면접에서는 내담자가 호소하는 문제에 관한 기초정보를 수집하고 치료의 방향을 잡는다. 이 때는 내담자가 최대한 자유롭게 자신을 표현할 수 있도록 하고 치료에 대한 신뢰감을 얻을 수 있게끔 도와야 한다. 내담자의 치료에 대한 인식은 상담사의 역할이 막중하므로 상담사는 내담자에게 전문적인 인상을 심어주어 신뢰감을 높여주어야 하는 반면, 치료에 대한 막연한 기대감이 있다면 구체적이고 정확한 설명을 통해 치료에 대한 인식을 바로 잡아줘야 한다.

또한 앞으로의 치료 방향을 잡기 위해 내담자가 호소하는 문제뿐만 아니라 그 문제의 발생배경, 지속시간, 이를 해결하기 위한 이전 노력, 인지적 기능, 가족 역동 등 내담자의 정보들도 탐색해야 하며 탐색 결과가 상담을 진행하는 상담사보다 이 문제를 더 잘 도와줄 수 있는 상담사가 있다면 그에게 내담자를 소개하여 연결시켜주는 과정도 필요하다. 만약 상담사가 속해 있는 센터에서 다룰 수 없는 문제라면 상담사는 내담자의 문제해결을 가장 잘 도와줄 수 있는 다른 기관을 소개해서 의뢰를 도와야 한다.

다음은 이러한 접수면접의 과정에 대한 설명이다.

(1) 치료신청서의 작성

내담자와 그 보호자가 센터로 방문했을 때는 일전에 연락을 받았던 상담사가 그들을 맞이하여 반려동물매개치료의 치료신청서를 작성할 수 있도록 한다. 이 때 내담자는 자신의 성별, 생년월일, 주소 또는 연락처 등의 기본 정보에 대한 자료를 스스로 적어 낯선 타인에게 넘겨야 한다는 사실에 당황해하거나 난감해 할 수 있다. 그렇기 때문에 내담자가 치료신청서를 작성해야 하는 이유에 대해 물어보거나 치료신청서 안의 질문에 대해 상담사에게 물어볼 때, 성의 있고 친절하게 답변해주어 내담자가 상담사에 대한 불신을 가지지 않을 수 있도록 한다. 또한 상담사는 내담자가 치료신청서에 기재하는 내용에 대해 비밀보장을 약속하여 내담자가 안심하고 진실하게 치료신청서를 작성할 수 있도록 한다.

(2) 호소문제 듣기

내담자가 반려동물매개치료를 받고자 하는 이유, 즉 내담자가 어떤 목적을 가지고 반려동물매개치료를 의뢰했는지에 대해 들어야 한다. 내담자가 호소하는 문제의 내용, 문제가 일어난 시기와 상황적 · 생물학적 배경 등 호소문제에 관한 전반적인 내용들에 대해 이야기를 나눈 후에는 그 문제로 인해 생긴 피해들, 즉 대인관계, 사회생활에서 겪게 된 어려움, 그로 인한 정서의 변화 등에 대해 자세히 이야기를 듣는다. 상담사는 이러한 과정을 거쳐 내담자가 호소하는 문제에 대해 파악을 하고 어떠한 개입이 필요할지 그 방법을 강구하게 된다.

(3) 현재 및 최근의 주요 기능 상태

내담자의 기능 상태에 대한 정보는 상담사가 반려동물매개치료 프로그램을 기획할 때 중요하게 참고해야 하는 내용이다. 내담자의 소근육 조절 능력, 언어능력, 수학능력, 창의적 사고 능력 등은 내담자에게 필요한 프로그램을 기획할 때, 프로그램의 세부적인 내용과 진행방법을 결정하는 데에 중요한 요소로 작용한다. 예를 들어서, 도우미동물의 이름표를 만들어줌으로써 도우미동물의 이름과 나이 등의 기본정보 습득을 위한 프로그램을 진행한다고 했을 때, 내담자가 글씨를 쓰고 읽을 줄 모른다면 상담사는 내담자에게 도우미동물을 소개해 준 후 도우미동물의 사진을 고르게 해서 그 반려동물에 관한 정보를 반복적으로 말해주고 사진을 붙여 목걸이를 만들어 도우미동물에게 선물해주는 형식으로 프로그램 진행 방법을 변경할 수 있다. 이처럼 내담자의 주요 기능 상태에 관한 정보는 프로그램의 진행방법 결정에 큰 영향을 미치기 때문에 정확한 정보를 얻어야 한다.

4. 상담 준비과정

1) 치료도우미동물의 선택

(1) 예방접종과 건강검진이 완료된 반려동물

상담사와 함께 내담자의 문제해결을 도와줄 도우미동물은 전염병이 없고 건강해야 한다. 반려동물이 앓는 병 중에선 사람에게도 옮길 수 있는 인수공통감염병도 있기 때문에 상담사는 내담자의 건강을 위해 치료도우미동물에게 인수공통감염병에 대한 예방접종을 모두 완료해야 하며 치료에도 예방접종을 완료한 도우미동물만이 반려동물매개치료에 투입될 수 있다.

(2) 내담자의 특성에 어울리는 반려동물

반려동물매개치료에서 상담사를 도와 프로그램을 이끌어갈 반려동물은 프로그램의 대상인 내담자의 성격과 특성에 어울리는 반려동물이어야 한다. 도우미동물의 성별이나 품종, 크기 등에 제한을 두기보다는 개별 사례별로 내담자의 특성과 상황에 어울리는 반려동물을 선택하는 것이 중요한데 만약 내담자가 조용하고 차분하며 움직이는 것을 좋아하지 않는 경우에는 얌전한 성격을 가진 개, 고양이나 햄스터 등의 소동물이 어울리며, 활발하고 움직이는 것을 좋아하는 내담자에게는 활동량이 많으며 장난치는 것을 좋아하는 개가 어울린다.

(3) 사람에게 공격성을 보이지 않는 반려동물

반려동물매개치료는 내담자가 호소하는 문제의 해결을 위해 반려동물과 상호작용을 하며 다양한 프로그램을 진행하기 때문에 사람과 함께 있을 때 그 반려동물이 보이는 반응이 매우 중요하다. 치료도우미동물과 함께 있을 때, 내담자는 무조건적인 수용을 경험하며 정서적인 안정을 얻고 스트레스를 해소하는 등의 긍정적인 영향을 받아야 하는데 그런 효과를 얻기 위해서 치료도우미동물은 사람에 대한 반응이 우호적이며 공격성을 보이지 않고 잘 따르거나 사람과 함께 있는 것을 즐거워해야 한다.

2) 전체 목표와 목적의 설정

프로그램의 전체 목표와 목적은 내담자의 호소문제 해결을 이루기 위한 방향으로 설정해야 한다. 프로그램의 전체 목표와 목적은 프로그램이 올바른 방향으로 나아갈 수 있도록 나침반의 역할을 하며 내담자의 개입 방향 또한 결정해주기 때문에 그 설정에 매우 주의를 기울여야 한다. 프로그램의 총 목표의 경우 '내담자의 호소 문제를 해결하기 위해 내담자와 상담사가 최종적으로 도달하고자 하는 목표'를 말하며 목적은 '전체 목표의 달성을 위해 이루어야 하는 과제'를 의미한다. 전체 목표가 프로그램의 큰 흐름이 되어 전체 프로그램들을 이끌어준다면 목적은 각 프로그램들이 전체 목표를 달성할 수 있도록 방향을 잡아주는 역할을 한다.

예를 들어, 자기중심적인 경향이 강하여 타인에 대한 배려가 잘 되지 않아 인간관계에서 어려움을 겪는 내담자가 있다면 전체 목표는 '타인에 대한 배려심 향상과 사회성 향상'으로 설정하고 목적은 '건강한 의사표현 방법을 깨달음으로써 자기표현

능력의 향상', '타인의 입장에서 생각하고 행동해보는 과정을 통한 배려심 향상'으로 설정할 수 있다.

이렇듯 전체 목표는 내담자의 호소문제에 관한 직접적인 언급을 하는 반면, 목적은 전체 목표에 도달하기 위해 달성해야 하는 과제들로 구성된다. 전체 목표와 목적이 내담자의 호소문제를 참고하여 올바르게 설정된다면 전체 프로그램의 진행 또한 원활하게 흘러가지만 그렇지 않다면 프로그램은 마지막 회기를 진행할 때까지도 정리되지 않은 채 내담자에게 아무런 도움도 주지 못하고 두서없이 진행될 수 있다.

5. 프로그램 기획

전체 프로그램을 구성하는 각 세부 프로그램들을 기획할 때는 총목표 달성을 위해 목적을 참고하여 각 프로그램을 구성한다. 집단 반려동물매개치료의 경우 초기, 중기, 후기로 나누어 상담사의 개입을 달리 하지만 개인 반려동물매개치료의 경우에는 이미 접수면접의 단계에서 내담자와 면담을 통해 호소문제를 파악하기 때문에 굳이 초기, 중기로 프로그램을 나누어 내담자의 호소문제에 관한 탐색 시간을 갖지는 않는다. 개인 반려동물매개치료는 시기를 따로 나누지 않고 치료도우미동물을 매개로 하여 내담자와 상담사의 라포형성을 진행하면서 문제의 해결을 위한 개입 또한 진행한다. 다만 집단 반려동물매개치료와 마찬가지로 프로그램을 종료하기 약 3회기 전부터는 프로그램의 종결이 머지 않았음을 알리며 내담자에게 이별을 준비할 수 있도록 한다.

6. 프로그램 실시

프로그램의 총 목표와 목적의 설정이 이루어지고 그 달성을 위한 각 프로그램들도 모두 기획했다면 프로그램의 실시 단계에서는 그 프로그램들을 직접 진행한다.

즉, 프로그램 실시의 단계에서는 프로그램의 목표 달성을 위해 프로그램의 실질적인 운영과 개입을 진행한다. 각 프로그램들을 진행할 때마다 프로그램 계획표를 작성하여 내담자에게 적용할 프로그램의 목표와 내용, 진행방법에 대해 정확히 파악하고 내담자와 프로그램을 진행한 후에는 내담자에게 프로그램이 적절했는지, 내담자는 프로그램에 어떤 반응을 보였는지, 프로그램의 목표달성이 가능했는지에 대해 프로그램 평가기록 내용을 남긴다. 개인 반려동물매개치료에서 쓰이는 프로그램계획표, 프로그램 평가 기록지는 집단 반려동물매개치료에서 쓰이는 프로그램계획표, 프로그램 평가 기록지와 같은 양식으로 작성된다.

7. 프로그램 종결

1) 프로그램 전체 목표 달성 확인: 기획했던 모든 프로그램들을 종결하고 난 후에 가장 중요한 것은 프로그램의 전체 목표 달성 여부이다. 내담자가 프로그램의 전체 목표를 달성할 수 있었는지 확인하고 만약 전체 목표를 달성하지 못했더라도 내담자

에게 어떤 변화가 생겼는지에 대해 피드백을 제공한다. 또한 반려동물매개치료를 진행하는 총 회기동안 어떤 목표를 가지고 치료를 진행했었는지와 그 과정이 어떻게 흘러갔는지에 대해 요약하여 설명해주어 내담자 스스로 어떤 프로그램에 참여했는지에 관해 이해할 수 있도록 도움을 준다.

2) 내담자의 변화사항 확인: 만약 내담자가 전체 목표를 달성하지 못했더라도 상담사는 내담자에게 치료 후 어떤 변화가 생겼는지에 대해 물어보고 함께 이야기해보아야 한다. 상담사는 내담자의 보호자에게도 최근 내담자에게 어떤 변화가 생겼는지

에 대해 물어보고, 내담자 본인에게도 치료를 받는 동안 어떤 변화가 생긴 것 같은지 스스로 생각하여 이야기하도록 해봄으로써 내담자 본인과 그 주변에서 느끼는 내담자의 변화사항에 관해 체크하며 또한 상담사 스스로도 그동안의 프로그램 피드백 기록지와 내담자의 관찰기록을 살펴보며 내담자에게 어떤 변화가 생겼는지에 대해 파악한다. 이렇게 내담자의 변화사항에 관해 이야기를 나누었을 때, 내담자의 변화 사항이 긍정적 반려동물인 내용이라면 그 결과를 어떻게 유지시켜야 하는지 의논해야 하는데 내담자는 주변의 상황과 환경에 많은 영향을 받기 때문에 긍정적인 변화 사항의 유지는 내담자의 주변 사람들과 그 환경의 협조가 매우 중요하다.

3) 프로그램의 전체 목표를 달성하지 못한 이유에 대한 고찰: 상담사는 내담자와의 접수면접 과정에서 내담자와 충분한 대화를 하고 내담자의 호소문제에 관해 파악하여 문제의 해결을 도울 수 있도록 프로그램의 전체 목표와 목적을 기획한다. 그런데 프로그램을 종결하고 난 후 전체 목표 달성 여부를 확인했을 때 전체 목표 달성에 실패했다는 결론이 나게 된다면 상담사는 전체 목표를 이루지 못한 이유에 대해 고민해보아야 한다. 프로그램을 진행하는 동안 내담자가 이해하기 어려운 프로그램이 있었는지, 혹은 특별히 도움이 되었던 프로그램이 있었는지 등 내담자의 주관적인 프로그램 평가내용을 듣고 프로그램 개발에 참고하여 더 나은 프로그램을 제공할 수 있도록 해야 한다. 또한 내담자 스스로 자신이 프로그램에 어떻게 참여했고 어떤 결과를 얻어갈 수 있었는지에 대해 파악할 수 있도록 하면서 자신의 상태가 어떠한지에 대해 객관적으로 바라 볼 수 있도록 도움을 주어야 한다.

4) 프로그램 연장 의논: 만약 내담자가 총 목표를 달성하지 못했다면 치료의 연장 여부에 관해서도 내담자 혹은 그 보호자와 의논하여 결정해야 한다. 치료는 내담자 스스로 자신의 문제를 자각하고 그 해결을 위해 노력하고자 해야만 내담자에게 긍정적인 변화를 가져다 줄 수 있기 때문에 만약 내담자가 지금의 변화된 상태만으로도 만족하고 더 이상의 치료는 원하지 않는다고 한다면 상담사는 굳이 강압적으로 치료를 이어가지 않아도 괜찮다. 하지만 만약 상담사에게 치료를 연장해야 하는 이유에 대해 들었을 때, 내담자가 치료의 연장을 요구한다면 상담사는 내담자와 다시 프로그램의 일시를 결정하고 빠른 시일 안에 어떤 식으로 프로그램을 진행하

게 될 것인지에 대해 결정하여 알려줘야 한다.

8. 사후 관리

프로그램 종결 후 내담자의 긍정적인 변화 상태를 유지하기 위해 상담사가 주기적으로 연락을 취해 그 상태를 확인하고 그 유지를 돕기 위해 도움을 주는 것을 사후 관리라고 한다. 상담사가 내담자의 긍정적인 변화 상태를 유지시켜주기 위해 도와줄 수 있는 방법으로는 첫 번째, 프로그램 종결 후 일정 기간이 지난 후에 내담자에게 연락을 취해 긍정적인 변화의 상태가 유지가 되고 있는지 확인해보고 그 상태의 유지를 지속시키기 위해 어떤 점을 주의해야 하는지에 대해서도 조언해준다. 그리고 두 번째, 내담자의 마음에 남아있는 상담사와의 관계에 대한 미련 혹은 반려동물매개치료의 미련에 대한 마음의 정리를 끝까지 도와주는 역할을 한다. 프로그램을 진행하는 동안 여러번 프로그램의 종결과 상담사와의 이별에 대해 암시해왔다고는 하더라도 내담자가 느껴온 상담사와의 돈독한 관계에 대한 마무리가 한 번에 깔끔하게 정리되기는 힘든 일일 수밖에 없다. 그렇기 때문에 상담사는 종결 이후에도 내담자에게 연락을 취해 그 상태에 관한 확인과 함께 내담자의 마음에 남은 미련의 정리도 도와야 한다.

Companion Animal
Assisted Therapy

CHAPTER 09

집단 반려동물매개치료의 진행

1. 집단 반려동물매개치료의 개념

집단치료란 상담사가 동시에 4~5명 이상의 내담자를 상대로 심리적, 정신적, 신체적 갈등을 명료화하여 문제행동을 수정해가는 일련의 집단면접을 말하는데 집단 반려동물매개치료란 집단치료에서 상담사와 내담자의 사이에 도우미동물이 다리역할을 하여 진행되는 집단치료를 이야기한다. 여기서 도우미동물은 상담사와 내담자의 라포형성과 내담자의 활동참여에 대한 동기부여를 도와 전체적인 프로그램 진행에 도움을 주는 존재로 활약한다.

집단 반려동물매개치료 프로그램은 기관으로부터 섭외 요청을 받은 후 기획, 실시, 종결의 흐름으로 진행된다. 프로그램의 원활한 진행을 위해 프로그램의 기획 단계에서는 내담자의 정보 파악을 필수적으로 거쳐 분석한 후 프로그램의 총 목표와 목적을 구체적으로 설정하여 전체 목표를 달성하기 위해 각 프로그램들을 초기, 중기, 후기로 나누어 세부적으로 계획한다. 모든 프로그램 기획이 끝난 후에는 프로그램의 총 목표와 내용을 알 수 있는 제안서를 준비하고 기관과 집단 반려동물매개치료 팀에게 필요한 협약내용을 확인할 수 있는 협약서 또한 작성하여 준비한다.

프로그램의 실시 단계에서는 프로그램의 전체 목표와 목적을 달성할 수 있도록 프로그램을 수행한다. 즉, 총 목표의 달성을 위해 실제적인 운영과 개입이 이루어지고 구체적인 수단을 고민하는 과정이다. 프로그램을 실시할 때는 프로그램 진행 후 평가를 지속적으로 진행하여 프로그램의 문제점을 개선하고 더 나은 프로그램을 진행할 수 있도록 고민해야 한다. 프로그램의 종결 단계에서는 이제까지 진행된 프로그램이 내담자에게 적당했는지, 총 목표와 목적을 달성할 수 있었는지 등에 관한 총괄평가를 진행함으로써 프로그램 진행에서 나온 결과를 토대로 프로그램의 문제점을 파악하여 더 나은 프로그램으로 발전시킬 수 있도록 한다.

2. 기관에서의 의뢰

장애인종합복지시설, 지역아동센터, 문화센터, 방과 후 학교 등 매우 다양한 시설로부터 의뢰는 대부분 전화로 들어온다. 인터넷을 통해 집단 반려동물매개치료 의뢰가 들어오기도 하는데 이렇듯 다양한 경로에서 의뢰가 들어왔을 때에 어떻게 대응을 해야 좋은 결과에 다다를 수 있는지 한 가지 사항씩 나누어서 살펴보도록 하겠다.

1) 전화를 통한 의뢰

대부분의 상담기관에서도 그렇듯이 반려동물매개치료센터의 경우에도 전화로 의뢰가 들어오는 경우가 많다. 의뢰 전화는 보통 집단 반려동물매개치료를 원하는 기관측 담당자로부터 걸려오며 그 전화통화를 통해 기관의 성격, 내담자들의 수와 유형 그리고 집단 반려동물매개치료를 원하는 이유와 강사비, 재료비 지급 등에 관한 정보를 간략히 제공받을 수 있다. 하지만 전화로 제공 받은 내담자 유형과 특성에 관한 정보의 경우 확실하지 않거나 확정되지 않은 경우가 있을 수 있으며 구체적인 정보의 제공에 어려움이 있기 때문에 전화통화 후 반드시 서면 상의 정보를 부탁해야 한다.

2) 인터넷을 통한 의뢰

최근 Facebook과 같은 SNS
을 통한 홍보가 많이 이루어지
고 있는데 집단 반려동물매개치
료의 경우에도 Facebook에서 홍
보 페이지를 운영하며 반려동물
매개치료의 프로그램에 대해 홍
보를 하고는 한다. 이럴 경우 댓
글이나 메일로 집단 반려동물매

개치료 의뢰가 들어오기도 하는데 이때는 인터넷상에서 이메일을 통해 해당 기관의
정보와 내담자의 유형, 특성 등 반려동물매개치료에 필요한 정보를 제공받고 양측
의 전화번호를 교환하여 기관과 센터의 협약날짜 등 집단 반려동물매개치료를 시작
하기 전에 필요한 구체적인 사항에 관해 의논한다.

3. 프로그램 기획

프로그램의 기획이란 내담자에게 필요한 프로그램을 개발하기 위해서 프로그램
의 전체 목표와 목적을 설정한 후 전체적인 계획을 수립하고 개발의 전 과정을 제시
하는 단계이다. 프로그램의 전체 목표와 목적을 달성할 수 있도록 전체 프로그램을
기획해야 하며 전체 프로그램 중 유사한 프로그램이 있다면 기존의 프로그램과 차
별성이 있는지에 대해 검토해야 한다. 또한 프로그램에 투입될 인력과 예산 등에 대
해서도 프로그램 내담자들의 수에 알맞게 의논하여 결정해야 한다.

내담자에게 효과적인 프로그램을 진행하기 위해서는 프로그램 개발의 기본적인

방향을 정해야 하는데 그러기 위해서는 프로그램의 내담자가 누구이며 그 특성이 어떠한지, 이 프로그램을 진행할 환경이 어떠한지, 프로그램을 통해서 얻고자 하는 결과가 무엇인지 등에 관한 기본적인 정보 파악과 계획의 수립이 있어야 한다. 프로그램을 진행하게 될 장소와 프로그램의 내담자에 대한 세부적인 정보들은 기관 측에 요구할 수 있으며, 상담사는 그 정보들을 토대로 내담자에게 어떤 프로그램이 필요할지, 어떤 프로그램을 진행할 수 있을지에 관해 집단 반려동물매개치료에 참여하는 다른 상담사들과 의논할 수 있다.

1) 내담자 정보 파악

내담자의 이름과 나이, 성별, 문제 행동, 학습 태도, 교우 관계 등에 대한 정보를 받은 후에는 전체 내담자들에게 공통적으로 혹은 과반 수 이상에게서 나타나는 특성에 대해 파악하여 어떤 프로그램이 필요할지에 대해 의논한 후 그에 따라 전체 목표를 세우고 세부적인 프로그램을 계획한다.

2) 프로그램 진행 시 내담자의 조 편성

프로그램의 원활한 진행과 내담자의 프로그램 전체 목표 달성을 위해 내담자와 상담사는 거의 1:1로 치료를 진행하게 된다. 장애를 가진 내담자의 경우 최대 '내담자:상담사=2:1'로 진행하며 비장애 내담자인 경우에는 최대 '내담자:상담사=4:1'로 진행하기도 한다. 한 조당 내담자의 인원은 3~5명으로 구성되며 치료도우미견 또는 치료도우미고양이는 조별로 한 마리씩 배치된다. 만약 조의 인원이 6명 이상일 경우에는 소동물(햄스터, 기니피그 등)도 함께 배치하여 치료도우미견, 치료도우미고양이의 부담을 덜어준다.

3) 전체 목표와 목적의 설정

프로그램 기획의 단계에서는 내담자에게 맞는 총 목표와 목적을 세부적으로 정하고 그에 맞는 프로그램을 기획한다.

① **전체 목표**: 프로그램의 총 목표는 포괄적이고 추상적인 방향성이나 도달하고
자 하는 지향점을 제시하거나 기술한다.
② **목적**: 프로그램을 통해 달성하고자 하는 것으로써 목적성취에 대한 세분화
된 방향성이나 상태 그리고 결과들을 기술한 것이다.

전체 프로그램의 계획에 있어서 전체 목표는 프로그램의 방향을 정해주며 어떤
부분들을 놓치지 않고 프로그램에 반영해야 하는지를 결정해주기 때문에 주의 깊게
결정해야 한다. 프로그램을 통해 얻고자 하는 결과가 무엇인지, 누구를 대상으로 어
떤 환경에서 진행할지, 내담자의 특성은 어떠한지 등 프로그램 계획에 필요한 기초적
인 사항들에 대해 결정하여 구체적이고 정확한 총 목표와 목적에 대해 결정한다.

4) 진행 단계별 프로그램 기획

세부적인 프로그램을 기획할 때는 총 회기를 초기, 중기, 후기 단계별로 나누어
목적에 맞게 기획한다. 아래는 프로그램의 진행 단계별 세부적인 설명이다.

프로그램의 총 회기를 15회기로 정했을 때, 1~3회기까지는 초기 프로그램으로
내담자와 상담사, 도우미동물 간의 신뢰감을 형성하여 앞으로 진행할 프로그램에서
내담자와의 교류가 원활할 수 있도록 도우며 내담자들이 이 프로그램에 대해 흥미
를 가질 수 있도록 하는 내용으로 활동을 구성한다.

4~7회기까지는 중기 1단계로 탐색을 통해 내담자의 문제에 대해 파악하고 완화
할 수 있는 방법에 대해 충분히 고민한 후 실행하기 시작하는 단계이다. 이 때에는 정
적인 활동과 동적인 활동을 적절히 섞어서 내담자에 대한 탐색이 충분히 이루어질
수 있도록 하며 내담자에 대한 적절한 개입방법을 고민하고 실행할 수 있도록 한다.

8~12회기까지는 중기 2프로그램으로 초기와 중기 1에서 관찰한 내담자의 호소
문제를 본격적으로 다루어 내담자의 문제 해결을 위해 적극적으로 프로그램을 진

행하는 시기이다. 이제까지 관찰한 내담자의 수업태도, 성격, 특성 등에 대해 파악하고 어떤 내용의 활동이 내담자에게 필요할지 고민하여 최대한 도움을 줄 수 있도록 프로그램을 수정하거나 진행한다.

13~15회기까지는 후기 프로그램으로 내담자에게 상담사와 도우미동물과의 이별이 머지 않았음을 알려주어 이별에 대한 준비를 할 수 있도록 돕는 프로그램을 진행하게 된다. 내담자는 치료를 진행하는 동안 상담사와의 치료적인 관계에서 자신의 이야기를 들어주고 자신의 아픔에 많은 관심을 가져주는 상담사에게 많은 의지를 하게 된다. 내담자가 상담사에게 이런 유대관계를 가지고 있을 때 예고도 없이 갑자기 프로그램 종결이 이루어지게 되면 내담자는 종결 프로그램을 거부하거나 갑자기 치료 이전의 모습으로 돌아가는 퇴행을 보이기도 한다.

이러한 문제를 미연에 방지하기 위해 프로그램의 종결에 관한 언급은 전체 프로그램을 진행하는 동안 꾸준히 진행하게 되지만 특히나 프로그램의 종결을 약 3회기 정도 앞둔 시점부터는 더 강조하여 내담자가 건강하게 상담사, 도우미동물과의 이별을 준비할 수 있도록 도와야 한다.

이렇게 프로그램의 진행을 단계별로 나누어 세부적으로 진행하는 이유는 내담자들이 변화에 대한 준비를 할 수 있도록 천천히 다가가 프로그램으로부터 의미있는 효과를 얻어갈 수 있도록 하기 위함이다.

4. 기관과의 협약

1) 프로그램 제안서

프로그램의 총 목표와 목적 그리고 진행 단계별 프로그램의 계획이 모두 완료되었다면 그 내용들을 모두 정리하여 기관 측에 제시할 수 있는 제안서를 작성한다. 프로그램 제안서에는 프로그램의 총 목표와 목적, 활동 내용뿐만 아니라 진행방법, 준비사항, 내담자의 수와 특성 등 프로그램의 기획에 관련된 내용이 모두 들어가 있

기 때문에 각 활동이 궁극적으로 도달하고자 하는 목표가 무엇인지를 뚜렷하게 알려줄 수 있다.

2) 집단 반려동물매개치료 팀과 기관 측의 협약서

본격적인 프로그램을 시작하기 전에는 항상 '기관명', '내담자의 수', '기간', '총목표' 등의 내용이 담긴 협약서를 집단 반려동물매개치료 팀의 팀장과 해당 기관 측 담당자가 확인하고 협약해야 한다. 주 1회당 프로그램 진행 횟수와 시간, 전체 회기 수, 회기당 강사비와 재료비에 관한 내용도 협약서의 내용에 포함되어 있으며 안정적인 프로그램의 진행을 위해 신중하게 의논하고 협의해야 한다.

집단 반려동물매개치료 팀과 해당 기관 양측이 서로에게 요청하는 사항들에 대해 확인하고 협의하는 과정 또한 필요한데 집단 반려동물매개치료 팀의 경우 실습생이나 보조 상담사들을 위한 봉사시간 인증이 가능한지에 대해 확인하며, 원활한 프로그램의 진행을 위해 갑작스러운 교육현장의 변경 시 의논이 가능한지, 프로그램의 종료 후 프로그램 평가시간을 위한 장소의 제공이 가능한지, 도우미동물의 복지를 위해 도우미동물의 건강에 따라 프로그램의 중단 혹은 변경이 가능한지 등 프로그램의 원활한 진행을 위한 협약을 진행하며 상담사 일지 작성과 연구에 필요한 정보 제공(프로그램 현장 사진 또는 동영상 촬영과 저장 등)이 가능한지에 관해서도 의논한다.

해당 기관에서 집단 반려동물매개치료 팀에게 요구할 수 있는 사항들에 관해서도 확인하고 협의할 수 있는데 기관의 요구 시 세부 프로그램 조정이 가능한지, 프로그램 진행에 관한 자료(일지, 사진, 기획안 등)를 제공받을 수 있는지 계약 기간 종료 후 활동 연장에 관해 요청할 수 있는지 등에 대한 내용이 그 사항들을 이룬다. 다음은 집단 반려동물매개치료 팀과 해당 기관에서 검토하는 기본 요청 사항에 관한 체크 리스트이다.

5. 프로그램 실시

프로그램의 실시란 프로그램의 기획단계에서 설정한 총 목표와 목적에 도달하기 위하여 실제로 프로그램을 진행하는 단계이다. 즉, 전체적인 목표와 구체적인 목적을 달성하기 위해 실제적인 운영과 개입이 이루어지고 그 수단을 강구해야 하는 과정을 말한다. 이 때에는 프로그램을 실행할 때마다 프로그램의 세부 목표를 달성했는지, 내담자들에게 적당한 프로그램이었는지 등에 대한 피드백을 프로그램에 투입된 상담사들과 주고받고 그 평가를 진행해야 한다.

1) 프로그램의 종류

집단 반려동물매개치료는 도우미동물의 종류에 따라 다양한 종류의 프로그램을 진행할 수 있다. 도우미동물로 개가 투입되는 경우에는 옷 디자이너 되어보기, 집 선물하기, 산책하기, 운동회 등 좀 더 활동적이고 인상적인 교류를 진행할 수 있으며 고양이의 경우에는 산책과 운동과 같은 활동적인 프로그램을 진행하기보다는 내담자가 직접 옷이나 집, 스카프를 만들어 선물해주는 프로그램이나 고양이의 초상화를 그려 선물해주는 프로그램을 진행하기가 적절하다. 또한 도우미동물로 햄스터나 기니피그 같은 소동물이 투입될 경우에는 놀이터 만들어주기, 집 만들어주기 등 소동물들이 자유롭게 돌아다닐 수 있는 공간을 만들어 선물해주는 등 소동물을 관찰하고 자유롭게 스킨십을 할 수 있는 프로그램을 진행한다. 이러한 다양한 프로그램들을 공예, 체육, 레크리에이션으로 나누어 설명하도록 하겠다.

(1) 도우미동물과 함께하는 공예시간

공예란, 실용적 가치와 심미적 가치를 지닌 조형물의 총칭으로 쓰이는 말이지만 반려동물매개공예치료에서의 공예란 내담자의 수준에 맞춘 재료와 기법으로 창의적인 표현을 발휘하여 실용적이면서도 아름다운 실용적인 물건을 만드는 것으로 설명할 수 있다. 반려동물을 매개체로 공예

치료를 진행할 때는 도우미동물이 내담자에게 동기 유발을 줌으로써 활동에 대한 참여도를 높일 수 있다.

공예중심의 집단미술치료의 경우 집단미술치료의 틀 안에서 공예라는 매체로 목표하는 생활 속 소품을 만드는 과정에 자아개념 증진 프로그램을 함께 적용하여 자신이해, 자기수용, 자기존중 및 타인을 수용하게 함으로써 대인관계 기술을 향상시켜주며 긍정적 자아개념을 형성시키는 데 그 목표를 둔다(김지윤, 2008). 반려동물매개공예치료 역시 공예중심의 집단미술치료와 같은 목표를 둘 수 있으며 내담자들이 도우미동물에게 공예품을 만들어 선물함으로써 성취감과 만족감 획득, 도우미동물과의 라포형성, 자기표현 능력 향상 등에 도움을 주고자 하기도 하고 프로그램의 진행에 필요한 준비물을 직접 만들어 활용해봄으로써 자신감 향상, 자기효능감의 향상 등을 기대효과로 설정하기도 한다.

(2) 도우미동물과 함께하는 체육시간

도우미동물과 함께하는 체육시간에서 반려동물은 개인의 행복감을 증진시키고 동료애를 제공하기 때문에 내담자 간의 협동이 필요한 미션의 해결에 도움을 줄 수 있으며 내담자에게 있어 반려동물에 대한 소유감은 의미있는 책임감을 느끼게 하기

때문에(송정희, 2008), 과제의 수행에서 도우미동물은 내담자에게 큰 동기부여가 될 수 있다. 또한 내담자는 도우미동물과 함께 다양한 장애물을 넘으면서 반려동물과의 상호작용을 통해 관절운동범위를 강화하고 근력, 균형, 운동성을 증진시키는 데에 도움을 얻을 수 있다(Velde, Cipriani & Fisher 2005). 이렇게 도우미동물과 함께 또는 짝꿍과 함께 혹은 혼자 다양한 미션을 해결하여 도우미동물의 간식을 획득하고 도우미동물에게 선물하는 프로그램을 통해 내담자의 과제해결 능력 향상, 성취감과 자신감 획득, 대근육의 발달 등을 기대효과로 설정할 수 있다.

도우미동물과 함께하는 체육시간에 주의해야 하는 것은 모든 내담자가 준비된 미션을 한꺼번에 진행할 수는 없기 때문에 한 명 혹은 두 명씩 프로그램을 진행할 수 있도록 해야 하는데 그럼 그 한두 명을 제외한 내담자들은 모두 대기석에서 자신의 차례를 기다려야 한다. 이 때 이 내담자들에게 아무것도 하지 않은 채 앉아있게만 하는 것은 내담자들을 지루하게 만들어 활동에 대한 기대감이나 참여도를 떨어트릴 수 있기 때문에 자신의 차례가 돌아올 때까지 즐겁게 기다릴 수 있도록 도와줘야 한다.

그렇기 때문에 대기석에는 보통 햄스터나 기니피그 같은 소동물들을 추가적으로 투입시켜서 내담자들이 자신의 차례를 기다리는 동안 소동물들에게 간식을 주거나 쓰다듬는 등의 교감을 할 수 있도록 하여 즐겁게 시간을 보낼 수 있도록 한다.

(3) 도우미동물과 함께하는 레크리에이션 시간

도우미동물과 함께하는 레크리에이션 시간에는 보물찾기, 가면 쓰고 친구 찾기, 야외산책 연습하기 등 도우미동물과 함께 하거나 혹은 도우미동물의 존재가 내담자로 하여금 프로그램 참여에 강력한 동기부여가 될 수 있도록 유도하여 프로그램을 진행한다. 치료 레크리에이션 프로그램에 이렇게 도우미동물과 함께하는 것에 대해 치료 레크리에이션 전문가는 여가활동에서 놀이와 상호작용을 증진하는 효과가 있다고 하며(Velde, Cipriani & Fisher 2005), 반려동물매개심리상담사 또한 자기표현 능력의 향상, 스트레스 해소 등을 기대효과로 세우기도 한다.

2) 프로그램 계획표 작성

프로그램 계획표는 각 프로그램이 궁극적으로 도달하고자 하는 목표가 무엇인지 명확히 알게 해주어 프로그램의 진행이 원활하게 이루어지도록 도움을 준다. 프로그램 계획표가 구체적으로 기술되어 있으면 프로그램 진행자는 프로그램의 큰 흐름을 파악하고 내용과 목표에 맞게 프로그램을 진행할 수 있다. 프로그램 계획표에는 프로그램 진행자에게 프로그램의 목표와 취지가 잘 전달될 수 있도록 프로그램의 일시와 장소, 세부 목표, 진행방법, 준비물 등의 사안이 자세히 기록되어 있다. 이렇듯 구체적으로 기록된 프로그램 계획표는 프로그램 진행자로 하여금 원활한 진행을 할 수 있도록 도움을 준다.

3) 각 프로그램 평가

평가는 사전적 의미로 숙고와 연구를 통해 무언가의 중요성, 가치 또는 상태를 결정하는 것으로 정의되어 있으며 그 대상은 일상 속에서도 찾아볼 수 있을 정도로 다양하다. 이러한 여러 대상 가운데 프로그램의 목표를 고려하여 프로그램에 대한 평가를 하는 것을 프로그램 평가라고 한다. 프로그램 평가는 프로그램 실시 후 나타난 결과의 실증적 자료를 통해 프로그램의 문제점을 파악하고 그 해결방법을 강구하여 좀 더 나은 프로그램을 만들 수 있도록 하는 것에 목표를 둔다.

프로그램 평가 기록지에는 언제 어디서 반려동물매개치료를 진행했는지에 대해 기관명과 일시를 기입하고 진행했던 프로그램의 회기와 주제, 내용, 목표 등을 기입하며 프로그램에 참여한 도우미동물의 이름도 기입한다. 이렇듯 프로그램의 회기, 주제, 내용, 목표 등 프로그램 계획서에 작성한 내용을 피드백 기록지에 한 번 더 작성하는 이유는 진행한 프로그램이 어떤 프로그램이었는지에 관해 정확히 파악하고 상담사들과 어떤 내용에 관해 피드백을 주고 받아야 하는지를 명확히 하기 위해서이다.

프로그램에 대한 평가를 진행할 때는 프로그램의 내용과 목표가 내담자에게 어울렸는가, 프로그램의 진행방법이 내담자에게 적당했는가, 도우미동물의 상태는 어떠했는가 등에 관한 피드백을 프로그램에 참여했던 상담사들과 주고받는다. 진행된 프로그램의 세부 목표와 내용이 전체 프로그램의 총 목표와 목적에 어울렸는지, 그 달성에 도움이 될 수 있도록 설정되었는지에 관해 의견을 주고받으며 내담자들이 이해하고 프로그램에 참여하기 수월했는지에 관해서도 피드백을 주고받는다. 그 외에 해당 프로그램이 내담자들에게 어느 효과를 미쳤는지에 관해서도 각 담당 상담사들과 의견을 주고 받으며 내담자가 어떠한 효과도 얻지 못했다면 내담자가 프로그램의 어느 부분을 이해하지 못했는지, 프로그램을 수행할 때 어느 부분에서 어려움을 겪었는지 등, 프로그램에서 효과를 얻지 못한 이유가 무엇이었는지에 관해서 의논한다. 또한 프로그램에 참여했던 도우미동물의 상태에 대해서도 중요하게 의논을 하는데 도우미동물이 프로그램 진행 중 특별히 스트레스를 받았던 부분이 혹시 있었는지, 있었다면 어떤 상황에서 스트레스를 받았는지, 그 상황을 개선시키기 위해서는 어떤 방법이 필요할지에 대해서도 의논한다. 이는 프로그램 진행에 있어서 도우미동물의 복지에도 소홀하지 않을 수 있도록 하기 위함이며 도우미동물들과의 원활한 교감을 위해서이기도 하다.

이렇게 의논한 내용들을 '프로그램 평가 기록지'에 프로그램의 '장점', '단점', '내담자에 대한 반응', '개선점'으로 나누어 정리해서 작성하며 프로그램에 참여한 도우미동물들의 상태에 특별한 점은 없었는지에 관해서도 '반려동물상태'에 따로 나누어 작성한다.

6. 프로그램 종결

어떠한 치료 프로그램이더라도 내담자의 모든 문제를 해결할 수는 없기 때문에 상담사들은 프로그램을 계획할 때 집단의 가장 중요하고 긴급한 문제를 중심으로 프로그램의 전체 목표와 목적을 설정한다. 프로그램의 진행과 목표 달성에 가장 중요한 요소인 프로그램의 전체 회기 수는 기관의 담당자와 연락하여 설정하게 되는데 상담사는 정해진 회기 수에 맞춰 최대한 프로그램의 목표를 달성할 수 있도록 각 프로그램을 계획한다. 이렇게 기관과의 협약으로 계획했던 모든 회기의 프로그램을 종결하고 나면 각 내담자들에게 전체 프로그램의 목표가 어울렸는지, 전체 프로그램의 진행이 수월했는지에 관한 총괄평가가 이루어지며 각 내담자의 담당 상담사는 각 내담자가 프로그램 진행 전과 후 어떤 부분이 달라졌는가에 관한 종결평가서를 작성한다. 전체 프로그램 평가와 종결평가서의 작성에서 얻게 되는 실증적 자료들은 현재 프로그램에 어떠한 문제점이 있는지 밝혀주어 프로그램의 개선과 개발에 큰 도움을 주며 내담자들에게 더 나은 프로그램을 제공할 수 있도록 한다.

1) 총괄평가

초기, 중기, 후기에 계획했던 모든 프로그램을 종료한 후에는 '각 프로그램의 내용과 세부 목표는 전체 프로그램의 총 목표에 부합했는가?', '각 프로그램의 내용과 세부 목표를 내담자가 이해하고 수행할 수 있었는가?', '각 프로그램은 내담자에게 어떤 영향을 미쳤는가?', '궁극적으로 내담자는 프로그램의 총 목표를 달성할 수 있었는가?'에 관해 의논하는 총괄평가의 시간을 갖는다. 이러한 총괄평가 시간은 어떤 특정 집단의 문제 파악이 잘 이루어졌는가, 그에 맞게 프로그램을 계획할 수 있었는가에 대해 되돌아보고 개선할 수 있도록 도와주며 이는 프로그램을 이대로 유지할 것인지 개선할 것인지 선택할 수 있도록 도와주고 결과적으로 집단 반려동물매개치료 프로그램 개발에 큰 도움을 준다.

2) 종결평가서 작성

모든 프로그램을 종결하고 난 후에는 각 내담자가 프로그램에 어떤 반응을 보였는지, 프로그램의 목표를 달성할 수 있었는지, 궁극적으로는 집단 반려동물매개치료를 통해 어떤 효과를 얻어 갈 수 있었는지에 관해 각 내담자의 담당 상담사가 종결평가서를 작성한다. 담당 상담사는 종결평가서를 작성하면서 내담자의 문제에 대한 개입이 적절히 이루어졌는가를 되돌아볼 수 있으며 프로그램의 내용과 목표가 내담자의 문제 해결에 어떤 도움을 줄 수 있었는지 분석할 수 있고, 상담사로 하여금 내담자에게 어떤 프로그램이 더 필요한지에 대해 고찰할 수 있도록 한다. 또한 이러한 종결평가서는 어떤 문제 상황에 당면했을 때 훌륭한 대처방안이 되기도 하는데 종결평가서가 필요한 상황은 다음과 같이 세 가지 정도로 정리해볼 수 있다.

(1) 평가요구

스폰서나 자금을 지원해 주는 기관에 설명을 해야 할 때, 또는 새로운 프로그램 설계를 하기 위해 자금 조달을 받아야 할 때는 프로그램 목표, 고유성, 소요되는 총 자금 비용 등의 정보가 포함된 프로그램 제안서와 함께 종결평가서를 제출한다.

(2) 부족한 예산으로 인한 경쟁에서 우위 선점

프로그램을 지원하는 기관 및 단체는 한정된 자원으로 여러 가지 프로그램을 실행하는 것이기 때문에 다양한 프로그램 중 내담자들에게 가장 효과적이고 효율적인 프로그램만을 하려 한다. 이 때 반려동물매개치료만의 강점을 보여주기 위해서는 집단 반려동물매개치료 프로그램의 효과를 입증해야 하는데 이럴 때 집단 반려동물매개치료 프로그램의 효과가 나타난 내담자의 사례를 보여주는 종결평가서가 필요하다.

(3) 새로운 개입에서의 도움

잘 알려져 있지 않은 새로운 프로그램을 시도하려고 할 때는 그 효과가 밝혀져 있거나 더 개선될 수 있는 여지가 있음을 알려야 하는데 종결평가서는 이 과정에서 큰 도움을 줄 수 있다.

이렇게 종결평가서는 평가요구가 필요할 때, 부족한 예산으로 인한 경쟁에서 우위를 선점할 때, 새로운 개입에서 도움이 필요할 때 총 세 가지의 경우에 문제 해결을 도울 수 있다.

CHAPTER 10

반려동물매개치료의
적용 및 사례

1. 반려동물매개치료의 적용

반려동물매개치료에서 치료도우미동물은 치료사와 더불어 내담자의 긍정적 변화를 이끌어 낼 수 있는 중요한 구성요소이며 치료 장면에서 치료사와 내담자의 라포형성을 원활하게 도와주는 역할도 하게 된다. 또한 치료도우미동물과 내담자의 관계형성 및 친밀도에 따라 치료의 효과가 극대화 또는 극소화 될 수 있기도 한다. 반려동물매개치료는 음악, 미술, 놀이, 원예치료 등과 같이 특정 '매개체'를 치료과정에 투입하여 내담자가 경험하고 이로 인해 일상생활과 사회생활에 심각한 영향과 고통을 유발하는 문제들의 해결과 삶의 질을 향상할 수 있도록 돕는 치료이다.

치료사가 치료과정에 일어나는 모든 일련의 과정들 다시 말해, 내담자의 정보 수집, 주호소문제 진단, 치료 목표 설정의 심리적, 정서적 어려움 또는 고통을 전문적 지식과 응용기술들을 바탕으로 내담자에게 적합한 효과적이고 구조화된 프로그램을 개발 및 설계하고 직접적으로 개입하여 내담자의 욕구를 현실화 시켜야 한다.

반려동물매개치료에서 도우미동물이 수행하는 역할이 아무리 치료에 큰 영향을 끼친다 하더라도 동물은 보조적 역할을 수행할 수밖에 없다. 동물이 인간의 정서적, 심리적 안정 및 우울 해소, 스트레스 해소, 동물과의 상호작용을 통해 내재된 감정의 표현을 통한 해방감 등의 효과를 줄 수 있으나 이러한 부정적 정서 및 심리적 불안정감을 유발하는 근본적인 문제들을 해결해 줄 수는 없다. 동물은 동물매개치료사가 운영하는 동물매개치료 과정의 보조 역할이라고 할 수 있으며 내담자의 다양한 문제들을 해결하는 역할은 결국 치료사의 몫이기 때문에 동물에게 지나친 의존도는 오히려 치료에 방해요소가 된다.

프로그램의 주제에 따라 동물이 프로그램에 관여하게 되는 관여도는 달라진다. 예를 들어, 프로그램 중 도우미동물의 간식 만들기를 보면 강아지가 먹어도 되는 음식과 먹으면 안 되는 음식에 대해 설명을 하게 될 때는 치료견의 관여도는 높지 않아도 된다. 개에 대한 정보 습득 및 학습이 프로그램의 주된 주제이기 때문에 시청각 자료들을 통해서도 충분히 운영이 가능하다.

하지만 시청각 자료를 사용할 때 도우미동물이 과도하게 투입하게 되면 내담자의 프로그램에 대한 집중도가 떨어지게 되며 프로그램 질 또한 떨어질 수밖에 없을 것이다. 그렇기 때문에 다양한 프로그램별 도우미동물의 관여도를 설정하여 이에 맞춰 도우미동물을 투입하거나 투입을 하지 않아 프로그램의 효과를 높일 수 있다.

치료 프로그램에 관여도에 따라 동물의 개입 정도가 달라지며 개입 정도에 따라 무관여, 최소관여, 저관여, 중관여, 고관여 프로그램 이렇게 다섯 가지 유형으로 구분할 수 있다. 관여도에 대해 하나씩 살펴보면 첫째, 무관여 프로그램은 현장에 동물의 개입 없이 사진이나 영상 등의 시청각 자료들을 통해 프로그램을 전개하는 방식이며, 동물공포나 감염의 우려가 있는 환자 등을 대상으로 한다. 둘째, 최소관여 프로그램은 동물이 특별한 역할을 하지 않고 단순히 현장에 있기만 하는 방식으로 굳이 투입이 되지 않아도 되는 상황에서는 현장에 있는 것만으로 내담자들의 관심을 유도할 수 있다. 셋째, 저관여 프로그램은 동물이 현장에 있고 프로그램의 일부에만 개입되는 방식, 넷째, 중관여 프로그램은 동물이 프로그램의 전체에 개입되는 경우로 동물에 대한 의존도가 비교적 높은 프로그램이며, 다섯째, 고관여 프로그램은 동물에게 전적으로 의존되는 프로그램 방식으로 설명할 수 있다.

이렇게 프로그램들의 관여도를 세분화시켰을 때의 장점은 첫째, 다양한 관여도

표 5-1	도우미 동물의 프로그램 관여도 설명		
관여도	동물의 개입 정도	적용의 예	프로그램 예시
무관여	동물의 직접적 개입 없이 시청각 자료를 통한 프로그램 진행	• 감염의 안전성이 낮은 집단(호스피스 병동)	• 동물친구가 먹을 수 있는 음식 알아보기
최소 관여	동물이 현장에는 있으나 굳이 치료 장면에 투입되지 않는 프로그램	• 동물에 대한 공포심이 높은 집단	• 고마운 마음 전하기 • 추억 액자 만들기
저관여	동물이 프로그램 일부에만 투입되는 방식	• 정적인 프로그램을 선호하는 집단	• 동물로 변신하기 • 간식통 만들기
중관여	프로그램 전체에 개입되는 경우로 동물에 대한 의존도가 비교적 높은 프로그램	• 동물과의 직접적인 상호작용이 필요한 경우	• 동물 구조대 • 심장소리 듣기
고관여	동물에게 전적으로 의존하는 프로그램	• 활동적인 프로그램을 선호하는 집단	• 동물친구와 어질리티 • 즐거운 산책

를 이용하면 내담자의 특성을 반영한 프로그램으로 설계할 수 있고, 둘째는 치료도우미동물의 복지를 적극적으로 방어할 수 있으며, 셋째는 동물 의존적 프로그램들보다는 흥미와 효과를 높일 수 있는 다양한 형식으로 프로그램이 설계될 수 있다는 점이다. 위에서 설명했던 다양한 프로그램의 관여도를 설정하여 적용한 발달장애(지적, 자폐), 정신장애, 비장애 아동, 비장애 청소년, 노인을 대상 프로그램 사례들에 대해 소개하여 반려동물매개치료의 적용 및 사례에 대한 이해를 돕고자 한다.

2. 반려동물매개치료 대상별 사례

- 발달장애 대상 프로그램 사례
- 정신장애 대상 프로그램 사례
- 노인 대상 프로그램 사례
- 비장애 아동 대상 프로그램 사례
- 비장애 청소년 대상 프로그램 사례

발달장애 대상 프로그램 사례

내담자 유형	발달장애	회기	초기	시간	60분
프로그램 주제	우리만의 규칙 세우기				
프로그램 목표	라포 형성 및 수업 시간에 지켜야 할 규칙 세우기				
프로그램 내용	동물친구들과 프로그램을 할 때 스스로 지킬 수 있는 주의사항, 규칙 등에 대해 생각해보고 규칙판을 만들어본다.				
기대효과	• 규칙을 세우는 과정에서 주고받는 대화를 통한 담당 치료사 및 동물친구와의 라포 형성 • 내담자의 인지기능수준 및 동물에 대한 반응 파악 • 자신이 세운 규칙을 지키는 과정을 통한 자기통제력 강화				
동물 관여도	저관여 프로그램				

활동사진

내담자 유형	발달장애	회기	중기	시간	60분
프로그램 주제	동물로 변신하기				
프로그램 목표	동물친구의 생김새에 대한 학습				
프로그램 내용	동물친구의 귀 모양 머리띠와 발바닥을 만들어 착용한 후 자신이 어떤 동물로 변신했는지 선생님과 이야기를 나눠본다.				
기대효과	• 귀와 발바닥을 만들고 꾸미는 과정을 통한 눈과 손의 협응력 향상 • 원하는 동물친구로 변신해봄으로써 동물의 생김새와 외관적 특징에 대한 학습 • 자신이 원하는 동물친구와 같은 외관적 모습을 통한 친밀감 강화				
동물 관여도	저관여 프로그램				

활동사진

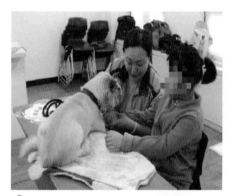

내담자 유형	발달장애		회기	후기	시간	60분
프로그램 주제	출동! 동물 구조대					
프로그램 목표	그동안 학습한 내용에 대한 복습 및 학습도 파악					
프로그램 내용	배고픈 동물친구들을 위하여 내담자들이 구조대가 되어 다양한 미션들(그동안 학습한 내용으로 퀴즈 및 퍼즐)을 해결하여 동물친구들을 구조한다.					
기대효과	• 지금까지 동물매개치료 시간에 학습한 내용에 대한 복습 및 평가 • 재미있는 게임, 퍼즐 및 퀴즈 형식의 문제들을 해결함으로써 즐거움 획득 및 성취감 획득 • 프로그램에 대한 흥미유발 및 참여도 향상					
동물 관여도	중관여 프로그램					

활동사진

정신장애 대상 프로그램 사례

내담자 유형	정신장애	회기	초기	시간	60분
프로그램 주제	동물친구 간식통 만들기				
프로그램 목표	선생님 및 동물친구와의 라포 형성				
프로그램 내용	동물매개치료 시간마다 동물들에게 줄 간식을 넣을 수 있는 간식통을 만들어본다.				
기대효과	• 담당 치료사 및 동물과의 라포 형성 • 간식을 주는 주도권을 가짐으로써 스킨십 활동의 자발성 강화 및 자신의 행동의 주도권 갖기 • 동물과의 올바른 상호작용 및 교감을 나누는 방법 배우기 • 동물에게 간식을 주는 과정을 통한 자신의 욕구 표현하기				
동물 관여도	저관여 프로그램				
활동사진					

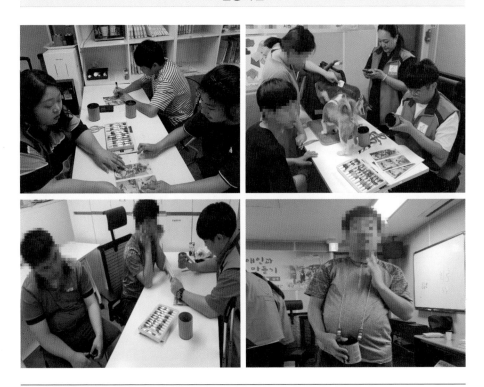

내담자 유형	정신장애		회기	중기	시간	60분
프로그램 주제	동물친구 패션 디자이너					
프로그램 목표	자기표현 및 자기주도성 향상					
프로그램 내용	여러 가지 재료들 중 자신이 원하는 재료를 골라 짝꿍 동물이 입을 수 있는 옷을 만들어보고 입힌 후에 기념사진을 찍는다.					
기대효과	• 직접 도안을 그리고 직접 다양한 꾸미기 재료들을 사용하여 옷을 만듦으로써 자신이 맡은 과제의 주도성 갖기 • 짝꿍 동물이 자신이 만든 옷을 입고 있는 모습을 관찰함으로써 성취감 및 만족감 획득 • 어떤 재료들을 어떻게 사용할 것인지, 어떤 식으로 꾸밀 것인지 미리 계획을 세우는 과정을 통한 자신의 생각 정리하기					
동물 관여도	저관여 프로그램					

활동사진

내담자 유형	정신장애	회기	후기	시간	60분
프로그램 주제	고마운 마음 전하기				
프로그램 목표	자기표현 및 자신의 생각 정리				
프로그램 내용	함께한 동물과 선생님에게 고마운 마음과 아쉬움을 담아 편지를 쓰고 작성한 편지를 읽어준다.				
기대효과	• 슬픈 이별이 아닌 아름다운 이별 경험 • 동물과 선생님과의 이별에 대한 아쉬움 표현 및 전달하기 • 작성한 편지를 발표하는 과정을 통해 자신의 생각을 논리정연하게 정리 및 자신감 획득 • 발표를 통해 얻는 긍정적 피드백을 통한 긍정적 자아개념 형성 및 자존감 향상				
동물 관여도	최소관여 프로그램				

활동사진

🐱 노인 대상 프로그램 사례

내담자 유형	노인		회기	초기	시간	60분
프로그램 주제	나만의 동물친구 그림 꾸미기					
프로그램 목표	도우미동물과의 라포 형성					
프로그램 내용	도우미동물의 사진 위에 OHP필름을 붙여 다양한 재료들로 꾸며보고 이름과 나이 성별을 정해본다.					
기대효과	• 담당 치료사 및 도우미동물과의 라포 형성 • 도우미동물의 생김새에 대한 대화를 통한 친밀감 형성 • 동물에 대해 이야기를 나누며 동물과 관련된 경험 및 추억 상기 • 앞으로 참여할 프로그램에 대한 기대감 형성					
동물 관여도	저관여 프로그램					

활동사진

내담자 유형	노인		회기	중기	시간	60분
프로그램 주제	동물친구와 함께 어질리티					
프로그램 목표	신체적 기능 강화 및 친밀감 강화					
프로그램 내용	도우미동물과 함께 호흡을 맞춰 걸으며 다양한 미션을 해결하고 장애물을 통과한다.					
기대효과	• 동물친구와 호흡을 맞춰 다양한 미션과 장애물을 통과하며 유대감 및 친밀감 강화 • 동물친구의 줄을 잡고 걸음을 맞추어 장애물을 통과함으로써 배려심 및 협동심 향상 • 장애물을 넘고 함께 걸으며 줄어든 운동량 증진 및 신체기능 강화					
동물 관여도	고관여 프로그램					

활동사진

내담자 유형	노인			회기	후기	시간	60분
프로그램 주제	추억 액자 만들기						
프로그램 목표	동물과의 아름다운 이별하기						
프로그램 내용	도우미동물과 함께 했던 시간들이 담겨있는 사진을 액자로 만들어 추억에 대해 이야기 나누며 이별한다.						
기대효과	• 이별에 대한 아쉬움 달래기 • 액자를 꾸미는 과정에서 소근육 및 눈과 손이 협응력 발달 • 동물과 함께 찍은 사진을 소장함으로써 만족감과 행복감 느끼기						
동물 관여도	최소관여 프로그램						
활동사진							

🐶 비장애 아동 대상 프로그램 사례

내담자 유형	비장애 아동	회기	초기	시간	60분
프로그램 주제	동물친구도 심장이 뛰어요!				
프로그램 목표	생명의 소중함 인식 및 동물친구와의 라포 형성				
프로그램 내용	청진기를 사용하여 자신과 동물친구의 심장소리를 들어본 후 도화지에 그림으로 심장 소리를 표현해보도록 한 뒤 발표를 통해 생명에 대해 어떻게 생각하는지 알아본다.				
기대효과	• 치료사 및 동물친구와의 라포 형성 • 동물친구와의 자연스러운 스킨십 유도 • 생명존중 의식 함양(생명의 중요성, 존엄성, 소중함) • 청진기를 사용하는 과정을 통한 동물친구에 대한 배려심 향상				
동물 관여도	중관여 프로그램				
활동사진					

내담자 유형	비장애 아동	회기	중기	시간	60분
프로그램 주제	동물친구와 즐거운 산책				
프로그램 목표	동물친구와의 친밀감 강화 및 정서적 환기				
프로그램 내용	동물친구와 산책을 나갈 때 필요한 준비물과 주의사항에 대해 알려 준 후 공원으로 산책을 나가 동물친구들과 즐거운 시간을 보낸다.				
기대효과	• 동물친구와 산책할 때 필요한 준비물과 용도에 대한 학습 • 동물친구와 산책을 하는 과정을 통해 스트레스 해소 및 즐거움 획득 • 동물친구들과 함께 걸으며 친밀감 강화 및 정서적 안정 유도 • 산책 과정에서 동물친구들이 보이는 행동을 관찰함으로써 호기심 유발 및 관찰력 향상				
동물 관여도	고관여 프로그램				

활동사진

내담자 유형	비장애 아동	회기	후기	시간	60분
프로그램 주제	트로피 및 상장 수여식				
프로그램 목표	자신감 상승 및 올바른 이별 경험				
프로그램 내용	지금까지 열심히 프로그램에 참여한 자신을 위해 스스로 트로피를 만들고 다양한 재료를 가지고 꾸민 후 상장과 함께 수여한다.				
기대효과	• 이별에 대한 아쉬움 달래기 • 그동안 자신이 수행한 과제들에 대해 상기하면서 자기효능감 향상 • 스스로를 칭찬하고 주변의 긍정적인 피드백을 통한 자아존중감 향상 • 보상물(트로피, 상장)을 통한 성취감 및 자신감 획득				
동물 관여도	최소관여 프로그램				

활동사진

🐹 비장애 청소년 대상 프로그램 사례

내담자 유형	비장애 청소년	회기	초기	시간	60분
프로그램 주제	나와 동물친구 초상화 완성하기				
프로그램 목표	선생님 및 동물과의 라포 형성				
프로그램 내용	신체 카드를 이용하여 자신과 동물친구의 공통점과 차이점을 알아보고 준비된 밑그림(내담자와 동물친구의 얼굴)에 빠진 부분을 관찰하여 그린다.				
기대효과	• 담당 상담사 및 동물친구와의 라포 형성 • 사람과 동물의 신체의 차이점과 공통점의 이해를 통해 하나의 생명체로 동물친구를 인식하기 • 생명존중 의식 함양 • 관찰하여 그리는 과정을 통한 관찰력 및 자기표현 향상				
동물 관여도	중관여 프로그램				
활동사진					

내담자 유형	비장애 청소년	회기	중기	시간	60분
프로그램 주제	동물친구 간식 만들기				
프로그램 목표	돌봄의 주체 경험 및 생명존중사상 함양				
프로그램 내용	동물친구가 먹을 수 있는 재료들을 사용하여 동물친구가 먹을 수 있는 간식을 직접 만들어 먹을 수 있도록 하여 즐거운 시간을 보낸다.				
기대효과	• 자신이 만든 간식을 동물친구가 먹는 모습을 관찰함으로써 즐거움 및 만족감 획득 • 동물친구와의 유대관계 증진 • 간식을 많이 먹으면 배탈이 날 수 있음을 이해하며 동물친구에 대한 배려심 향상 • 동물친구가 먹을 수 있는 음식, 없는 음식을 학습함으로써 동물에 대한 정보 학습				
동물 관여도	저관여 프로그램				

활동사진

내담자 유형	비장애 청소년	회기	후기	시간	60분
프로그램 주제	추억 앨범 만들기				
프로그램 목표	올바른 이별 경험하기				
프로그램 내용	프로그램 과정 중 찍은 사진을 활용하여 그동안 동물친구와 선생님과의 추억을 회상할 수 있는 추억 앨범을 만들어본다.				
기대효과	• 이별에 대한 아쉬움 달래기 • 프로그램 사진을 보고 상담사와 이야기를 나누며 추억 회상 및 정서적 환기 유발 • 추억이 담긴 앨범을 소장함으로써 행복감 느끼기				
동물 관여도	최소관여 프로그램				

활동사진

참고문헌

강소정(2012). 무용치료를 통한 생활시설장애인의 정서표현 및 사회성 변화에 관한 연구.

강영아(1997). 연극치료의 이론과 실제에 관한 연구. 경성대학교 대학원.

강태신(2005). 범죄 청소년 보호요인 강화를 위한 동물매개치료 및 심리 프로그램 효과성 연구. 석사학위 논문. 경기대학교 대학원.

강현정(2012). 부모놀이치료가 다문화가정 아버지의 양육스트레스 및 공감능력과 자녀의 자아존중감에 미치는 효과분석=The effect of Filial therapy for fathers in multi cultural families on their parenting stress and empathy ability and children's self—esteem. 남서울대학교 대학원. 석사학위논문.

개혁신학에서 본 진화 창조론: 우종학,『무신론 기자, 크리스천 과학자에게 따지다』를 중심으로.《개혁논총》41: 9-46. 2017.

고성희(1979). 정신질환자와 비정신질환자의 스트레스 및 그 적응방법에 대한 비교연구. 이화여자대학교 석사학위.

공일주,《꾸란의 이해: 정통 이슬람과 민속 이슬람》, 한국외국어대학교 출판부, 2010.

구본권(2009). 아동심리치료.

국수윤(2012). 지적장애자녀 보호자의 양육 스트레스와 사회복지서비스의 만족도가 양육효능감에 미치는 영향. 수원대학교 대학원. 석사학위논문.

권복규 김현철,《생명 윤리와 법》, 이화여자대학교출판부, 2009.

권석만(2012). 현대 심리치료와 상담 이론. 서울: 학지사.

권이종(1992). 청소년과 교육병리. 양서원.

권준범, 「미술활동에 내재된 심리치료 요인에 대한 연구」(한국미술교과교육학회, 사향미술교육논총 제10호, 2003), p.25.

권지민(2012). 지적 장애 아동을 위한 음악치료 프로그램. 서울장신대학교 전인치 유선교대학
　　원. 석사학위논문.

권현분(2009). 정신장애인의 매개견 돌봄과정에 대한 질적 사례연구. 공주대학 교대학원 박사
　　학위

김경호(2005). 웃음의 치유와 상담, 서울: 한사랑가족상담연구소.

김기정(1996). 긍정적 자아개념의 형성. 문음사.

김동배 · 권중돈(2005). 인간행동과 사회복지실천(증보판). 학지사.

김동훈, 《동물법 이야기》 펫러브, 2013.

김미희(2012). 지적 · 자폐성 장애자녀의 평생계획에 영향을 미치는 요인 연구=A Study on
　　Permanency Planning of Children with the Mental Retardation·Autism. 서울시립대학교
　　도시과학대학원. 석사학위논문.

김보애(2003). 모래놀이의 이론과 실제. 서울: 학지사.

김보애(2005). 모래놀이치료의 이론과 실제. 서울: 학지사.

김복택. (2017) 반려동물매개치료. 박영story.

김선숙(2009). 정서 · 사회성 문제를 지닌 아동의 모래놀이치료 표현의 분석. 우석대 학교 대학
　　원. 석사학위논문.

김선현, 전세일 (2008). 색채요법과 미술치료. 임상미술치료학연구, 2(1), 5−19.

김성미(2008). 자폐적 장애와 반응성 애착장애의 자폐적 특성에 관한 비교연구: ADOS를 중
　　심으로=A Comparative Study between Autistic Characteristics of Autistic disorder
　　and of Attachment disorder: The Application of the Autism Diagnostic Observation
　　Schedule (ADOS). 한신대학교 대학원. 석사학위논문.

김성천 · 노혜련 · 최인숙(1998). 학교폭력으로 인해 대인관계의 문제를 갖게 된 청소년에 적용
　　한 동물매개 프로그램의 효과에 관한 연구. 정신보건과 사회사업 (제5집). 85−98.

김세영·윤가현(2010). 노인의 건강을 위한 동물매개치료. 전남대학교 심리학과 한국노년학연구
　　학술눈문.

김소라(2014), 한부모가족의 유형이 청소년 자녀의 우울, 자아존중감, 학교적응에 미치는 영
　　향: 의사소통의 매개효과를 중심으로. 고려대학교 인문정보대학원. 석사학위논문.

김수정(2014), 임상미술치료가 지적장애인의 직업재활을 위한 손 기민성 및 정서적 행동에 미
　　치는 영향=(The)effect of clinical art therapy on hand dexterity and emotional behav−
　　ior for vocational rehabilitation of the intellectual disabilities. 차의과학대학교 통합의학
　　대학원. 석사학위논문.

김양순(1999). 자폐성 장애아동의 행동변화에 미치는 표현예술치료의 효과=(A) effects of the expressive arts therapy for the behavior modifications of an autistic child. 동국대학교 대학원. 박사학위논문.

김연순(2003). 애완동물 기르기와 아동의 외로움 및 또래관계. 숙명여자대학교 대학원. 석사학위논문.

김영봉(2007), 교육학개론. 서현사.

김영아(2006). 집단미술치료가 한부모가정 청소년의 우울·불안에 미치는 효과. 영남대학교 환경보건대학원. 석사학위논문.

김유숙 · 야마나카(2005). 모래놀이치료의 본질. 학지사.

김유숙(1996). 유치원 아동의 심리치료과정을 통한 모래상자놀이의 치료적의의 사회과학농촌, 2, 291−305.

김은정(2000). 상반적 행동의 차별강화와 Time out이 자폐성 장애아동의 공격성 행동 감소 효과=(The) Effect on both Differential Reinforcement for Incompatible behaviors and Time−out on Decrease of aggressive behaviors of children with Autistic disorder. 단국대학교 특수교육대학원. 석사학위논문.

김인숙(1994). 빈곤여성의 사회적 환경요인과 심리적 스트레스와의 관계. 서울대 대학원 바사학위논문.

김지영(2015). 인간중심 미술치료가 맞벌이 가정 아동의 우울에 미치는 영향=The Effects of Person−Centered Art Therapy on Depression of Dual−Income Household Children. 한양대학교 교육대학원. 석사학위논문.

김진호(2015). 원예치료프로그램이 학생정서행동특성검사 관심군 중학생의 정서지능에 미치는 효과. 공주대학교 교육대학원 상담심리전공 석사학위논문.

김춘경 · 이수연 · 이윤주 · 정종진 · 최웅용(2016). 상담의 이론과 실제. 서울: 학지사.

김춘경. (2005) ADLER 상담 및 심리치료. 시그마 프러스.

김태희(2011). 지적장애인의 동물매개프로그램 참여에 관한 연구. 숭실대학교 교육대학원 평생교육·HRD전공 석사학위논문.

김태희(2012). 지적장애인의 동물매개프로그램 참여에 관한 연구. 숭실대학교 교육대학원. 석사학위논문.

김현아(2011). 유아기 자녀를 둔 어머니의 양육스트레스와 놀이치료에 대한 낙인이 놀이치료 기대에 미치는 영향.

김현정(2008). 고혈압 환자의 혈압완화에 미치는 음악치료의 효과=The Effect of Music Therapy on).

김혜정(2014). 미술치료프로그램 참여아동들의 학부모만족도 연구−지역사회복지관 이용아동을 중심으로-가양대학교 행정대학원 사회복지학전공 석사학위논문.

나덕희(1999). 자기통제 사회기술 훈련이 정신지체학생의 대인행동에 미치는 효과. 공주대학교 석사학위 논문.

남병웅(2014). 웃음치료 프로그램이 노인의 정신건강 및 자기존중감에 미치는 효과.

노안영(2005). 상담심리학의 이론과 실제. 서울: 학지사.

노안영(2018). 상담심리학의 이론과 실제. 서울: 학지사.

동물권 - 인권차원서 다뤄야 vs 동물 의인화한 조작극, VERITAS

동물권 신장이 인권향상에도 도움이 됩니다, 경향신문, 2012년 9월 5일

로널드 L. 넘버스 (2016).《창조론자들》. 새물결플러스. 31쪽. ISBN 9791186409558.

류분순(2000) <무용동작치료가 만성정신질환의 불안과 대인관계에 미치는 효과>.

류창현(2006), 비행청소년의 분노조절-웃음요법과 인지행동요법의 효과비교, 충북.

리처드 도킨스, 이용철 역,《이기적인 유전자》, 두산동아, 1997.

매트 리들리, 김윤택 역,《붉은여왕》, 김영사, 2008, ISBN 89-349-2357-1

목광수. (2013). 〈윌 킴리카의 동물권 정치론에 대한 비판적 고찰〉.《철학》, 제117집, 2013.

민주주의는 목소리다 - 2부 ⑥우리에게도 함께 살아갈 '권리'가 있다, 경향신문, 2017년 3월 27일

밀라드 J. 에릭슨, 나용화·황규일 역,《조직신학 개론》, 기독교문서선교회, 2007.

박경남(2015). 원예치료가 치매환자 주부양자의 분노조절에 미치는 영향. 서울시 리대학교 화학기술대학원 환경원예학교 석사학위논문.

박경애(2011). 상담 심리학: 상담과 심리치료의 주요 이론과 실제. 공동체.

박경은(2014). 공감능력 향상을 위한 동화 지도 모형 개발 연구: 초등학교 6학년을 중심으로. 전북대학교 교육대학원. 석사학위과정.

박국자(2008). 무용 치료의 이해와 실제: 한국무용을 중심으로. 석사학위논문, 명지.

박수진(2011). 무용/동작치료가 지적 장애아의 사회성 발달과 부적응 행동 완화에 미치는 영향.

박영심(2015). 해결중심 집단미술치료가 가정폭력피해여성의 자존감과 우울에 미치는 영향. 우석대학교 경영행정문화대학원 미술치료학과 미술치료전고. 석 사학위논문.

박지연(2008). 우울·불안과 위축행동을 보이는 유아에 대한 모래놀이치료 효과. 전남대학교 대학원 생활환경복지학과 석사학위논문.

박지연(2011). 집단모래놀이치료가 아동의 사회불안과 자아강도에 미치는 효과. 명지대학교 대학원 아동학과 석사학위논문.

박하재홍,《돼지도 장난감이 필요해》슬로비, 2013.

배요한(2009). 청소년 가족 기능과 심리적 특성이 학교적응에 미치는 영향: 한부 모가족 청소 년을 중심으로=The effect of the teenagers' family function and psychological char-acteristics on the school adaption: Focusing on the teenagers of the single parent family.명지대학교 대학원. 석사학위논문.

변찬석(1994). 자폐성 아동의 정서 재인에 관한 연구. 대구대학교 대학원. 석사학 위논문.

보건복지부(2014). 장애인복지법시행령(대통령령 제25701호 [별표 1]).

서경희(2015). 그림책을 활용한 미술치료가 아동의 정서안정과 주의집중력에 미치는 효과. 우 석대학교 경영행정문화대학원 미술치료학과 미술치료전공. 석사 학위논문.

송명자(1994). 한국 중·고 대학생의 심리, 사회적 성숙성 진단 및 평가(1): 사회적 규범 및 책임 판단 분석. 한국심리학회지: 발달. 7(2), 53-73.

송인섭(1990). 인간심리와 자아개념. 양서원.

스티븐 로즈 외, 이상원 역,《우리 유전자 안에 없다》, 한울, 1997.

스티븐 제이 굴드, 김동광 역,《판다의 엄지》, 세종서적, 1998.

스티븐 제이 굴드, 이명희 역,《풀하우스》, 사이언스북스, 2002.

스티븐 제이 굴드, 홍동선 외 역,《다윈 이후: 생물학 사상의 현대적 해석》, 범양사, 1988, ISBN 89-8371-230-9

스티븐 존스, 김혜원 역,《진화하는 진화론》, 김영사, 2008.

신숙재·이영미·한정원(2000). 아동중심 놀이치료 아동상담. 서울: 동서문화원.

심민정(2000) 무용요법이 정신지체인의 사회성, 안정성, 적응에 미치는 효과

안경숙(2006). 대학생들이 지각한 가족응집성, 가족적응성과 자아존중감 간의 관계. 인제대학 교. 석사학위논문.

안은숙(2011). 자폐성 장애아동의 예술 치료 선행연구 분석을 통한 프로그램 연구. 한양대학 교 교육대학원. 석사학위논문.

안제국. (2007) 동물매개치료. 학지사.

야마나카 야스히로·김유숙(2005). 모래놀이치료의 본질. 서울: 학지사.

양문봉(2000).「자폐스펙트럼 장애」자폐연구.

오성배(2005). 코시안 아동의 성장과 환경에 관한 사례연구. 한국교육.

오창순·신선인·장수미·김수정(2010). 인간행동과 사회환경. 학지사.

요시다 아츠히코 외, 하선미 역,《세계의 신화 전설》, 혜원, 2010.

우미정(2008). 맞벌이 부모의 양육태도, 양육스트레스와 유아의 사회적 능력과의 관계. 동양 대학교 교육대학원. 석사학위논문.

우진경(2013). 반려견을 활용한 동물매개치료가 지적장애 성인의 사회적 기술 에 미치는 영향

=Effects of Animal−Assisted Therapy with Companion Dogs on the Social Skills of Adults with Intellectual Disabilities. 원광대학교 동서보완의학대학원. 석사학위논문.

유 미(2007). 현장적용을 위한 미술치료의 이해. 한국학술정보.

유미숙(1998) 놀이치료과정에서 아동행동과 치료자반응 분석.

윤미원(2005). 자폐 아동의 사례분석을 통한 치료놀이 효과=A Case Study on Theraplay of Autistic Children. 숙명여자대학교 대학원. 박사학위논문.

윤영아(2008). 직업적응훈련 과정의 성인 정신지체인을 위한 집단 미술치료 사례연구. 명지대학교 사회교육대학원. 학위논문.

윤재근, 《노자》, 나들목, 2004.

이광재(2010). 웃음치료 레크리에이션 프로그램이 스트레스 대처방식 및 건강에 미치는 효과.

이광희(1998). 결손가정 학생과 정상가정학생의 자아개념 및 성격특성 비교연구. 명지대학교 사회교육대학원 석사학위논문.

이미숙 (2010). 아동의 연령 및 성별에 따른 모래놀이치료 상징물 사용. 명지대학교 대학원 박사학위논문.

이수정·안석균(2002). 정신분열병 환자들의 정서조절 과정에 있어서의 특성. 한국심리학회지: 임상, 19(2), 269−279.

이수정(2011). 웃음치료의 대인관계와 학교생활적응에 대한 효과성 검증: 초등학생을 중심으로.

이숙·정미자·최진아·유우영·김미란(2004). 아동상담이론. 서울: 양서원.

이숙·최정미·김수미(2002). 현장중심 놀이치료. 서울: 학지사.

이시윤(2012). 전환기 지적장애청소년 자립지원 프로그램 효과성 평가=An Evaluation on the Effectiveness of Self−Support Program for Transitional Ietellectual Disability youth. 신라대학교 대학원. 석사학위논문.

이영아(2004). 놀이치료에 관한 유치원 교사의 인식.

이윤정(2015). Adler의 개인심리학 이론의 관점에서 본 상담전공 대학원생의 자서전적 성찰. 단국대학교 교육대학원. 석사학위논문.

이은진 (2000). 유아기 아동의 모래 놀이 표현 연구. 놀이치료연구, 4(2).

이임선·배기효·백정선(2009). 웃음치료 개론, 서울: 창지사.

이종구(2013). 재활승마프로그램이 ADHD 아동의 평형성, 심리 및 뇌활성화에 미치는 영향. 용인대학교 대학원 박사학위.

이지애(2008). 다문화가정 아동과 일반가정 아동의 학교적응에 관한 비교연구: 자아존중감을 중심으로. 고려대학교 대학원 석사학위 청구논문.

이지은(2010). 장애청소년의 자아존중감 향상을 위한 연극치료 사례 연구. 서울신학대학교 대학원. 석사학위논문.

이진숙(2005). 애완견 매개활동 프로그램이 자폐아동의 사회적 행동 변화에 미치는 효과. 강남대학교 교육대학원. 석사학위논문.

이태경(2012). 맞벌이가 아동의 자아존중감에 미치는 영향: 애착과 가족관계지각의 매개효과 =The Effects of Parents Both Working on Their Children's Self-esteem: Mediation Effects of Attachment and Perceived Family Relationship. 대구가톨릭대학교 교육대학원. 석사학위논문.

이형구 · 이종복 · 문혜숙 · 최옥화 · 김옥진 · 김병수 · 민천식 · 황인수 (2012). 동물매개치료학. 서울: 동일출판사.

이효신(2000). ADHD 아동의 특성과 중재에 관한 고찰. 정서학습장애연구. 16(1). 159-180.

임윤창(2004). 협동적 미술활동이 경도정신지체아동의 자기효능감에 미치는 효과. 대구대학교. 석사학위논문.

임은애(2010). 원예치료 효과 측정을 위한 평가지표 개발에 관한 연구. 건국대학교 대학원 석사학위논문.

장애란(2013). 지적장애인의 이해와 지원방법. 국립재활원. 연구자료.

장애화(2004). 미술치료가 정신지체 성인의 정서에 미치는 영향. 원광대학교 석사 학위.

전미향(1997). 집단미술 치료가 청소년의 자존감 사회적응력에 미치는 효과. 영남대학교 대학원 박사학위논문.

전보경(2005). 모래놀이치료를 통한 자기표현이 청소년의 자아존중감 및 대인관 계에 미치는 효과. 한림대학교 사회복지대학원 석사학위논문.

정명숙 · 손영숙 · 정현희 역(2004). 아동기 행동장애. 시그마프레스.

정여주(2003). 미술치료의 이해- 이론과 실제. 학지사.

정여주(2014). 미술치료의 이해. 서울: 학지사.

정은희(2004). 농촌지역 국제결혼 가정 아동의 언어발달과 언어환경. 언어치료연구.

조길혜, 김동휘 역, 《중국유학사》, 신원문화사, 1997.

조수철(2000). 소아정신약물학. 서울대학교출판부.

조윤경(2011). 집단 심리치료가 시설 보호아동의 공격성 감소에 미치는 효과. 한양대.

조은지(2015). 지적장애인의 사회성 및 자기효능감 향상을 위한 협동 미술프로그램 연구: LT(Learning Together) 협동학습 모형을 중심으로=(A)study on a cooperative art program for sociality and self-efficacy improvement of people with intellectual disabilities: using LT model, 국민대학교 교육대학원 석사학위논문.

조중헌(2013). "동물 옹호의 농의와 실천을 통해 본 동물권 담론의 사회적 의미". 「법학논집 제40권 제1호, 112면」, 2013.

조태옥 (2014). 원예치료가 정신분열증 환자의 대인관계와 자아존중감에 미치는 영향. 대구한 의대학교 대학원 산림비즈니스하과 이학석사 학위논문.

조현춘·송영애·조현재공역(2004). 아동 이상 심리한. 서울: 시그마프레스.

주선영(2002). 놀이치료에서의 부모상담 현황 및 부모상담에 대한 상담자, 부모의 인식연구.

차은경(2011). 아들러(A. Adler)의 개인심리학 이론에 기초한 아동의 열등감과 부모양육의 상관 성 연구 ─상담학적인 관점에서─. 한일장신대학교 아시아태평양국제신학대학원. 석사학 위논문.

채경순(2013). 연극치료 효과의 지속성에 대한 연구: 대학병원 내원 환자의 자아존 중감과 우 울감 중심.

채영경(2011). 한부모가족 아동 대상 게슈탈트 집단미술치료와 일반 집단미술활동 의 효과 비 교: 자존감, 사회성, 불안감을 중심으로. 신라대학교 대학원. 석사학위 논문.

천성문·이영순·박명숙·이동훈·함경애(2015). 상담심리학의 이론과 실제(3판). 학지사.

최경숙(2000). 발달심리학. 교문사.

최금란(2009). 자폐아의 인지·정서적 능력 향상을 위한 미술치료 프로그램 개발 및 효과 연 구. 관동대학교 대학원. 박사학위논문.

최병철(1999). 음악치료학. 서울: 학지사.

최완오(2007). 애완동물 기르기 체험학습이 초등학생의 사회·정서적 발달에 미치는 영향. 한 국교원대학교 교육 대학원. 석사학위논문.

최용배(1996). 편부모 가정의 가족기능이 청소년의 비행에 미치는 영향. 대구대 학교. 석사학 위논문

최윤미(2016). 집단놀이치료가 경계선 지능 시설아동의 사회기술 증진에 미치는 영향 .

최은봉(2013). 김화숙의 슬로우 웜업을 활용한 무용/동작치료 프로그램이 20대 여성의 자아 존중감에 미치는 영향.

최재천 외 18인,《21세기 다원 혁명》, 2014.

최재향(2006). 아동·청소년의 부모─자녀 간 의사소통과 정서지능이 문제행동에 미치는 영향. 인하대학교 박사학위.

최혜미 (2015). 집단 모래놀이치료가 아동의 학습된 무기력과 자아탄력성에 미치는 효과. 명지 대학교 대학원 아동학과 석사하위논문..

추현화·박옥임·김진희·박준섭(2008). 결혼이주여성 남편의 가족스트레스, 사회적 지지가 결 혼적응에 미치는 영향. 한국복지학 학회지 학교 대학원 석사학위논문.

템플 그랜딘, 캐서린 존슨 《동물과의 대화》 샘터, 2006.

파멜리 댄지거 · 최경남 역, 「사람들은 왜 소비하는가?」 서울: 거름, 2005. p.347.

한네스 슈타인, 김태한 역, 《일상고통 걷어차기》, 황소자리, 2007.

현택수(2003). 사람보다 애완동물이 더 좋아요. 지방행정, 52, 156−159.

홍정의(2007). 우울 청소년에게 미치는 효과

Airhart, D.L. and M.D. Kthieen. 1990. Measuring client improvement in vocational hor-
ticultual training: The role of horticulture in human well−being and social develop-
ment. A national symposium. Arling. Virginia.

Alan M. Beck. (2003) Future Directions in Human−Animal Bond Research. American
Behavioral Scientist

Alper, LS. (1993) The child−pet bond. In A. Goldberg (Ed.), The widening scope of self
psychology:Progress in self psychology. Hillsdale, NJ: The Analytic Press.

American Psychiatric Association(1994). Diagnostic and statistical manual of mental
disorders(4th ed.). Washington DC: American Psychiatric Press.

Ammann, R. (2009). 이유경 역. 융 심리학적 모래놀이치료: 인격 발달의 창조적 방법. (Das)
sandspiel: der Schopferische Weg der Personlichkeitsentwicklung. 분석심리학연구소.

Arambasic, L. and G. Kerestes. (1998) The role of pet ownership as a possible buffer
variable in traumatic experience. Paper presented 8th International.

Ascione, FR. (1996) Children's Attitudes About the Humane Treatment of Animals and
Empathy: One−Year Follow Up of a School−Based Intervention. Anthrozoos

AVMA. (1998) Statement from the Committee on the Human−Animal Bond. Journal of
the American Veterinary Medical Association, 212, 1695.

Banks, MR. (2005) The effects of group and individual animal−assisted therapy on lone-
liness in residents of long−term care facilities. Anthrozoos

Barkley, R. A(1990). Attention Deficit Hyperactivity Disorder: A Handbook for Diagnosis
and Treatment. New York: Guilford press.

Barkley, R. A(1995). Taking charge of ADHD: The complete, authoritative guide for par-
ents. New Work: Guilford.

Beck, A. G. R., & Beck, A. M. (2000). Kids and critters in class together. Phi Delta Kap-
pan, 82(4), 313−315.

Beck, AA, & Katcher, AH. (1996) Between pets and people: The importance of animal companionship. west Lafayett, IN: Purdue University Press.

Beierl, BH. (2008) The Sympathetic Imagination and the Human−Animal Bond: Fostering Empathy through Reading Imaginative Literature. Anthrozoos

Bellack AS, Mueser KT, Wade J, Sayers S, Morrison RL(1992). The ability of schizophrenics to perceive and cope with negative affect. Br J Psychiatry. 160. 473−480.

Bergesen, F. J(1989). The effects of pet facilitated therapy on the self−esteem and social−ization of primary school children. Paper presented at the 5th International Confer−ence on the Relationship between Humans and Animals. Monaco.

Berget, B., & Braastad, B. O. (2008) Theoretical framework for animal−assisted interventions:Implications for practice. Therapeutic Communities, 29, 323−337.

Beth E. (1995) The Positive Influence of Animals: Animal−Assisted Therapy in Acute Care. Barba Clinical Nurse Specialist.

Braje, T. J. (2011) The human−animal experience in deep history perspective. in T. J. Braje (Ed), The Psychology of the human−animal bond; a resource for clinicians and researchers (pp. 62-80). New York, NY: Springer Science.

Brown, SE. (2004) The Human−Animal Bond and Self Psychology: Toward a New Un−derstanding. Society and Animals

Buck, JN. (1970) The House−Tree−Person Technique: Revised Manual. Los Angeles: WPS.

Chon, S.Y. 2008. Effect of horticultural therapy on the small muscles and emotional sta−bility of senile dementia for long−term. MS Diss. Wonkwang Univ., Iksan, Korea.

Cochran, M. & Brassard, J(1979). Child development and personal social networks. Child Development, 50, 601−616.

Condoret, A. (1983). Speech and companion animals, experience with normal and dis−turbed nursery school children. In A. H. Katcher, & A. M. Beck.(Eds.), In New Per−spectives in our Lives with Companion Animals. 467−471. University of Pennsylvania Press, Pennsylvania.

Coopersmith, S (1967) The antecedents of self−esteem. San Fransico, CA: W. H. Freeman.

Cynthia K. Chandler (2006). Animal Assisted THerapy in Counseling. 서울: 학지사.

Doll, Beth and Carol Doll. (1997) Bibliotherapy with young people: Librarians and mental health professionals working together. Englewood, colorado: Libraries.

Domma, W. (1990). Kunstterapie und Beschfigungs therapie. Grundlegung and Praxis be ispiele klinischer Therapie bei schizo phrenen Psychosen. KolnL Maternus.

Duncan, S. L.(1995). Loneliness: A health hazard of modern times. Interactions. vol 13(1). 5−6, 8−9.

egge, Debbi and Brooman, Simon (1997). Law Relating to Animals. Cavendish Publishing, pp. 40 − 42.

Exotic pet behavior/Teresea Bradley Basys, Teresa Lightfoot, Joerg Mayer/2006/ SAUN−DERS.

Ferrets, rabbits, and rodents clinical medicine and surgery/second ediction/ Katherine E. Quesenberry, Janes W.Carpenter/SAUNDERS.

Freud,A.(1950).Thepsycho−analyticaltreatmentofchildren.London: Image.

Fritz Perls(2013). (The)gestalt approach & Eye witness to therapy. 역: 최한나, 변상조. 서울: 학지사.

Gonski, Y. A(1985). The Therapeutic Utilization of Canines in a Child Welfare Setting. Child and Adolescent Social Work Journal 2.

Goodheart (1994). Laughter Therapy: How to laughter about everything in your life that isn't really funny, Less Stress Press.

Guttman, G., Predovic, M. & Zemanek, M. (1985). The influence of pet ownership in non−verval communication and social competence in children. Paper presented at the International Symposium on the Human−Pet Relationship, 58−63. IEMT, Vienna.

Harrer, G., & Harrer, H. (1977). Music, emotion and autonomic Function. In M. Critchley & R. A. Henson(Eds.), Music and the brain. London: William Heinemann Medical Books.

Heimberg, Co, Gur, R. E., Erwin, R. J., Shtasel, D L., & Gur, R. C(1992). Facial emotion discrimination: Ⅲ. Behavioral findings in schizophrenia. Psychiatry, 42, 253−265.

Heller, H. Craig et al, 《Principles of life》, Macmillan, 2012. 288~364pp.

Hinshaw, S. P(1994). Attention Deficit hyperactivity in children. Thusand Oaks. CA: Sage.

Hooker, S., Freeman, L., & Stewart, P.(2002). Pet therapy research: A historical review. Holistic Nursing Practice, 17, 17−23.

Hoza, B. (2007). Peer functioning in children with ADHD. Ambulatory Pediatrics, 7(1), 101−106.

Ian Stewart, Vann Joines(2016). 현대의 교류분석. 역: 제석봉. 서울: 학지사.

Katcher, A. H., & Wilkins, G. G(2000). The centaur's lessons: Therapeutic education through care of animals and nature study. In A. H. Fine (Ed.), handbook on animal−

assisted therapy: Theoretical foundations and guidelines for practice(1st ed.,pp. 153-177). San Diego, CA: Acadamic Press.

Kendall, P. C. & Braswell, L(1993). Cognitive—Behavioral Therapy for Impulsive Children. New York: Guilford.

Kerr, S. L., & Neale, J.M(1993). Emotion perception in schizophrenia: specific deficit or further evidence of generalized poor performance? J. Abnormal psychology., 102, 312—31.

Levinson, B. M.(1962)The dog asco—therapist. Mental Hygiene.

Linda Seligman, Lourie W. Reichenberg(2014). 상담 및 심리치료의 이론. 역: 김영혜, 박기환, 서경현, 신희천, 정남운. 시그마프레스.

MacDonald, A. (1981). The Pet dog in the home. In B. Fogel(ED), A study of interactions. in interrelations between People and Pets, 195—206. Springfield, IL: Thomas.

Marian R. Banks. (2002) The Effects of Animal—Assisted Therapy on Loneliness in an Elderly Population in Long—Term Care Facilities. Journals of Gerontology Series A: Biological Sciences and Medical Sciences

Markus, H., & Nurius, P(1986). Possible selves. American Psychologist. 41, 954—969.

Mayer, J. D. & Salovry, P(1997). Emotional Intelligence. New York: Basic Books.

Melson, G. F. (2001). Why the wild things are: Animals in the lives of children. Cambridge, MA: Harvard University Press.

Merriam, A. P. (1964). The anthropology of music. Chocago, IL: Northwest University Press.

Merriam, S. (2001) Discovering Project Pooch — a special program for violent incarcerated male juveniles.

Messent, P. (1983). Social facilitation of contact with other People by pet dogs. In A. H. Katcher & A. M. Beck (Eds.), New perspectives on our lives with companion animals (pp. 37-46). Philadelphia: University of Pennsylvania Press.

Minuchin, P. P. & Shapiro, E. K. (1983). The school as a context for social development. In P. H. Mussen (ED.), Handbook of child psychology, 4197—294. New York: Wiley.

Morgan, B. (1993). Growing together; Activities to use in your horticulture and horticultural therapy programs for children. Pittsburgh Civic Garden Center, Pittsburgh, USA

O'Connor, K. (1991). The play therapy primer. New York: John Wiley & Sons.

Ost, L—G., Stridh, B—M., & Wolf, M. (1998). A clinical study of spider phobia: prediction of outcome after self—help and therapist—directed treatments. Behavior Research and Therapy, 36, 17.

Palladino, L. J(2007). Find Your Focus Zone: An Effective New Plan to Defeat Distraction and Overload. New York, NY: Free press.

Paul, E. S(1992). Pets in Childhood, Individual Variation in Childhood Pet Ownership, PhD Thesis, University of Cambridge.

Paul, E. S. (1992). Pets in Childhood, Individual Variation in Childhood Pet Ownership, PhD Thesis, University of Cambridge.

Peenbaker, J. W(1985). Traumatic experience and psychosomatic disease: Exploring the roles of behavioral inhibition, obsession, and confiding. Canadian Psychology, 26, 82—95.

Relf, D. 1981. "Dynamics of horticultural therapy". Rehab. Lit. 42(5-6) pp.34—40. 1922. The role of horticultural in human well—being and social development. Timber Press. Inc. Portland Oregon.

Rosen, G. (1976). Don't be afraid: A program for overcomming your dears and phobias, Englewood Cliffs, NJ: Prentice—Hall, Inc.

Ross, S. B(1992). Building Empathy to Reduce Violence to All Living Things. Journal of the Society for Companion Animal Studies, 4(1).

Rost, H, D., & Hartmaan, A(1990). Children and Their Pets, Anthrozoos, 2(4).

Salomon, A. (1995). Animals as means of emotional support and Companionship for children aged 9 to 13 years old. Paper presented at the 7th International Conference on Human—Animal Interactions, Animal, Health and Quality of Velde, B. P., Cipriani, J., Fisher, G.(2005). Resident and therapist views of animal—assisted therapy: Implications for Occupational therapy practice. Australian Occupational Therapy Journal.

Sandra B Barker. (2008) The benefits of human—companion animal interaction: a review. Journal of Veterinary Medical Education (JVME)

Sandra B. Barker. (2003) Effects of Animal—Assisted Therapy on Patients' Anxiety, Fear, and Depression Before ECT. The Journal of ECT

Small Animal Pathology for veterinary Technicians/Amy Johnson/WILEY Blackwell /2014.

Sorabji, Richard (1993). Animal Minds and Human Morals. University of Cornell Press, p. 12ff

Taylor, Angus (2009). Animals and Ethics: An Overview of the Philosophical Debate. Broadview Press, pp. 8, 19-20

Toeplitz, Z., A. Matczak, A. Piotrowska, and A. Zigier. (1995) Impact of keeping pets at home upon the social development of children. Paper presented 7th international Conference.

Wadeson, H. S.(1980). Art Psychotherapy. N.Y: John Wiley & Sons. Inc.

William, D. Kate G., Thaut M. (1999). An Introduction to Music Therapy: Theory and Practice. (2nd ed). CO: McGraww-Hill.

Wubbolding. R .E (1986) Using reality therapy. NY: Haper & Row

Zasloff, R. L., & Kidd, A. H. (1994). Loneliness and pet ownership among single women, Psychological Reports,.

찾아보기

저자 소개

김복택

- 한국반려동물매개치료협회장
- 문학사(심리학전공)/경제학사(국제통상전공)/경영학 석·박사 (경영전략전공)
- 서울호서전문학교 동물매개치료전공 학과장
- 농촌진흥청, 2017년 농촌진흥공무원 「반려동물」 교육과정 '반려동물과 연계한 비즈니스 모델' 강사
- 강원도농업기술원 치유농업교육 강사
- 광양시 농업기술센터 농업인대학 동물매개치료 강사
- 대명비발디 웰리스리조트 체험 융복합 프로그램 자문위원 (동물매개치료)
- 홍성군 농업기술센터 치유농업과정 강사
- 서울시 동물매개활동 평가위원회 위원장

김상환

- 농학사(동물생명자원)/농학석사(동물생명자원)/이학사(동물생명공학)
- 국립한경대학교 동물생명과학과 강사
- 전)서울호서전문학교 애완동물학과 교수
- 전)한국동물매개치료협회 사무간사
- 한국반려동물매개치료협회 상임이사
- 한국경찰견연구회 이사
- 국립생태원 자문위원
- 한국동물생명공학회 편집위원
- 농림식품기술기획평가원 평가위원
- 한국연구재단 동물자원학 평가위원

김경원

- 한국반려동물매개치료협회 상임이사
- 동물친구교실 대표
- 심리학석사 수료(상담 및 임상심리 전공)
- 생명산업전문학사(애완동물관리 전공)/행정학사(사회복지전공)

박영선

- 한국반려동물매개치료협회 상임이사
- 숭실대학교 사회복지대학원 석사 수료
- 생명산업전문학사(애완동물관리전공)/행정학사(사회복지전공)
- 서울호서전문학교 동물매개치료전공 겸임교수
- 구립서초 노인요양센터 동물매개치료 강사
- 관악구청 동물매개치유사업 슈퍼바이저
- 송파미소낮병원 동물매개치료 강사
- 스마일게이드 지원사업 동물매개치료 팀장
- 강서구 여성특화 직업훈련 교육과정 동물매개심리상담사 강사

(서정대학교 관련)

- 서정대학교 애완동물과 겸임교수
- 부천고려병원 동물매개치료 강사
- 인성기념의원(호스피스 병동) 동물매개치료 강사
- 강서구 여성특화 직업훈련 교육과정 동물매개심리상담사 강사
- 서울시 동물매개활동 평가위원회 간사

진미령

- 한국반려동물매개치료협회 상임이사
- 심리학석사(상담 및 임상심리 전공)
- 생명산업전문학사(애완동물관리전공)/행정학사(사회복지전공)
- 서울호서전문학교 동물매개치료전공 겸임교수
- 서대문장애인종합복지관 동물매개치료 강사
- 남서울중학교 특수학급 동물매개치료 강사
- 예원(중증장애인주거시설) 동물매개치료 강사
- 경원중학교 자유학기제 동물매개치료 강사
- 강서구 여성특화 직업훈련 교육과정 동물매개심리상담사 강사

제2판

반려동물 매개치료

초판발행	2017년 2월 16일
제2판발행	2021년 3월 1일

지은이	김복택·김상환·김경원·박영선·진미령
펴낸이	노 현

편 집	배근하
기획/마케팅	김한유
표지디자인	조아라
제 작	고철민·조영환

펴낸곳	㈜ 피와이메이트
	서울특별시 금천구 가산디지털2로 53 한라시그마밸리 210호(가산동)
	등록 2014. 2. 12. 제2018-000080호
전 화	02)733-6771
f a x	02)736-4818
e-mail	pys@pybook.co.kr
homepage	www.pybook.co.kr
ISBN	979-11-6519-086-6 93490

정 가   25,000원

박영스토리는 박영사와 함께하는 브랜드입니다.